高等职业教育机电类专业新形态教材
机 械 工 业 出 版 社 精 品 教 材

机械设计基础

含工程力学

第 3 版

主　编　李国斌　赵江平
副主编　文丽丽　易根苗　刘唯伟
参　编　张菊红　王飞飞　付　茜

机 械 工 业 出 版 社

本书共18章，包括绪论，静力学，拉伸和压缩，剪切、挤压和扭转，弯曲，组合变形的强度计算，平面机构的运动简图及自由度，平面连杆机构，凸轮机构，间歇运动机构，联接，带传动和链传动，齿轮传动，蜗杆传动，轮系，轴，轴承，其他常用零部件，机械的平衡与调速。

本书可作为高等职业院校机械类、近机械类专业及其他相关专业的教学用书，也可供相关行业工程技术人员参考。

本书采用双色印刷，重点突出，并穿插有素质拓展元素，用以提升学生素养。本书配套资源包括电子课件、二维码视频、教案、模拟试卷及答案，凡使用本书作为教材的教师可登录机械工业出版社教育服务网 www.cmpedu.com 注册后免费下载。咨询电话：010-88379375。

图书在版编目（CIP）数据

机械设计基础：含工程力学/李国斌，赵江平主编. —3版. —北京：机械工业出版社，2022.10（2025.1重印）

高等职业教育机电类专业新形态教材　机械工业出版社精品教材

ISBN 978-7-111-71380-7

Ⅰ.①机…　Ⅱ.①李…②赵…　Ⅲ.①机械设计-高等职业教育-教材
Ⅳ.①TH122

中国版本图书馆 CIP 数据核字（2022）第148789号

机械工业出版社（北京市百万庄大街22号　邮政编码100037）
策划编辑：刘良超　　　　责任编辑：刘良超
责任校对：陈　越　贾立萍　责任印制：常天培
北京机工印刷厂有限公司印刷
2025年1月第3版第5次印刷
184mm×260mm · 18.5印张 · 457千字
标准书号：ISBN 978-7-111-71380-7
定价：55.00元

电话服务	网络服务
客服电话：010-88361066	机　工　官　网：www.cmpbook.com
010-88379833	机　工　官　博：weibo.com/cmp1952
010-68326294	金　　书　　网：www.golden-book.com
封底无防伪标均为盗版	机工教育服务网：www.cmpedu.com

前言

本书是在第2版的基础上，根据高职高专机械类专业人才知识结构对“机械设计基础”课程的教学基本要求和现行有关国家标准，结合几年来多所院校使用本书的教学实践体会进行修订的。

修订工作本着保持原书基本特色不变、精选内容、逐步更新、有利教学的精神，对教材进行修改、补充和完善，对一些章节的内容做了适当调整，增加了部分素质拓展元素，用以提升学生素养。特别是通过移动互联网技术，在教材中嵌入二维码，链接视频等数字资源，将教材、课堂、教学资源三者融合，实现线上线下相结合的教材建设新模式，使本书成为立体化教材，同时本书采用了双色印刷，以便突出重点、难点或需要提示的内容。

参加本书修订的有李国斌、赵江平、文丽丽、易根苗、刘唯伟、张菊红、王飞飞、付茜。全书由李国斌、赵江平担任主编，文丽丽、易根苗、刘唯伟担任副主编，李国斌负责全书统稿和定稿。

本书在修订过程中，得到了广州番禺职业技术学院、广东岭南职业技术学院、广东科学技术职业学院、珠海城市职业技术学院、广州铁路职业技术学院、新乡职业技术学院等单位领导和同事的大力支持，在此表示衷心感谢。

由于编者水平有限，书中疏漏之处在所难免，希望广大读者予以批评指正。

编　者

二维码索引

（续）

二维码	页码	二维码	页码	二维码	页码	二维码	页码
	122		191		219		253
	127		192		221		259
	129		193		228		263
	169		197		230		264
	171		201		233		277
	172		205		243		
	187		210		247		
	190		212		251		

目录

绪　论

基本要求

1）掌握机械、机器、机构、零件、通用零件和专用零件的概念。

2）了解本课程的研究对象和内容，以及本课程的性质和任务。

重点

理解机器的特征，了解机械设计的基本要求及内容。

难点

认识机器、机构、零件。

机械是人类进行生产借以减少体力劳动和提高生产率的主要工具，使用机械进行生产的水平是衡量一个国家的技术水平和现代化程度的重要标志。为了更好地运用、研究、设计机械，机械工程技术人员学习和掌握一定的机械设计基础知识是非常重要的。

0.1　机器的组成及特征

在日常生活和生产中，人们广泛地使用着名目繁多的机器，例如缝纫机、洗衣机、汽车、电动机、起重机等。尽管这些机器的结构、性能和用途各不相同，但它们具有一些共同的特征。

图 0-1 所示为单缸内燃机，它由气缸体 1、活塞 2、进气阀 3、排气阀 4、连杆 5、曲轴 6、凸轮 7、顶杆 8、齿轮 9 和 10 等组成。燃气推动活塞移动，通过连杆使曲轴做连续转动，从而将燃气的热能转换为曲轴转动的机械能。

图 0-2 所示为颚式破碎机，它由电动机 1、带轮 2 和 4、V 带 3、偏心轴 5、动颚板 6、肘板 7、定颚板及机架 8 等组成。电动机经带传动带动偏心轴转动，从而使动颚板产生平面运动，与定颚板一起实现轧碎物料的功能。

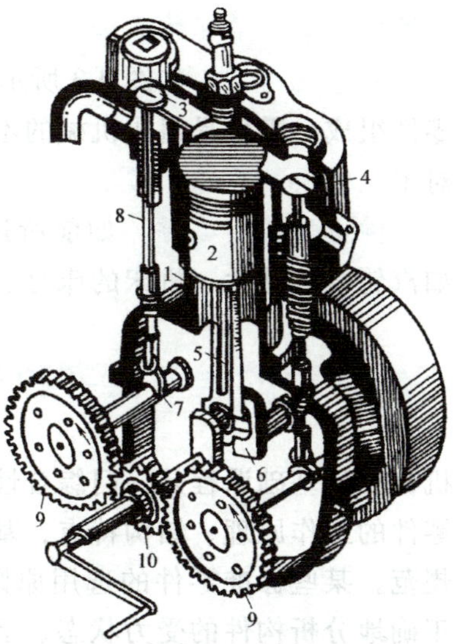

图 0-1　单缸内燃机

1—气缸体　2—活塞　3—进气阀　4—排气阀
5—连杆　6—曲轴　7—凸轮　8—顶杆　9、10—齿轮

由以上分析可知，各种机械虽然结构形式、功用和性能不同，但都具有以下的共同特征：

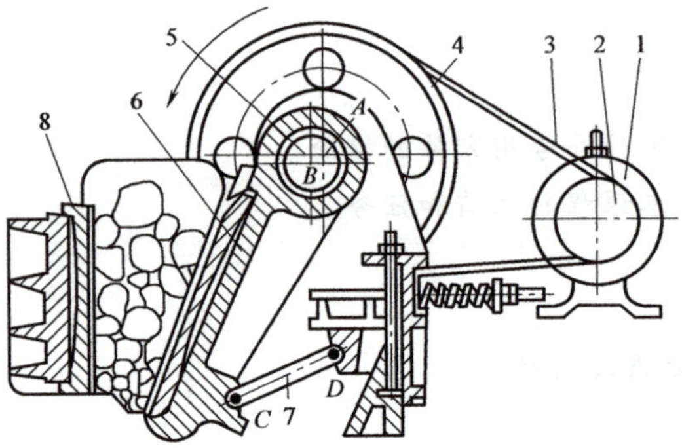

图 0-2 颚式破碎机

1—电动机 2、4—带轮 3—V 带 5—偏心轴

6—动颚板 7—肘板 8—定颚板及机架

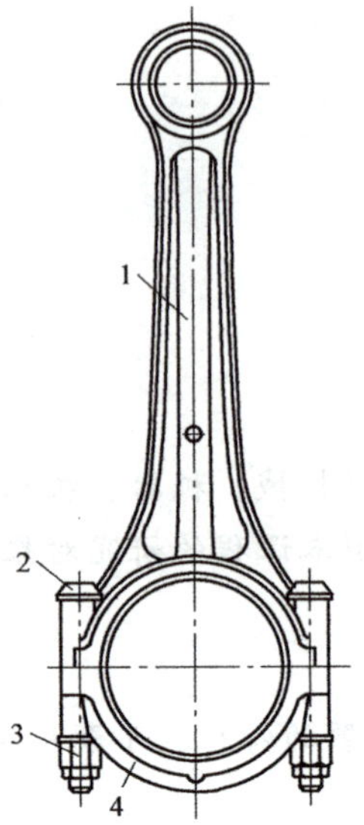

图 0-3 连杆

1—连杆体 2—螺栓

3—螺母 4—连杆盖

1）它们是许多人为实体的组合。

2）各实体间具有确定的相对运动。

3）它们能代替或减轻人类的劳动，以完成有效的机械功或进行能量转换。

凡同时具有以上三个特征的机械称为机器，仅具备前两个特征的机械则称为机构。由此可见，机器是由机构组成的，但从构成和运动的观点看，机器与机构并无区别。故在工程上，通常以“机械”一词作为机器和机构的总称。

机构中的运动单元体称为构件。所以，构件具有独立的运动特性，它是运动的单元，而零件则是制造的单元。如图 0-3 所示的连杆，它是由连杆体 1、螺栓 2 及螺母 3、连杆盖 4 等几个零件组成。零件是组成机械的不可拆的基本单元，如螺钉、齿轮轴、弹簧等。

对于机械中的零件，按功能和结构特点又可分为通用零件和专用零件。各种机械中普遍使用的零件称为通用零件，如前所述零件。仅在某些专门行业中才用到的零件称为专用零件，如汽轮机的叶片、机床的床身、内燃机的活塞等。

0.2 本课程的学习内容和任务

机械设计基础课程是一门综合性的技术基础课，其主要内容是介绍机械中的常用机构和通用零件的工作原理、结构特点，基本设计理论和计算方法，同时，扼要地介绍国家标准和有关规范，某些标准零件的选用原则和方法。机械在工作过程中，构件将受到各种力的作用。正确地分析构件的受力状态、运动情况、承载能力是机械设计过程中的重要步骤。

本课程的主要任务是培养学生具备以下能力：

1）建立初步的工程概念，掌握工程力学的基本理论及分析工程问题的基本方法和基本技能，为学习后续课程和解决工程实际问题中的力学问题打好理论基础。

2）掌握常用机构和通用零件的工作原理和结构特点，具有设计机械传动装置和简单机械的能力。

3）初步具有运用标准、手册、规范、图册和查阅有关技术资料的能力。

0.3 本课程的学习方法

机械设计基础如同机械制图、电工学一样，是高等学校工科有关专业的一门主要的技术基础课。通过学习本课程，学生能够初步具备运用手册设计机械传动装置和简单机械的能力，为学习有关专业课程提供必要的理论基础。学习本课程时应注意以下几点：

1）本课程要综合运用高等数学、金工实习、机械制图、互换性与技术测量等课程的基本知识去解决常用机构、通用零件的设计等问题。因此，先修课程的掌握程度直接影响到本课程的学习。

2）学生一接触本课程就会产生“没有系统性”“逻辑性差”等错觉，这是由于学生习惯了基础课的系统性所造成的。本课程中，虽然不同研究对象所涉及的理论基础不同，且相互之间无多大关系，但最终的研究目的只有一个，即设计出能应用的机构、零件等。本课程的各部分内容都是按照工作原理、结构、强度计算、使用维护的顺序介绍的，有其自身的系统性，学习时应注意这一特点。

3）由于实践中的问题很复杂，很难用纯理论的方法来解决。因此，常常采用很多经验公式、参数以及简化计算等，这样往往会给学生造成“不讲道理”“没有理论”等错觉，这点必须在学习过程中逐步适应。

4）计算步骤和计算结果常常不具有唯一性。

5）计算对解决设计问题虽然很重要，但并不是唯一要求的能力。学生必须逐步培养把理论计算与结构设计、工艺等结合起来解决设计问题的能力。

0.4 机械设计的基本要求和一般过程

0.4.1 机械设计的基本要求

机械的类型很多，但其设计的基本要求大致相同，主要有以下几点：

1. 满足预定功能的要求

满足预定功能要求是指能够按照预期的技术要求顺利地执行机械的全部职能，如机器工作部分的运动形式、速度、运动精度和平稳性、需要传递的功率，以及某些使用上的特殊要求（如高温、防潮等）。

2. 满足经济性要求

机械的经济性是指在设计、制造上成本低，使用上效率高，能源和辅助材料消耗少，维护及管理费用低等。

在产品整个设计周期中，必须把产品设计、制造及使用三方面作为一个系统工程来考虑，用价值工程理论指导产品设计，正确使用材料，采用合理的结构尺寸和工艺，以降低产品的成本。

3. 满足工艺要求

设计机器时应尽量减少零件的数量，尽可能地采用标准件，保证装配及维修简单等。

4. 满足劳动保护要求

操作方便、有利于减轻操作人员的劳动强度。能实现对操作人员的防护，保证人身安全和身体健康。对于技术系统的周围环境和人不致造成危害和污染，同时要保证机器对环境的适应性。

5. 满足其他特殊要求

必须考虑有些机械由于工作环境和要求不同，而对设计提出某些特殊要求，如药品、食品、纺织机械要求防止产品污染，航空航天机械要求减轻重量等。

总之，必须根据所要设计的机械的实际情况，分清应满足的各项设计要求的主次程度，切忌简单照搬或乱提要求。

0.4.2 机械设计的一般过程

机械设计方法很多，既有传统的设计方法，也有现代的设计方法。由于各种机械的用途、性能要求不同，设计的具体条件不同，所以设计的步骤和方法不完全一致，但一般过程和内容是基本一致的。机械设计的过程通常可分为以下几个阶段：

1. 提出和制订产品设计任务书

设计任务书通常是人们根据市场需求提出，通过可行性分析后确定的。其中包括产品的预期功能、有关指标、限制条件等。

2. 总体方案设计

在满足设计任务书要求的前提下，由设计人员提出各种设计方案并进行分析比较，从中选择最佳方案。

3. 技术设计

在既定设计方案的基础上，完成机械产品的总体设计、部件设计、零件设计等，设计结果以工程图及计算书等技术文件的形式表达出来。

4. 样机的试制和鉴定

根据技术设计提供的图样和技术文件进行样机试制并对样机进行试运行，检测样机是否达到设计要求。把发现的问题反馈给设计人员，经过修改完善，最后通过鉴定。

5. 产品的正式投产

当机械的总体方案已经确定，运动学和动力学计算完成后，就要进行主要零部件的设计。机械零件设计的一般步骤如下：

1）根据机械的具体运转情况和简化的计算方案确定零件的载荷。

2）根据零件工作情况的分析，判定零件的失效形式，从而确定其计算准则。

3）进行主要参数的选择，选定材料，根据计算准则求出零件的主要尺寸，考虑热处理及结构工艺性等。

4）进行结构设计。

5）绘制零件工作图，制订技术要求，编写计算说明书及有关技术文件。

对于不同的零件和工作条件，以上这些步骤可以有所不同。此外，在设计过程中，这些步骤又是相互交错、反复进行的。

产品设计过程是智力活动过程，它体现了设计人员的创新思维活动。设计过程是逐步逼近解答方案并逐步完善的过程。设计过程中还应注意几点：

1）设计过程要有全局观点，不能只考虑设计对象本身的问题，而要把设计对象看作一个系统，处理人—机—环境之间的关系。

2）善于运用创造性思维和方法，注意考虑多方案解答，避免解答的局限性。

3）设计的各阶段应有明确的目标，注意各阶段的评价和优选，以求出既满足功能要求又有最大实现可能的方案。

4）要注意反馈及必要的工作循环。解决问题要由抽象到具体，由局部到全面，由不确定到确定。

0.5 机械零件的失效形式和设计准则

1. 零件的工作能力

进行机器的零件设计时，一般都要根据零件的可能失效形式来进行，保证零件具有足够抵抗失效的工作能力。

零件的工作能力是指在不发生失效的条件下，零件所能达到的安全工作的限度。若用载荷来表示，习惯上称为承载能力。

2. 失效形式

机械零件的失效是指零件由于某些原因不能正常工作的现象。失效并不单纯意味着损坏，而且有更广泛的含义。零件常见的失效形式有：断裂或过大的塑性变形，过大的弹性变形，工作表面过度磨损或损坏，发生了强烈的振动，工作温度过高而产生过大的热应力，热变形或破坏正常的润滑油膜，靠摩擦力工作的零件打滑，联接零件的松动等。如果零件发生失效，机械就可能无法正常工作。

同一种机械零件可能有几种不同的失效形式，对应于各种失效形式就各有其不同的工作能力。例如，设计机床的主轴时，必须保证它具有足够的强度，而不发生断裂，且其弹性变形不能超过一定的数值，即还必须保证其刚度。对于有些做相对运动的零件，如机床的导轨，除了保证其强度和刚度外，还要求具有良好的耐磨性，否则会破坏机床应有的精度。

3. 设计准则

为了防止零件在预期工作寿命期内发生失效，设计零件时必须依据一定的设计准则，显然这些准则与失效形式紧密地联系在一起。这些准则主要有：强度准则、刚度准则、耐磨性准则、振动稳定性准则和可靠性准则。

0.6 机械零件的工艺性及标准化

1. 工艺性

机械零件的结构，主要由它在机械中的作用，它和其他相关零件的关系及制造工艺所决定。如果零件的结构在具体生产条件下，能用最少的工时和最低成本制造和装配出来，则这样的零件结构具有良好的工艺性，因此，对零件进行结构设计时，有关工艺性的基本要求是：

（1）毛坯选择合理　机械制造中毛坯的制备方法有直接利用型材、铸造、锻造、冲压和焊接等。毛坯的选择与具体的生产条件有关，一般取决于生产批量、材料性能和加工可能性等。

（2）结构简单合理和便于机械加工　设计零件的结构形状时，应尽量采用简单的表面（如平面、圆柱面）及其配合，并使加工表面数目最少和加工面积最小。

（3）制造精度及表面粗糙度选得合适　制造精度选得越高，表面粗糙度值选得越小，加工费用就越高，因此，应在满足使用要求的原则下，恰当地选择制造精度和表面粗糙度值。

2. 标准化

标准化是指以制定标准和贯彻标准为主要内容的全部活动过程。它包含两方面的内容：制定标准和贯彻标准，其原则是统一、简化、协调、选优。标准化有重大意义：有利于设计和制造，有利于产品的互换性，便于维修。标准件可以组织专门化生产，既有利于保证产品质量，又可降低成本。

随着工业的发展，我国有了许多标准，其中有国家标准（GB）、行业标准和企业标准，在机械设计过程中，如无特殊需要，就必须采用这些标准。在国际上，为了促进世界各国在技术上的统一，成立了国际标准化组织（简称 ISO）和国际电工委员会（简称 IEC），由这两个组织负责制定和颁发国际标准。我国于 1978 年恢复参加 ISO 组织后，陆续修订了自己的标准。修订的原则是，在立足我国生产实际的基础上向 ISO 靠拢，以利于加强我国在国际上的技术交流和产品互换。

习　　题

0-1　人们常说的机械含义是什么？机器与机构的区别是什么？指出下列设备中哪些是机构：铣床、发电机、机械式手表、洗衣机、汽车。

0-2　什么是通用零件？什么是专用零件？试各举三个实例。

0-3　什么是机械零件的失效？机械零件可能的失效形式主要有哪些？

第1章 静力学

基本要求

1）正确理解和掌握力、刚体和平衡的概念，正确理解和掌握静力学基本公理的概念以及应用，正确理解和掌握刚体、力和力系、合力与分力、力的内外效应平衡、约束和约束反力的概念，掌握常见典型约束性质与约束反力的确定、力多边形法则、分离体和受力图的画法。

2）正确理解和掌握力的投影、合力投影定理及力对点之矩的概念和计算，正确理解和掌握平面汇交力系的平衡方程式的应用。

3）正确理解和掌握"力向一点平移"的方法和主矢、主矩的概念，正确理解和掌握平面任意力系平衡方程极其应用。

4）正确理解和掌握空间力在空间直角坐标轴的投影，正确理解和掌握空间力对空间直角坐标轴的力矩、空间一般力系的平衡方程及其应用、平行力系的中心及物体的重心。

重点

力、刚体和平衡的概念，静力学基本公理的概念以及应用，受力图，力的投影和合力投影定理，平衡方程式的应用。力的平移定理，平面力系的简化，固定端约束，平衡方程的应用，轴系零件支反力的求解。空间力的投影和力对轴的矩。

难点

二力构件的判断，二力平衡原理和三力平衡原理的应用，单个物体受力图的画法和平衡方程式的应用技巧。力的平移定理，固定端约束力的确定。空间结构的几何关系。

1.1 静力学的基本概念

1.1.1 力的概念

力是物体间的相互机械作用。这种机械作用使物体的运动状态或形状尺寸发生改变。力对物体的效应取决于力的大小、方向和作用点，这三个因素称为力的三要素。

力是一个既有大小又有方向的物理量，称为力矢量。如图1-1所示，力可用一条有向线段表示，线段的长度（按一定比例尺）表示力的大小；线段的方位和箭头表示力的方向；线段的起始点（或终点）表示力的作用点，力的国际单位为牛［顿］（N）。

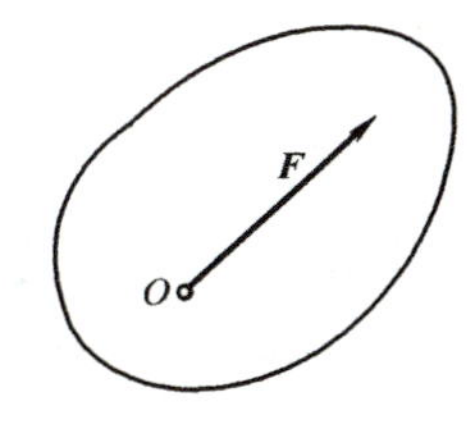

图1-1 力矢量

若干个力组成的系统称为力系。如果一个力系与另一个力系对物体的作用效应相同，则这两个力系互称为等效力系。若一个力与一个力系等效，则称这个力为该力系的合力，而该力系中的各力称为这个力的分力。已知分力求其合力的过程称为力的合成，已知合力求其分力的过程称为力的分解。

1.1.2 平衡与刚体的概念

平衡是指物体相对于地球处于静止或匀速直线运动的状态。若一力系使物体处于平衡状态，则该力系称为平衡力系。在平衡力系中，各力对物体的作用效应恰好互相抵消，合力为零，所以物体的运动状态不会变化。一个力系必须满足一定的条件才能成为平衡力系，这种条件称为力系的平衡条件。

静力学研究的物体都被认为是刚体。所谓刚体，是指在外力作用下，大小和形状保持不变的物体。这是一个理想化的力学模型，事实上是不存在的。实际物体在力的作用下，都会产生程度不同的变形。但微小变形对所研究物体的平衡问题不起主要作用，可以忽略不计，这样可以使问题的研究大为简化。

1.2 力的基本性质

静力学公理是静力学研究与分析的基础。

公理1 二力平衡公理

作用在刚体上的两个力，使刚体保持平衡的必要和充分条件是：这两个力大小相等，方向相反，且作用在同一直线上。

对于变形体而言，二力平衡公理只是必要条件，但不是充分条件。例如：在绳索两端施加一对等值、反向、共线的拉力时可以平衡，但受到一对等值、反向、共线的压力时就不能平衡了。

在两个力作用下处于平衡状态的构件，称为二力构件。二力构件的两个力必须在同一直线上。对物体进行受力分析时，根据二力构件特性可以确定未知力的作用线方位。

在不计自重时，图1-2a所示的托架中的*AB*杆和图1-2b所示的三角拱架中的*BC*片都是二力构件。

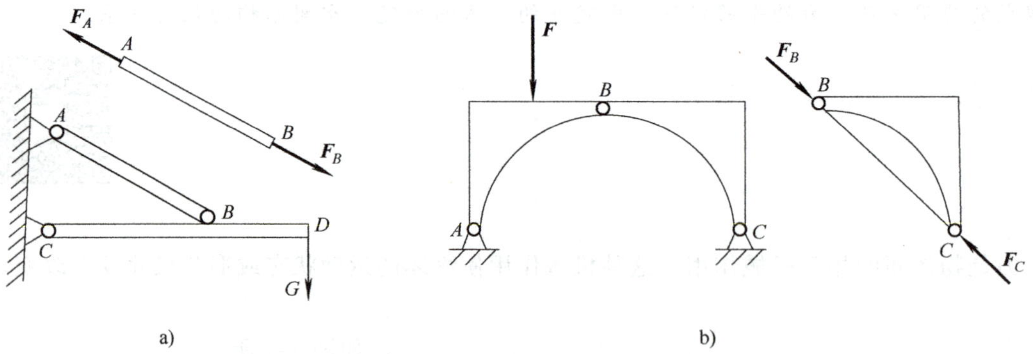

图1-2 托架与三角拱架中的二力构件

a）托架中的*AB*杆 b）三角拱架中的*BC*片

公理2 加减平衡力系公理

在已知力系上加上或者减去任意平衡力系，并不改变原力系对刚体的作用。

推论1 力的可传性原理：作用在刚体上某点的力，可以沿着它的作用线移动到刚体内任意一点，并不改变该力对刚体的作用效应。

如图1-3所示的小车，在 A 点的作用力 $\boldsymbol{F}$ 和在 B 点的作用力 $\boldsymbol{F}$ 对小车的作用效果是相同的。

公理3　力的平行四边形公理

作用于物体上某一点的两个力，可以合成为一个合力，其作用点也在该点，合力的大小和方向由两已知力所构成的平行四边形的对角线确定，如图1-4所示。力的合成法则可写成矢量式：$\boldsymbol{F}=\boldsymbol{F}_1+\boldsymbol{F}_2$。

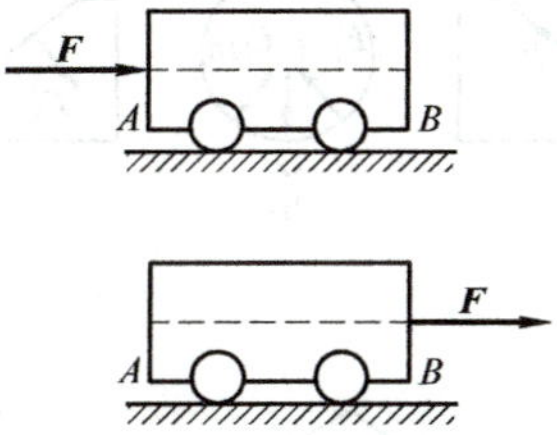

图1-3　力的可传性

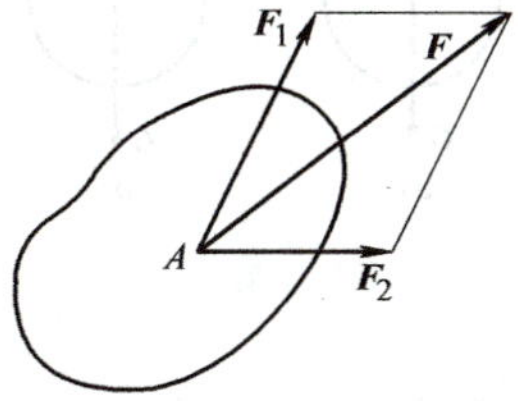

图1-4　力的平行四边形公理

推论2　三力平衡汇交原理：作用在刚体上三个相互平衡的力，若其中两个力的作用线汇交于一点，则第三个力的作用线通过该汇交点。

公理4　作用与反作用公理

两物体间的作用力与反作用力总是同时存在，且大小相等、方向相反、沿同一条直线，分别作用在这两个物体上。

1.3　工程中常见的约束

1.3.1　约束和约束反力的概念

凡在空间的位置不受任何限制，可以做任意运动的物体称为自由体，如在空间飞行的飞机、炮弹和火箭等。凡是因为受到周围其他物体的限制而不能做任意运动的物体称为非自由体，如机车、机床的刀具等。

凡是能限制某些物体运动的其他物体，称为约束。如铁轨对于机车、轴承对于电动机转子、机床刀夹对于刀具等，都是约束。约束对非自由体的作用实质上就是力的作用，这种力称为约束反力，简称反力。反力的作用点是约束与非自由体的接触点。反力的方向总是与该约束所能限制的运动方向相反。图1-5所示为一向心滚动轴承，其外圈1（一般固定在机架上，构成固定件）通过滚动体2构成对轴3（与内圈连接为一体，成为活动件）的约束。

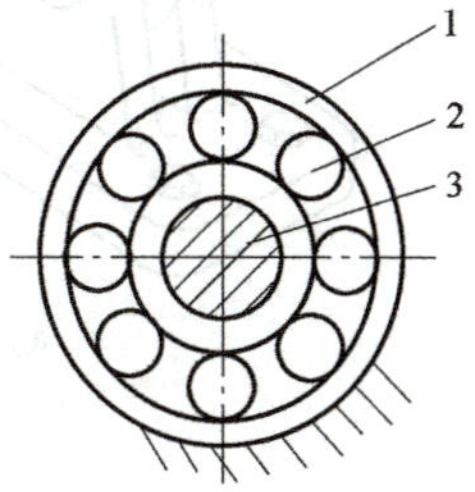

图1-5　向心滚动轴承

1.3.2　约束的基本类型

1. 柔性约束

由柔软的绳索、链条、传动带等构成的约束称为柔性约束。它们只能受拉不能受压，约束反力方向沿中心线背离被约束物体。如图1-6所示线绳上的约束反力为 $\boldsymbol{F}_1$。

2. 光滑面约束

如果两个物体接触面之间的摩擦力很小，可忽略不计，则两个物体之间构成光滑面约束。这种约束只能限制物体沿着接触点朝着垂直于接触面方向的运动，而不能限制其他方向的运动。因此，光滑接触面约束反力的方向垂直于接触面或接触点的公切线，并通过接触点指向物体，如图 1-7 所示。

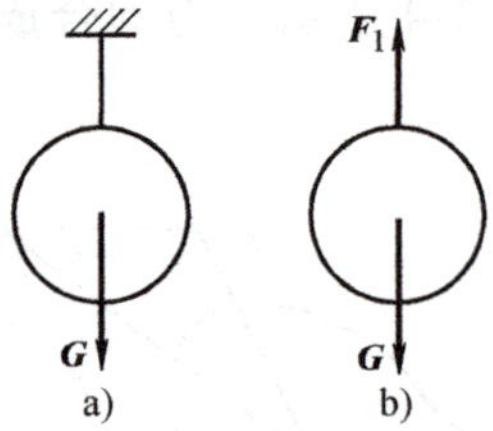

图 1-6　柔性约束

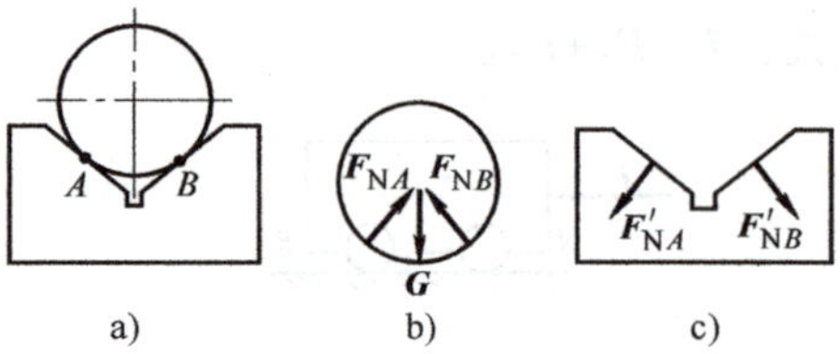

图 1-7　光滑面约束

3. 光滑铰链约束

物体经圆柱铰链连接所形成的约束称为铰链约束。图 1-8 所示的圆柱铰链是由两个端部带圆孔的杆件，用一个销轴连接而成。受约束的物体只能绕销轴相对转动。

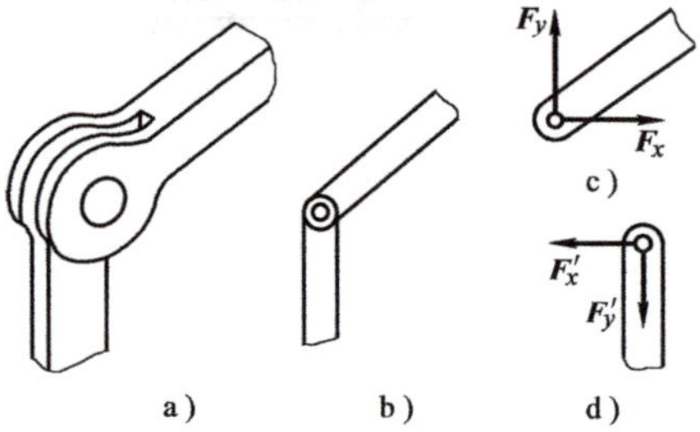

图 1-8　铰链约束

铰链约束分类：这类约束有连接铰链、固定铰链支座、活动铰链支座等。

（1）连接铰链（中间铰链）　两构件用圆柱形销钉连接且均不固定，即构成连接铰链，其约束反力用两个正交的分力表示，如图 1-8 所示。

（2）固定铰链支座　如果连接铰链中有一个构件与地基或机架相连，便构成固定铰链支座，其约束反力仍用两个正交的分力表示，如图 1-9 所示。

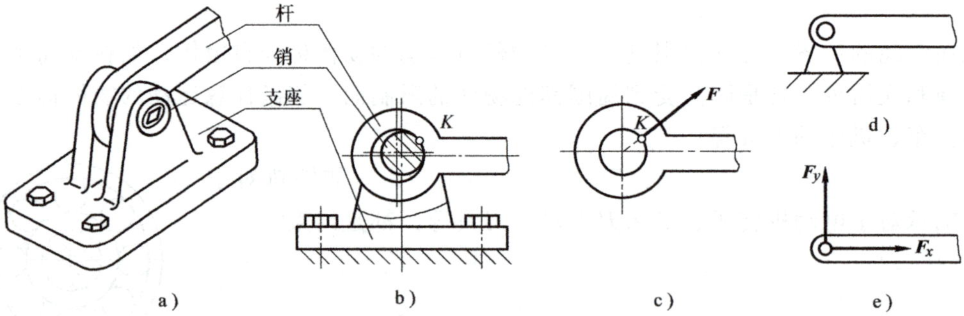

图 1-9　固定铰链支座

（3）活动铰链支座　在桥梁、屋架等工程结构中经常采用这种约束。在铰链支座的底部安装一排滚轮，可使支座沿固定支承面移动，这种支座的约束性质与光滑面约束反力相同，其约束反力必垂直于支承面，且通过铰链中心，如图 1-10 所示。

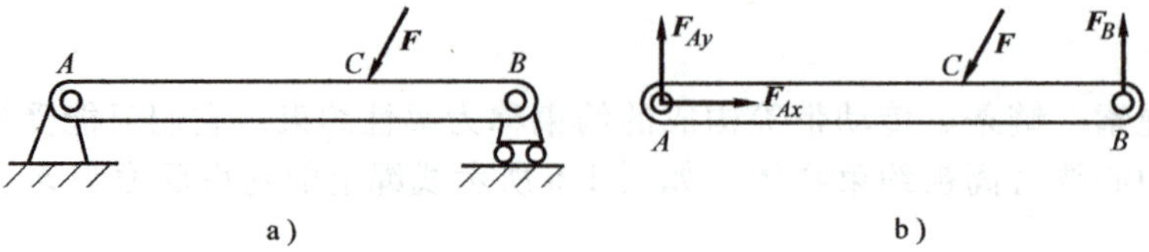

图 1-10　活动铰链支座

1.3.3　物体受力分析和受力图

首先来了解什么是受力图。为了清晰地分析与表示构件的受力情况，要将研究的构件（研究对象）从与它发生联系的周围物体中分离出来，把作用于其上的全部外力（包括已知的主动力和未知的约束反力）都表示出来。这样作成的表示物体受力情况的简图即为受力图。

1. 研究对象

所研究的物体称为研究对象。

2. 分离体

解除约束后的物体称为分离体。

3. 受力图

在分离体上画上它所受的全部主动力和约束反力的图称为受力图。

例 1-1　如图 1-11a 所示，均质球重 $\boldsymbol{G}$，用绳系住，并靠于光滑的斜面上。试分析球的受力情况，并画出受力图。

解　(1) 研究对象　确定球为研究对象。

(2) 画出主动力 $\boldsymbol{G}$，约束反作用力 $\boldsymbol{F}_{\mathrm{T}}$ 和 $\boldsymbol{F}_{\mathrm{N}}$　如图 1-11b 所示。

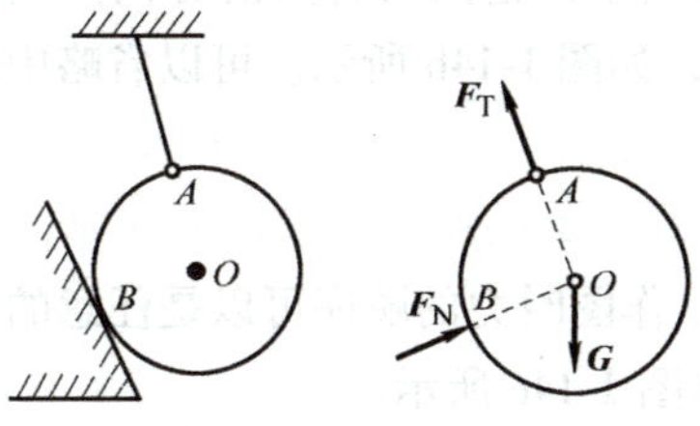

图 1-11　球的受力图

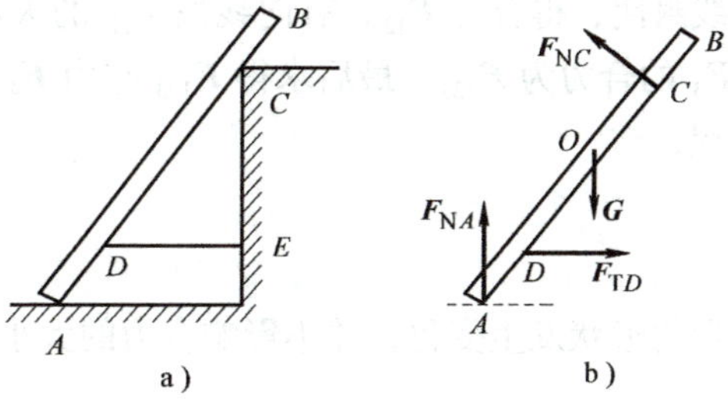

图 1-12　杆 AB 的受力图

注： 满足三力平衡汇交原理。

例 1-2　如图 1-12a 所示均质杆 AB，重量为 $\boldsymbol{G}$，支于光滑的地面及墙角间，并用水平绳 DE 系住。试画出杆 AB 的受力图。

解　(1) 研究对象　确定杆 AB 为研究对象。

(2) 画出主动力 $\boldsymbol{G}$，三个约束反作用力 $\boldsymbol{F}_{NA}$、$\boldsymbol{F}_{TD}$ 和 $\boldsymbol{F}_{NC}$　如图 1-12b 所示。

由以上两例可以归纳画受力图的步骤是：

1) 简化结构，画结构简图。

2) 选择研究对象，画出作用在其上的全部主动力。

3) 根据约束性质，画出作用于研究对象上的约束反力。

1.4　平面汇交力系合成与平衡：几何法

各力作用线均在同一平面内的力系，称为平面力系。若平面力系中的各力作用线都汇交于一点，则称平面汇交力系。平面汇交力系是力系中较简单的一种。

1. 力的三角形法则

设有两个力作用于某刚体的一点 O，则其合力可由三角形法则确定。三角形法则的实质是力的四边形法则的另一种表达方式，如图 1-13 所示。

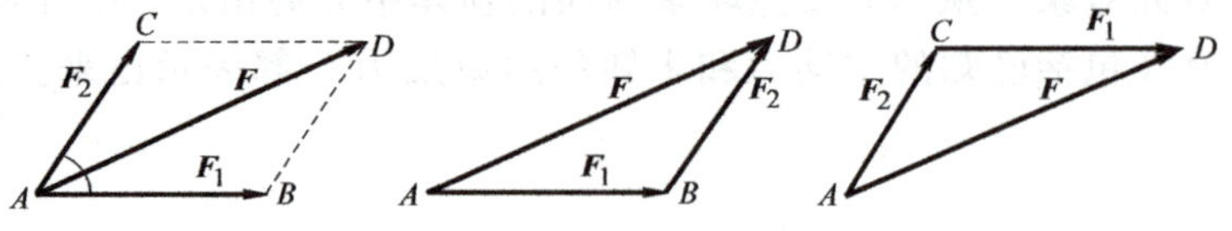

图 1-13 力的三角形法则

如图 1-13b、图 1-13c 所示，其方法是自任意点 A 先画出一力矢 $\boldsymbol{F}_1$，然后再由 $\boldsymbol{F}_1$ 的终点画一力矢 $\boldsymbol{F}_2$，最后由 A 点至力矢 $\boldsymbol{F}_2$ 的终点画一力矢 $\boldsymbol{F}$，它代表 $\boldsymbol{F}_1$、$\boldsymbol{F}_2$ 的合力。合力 $\boldsymbol{F}$ 也作用于该点 O。

2. 力的多边形法则

设作用在刚体上汇交于 O 点的力系 $\boldsymbol{F}_1$、$\boldsymbol{F}_2$、$\boldsymbol{F}_3$ 和 $\boldsymbol{F}_4$ 如图 1-14a 所示，求其合力。首先将 $\boldsymbol{F}_1$、$\boldsymbol{F}_2$ 两个力进行合成，将这两个力矢量的大小利用长度比例尺转换成长度单位，依原力矢量方向将两力矢量依次进行首尾相连，得折线 OF_1F_2，再由折线起点向折线终点作有向线段 F_{12}，即将折线封闭，得合力 $\boldsymbol{F}_{12}$，有向线段 F_{12} 的大小为合力的大小，指向为合力的方向。同理，力 $\boldsymbol{F}_{12}$ 与 $\boldsymbol{F}_3$ 的合力为 $\boldsymbol{F}_{123}$，最后求得 $\boldsymbol{F}_{123}$ 与力 $\boldsymbol{F}_4$ 的合力 $\boldsymbol{F}_R$，如图 1-14b 所示。可以省略中间求合力的过程，将力矢量 $\boldsymbol{F}_1$、$\boldsymbol{F}_2$、$\boldsymbol{F}_3$ 和 $\boldsymbol{F}_4$ 依次首尾相连，得折线 $OF_1F_2F_3F_4$，由折线起点向折线终点作有向线段 OF_4，封闭边表示其力系合力的大小和方向，且合力的作用线通过汇交 O 点，多边形 $OF_1F_2F_3F_4$ 称为力的多边形，此法称为**力的多边形法则**。作图时力的顺序可以是任意的，但力的多边形的形状发生变化，并不影响合力的大小和方向，如图 1-14c 所示。

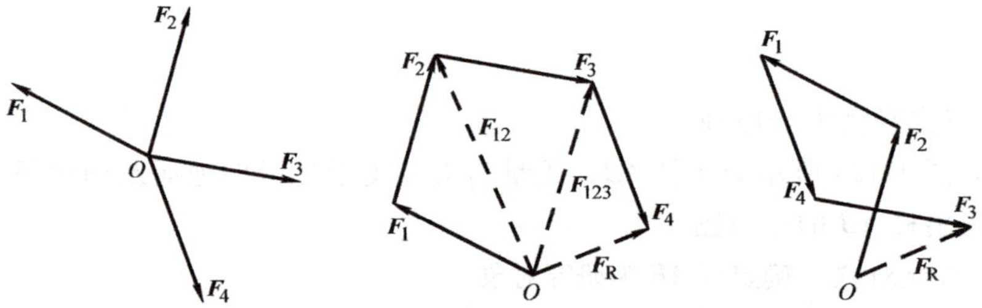

图 1-14 力的多边形法则

因平面汇交力系可用其合力来代替，所以，平面汇交力系平衡的充分和必要条件是：该力系的合力等于零。用矢量式表示。即

$$\boldsymbol{F}_R = \boldsymbol{F}_1 + \boldsymbol{F}_2 + \cdots + \boldsymbol{F}_n = \sum_{i=1}^{n} \boldsymbol{F}_i = 0 \tag{1-1}$$

平面汇交力系平衡的必要与充分几何条件是：该力系的力多边形是自行封闭的。

例 1-3 一钢管放置在 V 形槽内，如图 1-15a 所示，已知管重 $G = 5\text{kN}$，钢管与槽面间的摩擦不计，求槽面对钢管的约束力。

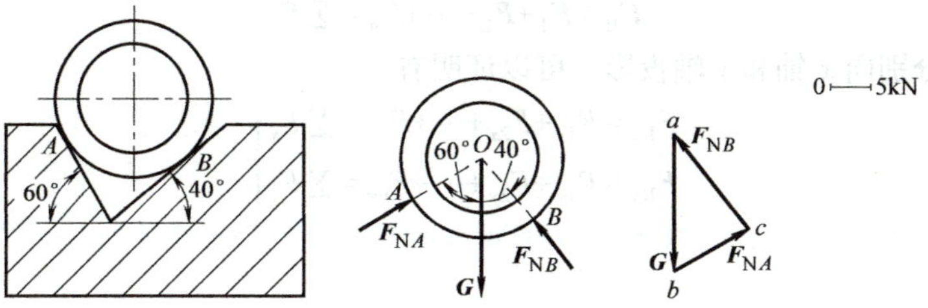

图 1-15　槽面对钢管的受力图

解　取钢管为研究对象，它所受到的主动力为重力 $\boldsymbol{G}$ 和约束力为 $\boldsymbol{F}_{NA}$ 和 $\boldsymbol{F}_{NB}$，汇交于 O 点，如图 1-15b 所示。

选比例尺，令 $ab=G$，$bc=F_{NA}$，$ca=F_{NB}$，将各力矢量按其方向进行依次首尾相连得封闭的三角形 abc，如图 1-15c 所示。量取 bc 边和 ca 边的边长，按照比例尺转换成力的单位，则槽面对钢管的约束力为

$$F_{NA}=bc=3.26\text{kN}，\quad F_{NB}=ca=4.40\text{kN}$$

另一解法，利用三角关系的正弦定理得

$$\frac{F_{NA}}{\sin 40°}=\frac{F_{NB}}{\sin 60°}=\frac{G}{\sin 80°}$$

则约束力为

$$F_{NA}=bc=3.26\text{kN}\quad F_{NB}=ca=4.40\text{kN}$$

1.5　力的分解和力的投影

如图 1-16 所示，过 $\boldsymbol{F}$ 两端向坐标轴引垂线得垂足 a、b 、a'、b'。线段 ab 和 $a'b'$分别为 $\boldsymbol{F}$ 在 x 轴和 y 轴上投影的大小，投影的正负号规定为：从 a 到 b（或从 a'到 b'）的指向与坐标轴正向相同为正，相反为负。$\boldsymbol{F}$ 在 x 轴和 y 轴上的投影分别计作 F_x、F_y，若已知 $\boldsymbol{F}$ 的大小及其与 x 轴所夹的锐角 α，则有

$$\left.\begin{aligned}F_x&=F\cos\alpha\\F_y&=-F\sin\alpha\end{aligned}\right\}\tag{1-2}$$

如将 $\boldsymbol{F}$ 沿坐标轴方向分解，所得分力 $\boldsymbol{F}_x$、$\boldsymbol{F}_y$ 的值与在同轴上的投影 F_x、F_y 相等。但必须注意，力在轴上的投影是代数量，而分力是矢量，不可混为一谈。若已知 F_x、F_y 值，可求出 $\boldsymbol{F}$ 的大小和方向，即

$$\left.\begin{aligned}F&=\sqrt{F_x^2+F_y^2}\\\tan\alpha&=\left|F_y/F_x\right|\end{aligned}\right\}\tag{1-3}$$

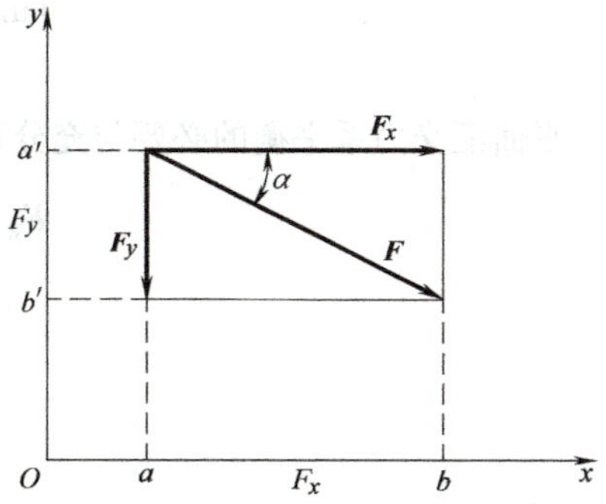

图 1-16　力在坐标轴上的投影

1.6　平面汇交力系合成与平衡：解析法

设刚体上作用有一个平面汇交力系 $\boldsymbol{F}_1$，$\boldsymbol{F}_2$，…，$\boldsymbol{F}_n$，据式（1-1）有

$$F_R = F_1 + F_2 + \cdots + F_n = \sum F$$

将上式两边分别向 x 轴和 y 轴投影，可以证明有

$$\left.\begin{aligned} F_{Rx} &= F_{1x} + F_{2x} + \cdots + F_{nx} = \sum F_x \\ F_{Ry} &= F_{1y} + F_{2y} + \cdots + F_{ny} = \sum F_y \end{aligned}\right\} \quad (1\text{-}4)$$

式（1-4）即为合力投影定理：力系的合力在某轴上的投影，等于力系中各力在同一轴上投影的代数和。

若进一步按式（1-4）运算，即可求得合力的大小及方向，即

$$\left.\begin{aligned} F_R &= \sqrt{(\sum F_x)^2 + (\sum F_y)^2} \\ \tan\alpha &= \left| \sum F_y / \sum F_x \right| \end{aligned}\right\} \quad (1\text{-}5)$$

式中，α 为力 F 与 x 轴所夹的锐角。

例 1-4 一固定于房顶的吊钩上有三个力 F_1、F_2、F_3，其数值与方向如图 1-17 所示。用解析法求此三力的合力。

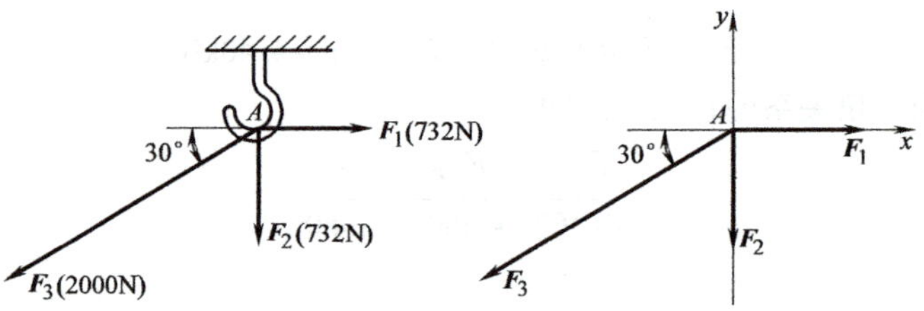

图 1-17 吊钩

解 建立直角坐标系 Axy，并应用式（1-4），求出

$$F_{Rx} = F_{1x} + F_{2x} + F_{3x} = 732\text{N} + 0 - 2000\text{N} \times \cos 30° = -1000\text{N}$$

$$F_{Ry} = F_{1y} + F_{2y} + F_{3y} = 0 - 732\text{N} - 2000\text{N} \times \sin 30° = -1732\text{N}$$

再按式（1-5）得

$$F_R = \sqrt{(\sum F_x)^2 + (\sum F_y)^2} = 2000\text{N}$$

$$\tan\alpha = \left| \sum F_y / \sum F_x \right| = 1.732$$

$$\alpha = 60°$$

平面汇交力系平衡的必要与充分条件是力系的合力为零。由式（1-5）可得

$$F_R = \sqrt{(\sum F_x)^2 + (\sum F_y)^2} = 0 \quad (1\text{-}6)$$

$$\text{即} \begin{cases} \sum F_x = 0 \\ \sum F_y = 0 \end{cases}$$

1.7 力矩与平面力偶系

1.7.1 力对点之矩

人们从实践中知道，力的外效应作用可以产生移动和转动两种效应。由经验知道，力使物体转动的效果不仅与力的大小和方向有关，还与力的作用点（或作用线）的位置有关。

例如，用扳手拧螺母时（图 1-18），螺母的转动效应除与力 $\boldsymbol{F}$ 的大小和方向有关外，还与点 O 到力作用线的距离 h 有关。距离 h 越大，转动的效果就越好，且越省力，反之则越差。显然，当力的作用线通过螺母的转动中心时，则无法使螺母转动。

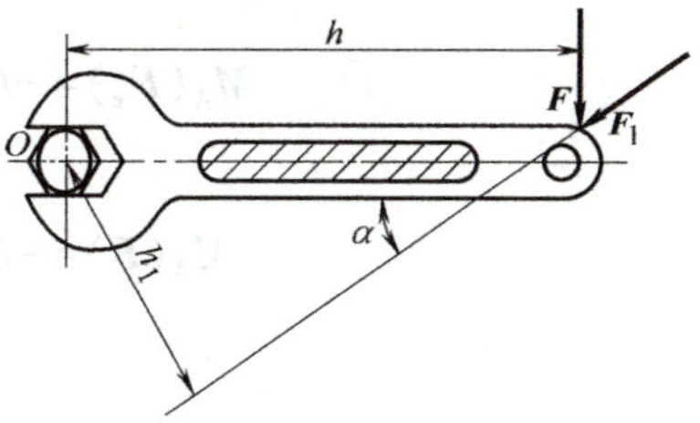

图 1-18　扳手拧螺母

可以用力对点的矩这样一个物理量来描述力使物体转动的效果。其定义为：力 $\boldsymbol{F}$ 对某点 O 的矩等于力的大小与点 O 到力的作用线距离 h 的乘积。记作

$$M_O(\boldsymbol{F}) = \pm Fh \tag{1-7}$$

式中，点 O 称为矩心；h 称为力臂；Fh 表示力使物体绕点 O 转动效果的大小；而正负号则表明 $M_O(\boldsymbol{F})$ 是一个代数量，可以用它来描述物体的转动方向。通常规定，使物体逆时针方向转动的力矩为正，反之为负。力矩的单位为 N · m。

根据定义，图 1-18 中所示的力 $\boldsymbol{F}_1$ 对点 O 的矩为

$$M_O(\boldsymbol{F}_1) = -F_1 h_1 = -F_1 h \sin\alpha$$

由定义知：力对点的矩与矩心的位置有关，同一个力对不同点的矩是不同的。因此，对力矩要指明矩心。

1.7.2　合力矩定理

在计算力系的合力对某点的矩时，除根据力矩的定义计算外，还常用到合力矩定理，即：平面汇交力系的合力对平面上任一点之矩，等于所有各分力对同一点力矩的代数和。

设刚体受到一合力为 $\boldsymbol{F}$ 的平面力系 $\boldsymbol{F}_1$，$\boldsymbol{F}_2$，…，$\boldsymbol{F}_n$ 的作用，在平面内任取一点 O 为矩心，由于合力与整个力系等效，所以合力对 O 点的矩一定等于各个分力对 O 点之矩的代数和（证明从略），这一结论称为合力矩定理，即

$$M_O(\boldsymbol{F}_R) = M_O(\boldsymbol{F}_1) + M_O(\boldsymbol{F}_2) + \cdots + M_O(\boldsymbol{F}_n) = \sum M_O(\boldsymbol{F}) \tag{1-8}$$

在计算力矩时，当力臂较难确定的情况下，用合力矩定理计算更加方便。

例 1-5　一轮在轮轴 B 处受一切向力 $\boldsymbol{F}$ 的作用，如图 1-19a 所示。已知 F、R、r 和 α。试求此力对轮与地面接触点 A 的力矩。

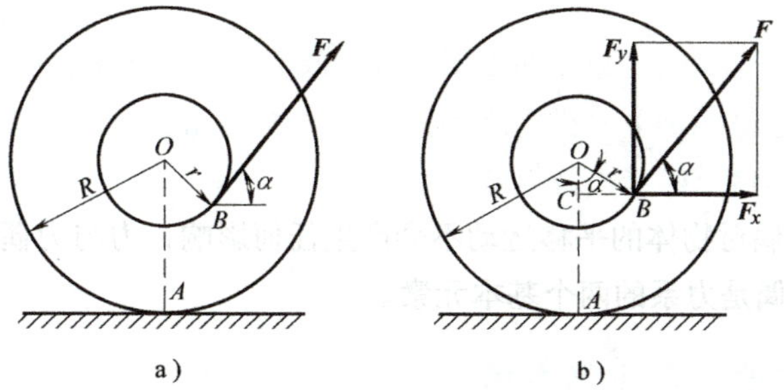

图 1-19　轮轴受力图

解　由于力 $\boldsymbol{F}$ 对矩心 A 的力臂未标明且不易求出，故将力 $\boldsymbol{F}$ 在 B 点分解为正交的分力 $\boldsymbol{F}_x$、$\boldsymbol{F}_y$，再应用合力矩定理，有

$$M_A(\boldsymbol{F})=M_A(\boldsymbol{F}_x)+M_A(\boldsymbol{F}_y)$$
$$M_A(\boldsymbol{F}_x)=-F_xCA=-F_x(OA-OC)=-F\cos\alpha(R-r\cos\alpha)$$
$$M_A(\boldsymbol{F}_y)=F_yr\sin\alpha=Fr\sin^2\alpha$$
$$M_A(\boldsymbol{F})=-F\cos\alpha(R-r\cos\alpha)+Fr\sin^2\alpha=F(r-R\cos\alpha)$$

1.7.3 力偶及其性质

1. 力偶的概念

在日常生活及生产实践中，常见到物体受一对大小相等、方向相反但不在同一作用线上的平行力作用。例如图1-20所示的司机转动驾驶盘及钳工对丝锥的操作等。

一对等值、反向、不共线的平行力组成的力系称为力偶，此二力之间的距离称为力偶臂。由以上实例可知，力偶对物体作用的外效应是使物体单纯地产生转动运动的变化。

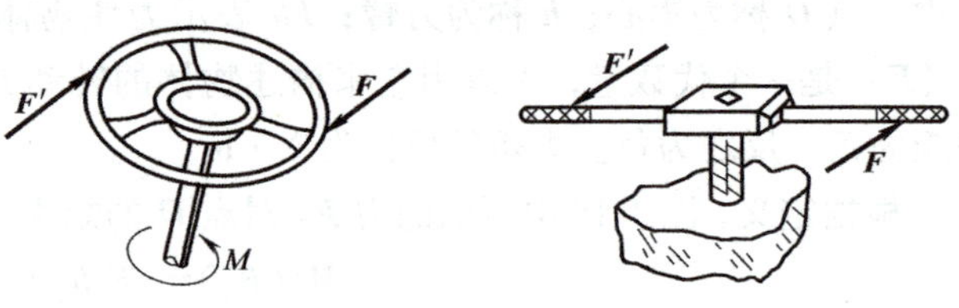

图1-20 力偶实例

2. 力偶的三要素

在力学上，以 F 与力偶臂 d 的乘积作为量度力偶在其作用面内对物体转动效应的物理量，称为力偶矩，并记作 M（$\boldsymbol{F}$，$\boldsymbol{F}'$）或 M。即

$$M(\boldsymbol{F},\boldsymbol{F}')=M=\pm Fd \tag{1-9}$$

一般规定，逆时针方向转动的力偶取正值，顺时针方向转动的力偶取负值。

力偶矩的单位为N·m或N·mm。

力偶对物体的转动效应取决于下列三要素：

1）力偶矩的大小。

2）力偶的转向。

3）力偶作用面的方位。

3. 力偶的等效条件

凡是三要素相同的力偶则彼此等效，即它们可以相互置换，这一点不仅由力偶的概念可以说明，还可以通过力偶的性质作进一步证明。

4. 力偶的性质

性质1 力偶对其作用面内任意点的力矩恒等于此力偶的力偶矩，而与矩心的位置无关。

性质2 力偶在任意坐标轴上的投影之和为零，故力偶无合力，力偶不能与一个力等效，也不能用一个力来平衡，力偶只能与力偶等效或平衡。

力偶无合力，故力偶对物体的平移运动不会产生任何影响，力与力偶相互不能代替，不能构成平衡。因此，力与力偶是力系的两个基本元素。

1.7.4 平面力偶系的合成与平衡方程

作用在物体上同一平面内的若干力偶，总称为平面力偶系。

1. 平面力偶系的合成

设在刚体某平面上有力偶 M_1、M_2 的作用，如图1-21a所示，现求其合成的结果。

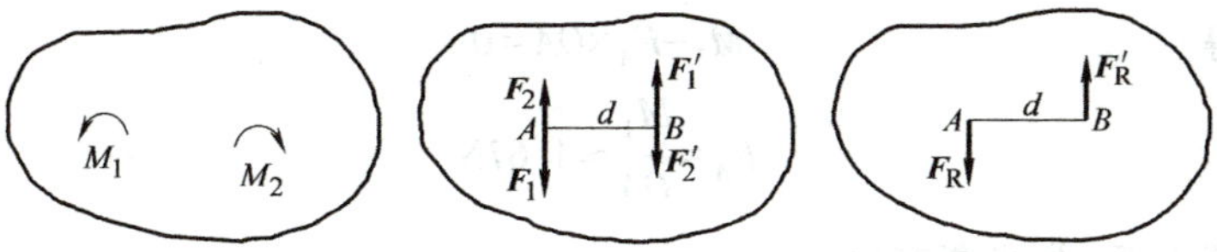

a)　　　　b)　　　　c)

图 1-21　平面力偶系的合成

在平面上任取一线段 $AB=d$ 作为公共力偶臂，并把每个力偶化为一组作用在 A、B 两点的反向平行力，如图 1-21b 所示，根据力偶等效条件，有

$$F_1=\frac{M_1}{d},F_2=\frac{M_2}{d}$$

于是在 A、B 两点各得一组共线力系，其合力为 $\boldsymbol{F}_R$ 与 $\boldsymbol{F}_R'$，如图 1-21c 所示，且有

$$F_R=F_R'=F_1-F_2$$

$\boldsymbol{F}_R$ 与 $\boldsymbol{F}_R'$ 为一对等值、反向、不共线的平行力，它们组成的力偶即为合力偶，所以有

$$M=F_Rd=(F_1-F_2)d=M_1+M_2$$

若在刚体上有若干个力偶作用，采用上述方法叠加，可得合力偶矩为

$$M=M_1+M_2+\cdots+M_n=\sum M \tag{1-10}$$

式（1-10）表明，平面力偶系合成的结果为一合力偶，合力偶矩为各分力偶矩的代数和。

2．平面力偶系的平衡条件

由合成结果可知，要使力偶系平衡，则合力偶的矩必须等于零，因此，平面力偶系平衡的必要和充分条件是：力偶系中各力偶矩的代数和等于零，即

$$\sum M=0 \tag{1-11}$$

平面力偶系的独立平衡方程只有一个，故只能求解一个未知数。

例 1-6　四连杆机构在图 1-22a 所示位置平衡，已知 $OA=60\text{cm}$，$O_1B=40\text{cm}$，作用在摇杆 OA 上的力偶矩 $M_1=1\text{N}\cdot\text{m}$，不计杆自重，求力偶矩 M_2 的大小。

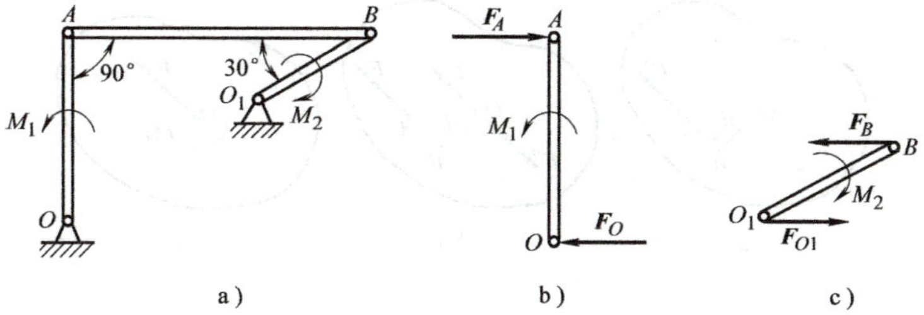

a)　　　　b)　　　　c)

图 1-22　四连杆机构

解　(1) 受力分析

先取 OA 杆分析，如图 1-22b 所示，在杆上作用有主动力偶矩 M_1。根据力偶的性质，力偶只与力偶平衡，所以在杆的两端点 O、A 上必作用有大小相等、方向相反的一对力 F_O 及 F_A，而连杆 AB 为二力杆，所以 F_A 的作用方向被确定。再取 O_1B 杆分析，如图 1-22c 所示，此时杆上作用一个待求力偶 M_2，此力偶与作用在 O_1、B 两端点上的约束反力构成的力偶平衡。

（2）列平衡方程

由 $\sum M=0$，得
$$M_1-F_A\times OA=0 \quad \text{(a)}$$
$$F_A=\frac{M_1}{OA}\approx 1.67\text{N}$$

（3）对受力图 1-22c 列平衡方程

由 $\sum M=0$，得
$$F_B\times O_1B\sin 30°-M_2=0 \quad \text{(b)}$$
因
$$F_B=F_A=1.67\text{N}$$
故由式（b）得
$$M_2=F_A\times O_1B\times 0.5=1.67\text{N}\times 0.4\text{m}\times 0.5\approx 0.33\text{N}\cdot\text{m}$$

1.8 平面一般力系的简化

所谓平面一般力系，是指位于同一平面内的各力的作用线既不汇交于一点，也不互相平行的情况。它是工程实际中最常见的一种力系，工程计算中的许多实际问题都可以简化为平面一般力系问题来进行处理。例如图 1-23 所示曲柄滑块机构。

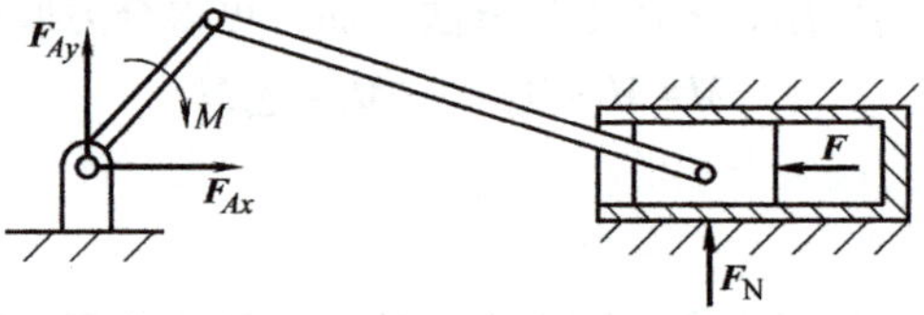

图 1-23 曲柄滑块机构

1.8.1 力的平移定理

作用在刚体上 A 点处的力 $\boldsymbol{F}$，可以平移到刚体内任意点 O，但必须同时附加一个力偶，其力偶矩等于原来的力 $\boldsymbol{F}$ 对新作用点 O 的矩。这就是力的平移定理。如图 1-24 所示。

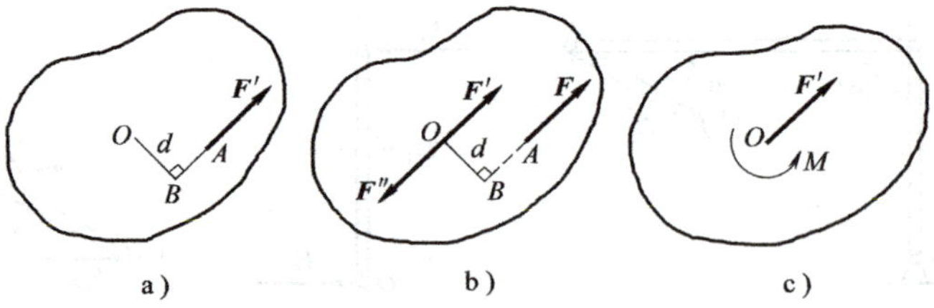

图 1-24 力的平移过程

证明如下：根据加减平衡力系公理，在任意点 O 加上一对与 $\boldsymbol{F}$ 等值的平衡力 $\boldsymbol{F}'$、$\boldsymbol{F}''$（图 1-24b），则 $\boldsymbol{F}$ 与 $\boldsymbol{F}''$为一对等值反向不共线的平行力，组成了一个力偶，其力偶矩等于原力 $\boldsymbol{F}$ 对 O 点的矩，即
$$M=M_O(\boldsymbol{F})=Fd$$
于是作用在 A 点的力 $\boldsymbol{F}$ 就与作用于 O 点的平移力 $\boldsymbol{F}'$和附加力偶 M 的联合作用等效，如图 1-24c 所示。

力的平移定理表明了力对绕力作用线外的中心转动的物体有两种作用，一是平移力的作用，二是附加力偶对物体产生的旋转作用。

1.8.2 平面一般力系的简化

1. 平面一般力系向作用面内任一点简化——主矢和主矩

设刚体上作用有一平面一般力系 $\boldsymbol{F}_1$，$\boldsymbol{F}_2$，…，$\boldsymbol{F}_n$，如图 1-25a 所示，在平面内任意取一点 O，称为简化中心。根据力的平移定理，将各力都向 O 点平移，得到一个汇交于 O 点的平面汇交力系 $\boldsymbol{F}'_1$，$\boldsymbol{F}'_2$，…，$\boldsymbol{F}'_n$，以及附加平面力偶系 M_1，M_2，…，M_n，图 1-25b 所示。

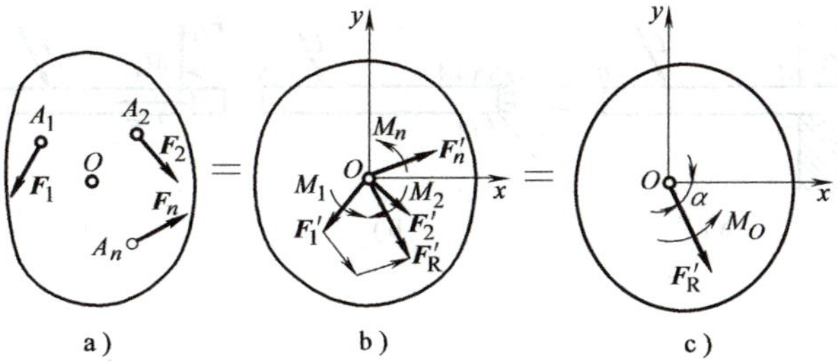

图 1-25 平面一般力系向作用面内任一点简化

1）平面汇交力系 $\boldsymbol{F}'_1$，$\boldsymbol{F}'_2$，…，$\boldsymbol{F}'_n$，可以合成为一个作用于 O 点的合矢量 $\boldsymbol{F}'_R$，如图 1-25c 所示。

$$\boldsymbol{F}'_R = \sum \boldsymbol{F}' = \sum \boldsymbol{F} \tag{1-12}$$

它等于力系中各力的矢量和。显然，单独的 $\boldsymbol{F}'_R$ 不能和原力系等效，它被称为原力系的主矢。将式（1-12）写成直角坐标系下的投影形式，即

$$\left.\begin{aligned} F'_{Rx} &= F_{1x}+F_{2x}+\cdots+F_{nx} = \sum F_x \\ F'_{Ry} &= F_{1y}+F_{2y}+\cdots+F_{ny} = \sum F_y \end{aligned}\right\}$$

因此，主矢 $\boldsymbol{F}'_R$ 的大小及其与 x 轴正向的夹角分别为

$$\left.\begin{aligned} F'_R &= \sqrt{F^2_{Rx}+F^2_{Ry}} = \sqrt{\left(\sum F_x\right)^2+\left(\sum F_y\right)^2} \\ \theta &= \arctan\left|\frac{F_{Ry}}{F_{Rx}}\right| = \arctan\left|\frac{\sum F_y}{\sum F_x}\right| \end{aligned}\right\} \tag{1-13}$$

2）附加平面力偶系 M_1，M_2，…，M_n 可以合成为一个合力偶矩 M_O，即

$$M_O = M_1+M_2+\cdots+M_n = \sum M_O(\boldsymbol{F}) \tag{1-14}$$

显然，单独的 M_O 也不能与原力系等效，因此，它被称为原力系对简化中心 O 的主矩。

综上所述，得到如下结论：平面一般力系向平面内任一点简化可以得到一个力和一个力偶，这个力等于力系中各力的矢量和，作用于简化中心，称为原力系的主矢；这个力偶的矩等于原力系中各力对简化中心之矩的代数和，称为原力系的主矩。

原力系与主矢 $\boldsymbol{F}'_R$ 和主矩 M_O 的联合作用等效。主矢 $\boldsymbol{F}'_R$ 的大小和方向与简化中心的选择无关。主矩 M_O 的大小和转向与简化中心的选择有关。

在 1.3.2 中，介绍了三种常见的约束形式。工程上还有一种常见的约束形式，称为固定端约束。固定端约束是使被约束体插入约束内部，被约束体一端与约束成为一体而完全固

定，既不能移动也不能转动的一种约束形式。工程中的固定端约束是很常见的，诸如机床上装卡加工工件的卡盘对工件的约束（图 1-26）；大型机器中立柱对横梁的约束；固定端约束的约束反力是由约束与被约束体紧密接触而产生的一个分布力系，当外力为平面力系时，约束反力所构成的这个分布力系也是平面力系。由于其中各个力的大小与方向均难以确定，因而可将该力系向 A 点简化，得到的主矢用一对正交分力表示，而将主矩用一个反力偶矩来表示，这就是固定端约束的约束反力，如图 1-27 所示。

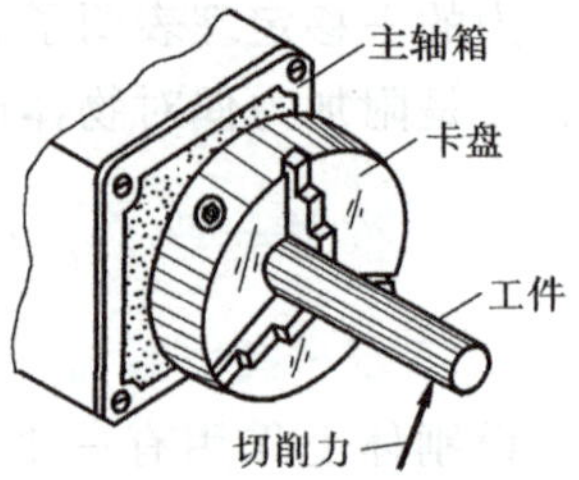

图 1-26 机床卡盘

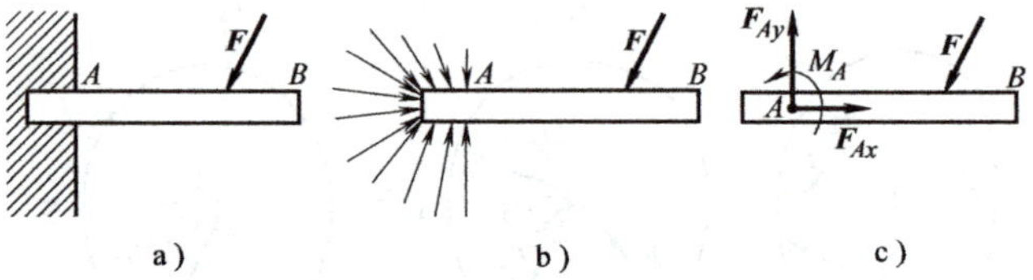

图 1-27 固定端约束及其约束反力

2. 平面一般力系的合成结果

由前述可知，平面一般力系向一点 O 简化后，一般来说得到主矢 $\boldsymbol{F}'_R$ 和主矩 M_O，但这并不是简化的最终结果，进一步分析可能出现以下四种情况：

（1）$\boldsymbol{F}'_R=0$，$M_O\neq0$ 说明该力系无主矢，而最终简化为一个力偶，其力偶矩就等于力系的主矩，此时，主矩与简化中心无关。

（2）$\boldsymbol{F}'_R\neq0$，$M_O=0$ 说明原力系的简化结果是一个力，而且这个力的作用线恰好通过简化中心，此时，$\boldsymbol{F}'_R$ 就是原力系的合力 $\boldsymbol{F}_R$。

（3）$\boldsymbol{F}'_R\neq0$，$M_O\neq0$ 这种情况还可以进一步简化。根据力的平移定理逆过程，可以把 $\boldsymbol{F}'_R$ 和 M_O 合成一个合力 $\boldsymbol{F}_R$。合成过程如图 1-28 所示。合力 $\boldsymbol{F}_R$ 与主矢 $\boldsymbol{F}'_R$ 大小相等、方向相同，合力 $\boldsymbol{F}_R$ 的作用线到简化中心 O 的距离为

$$d=\left|\frac{M_O}{F_R}\right|=\left|\frac{M_O}{F'_R}\right| \tag{1-15}$$

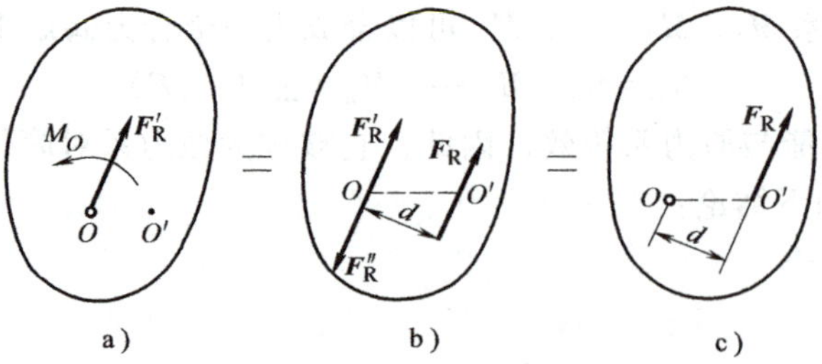

图 1-28 $\boldsymbol{F}'_R$ 和 M_O 进一步合成过程

（4）$\boldsymbol{F}'_R=0$，$M_O=0$ 这表明，该力系对刚体总的作用效果为零，即物体处于平衡状态。

1.9 平面一般力系的平衡方程及应用

1.9.1 平面一般力系的平衡方程

1. 基本形式

由上述讨论可知，若平面一般力系的主矢和对任一点的主矩都为零，则物体处于平衡状态；反之，若力系是平衡力系，则其主矢、主矩必同时为零。因此，平面一般力系平衡的充要条件是

$$\left.\begin{aligned} F'_R &= \sqrt{(\sum F_x)^2 + (\sum F_y)^2} = 0 \\ M_O &= \sum M_O(F) = 0 \end{aligned}\right\} \tag{1-16}$$

故得平面一般力系的平衡方程为

$$\left.\begin{aligned} &\sum F_x = 0 \\ &\sum F_y = 0 \\ &\sum M_O(F) = 0 \end{aligned}\right\} \tag{1-17}$$

式（1-17）满足平面一般力系平衡的充分和必要条件，所以，平面一般力系有三个独立的平衡方程，可求解最多三个未知量。

用解析表达式表示平衡条件的方式不是唯一的。平衡方程式的形式还有二矩式和三矩式两种形式。

2. 二矩式

$$\left.\begin{aligned} &\sum F_x = 0 \\ &\sum M_A(F) = 0 \\ &\sum M_B(F) = 0 \end{aligned}\right\} \tag{1-18}$$

附加条件：AB 连线不得与 x 轴相垂直。

3. 三矩式

$$\left.\begin{aligned} &\sum M_A(F) = 0 \\ &\sum M_B(F) = 0 \\ &\sum M_C(F) = 0 \end{aligned}\right\} \tag{1-19}$$

附加条件：A、B、C 三点不在同一直线上。

1.9.2 平面一般力系平衡方程的解题步骤

（1）确定研究对象，画出受力图　应取有已知力和未知力作用的物体，画出其分离体的受力图。

（2）列平衡方程并求解　适当选取坐标轴和矩心。若受力图上有两个未知力互相垂直，可选垂直于此二力的坐标轴，列出投影方程。如不存在两未知力垂直，则选任意两未知力的交点为矩心列出力矩方程，先行求解。一般水平和垂直的坐标轴可画可不画，但倾斜的坐标轴必须画。

例 1-7 绞车通过钢丝牵引小车沿斜面轨道匀速上升，如图 1-29a 所示。已知小车重 $G=10\text{kN}$，绳与斜面平行，$\alpha=30°$，$a=0.75\text{m}$，$b=0.3\text{m}$，不计摩擦。求钢丝绳的拉力及轨道对车轮的约束反力。

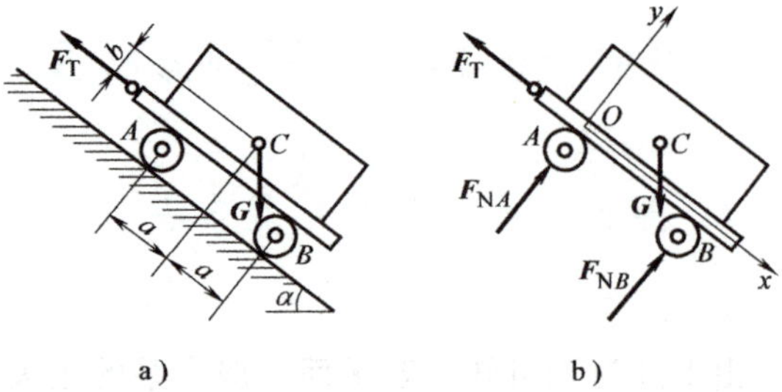

图 1-29 牵引小车

解 （1）取小车为研究对象画受力图（图 1-29b） 小车上作用有重力 G，钢丝绳的拉力 F_T，轨道在 A、B 处的约束反力 F_{NA} 和 F_{NB}。

（2）取图示坐标系，列平衡方程

$$\sum F_x=0,\qquad -F_T+G\sin\alpha=0$$

$$\sum F_y=0,\qquad F_{NA}+F_{NB}-G\cos\alpha=0$$

$$\sum M_O(\boldsymbol{F})=0,\qquad F_{NB}(2a)-Gb\sin\alpha-Ga\cos\alpha=0$$

解得

$$F_T=5\text{kN},\ F_{NB}=5.33\text{kN},\ F_{NA}=3.33\text{kN}$$

例 1-8 悬臂梁如图 1-30 所示，梁上作用有均布载荷 q，在 B 端作用有集中力 $F=ql$ 和力偶为 $M=ql^2$，梁长度为 $2l$，已知 q 和 ql（力的单位为 N，长度单位为 m）。求固定端的约束反力。

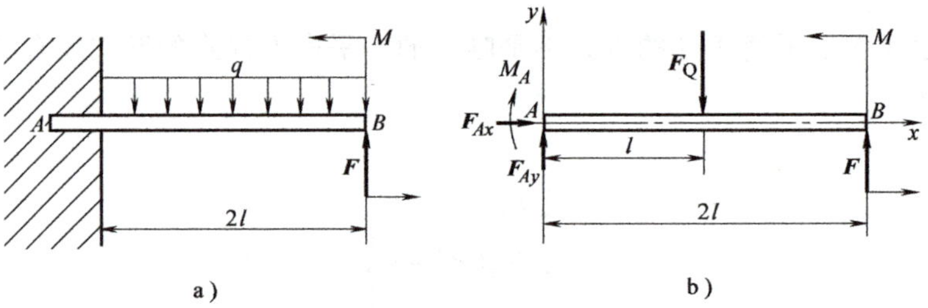

图 1-30 悬臂梁

解 （1）取 AB 梁为研究对象画受力图（图 1-30b） 均布载荷 q 可简化为作用于梁中点的一个集中力 $F_Q=q\times 2l$。

（2）列平衡方程

$$\sum F_x=0,\qquad F_{Ax}=0$$

$$\sum M_A(\boldsymbol{F})=0,\qquad M-M_A+F(2l)-F_Ql=0,$$

故

$$M_A=M+2Fl-F_Ql=ql^2+2ql^2-2ql^2=ql^2$$

$$\sum F_y=0,\qquad F_{Ay}+F-F_Q=0$$

故

$$F_{Ay}=F_Q-F=2ql-ql=ql$$

1.10 摩擦

在前面各节讨论物体平衡时，都假定物体间的接触面是绝对光滑的，也就是忽略了摩擦。这在一定条件下是允许的。但是，摩擦现象在自然界是普遍存在的。一方面人们利用它为生产生活服务，例如，人们在行走、车辆行驶和摩擦传动、制动等，都需要摩擦力。另一方面摩擦又带来消极作用，如消耗能量、磨损零件、缩短机器寿命、降低仪表的精度等。因此我们应该认识和掌握摩擦的规律。

按照接触物体之间可能会相对滑动或相对滚动，摩擦可分为滑动摩擦和滚动摩擦；又根据物体之间是否有良好的润滑剂，滑动摩擦又可分为干摩擦和湿摩擦。本章只研究有干摩擦时物体的平衡问题。

1.10.1 滑动摩擦

当两物体的接触表面有相对滑动或滑动趋势时，在接触面所产生的切向阻力，称为滑动摩擦力，简称摩擦力。摩擦力作用于相互接触处，其方向与相对滑动或滑动趋势的方向相反，它的大小主要根据主动力作用的不同，分为三种情况，即静滑动摩擦力、最大静滑动摩擦力和动滑动摩擦力。

1. 静滑动摩擦力

静滑动摩擦力的大小、方向与作用在物体上的主动力有关，是约束反力。因此，在静力学问题中，可以由平衡方程求出。这是静摩擦力与一般约束反力的共同点。

例如，图1-31中，重为 G 的物体放在固定水平面上，其上系一软绳，绳的拉力大小可以变化，当拉力由零逐渐增加，但不很大时，物体仍保持静止。可见，支承面对物体除有法向反力外，还有一个阻碍物体沿水平面向右滑动的切向力，此力即静滑动摩擦力，简称静摩擦力。可见，拉力、重力、法向反力和静摩擦力构成一平衡力系，静摩擦力的大小可由平衡条件确定。由平衡方程得

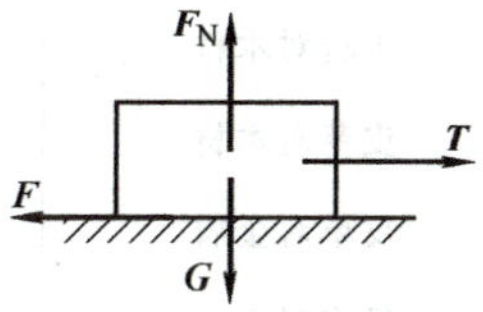

图1-31 滑动摩擦

$$\sum F_x = 0, \quad F = T$$

静摩擦力的方向与物体运动趋势相反，其大小随 T 增加而增加。当 $T=0$ 时，F 也为零。

2. 最大静滑动摩擦力

静摩擦力与一般约束反力有一不同之处，它并不随力 T 的增加而无限度地增大。当拉力的大小达到一定的数值时，物体处于将要滑动而没有滑动的临界状态，静摩擦力达到最大值，即最大静滑动摩擦力，简称最大静摩擦力，用 F_{max} 表示。此后，如果 T 再继续增大，静摩擦力也不能随之增大，物体将失去平衡而滑动。可见静摩擦力的大小随主动力的情况而改变，但介于零与最大值之间，即

$$0 \leqslant F \leqslant F_{max}$$

由上述可知，平衡方程计算出的 F 值若小于 F_{max}，则平衡成立，静摩擦力就是由平衡方程计算的结果。如果 F 值大于 F_{max}，则物体不平衡，平衡方程不成立。若物体处于将要滑动而未滑动的临界状态，这时静摩擦力就等于 F_{max}。

大量试验证明：最大静摩擦力的方向与相对滑动趋势的方向相反，其大小与两物体间的正压力（即法向反力）N 成正比，即

$$F_{max} = fN \tag{1-20}$$

式（1-20）称为静摩擦定律（又称库伦定律）。

式中，f 称为静滑动摩擦因数，简称静摩擦因数，它是量纲为1的数。它的大小与两接触面的材料及表面情况（表面粗糙度、干湿度、温度等）有关，而与接触面积的大小无关。静

摩擦因数可由实验测定。表1-1列出了部分常用材料的摩擦因数。

3. 动滑动摩擦力

当滑动摩擦力达到最大值时，若主动力再继续加大，物体滑动。此时接触物体之间仍作用有阻碍相对滑动的力，称为动滑动摩擦力，简称动摩擦力。

由实践和实验结果，得出动滑动摩擦的基本定律：动摩擦力的大小与接触面间的正压力成正比，即

$$F'=f'N \tag{1-21}$$

式中，f'是动滑动摩擦因数，简称动摩擦因数。它不仅与接触物体的材料和表面情况有关，而且还与相对滑动速度大小有关，但当相对速度不大时，可近似地认为是个常数。参阅表1-1知$f'<f$，这就是物体起动时比运动时费力的原因。

表1-1 几种常用材料滑动摩擦因数

材料	静摩擦因数		动摩擦因数	
	干	润滑	干	润滑
金属对金属	0.15~0.3	0.1~0.2	0.15~0.2	0.05~0.15
金属对木材	0.5~0.6	0.2	0.2~0.6	0.2
木材对木材	0.4~0.6	0.1	0.2~0.5	0.07~0.15
皮革对木材	0.4~0.6	0.15	0.2~0.5	0.15
皮革对金属	0.2~0.5		0.6	0.5
橡皮对金属	0.5~0.8		0.8	
麻绳对木材			0.5	
塑料对钢材	0.09~0.1			

1.10.2 摩擦角与自锁

1. 摩擦角

根据前面的分析可知，两个相互接触并且有相对移动趋势的物体之间存在静摩擦力。所以，接触面对物体约束力包括法向约束力和静摩擦力两个分量，这两个力的合力称为全约束反力，如图1-32所示，简称为全反力，即 $\boldsymbol{F}_N+\boldsymbol{F}=\boldsymbol{F}_R$。

全反力与法向约束力的夹角用φ来表示，在保持物块静止的前提下，F、φ随F_P的增大而增大，当$F_P=F_{max}$时，F达到最大值，这时角度$\varphi=\varphi_m$称为摩擦角。一般情形下

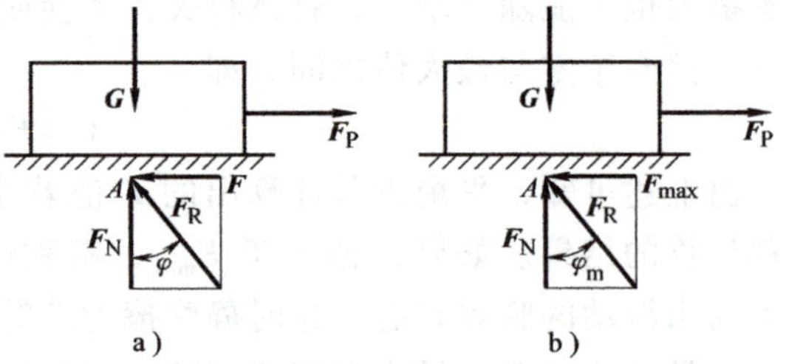

图1-32 全反力

$$0\leqslant\varphi\leqslant\varphi_m$$

该式表示全约束反力F_R在二维空间的作用范围。

在临界状态下，即$F=F_{max}$时，有 $\tan\varphi_m=F_{max}/F_N=f$

故　$\varphi_m = \arctan f$。

即摩擦角的正切等于静摩擦因数，摩擦角为全约束反力与接触面法线的最大夹角。φ_m 与 f 都是表征材料摩擦性质的物理量。

如果改变主动力 $\boldsymbol{F}_p$ 的方向，则全反力 $\boldsymbol{F}_R$ 的方向也随之改变，假如接触面在各个方向的静摩擦因数都相同，则全反力 $\boldsymbol{F}_R$ 作用线的极限位置形成一个以接触点为顶点，顶角为 φ_m 的圆锥，称为摩擦锥。如图 1-33 所示，摩擦锥是全约束反力 $\boldsymbol{F}_R$ 在三维空间内的作用范围。

2. 自锁现象

为了说明自然界中的自锁现象，考虑一个实例，如图 1-34 所示的一个可调整倾斜面。在斜面上放一重量为 G 的滑块，现在来确定滑块不会自动下滑的条件。

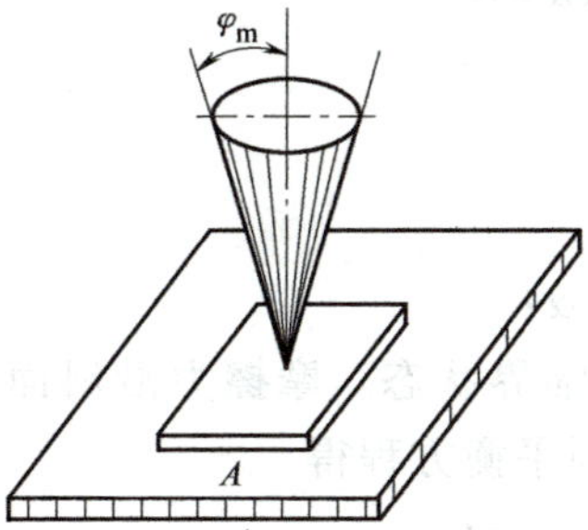

图 1-33　摩擦锥

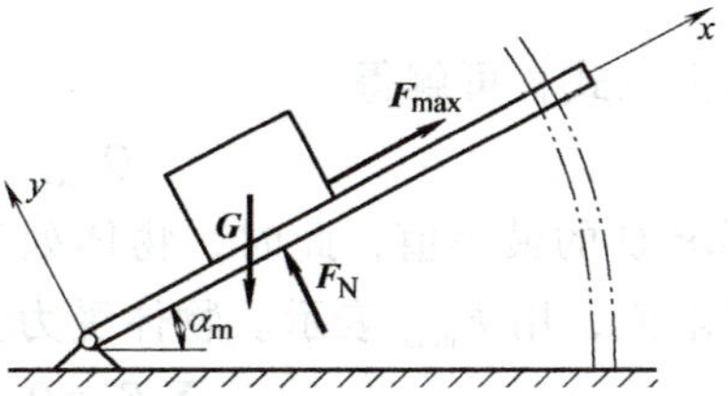

图 1-34　可调整倾斜面

显然，当斜面倾角 α（$\alpha=\varphi$）由零逐渐增大时，重物向下滑动的可能性也增加，以 α_m 表示即将开始下滑时（极限状态）斜面的倾角，此时斜面倾角 α_m 即等于摩擦角 φ_m，此时的摩擦力为最大静摩擦力 F_{max}，则重物不会自动下滑的范围是

$$0 \leqslant \alpha \leqslant \varphi_m$$

因此，如果作用于物体上的全部主动力的合力的作用线在摩擦角之内，则无论该合力有多大，在接触面上总能产生与它等值、反向、共线的全反力 F_R 而使物体保持平衡；反之，如果全部主动力的合力的作用线在摩擦角之外，则无论该合力有多么小，全约束力不能与其共线，因而物体不能静止。主动力合力的作用线在摩擦角之内而使物体静止的现象称为摩擦自锁，自锁的条件为

$$\alpha \leqslant \varphi_m \tag{1-22}$$

工程实际中，常利用自锁原理设计某些机构和夹具。例如，电工用的脚套钩、输送物料的传送带、千斤顶等都是利用自锁原理使物体保持平衡，而升降机、变速器机构中的滑移齿轮等运动机械则要避免自锁。

1.10.3　考虑摩擦时物体的平衡问题

考虑摩擦时物体平衡问题的解法与前文所述的方法相同，只是在分析力和列平衡方程时，都要考虑摩擦力。这样就增加了未知量数目，为了确定这些新增加的未知量，必须再写出静摩擦力与法向反力的关系式 $F \leqslant fN$ 作为补充方程。同时由于摩擦力有一定范围，所以有摩擦时平衡问题的解也有一定范围。下面举例说明。

例 1-9　物体重为 G，放在倾角为 α 的斜面上，它与斜面间的摩擦因数为 f，如图 1-35

所示。当物体处于平衡时，试求水平力 Q 的大小。

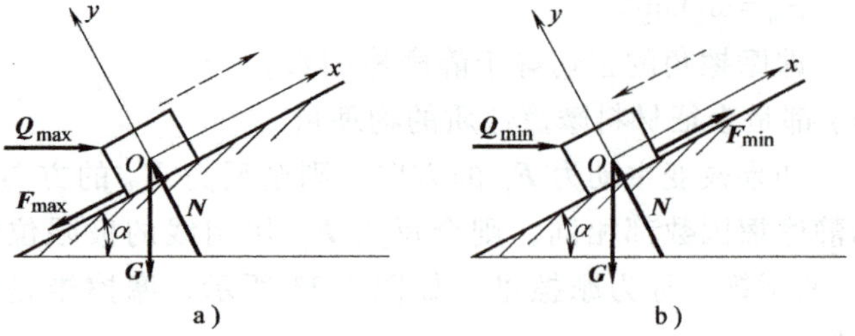

图 1-35 摩擦时物体的平衡

解 由经验知，力 Q 太大，物块将上滑；力 Q 太小，物体将下滑；因此，力 Q 的数值必在一定范围内。先求 Q 的最大值，此时物体处于向上滑动的临界状态。摩擦力 F 沿斜面向下，并达到极限值。物体在 G、N、F 和 Q_{max} 四个力作用下平衡。列平衡方程得

$$\sum F_x=0,\ Q_{max}\cos\alpha-G\sin\alpha-F_{max}=0 \quad (a)$$

$$\sum F_y=0,\ N-Q_{max}\sin\alpha-G\cos\alpha=0 \quad (b)$$

另外还有一个补充方程，即

$$F_{max}=fN \quad (c)$$

联立以上三式，可解得

$$Q_{max}=G(\tan\alpha+f)/(1-f\tan\alpha)$$

再求 Q 的最小值，此时，物体处于将要向下滑动的临界状态。摩擦力沿斜面向上，并达到极限值，用 F_{max} 表示。物体受力如图 1-35b 所示。列平衡方程得

$$\sum F_x=0,\ Q_{min}\cos\alpha-G\sin\alpha+F_{min}=0 \quad (d)$$

$$\sum F_y=0,\ N-Q_{min}\sin\alpha-G\cos\alpha=0 \quad (e)$$

此外再列一个补充方程，即

$$F_{min}=fN \quad (f)$$

联立以上三式可得

$$Q_{min}=P(\tan\alpha-f)/(1+f\tan\alpha)$$

综上所述结果，可得物体平衡时 Q 力的范围是

$$G(\tan\alpha-f)/(1+f\tan\alpha)\leqslant Q\leqslant G(\tan\alpha+f)/(1-f\tan\alpha)$$

1.11 空间力系简介

所谓空间力系，是指各力的作用线不在同一平面内的力系。

1.11.1 力在空间直角坐标轴上的投影

1. 一次投影法

在平面力系中，常将作用于物体上某点的力向坐标轴 x、y 上投影。同理，在空间力系中，也可将作用于空间某一点的力向坐标轴 x、y、z 上投影。具体作法如下：

设空间直角坐标系的三个坐标轴如图 1-36 所示，已知力 $\boldsymbol{F}$ 与三个坐标轴所夹的锐角分别为 α、β、γ，则力 $\boldsymbol{F}$ 在三个轴上的投影等于力的大小乘以该夹角的余弦，即

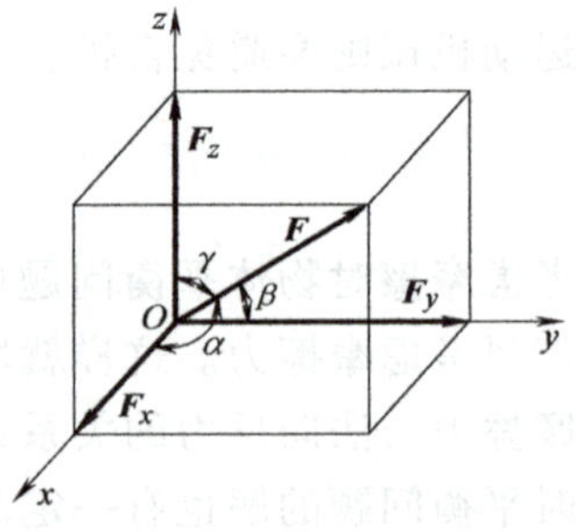

图 1-36 一次投影法

$$\left.\begin{aligned}F_x&=F\cos\alpha\\F_y&=F\cos\beta\\F_z&=F\cos\gamma\end{aligned}\right\}$$

2. 二次投影法

有些时候，需要求某力在坐标轴上的投影，但没有直接给出这个力与坐标轴的夹角，而必须改用二次投影法。

如图 1-37 所示，若已知力 $\boldsymbol{F}$ 与 z 轴的夹角为 γ，力 $\boldsymbol{F}$ 和 z 轴所确定的平面与 x 轴的夹角为 φ，可先将力 $\boldsymbol{F}$ 在 oxy 平面上投影，然后再向 x、y 轴进行投影。则力在三个坐标轴上的投影分别为

$$\left.\begin{aligned}F_z&=F\cos\gamma\\F_x&=F\sin\gamma\cos\varphi\\F_y&=F\sin\gamma\sin\varphi\end{aligned}\right\}$$

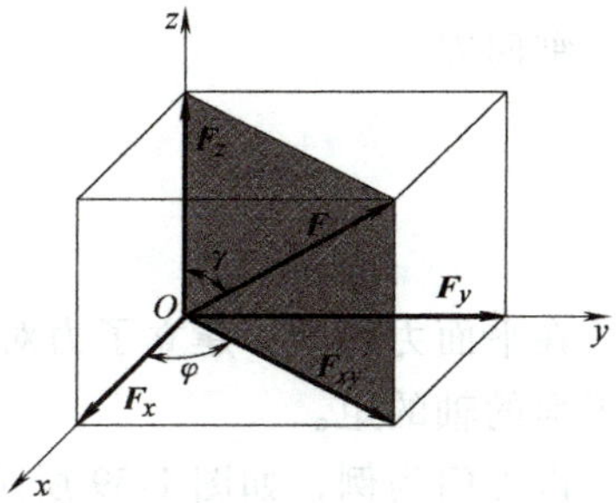

图 1-37 二次投影法

反过来，若已知力在三个坐标轴上的投影 F_x、F_y、F_z，也可求出力的大小和方向，即

$$F=\sqrt{F_x^2+F_y^2+F_z^2}$$

$$\left.\begin{aligned}\cos\alpha&=\frac{F_x}{\sqrt{F_x^2+F_y^2+F_z^2}}\\\cos\beta&=\frac{F_y}{\sqrt{F_x^2+F_y^2+F_z^2}}\\\cos\gamma&=\frac{F_z}{\sqrt{F_x^2+F_y^2+F_z^2}}\end{aligned}\right\}$$

例 1-10 如图 1-38 所示，斜齿圆柱齿轮上 A 点受到啮合力 $\boldsymbol{F}_{\mathrm{n}}$ 的作用，$\boldsymbol{F}_{\mathrm{n}}$ 沿齿廓在接触处的法线方向。α_{n} 为压力角，β 为斜齿轮的螺旋角。试计算圆周力 $\boldsymbol{F}_{\mathrm{t}}$、径向力 $\boldsymbol{F}_{\mathrm{r}}$、轴向力 $\boldsymbol{F}_{\mathrm{a}}$ 的大小。

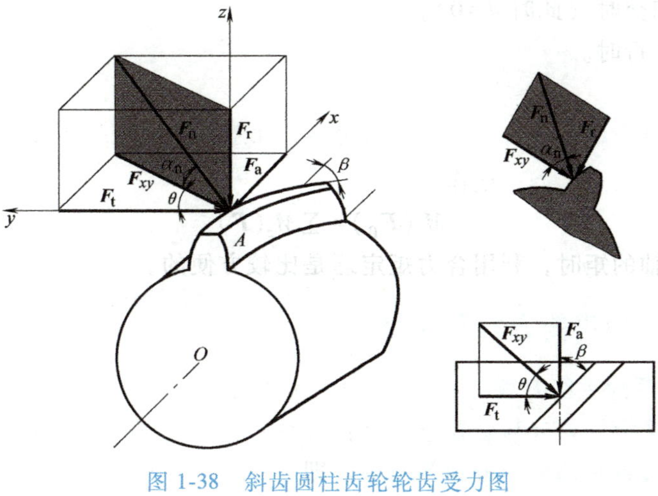

图 1-38 斜齿圆柱齿轮轮齿受力图

解 建立图 1-38 所示直角坐标系 $Axyz$，先将法向力 F_n 向平面 Axy 投影得 F_{xy}，其大小为

$$F_{xy}=F_n\cos\alpha_n$$

向 z 轴投影得径向力

$$F_r=F_n\sin\alpha_n$$

然后再将 F_{xy} 向 x、y 轴上投影，如图所示。因 $\theta=\beta$，得

圆周力 $$F_t=F_{xy}\cos\beta=F_n\cos\alpha_n\cos\beta$$

轴向力 $$F_a=F_{xy}\sin\beta=F_n\cos\alpha_n\sin\beta$$

1.11.2 力对轴之矩

1. 力对轴之矩的概念

在平面力系中，建立了力对点之矩的概念。力对点的矩，实际上是力对通过矩心且垂直于平面的轴的矩。

以推门为例，如图 1-39 所示。门上作用一力 $\boldsymbol{F}$，使其绕固定轴 z 转动。现将力 $\boldsymbol{F}$ 分解为平行于 z 轴的分力 $\boldsymbol{F}_z$ 和垂直于 z 轴的分力 $\boldsymbol{F}_{xy}$（此分力的大小即为力 $\boldsymbol{F}$ 在垂直于 z 轴的平面 A 上的投影）。由经验可知，分力 $\boldsymbol{F}_z$ 不能使静止的门绕 z 轴转动，所以分力 $\boldsymbol{F}_z$ 对 z 轴之矩为零；只有分力 $\boldsymbol{F}_{xy}$ 才能使静止的门绕 z 轴转动，即 $\boldsymbol{F}_{xy}$ 对 z 轴之矩就是力 $\boldsymbol{F}$ 对 z 轴之矩。现用符号 $M_z(\boldsymbol{F})$ 表示力 $\boldsymbol{F}$ 对 z 轴之矩，点 O 为平面 A 与 z 轴的交点，d 为点 O 到力 $\boldsymbol{F}_{xy}$ 作用线的距离。因此力 $\boldsymbol{F}$ 对 z 轴之矩为

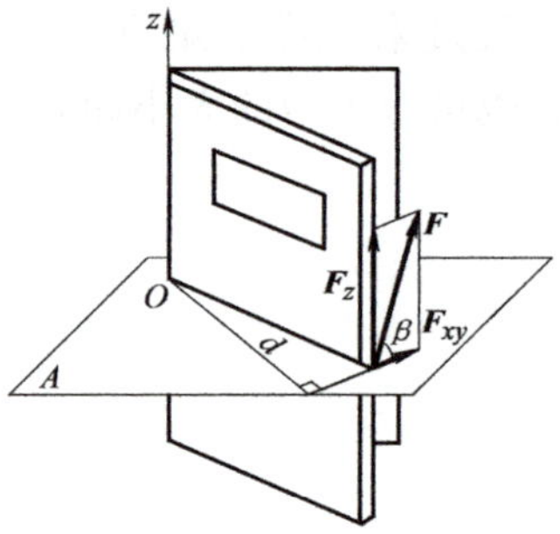

图 1-39 力对轴之矩

$$M_z(\boldsymbol{F})=M_z(\boldsymbol{F}_{xy})=M_O(\boldsymbol{F}_{xy})=\pm F_{xy}d$$

上式表明：力对轴之矩等于这个力在垂直于该轴的平面上的投影对该轴与平面交点之矩。力对轴之矩是力使物体绕该轴转动效应的度量，是一个代数量。其正负号可按下法确定：从 z 轴正端来看，若力矩为逆时针方向，规定为正，反之为负。

力对轴之矩等于零的情况：

1）当力与轴相交时（此时 $d=0$）。

2）当力与轴平行时。

2. 合力矩定理

若空间力系可以合成为一合力，则其合力 $\boldsymbol{F}_R$ 对任一轴之矩等于力系中各分力对同一轴之矩的代数和——合力矩定理，记作

$$M_z(\boldsymbol{F}_R)=\sum M_z(\boldsymbol{F})$$

在计算力对某轴的矩时，利用合力矩定理是比较方便的。

1.11.3 空间力系的平衡方程及应用

1. 空间任意力系的平衡方程

空间任意力系平衡的充分与必要条件是：力系中各力在三个坐标轴上投影的代数和以及各力对三轴之矩的代数和都必须分别等于零。即

$$\sum F_x=0, \sum F_y=0, \sum F_z=0$$
$$\sum M_x(\boldsymbol{F})=0, \sum M_y(\boldsymbol{F})=0, \sum M_z(\boldsymbol{F})=0$$

空间任意力系共有六个独立的平衡方程，最多只能解六个未知量。

2. 几种特殊力系的平衡方程

（1）空间汇交力系　若坐标原点通过汇交点，则力矩方程恒等于零，其独立平衡方程的基本形式为

$$\sum F_x=0,\ \sum F_y=0,\ \sum F_z=0$$

（2）空间平行力系　若力系中各力与 z 轴平行，则 $\sum F_x=0, \sum F_y=0$，$\sum M_z(F)=0$，其独立平衡方程的基本形式为

$$\sum F_z=0, \sum M_x(F)=0,\ \sum M_y(F)=0$$

例 1-11　镗刀杆的刀头在镗削工件时受到切向力 F_z、径向力 F_y 和轴向力 F_x 的作用，如图 1-40a 所示。各力的大小为 $F_z=5\text{kN}$，$F_y=1.5\text{kN}$，$F_x=0.75\text{kN}$，刀尖 B 的坐标 $x=200\text{mm}$，$y=75\text{mm}$，$z=0$。试求镗刀杆根部的约束力。

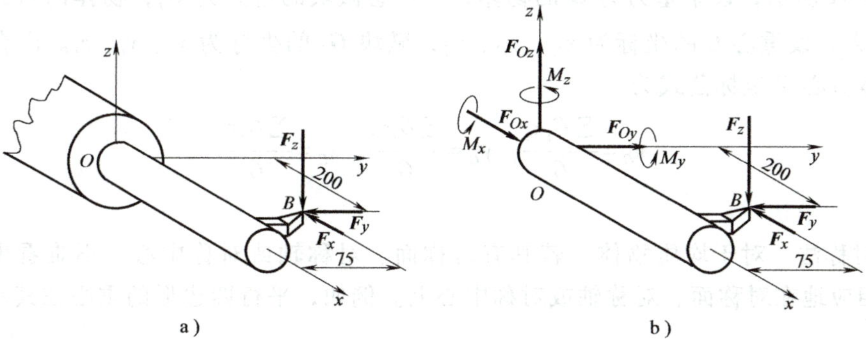

图 1-40　镗刀杆刀头受力图

解　（1）选研究对象，画受力图　选镗刀杆为研究对象，设坐标系为 $Oxyz$。

（2）分析受力　镗刀杆根部是固定端约束，由于镗刀杆刀头所受的作用力是空间力系，因此，当镗刀杆平衡时，固定端的约束力也是一个空间力系，将此力系向点 O 简化，得到一约束力和一约束力偶。约束力用直角坐标轴的三个分量 F_{Ox}、F_{Oy}、F_{Oz} 表示，约束力偶用三个正交分力偶矩 M_x、M_y、M_z 表示，受力如图 1-40b 所示。

（3）列平衡方程　得

$$\sum F_x=0,\ F_{Ox}-F_x=0$$
$$\sum F_y=0,\ F_{Oy}-F_y=0$$
$$\sum F_z=0,\ F_{Oz}-F_z=0$$
$$\sum M_x=0,\ M_x-0.075F_z=0$$
$$\sum M_y=0,\ M_y+0.2F_z=0$$
$$\sum M_z=0,\ M_z+0.075F_x-0.2F_y=0$$

解上述方程得

$$F_{Ox}=0.75\text{kN},\ F_{Oy}=1.5\text{kN},\ F_{Oz}=5\text{kN}$$
$$M_x=0.375\text{kN}\cdot\text{m},\ M_y=-1\text{kN}\cdot\text{m},\ M_z=0.244\text{kN}\cdot\text{m}$$

1.11.4 重心及其计算

1. 物体的重心

物体的重心在工程中具有很重要的意义。例如，水坝的重心位置关系到坝体在水压力作用下能否维持平衡；飞机的重心位置设计不当就不能满足飞机飞行的性能要求；电动机转子、飞轮等旋转部件在设计、制造与安装时，都要求它的重心尽量靠近轴线，否则，会产生强烈的振动，甚至引起破坏。因此，重心位置的确定，对构件的设计来说，具有十分重要的意义。

物体可以看成由若干微小物块组成，每一微小块都受到一个铅垂向下的重力作用。这样，整个物体就受到由若干个微小重力所组成的空间平行力系的作用。这些微小重力合成后，其合力即为物体的重力，其合力的作用点就是物体的重心。物体的重心位置相对于物体的几何形状是固定不变的，这是重心一个特别重要的特性。下面介绍确定重心位置的方法。

2. 重心的坐标公式

如图 1-41 所示，设某重力为 $\boldsymbol{G}$ 的物体，其任意微块的重力为 $\boldsymbol{G}_i$，物体的重力即为所有各 $\boldsymbol{G}_i$ 的合力，设重心 C 的坐标为 x_C、y_C、z_C，微块 $\boldsymbol{G}_i$ 的坐标为 x_i、y_i、z_i。由合力矩定理可求得物体重心 C 坐标公式为

$$x_C=\frac{\sum G_i x_i}{G},\quad y_C=\frac{\sum G_i y_i}{G},\quad z_C=\frac{\sum G_i z_i}{G}$$

3. 重心的求法

（1）对称法　对于均质物体，若其有对称面、对称轴或对称中心，不难看出，该物体的重心必相应地在对称面、对称轴或对称中心上。例如，平行四边形的重心在其对角线的交点上。

（2）查表法　对于简单形状均质物体的重心，可从工程手册中查出。

（3）实验法　对于形状不规则的复杂物体，工程实际中常用实验法确定其重心的位置。

1）悬挂法。如图 1-42 所示，先通过物体任一点 A 将物体悬挂起来，待物体平衡后，根据二力平衡条件可知，重心一定在铅垂线 AB 上；再过任一点 D 将物体悬挂起来，重心一定在铅垂线 DE 上，两直线 AB 与 DE 的交点 C 即为物体的重心。

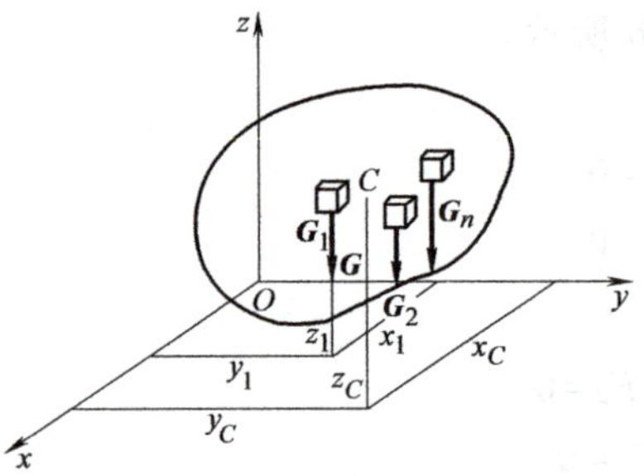

图 1-41　物体的重心

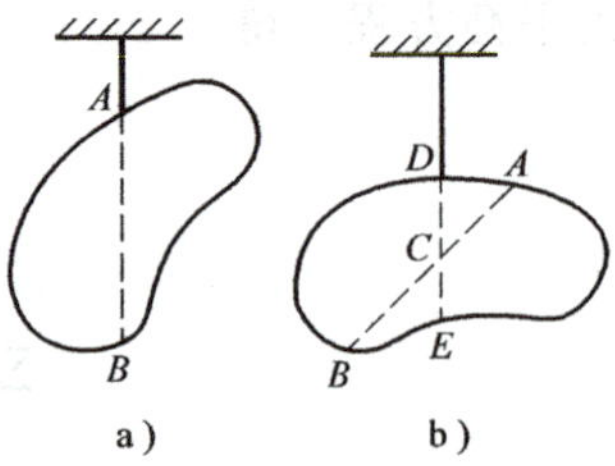

图 1-42　悬挂法

悬挂法适用于平板形物体或具有对称面的薄零件。

2）称重法。对于形状复杂的零件、体积庞大的物体常用此方法确定重心的位置。如图 1-43 所示，以发动机连杆为例，首先用磅秤称出连杆的重量 G，然后将其一端 A 放在刀

口上，另一端 B 放在磅秤上，量出 A、B 两点间的距离 l，读出磅秤上的力 F_B，由连杆的力矩平衡方程

$$\sum M_A(\boldsymbol{F})=0,\ F_Bl-Gx_C=0$$

得

$$x_C=\frac{F_B}{G}l$$

（4）组合法 工程实际中的零件往往是由几个简单图形（如圆形、矩形、三角形等）组合而成的，在计算重心时，可先将其分割为几块基本图形，每块基本图形的重心位置可通过查表求得，然后利用重心计算公式求出整体的重心位置。

例 1-12 热轧不等边角钢的横截面近似简化如图 1-44 所示，求该截面重心的位置。

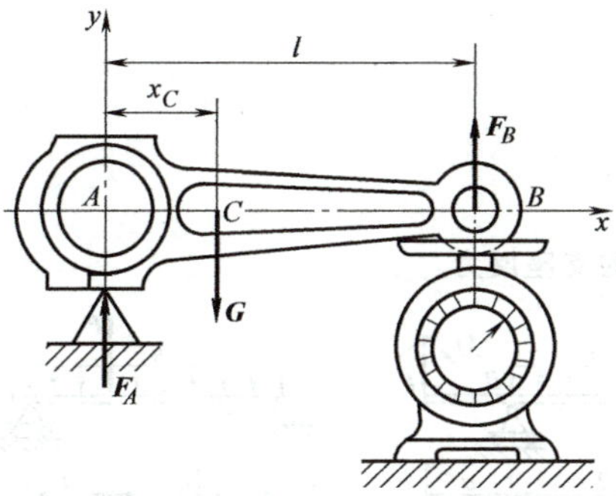

图 1-43 称重法

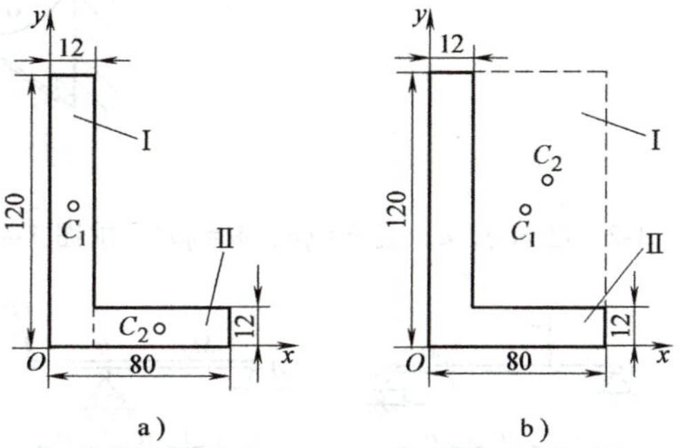

图 1-44 求不等边角钢截面重心的位置

解 （1）解法一

1）取坐标系 Oxy，如图 1-44a 所示，则矩形Ⅰ、Ⅱ的面积和重心坐标分别为

$$A_1=120\text{mm}\times12\text{mm}=1440\text{mm}^2,x_1=6\text{mm},y_1=60\text{mm}$$

$$A_2=(80-12)\text{mm}\times12\text{mm}=816\text{mm}^2,y_2=6\text{mm},x_2=46\text{mm}$$

2）求重心坐标。按公式求得物体重心的坐标 x_C、y_C 为

$$x_C=\frac{\sum A_ix_i}{A}=\frac{A_1x_1+A_2x_2}{A_1+A_2}=\frac{1440\times6+816\times46}{1440+816}\text{mm}\approx20.5\text{mm}$$

$$y_C=\frac{\sum A_iy_i}{A}=\frac{A_1y_1+A_2y_2}{A_1+A_2}=\frac{1440\times60+816\times6}{1440+816}\text{mm}\approx40.5\text{mm}$$

（2）解法二

1）取坐标系 Oxy，如图 1-44b 所示，图形看作由两部分组成，挖去的面积以负值代入，则矩形Ⅰ、Ⅱ的面积和重心坐标分别为

$$A_1=80\text{mm}\times120\text{mm}=9600\text{mm}^2,x_1=40\text{mm},y_1=60\text{mm}$$

$$A_2=-108\text{mm}\times68\text{mm}=-7344\text{mm}^2,x_2=12\text{mm}+\frac{80-12}{2}\text{mm}=46\text{mm},$$

$$y_2=12\text{mm}+\frac{120-12}{2}\text{mm}=66\text{mm}$$

2）求重心坐标

$$x_C=\frac{\sum A_ix_i}{A}=\frac{A_1x_1+A_2x_2}{A_1+A_2}=\frac{9600\times40-7344\times46}{9600-7344}\text{mm}\approx20.5\text{mm}$$

$$y_C=\frac{\sum A_i y_i}{A}=\frac{A_1y_1+A_2y_2}{A_1+A_2}=\frac{9600\times 60-7344\times 66}{9600-7344}\text{mm}\approx 40.5\text{mm}$$

这种将去掉部分面积作为负值代入公式计算形心的方法称为负面积法。

习 题 1

1-1　画出图1-45所示球 O 和杆 AB 以及整体的受力图（不计杆重）。

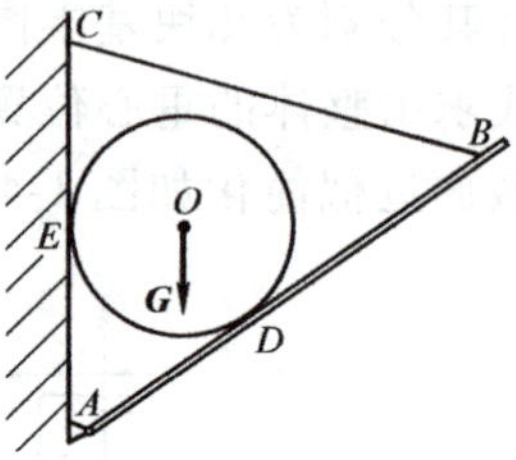

图1-45　题1-1图

1-2　已知 q、a，且 $F=qa$，$M=qa^2$，求图1-46所示各梁的支座反力。

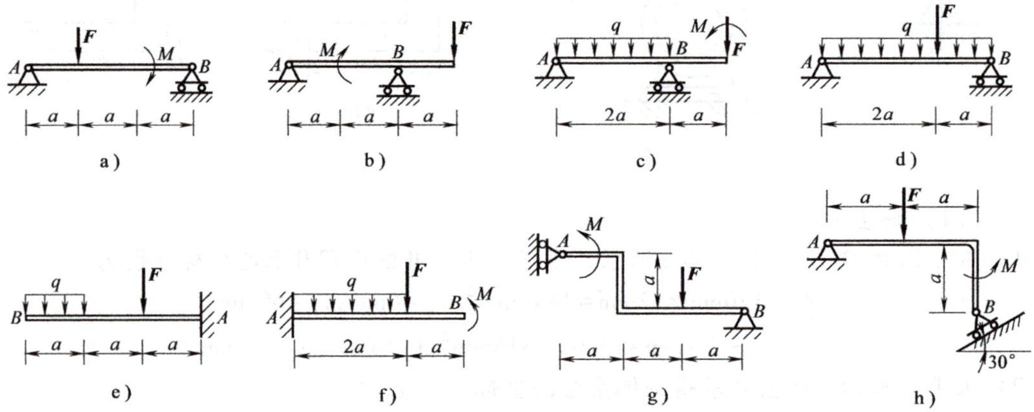

图1-46　题1-2图

1-3　试用解析法求图1-47所示平面汇交力系的合力。

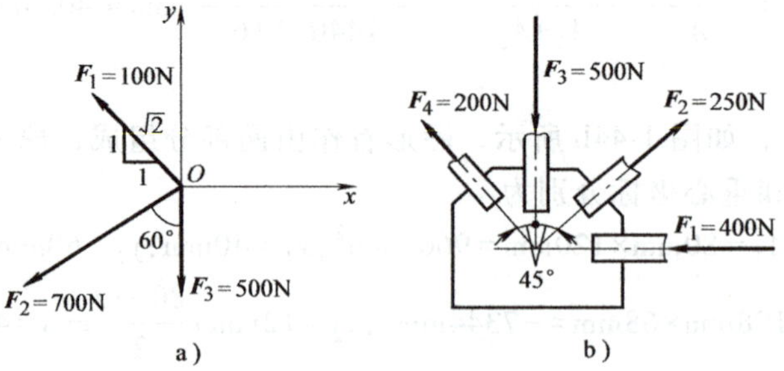

图1-47　题1-3图

1-4　图1-48所示大船由三条拖轮牵引，每根拖缆拉力为5kN。(1) 求作用于大船的合力；(2) 欲使合力沿大船轴线方向，应如何调整 A 船与大船轴线的夹角 α?

1-5　图1-49所示简易起重机用钢丝绳吊起重 $G=2000\text{N}$ 的重物，各杆自重不计，A、B、C 三处简化为铰链连接，求杆 AB 和 AC 受到的力（滑轮尺寸和摩擦不计）。

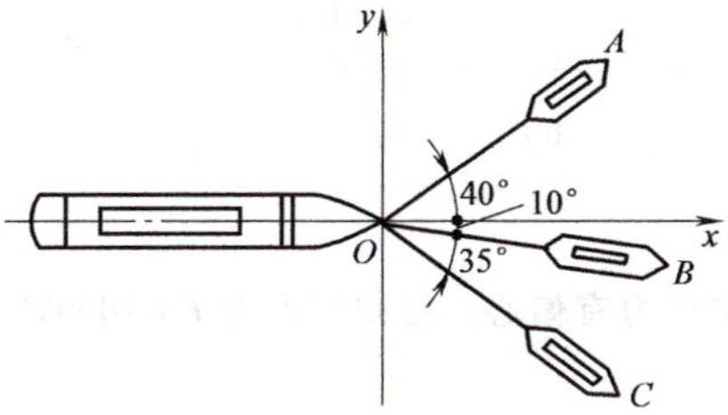

图 1-48 题 1-4 图

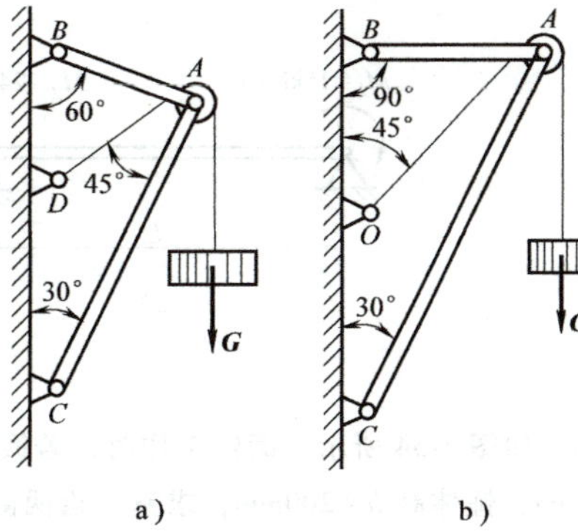

图 1-49 题 1-5 图

1-6 试计算图 1-50 所示力 $\boldsymbol{F}$ 对点 O 之矩。

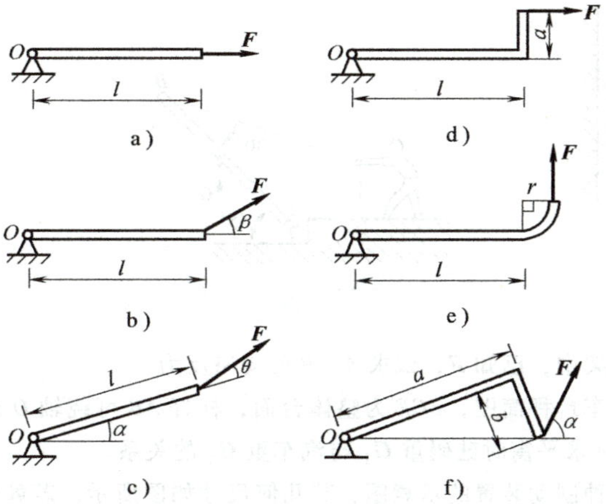

图 1-50 题 1-6 图

1-7 图 1-51 所示，一个 $F=450\text{N}$ 的力作用在 A 点，方向如图示。求：(1) 此力对 D 点的矩；(2) 要得到与 (1) 相同的力矩，应在 C 点所加水平力的大小与指向；(3) 要得到与 (1) 相同的力矩，在 C 点应加的最小力。

1-8 求图 1-52 所示齿轮和带上各力对点 O 之矩。已知：$F=1\text{kN}$，$\alpha=20°$，$D=160\text{mm}$，$F_{T1}=200\text{N}$，$F_{T2}=100\text{N}$。

1-9 构件的载荷及支承情况如图 1-53 所示，$l=4\text{m}$，求支座 A、B 的约束反力。

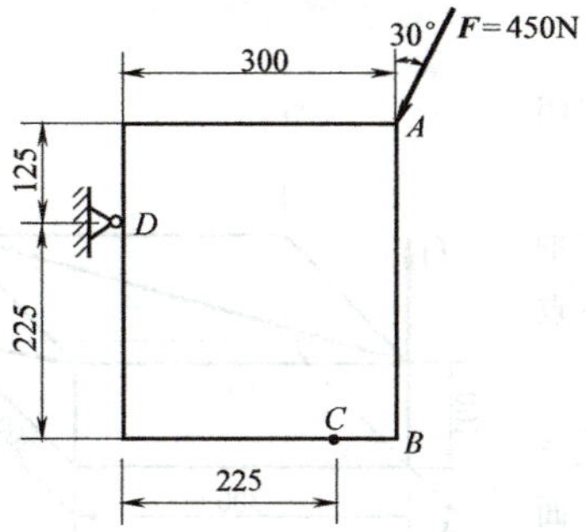

图 1-51 题 1-7 图

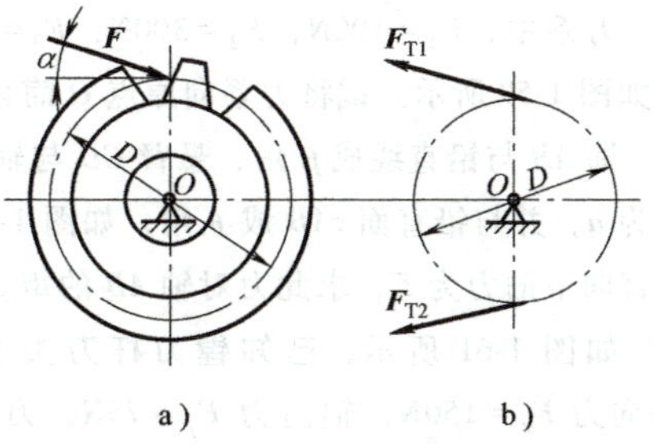

图 1-52 题 1-8 图

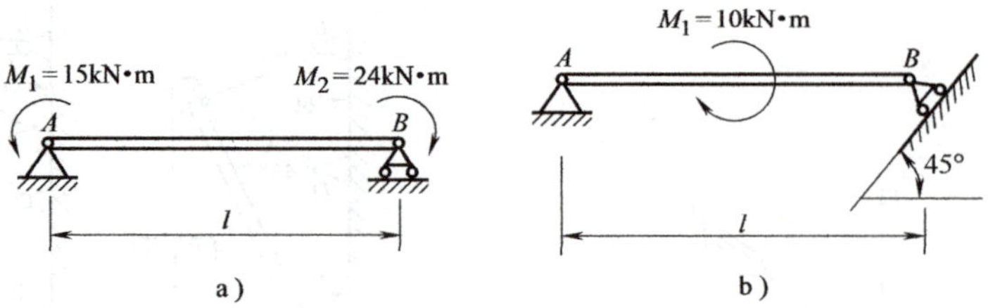

图 1-53 题 1-9 图

1-10 如图 1-54 所示，锻锤工作时，若锻件给锻锤的反作用力有偏心，已知打击力 $F=1000\text{kN}$，偏心距 $e=20\text{mm}$，锤体高 $h=200\text{mm}$，求锤头给两侧导轨的压力。

1-11 一均质杆重 $\boldsymbol{G}=1\text{kN}$，将其竖起如图 1-55 所示。在图示位置平衡时，求绳子的拉力和 A 处的支座反力。

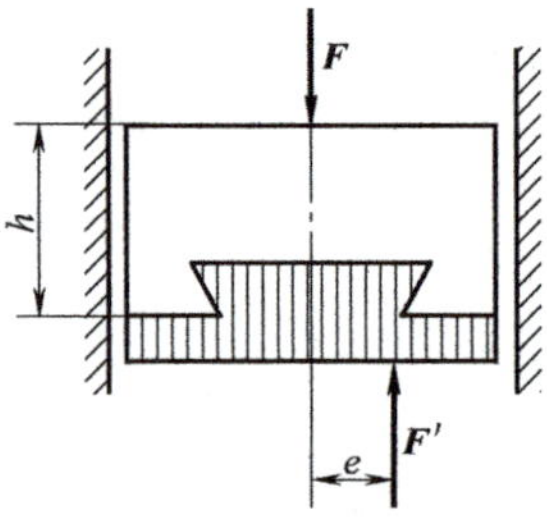

图 1-54 题 1-10 图

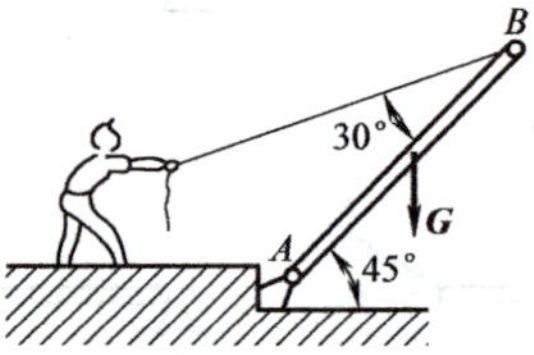

图 1-55 题 1-11 图

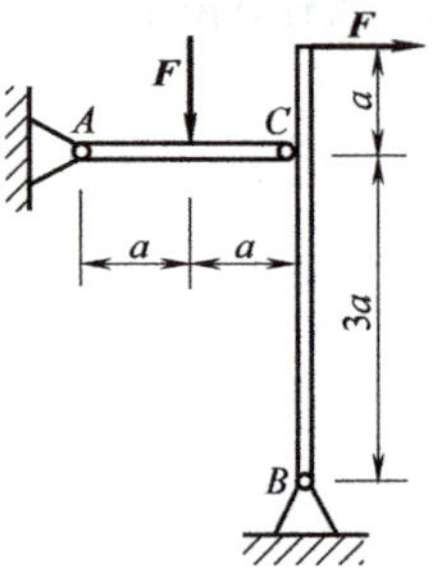

图 1-56 题 1-12 图

1-12 在图 1-56 所示构架中，已知 $\boldsymbol{F}$，试求 A、B 两支座反力。

1-13 图 1-57 所示为汽车台秤简图，BCF 为整体台面，杠杆 AB 可绕轴 O 转动，B、C、D 三处均为铰链，杆 DC 处于水平位置。试求平衡时砝码重 $\boldsymbol{G}_1$ 与汽车重 $\boldsymbol{G}_2$ 的关系。

1-14 图 1-58 所示为一种制动装置的示意图，其几何尺寸如图所示。若鼓轮与制动片间的静摩擦因数为 f，作用在鼓轮上的力偶矩为 m。试求制动所需的力 $\boldsymbol{F}$ 的最小值。

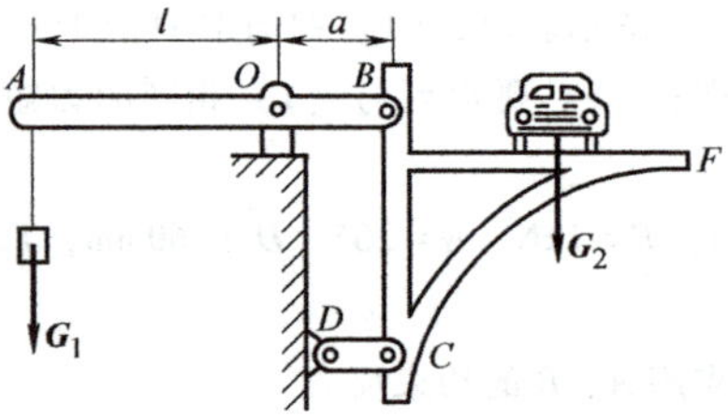

图 1-57 题 1-13 图

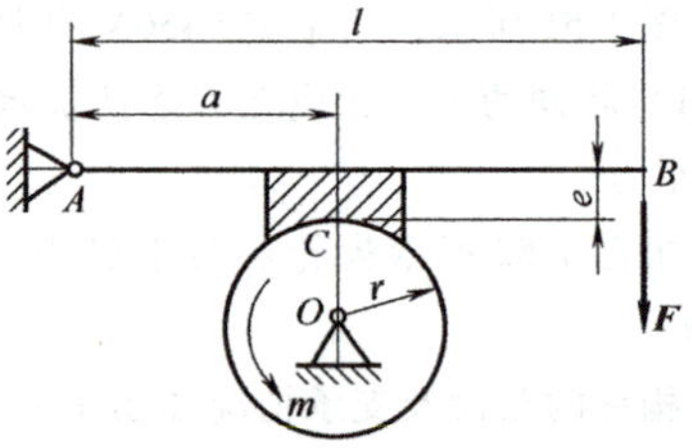

图 1-58 题 1-14 图

1-15 力系中，$F_1=100\text{N}$，$F_2=300\text{N}$，$F_3=200\text{N}$，各力作用线的位置如图 1-59 所示。试将力系向原点 O 简化。

1-16 轴 AB 与铅直线成 β 角，悬臂 CD 与轴垂直地固定在轴上，其长为 a，并与铅直面 zAB 成 θ 角，如图 1-60 所示。如在点 D 作用铅直向下的力为 $\boldsymbol{F}$，求此力对轴 AB 的矩。

1-17 如图 1-61 所示，已知镗刀杆刀头上受切削力 $F_z=500\text{N}$，径向力 $F_x=150\text{N}$，轴向力 $F_y=75\text{N}$，刀尖位于 Oxy 平面内，其坐标 $x=75\text{mm}$，$y=200\text{mm}$。工件重量不计，试求被切削工

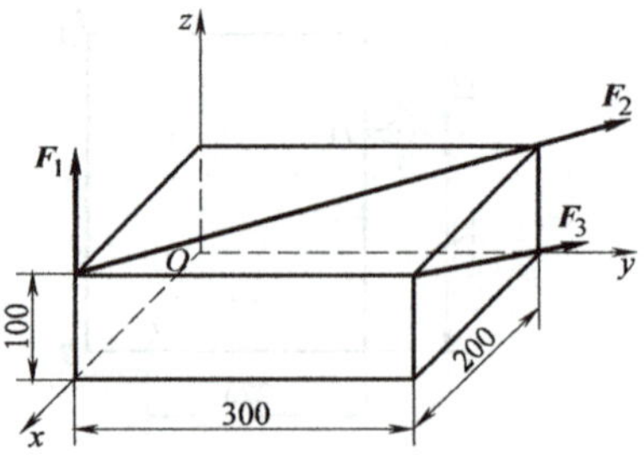

图 1-59 题 1-15 图

件左端 O 处的约束反力。

1-18　试求图 1-62 所示图形的重心$\left(\text{提示：半圆面积重心 } y_C=\dfrac{4R}{3\pi}\right)$。已知 $R=100\text{mm}$，$r_2=30\text{mm}$，$r_3=17\text{mm}$。

1-19　均质曲杆尺寸如图 1-63 所示，求此曲杆重心坐标。

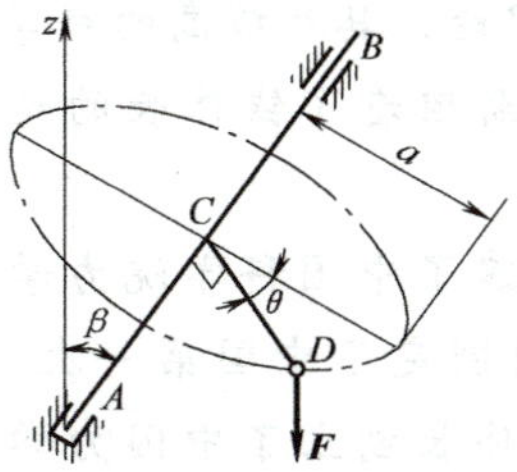

图 1-60　题 1-16 图

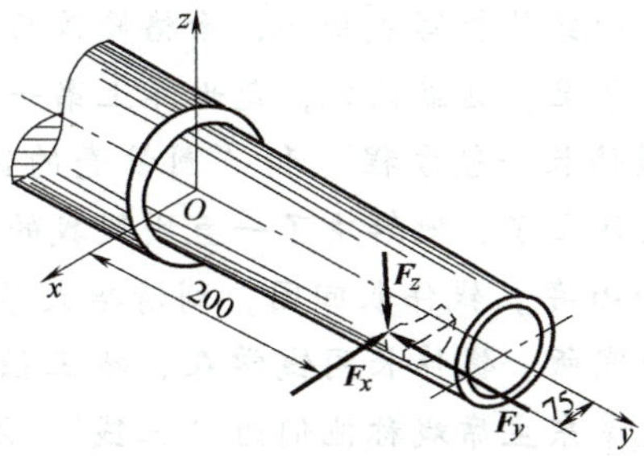

图 1-61　题 1-17 图

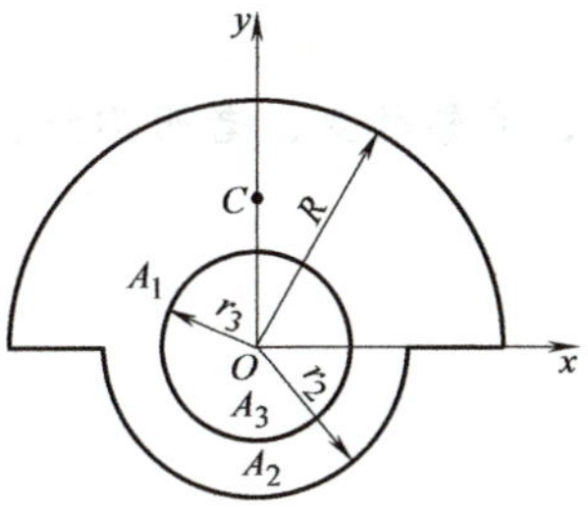

图 1-62　题 1-18 图

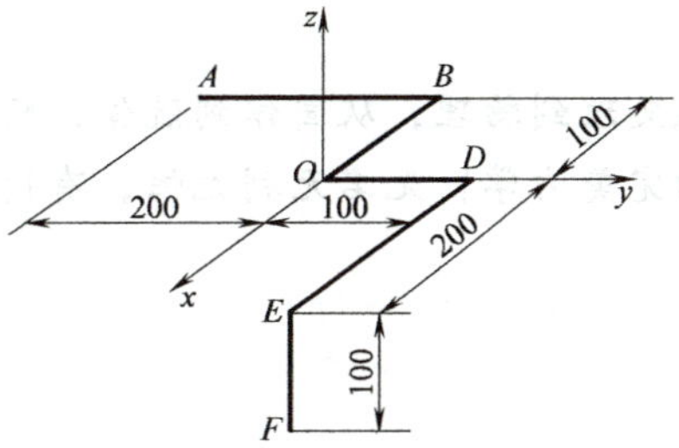

图 1-63　题 1-19 图

拓展园地

我国近代“力学之父”——钱伟长

钱伟长（1912 年 10 月 9 日—2010 年 7 月 30 日），江苏无锡人，我国著名科学家、教育家。他参与创建了我国大学里第一个力学专业——北京大学力学系；出版了我国第一本《弹性力学》专著；创建了上海市应用数学与力学研究所；开创了理论力学的研究方向和非线性力学的学术方向。他为我国的机械工业、土木建筑、航空航天和军工事业建立了不朽的功勋，被称为我国近代“力学之父”。

钱伟长生于江苏无锡一个书香家庭。在 18 岁那年，他以中文和历史两个 100 分的成绩走进了清华大学。钱伟长属于“偏科生”，物理只考了 5 分，数学、化学共考了 20 分，英文因没学过是 0 分。但正是这样一个在文史上极具禀赋、数理上毫无兴趣的学生，却在进入历史系的第二天做出了一个勇敢的决定：弃文从理。1931 年 9 月 18 日，日本发动了震惊中外的“九一八事变”，侵犯了东北三省。从收音机里听到了这个新闻后，钱伟长拍案而起，他说：“我不读历史系了，我要学造飞机大炮，祖国的需要，就是我的专业！”起初，物理系主任根本不收他，经他软磨硬泡才勉强批准他试学一段时间。为了能尽早赶上课程，他早起晚睡，极度用功。到毕业时，钱伟长成为物理系最优秀的学生之一。

1940 年 3 月，钱伟长来到加拿大多伦多留学，主攻弹性力学。当他第一次和导师辛格见面时，辛格得知钱伟长正在研究薄板薄壳的统一方程，感到非常高兴，这是当时世界亟待攻克的科学难点。辛格对钱伟长的研究所取得的初步成果表示肯定。辛格说，他正在从宏观上进行这方面的研究，虽然与钱伟长研究的角度不同，但可以将它分为宏观和微观两个部分，合成一篇论文，这样更有价值和意义了。听了辛格的提议，钱伟长高兴地答应了。就这样，钱伟长开始了微观的弹性力学方面的研究。最后，这篇题为《薄板薄壳的内禀理论》论文，由钱伟长写成初稿，辛格修改后，发表在为纪念美国著名科学家冯·卡门60岁寿辰的论文集里。这篇论文，是世界上第一篇有关板壳内禀的理论，具有极高的科学价值，被称为“钱伟长一般方程”和“圆柱壳的钱伟长方程”。爱因斯坦看了钱伟长的论文，曾惊叹道：太伟大了，他解决了一直困扰我的问题。

1946年，钱伟长回国，到清华大学任教，之后参与筹建了中国科学院力学研究所和自动化研究所。钱伟长同钱学森、钱三强一起于1956年共同制定了中国第一次12年科学规划，毛泽东主席戏称他们为“三钱”。20世纪70年代，钱伟长创立了中国力学学会理性力学和力学中的数学方法专业组，1980年又创办了中国最早的学术期刊《应用数学和力学》，促进了力学研究成果的国际学术交流，为我国的力学事业和中国力学学会的发展做出了重要贡献。

从义理到物理，从固体到流体，顺逆交替，委屈不曲，荣辱数变，老而弥坚，这就是他人生的完美力学！无名无利无悔，有情有义有祖国。

第2章 拉伸和压缩

基本要求

1）了解轴向拉伸和压缩的概念。

2）能够用截面法求解拉、压杆内力，能正确绘制轴力图，掌握杆件横截面上的正应力计算方法。

3）了解拉伸和压缩时材料的力学性能。

4）掌握拉、压杆的强度条件及其应用。

重点

轴力的计算方法（截面法）及轴力图的绘制，轴向拉压时的应力计算，轴向拉压时的强度条件及强度计算。

难点

材料力学性能的物理意义，轴向拉压时的强度条件及强度计算。

2.1 概述

工程实际中的各种构件，其材料的结构和性质是很复杂的。为了便于研究构件的强度、刚度和稳定性等，只保留它的主要特征、忽略其次要因素，将构件抽象为变形固体，并提出两个基本假设：①连续均匀性假设，即认为变形固体的物质毫无空隙地充满其整个几何空间，且其内部各部分的力学性能相同；②各向同性假设，即认为变形固体在各个方向上具有相同的力学性能。

在工程应用中，拉伸和压缩变形是构件最常见的变形形式，其中较为简单的是杆件的拉伸和压缩问题。如图 2-1a 所示，杆受到一对平衡力 $\boldsymbol{F}$ 的拉伸作用，力的作用方向与杆的轴线重合，在 $\boldsymbol{F}$ 力作用下杆 AB 将被拉长；相反，当杆 BC 受到一对平衡力 $\boldsymbol{F}$ 压缩时，将会被压短（图 2-1b）。在工程实际中，许多构件并非是简单的杆件，而多是由杆件构成的网架结构，如建筑结构中的屋架（图 2-2）、起重机臂架（图 2-3）等。虽然其受力方式是多样的，但都可以分解成为拉伸、压缩等简单的受力形式来简化模型解决问题。因此，对杆件拉伸和

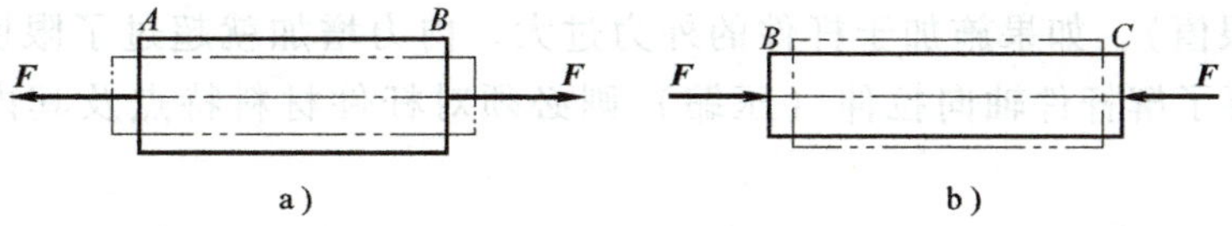

图 2-1 轴向拉伸和压缩

图 2-2 大型建筑屋架图

图 2-3 起重机臂架

压缩问题的掌握在工程力学中是很重要的。

本章内容将介绍与拉伸和压缩问题相关的基本概念和解决该类问题的基本方法，主要着重于解决杆件及其网架结构等的拉伸和压缩问题，通过工程应用和理论分析的结合，使读者掌握工程静力学分析这一重要理论工具。

2.2 轴向拉伸（压缩）杆件、横截面上的内力——轴力、轴力图

2.2.1 轴向拉伸（压缩）杆件

杆件所受的拉伸或压缩伴随着其自身在受力方向的变形，这种变形称为轴向拉伸或轴向压缩。这种变形形式有两个特点：第一要求杆件是直杆，其轴线是直线；第二要求外力作用线和杆的轴线重合，如图 2-1 所示。直杆可以是相同的截面形状——称为等截面直杆，也可以是不同的截面形状——称为变截面直杆；外力可以是拉力，也可以是压力；可以是两个力，也可以是多个力；可以是集中力，也可以是分布力。例如，图 2-4 所示就是轴向拉伸（压缩）杆件的几种情况。

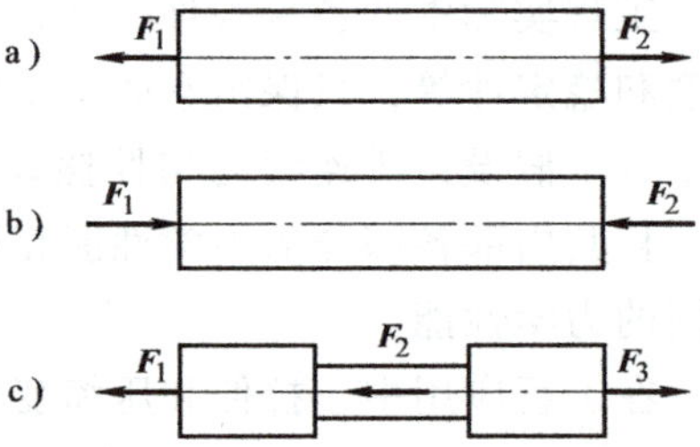

图 2-4 不同形式的拉伸和压缩

2.2.2 横截面上的内力和截面法

对杆件受力进行分析需要从内力开始。当杆件受外力作用发生变形时，杆件内部产生一种抵抗变形的力阻止杆件的进一步变形，这种由于外力作用而产生于杆件内部的相互作用力称为内力。在弹性范围内，内力随外力的改变而相应变化。杆件内力的增加有一定的限度（极限值），如果施加于杆件的外力过大，内力增加就超过了限度，杆件将发生破坏。因此，要了解杆件轴向拉伸（压缩）则必须对杆件材料特点及其内力极限值进行考察。

截面法是材料力学中求内力的一个最基本的方法。其思路是将杆件分离成两部分，根据静力学平衡条件来求内力。例如，图 2-5 所示的等截面直杆受到一对平衡力 $\boldsymbol{F}$ 的拉伸，该系

统满足轴向拉伸条件。若用一截面将直杆沿 $m\text{-}m$ 切成两个部分，取其中一个部分作为研究对象，将丢掉的部分对留下部分的作用以力 $\boldsymbol{F}_N$ 来表示，根据静力学平衡条件（$\sum \boldsymbol{F}_x=0$）就很容易求出内力。

2.2.3　轴力和轴力图

由于材料的连续性，杆件在受到外力作用时，产生的内力在截面上也是连续分布的，其合力通过形心并与轴线方向一致，这样的内力合力通常称为轴力（见图 2-5 中 $\boldsymbol{F}_N$）。拉伸时轴力方向远离截面，压缩时轴力方向指向截面。一般规定，引起杆件纵向伸长变形的轴力为正，称为拉力；引起杆件纵向缩短变形的轴力为负，称为压力。

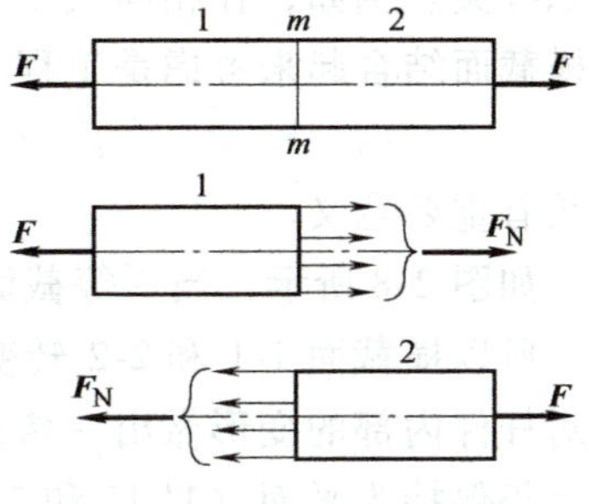

图 2-5　截面法示意图

当杆件受到多个外力作用时，杆件各段轴力的大小和方向各异（图 2-6），所以，为了形象表达各截面轴力的变化情况，通常将其绘制成图，称为轴力图。绘制方法是以杆件的一个端点为坐标原点，取平行于杆件轴线的方向为 x 轴，其值代表截面的位置；取轴力 $\boldsymbol{F}_N$ 为 y 轴的值，正值在 x 轴（基线）上方，负值在 x 轴下方，如图 2-6d 所示。

下面通过举例详细说明轴力的求法和轴力图的画法。

例 2-1　如图 2-7a 所示的等截面直杆，已知 $F_1=10\text{kN}$；$F_2=20\text{kN}$；$F_3=35\text{kN}$；$F_4=25\text{kN}$，试画出杆的轴力图。

解　（1）计算各段的轴力

AB 段（图 2-7b）　由 $\sum F_x=0$，得 $F_{N1}=F_1=10\text{kN}$

BC 段（图 2-7c）　由 $\sum F_x=0$，得 $F_{N2}+F_2=F_1$

$$F_{N2}=F_2-F_1=(10-20)\text{kN}=-10\text{kN}$$

CD 段（图 2-7d）　由 $\sum F_x=0$，得 $F_{N3}=F_4=25\text{kN}$

（2）绘制轴力图　如图 2-7e 所示。

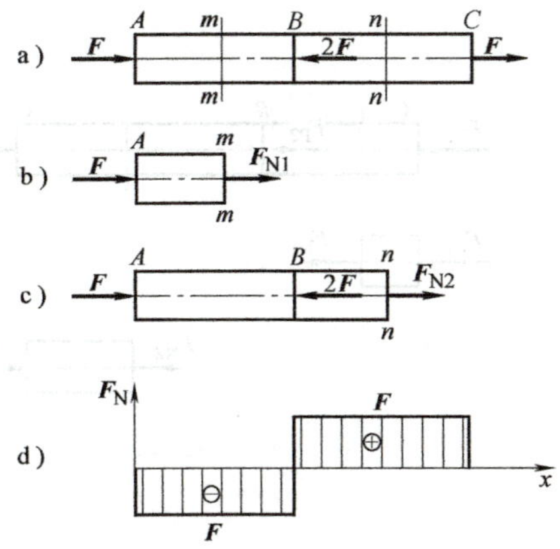

图 2-6　轴力图

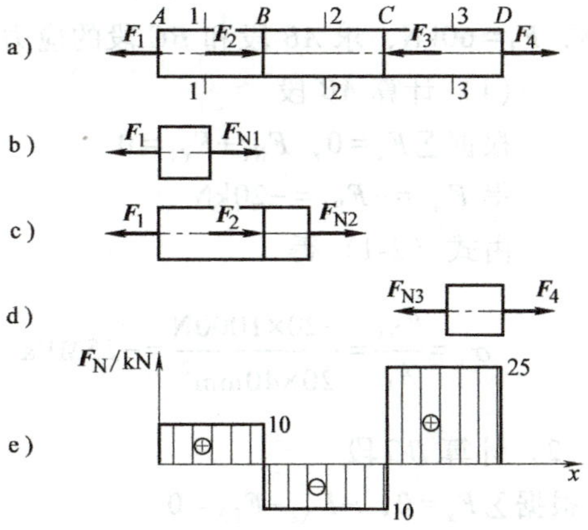

图 2-7　直杆的轴力图

2.3 拉（压）杆的应力

2.3.1 横截面上的应力

杆件在受拉伸（压缩）时，其稳定性不仅与内部的内力大小有关，也与杆件横截面的面积有关。例如，在相同大小的拉力作用下，横截面小的细杆总是先于粗杆被拉断。将内力和横截面结合起来考虑是工程上常用的方法。一般来说，将杆件受外力作用后内部产生的单位面积上的内力称为应力。应力是衡量杆件横截面上内力分布密集程度的量，对杆件强度分析具有重要意义。

如图2-8所示，当一等截面直杆受到一对平衡力 $\boldsymbol{F}$ 拉伸时，杆件轴向伸长，同时横向缩小，所以横截面1-1和2-2转变成1′-1′和2′-2′。为确定该过程中横截面上的应力，我们必须对杆件内部的变形做出一条重要假设，即变形前是平面的横截面（1-1和2-2横截面），变形后仍保持为平面（1′-1′和2′-2′仍为平面）且仍垂直于杆的轴线，这称为平面假设。根据平面假设，杆件的任一横截面上各点的变形均是相同的，所以杆受拉伸（压缩）时的内力在横截面上是均匀分布的。对于图2-8所示的拉杆，如果设拉（压）杆的横截面积为 A，那么应力为 $\boldsymbol{F}_N/A$。可见，在横截面上各点处的应力都是相同的。用 $\boldsymbol{\sigma}$ 来表示应力，可以得到拉（压）杆的正应力计算公式为

$$\boldsymbol{\sigma}=\frac{\boldsymbol{F}_N}{A} \tag{2-1}$$

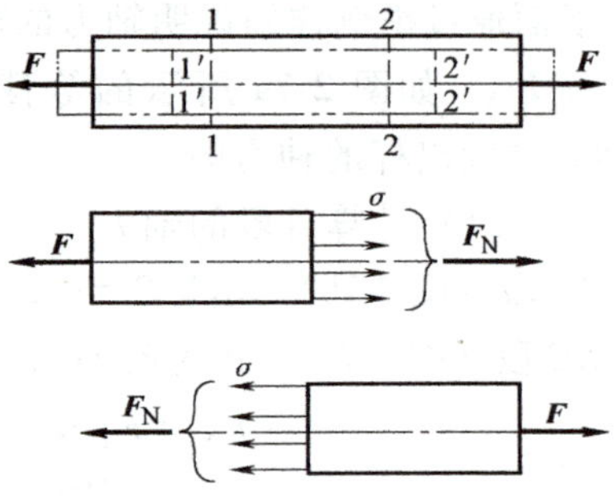

图2-8 拉压杆横截面上的应力分布

$\boldsymbol{\sigma}$ 的方向与 $\boldsymbol{F}_N$ 的方向一致（图2-8），垂直于横截面，故称为正应力。与内力的定义类似，式（2-1）中的 F_N 为拉力时，正应力 σ 为正；F_N 为压力时 σ 为负。σ 的单位名称是帕［斯卡］，单位符号为Pa，$1\text{Pa}=1\text{N/m}^2$。

下面通过两个例题介绍正应力的计算方法。

例2-2 图2-9所示矩形截面（$b\times h$）杆，已知 $b=2\text{cm}$，$h=4\text{cm}$，$F_1=20\text{kN}$，$F_2=40\text{kN}$，$F_3=60\text{kN}$，求 AB 段和 BC 段的应力。

解 （1）计算 AB 段

根据 $\sum F_x=0$，$F_{N1}+F_{P1}=0$

得 $F_{N1}=-F_{P1}=-20\text{kN}$

由式（2-1）得

$$\sigma_1=\frac{F_{N1}}{A_1}=\frac{-20\times1000\text{N}}{20\times40\text{mm}^2}=-25\text{MPa}$$

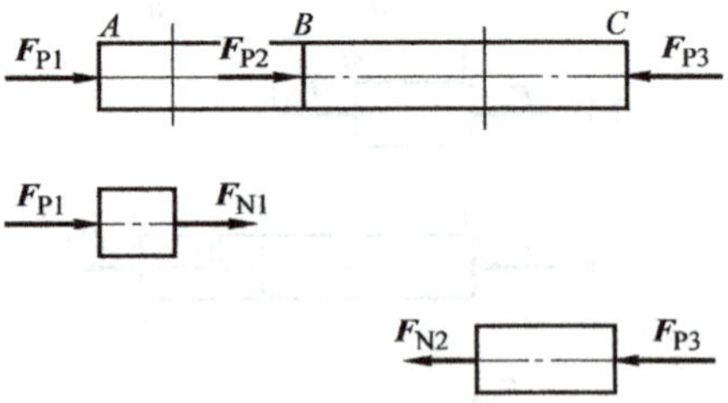

图2-9 矩形截面杆

（2）计算 BC 段

根据 $\sum F_x=0$，$-F_{N2}-F_{P3}=0$

得 $F_{N2}=-F_{P3}=-60\text{kN}$

由式（2-1）得

$$\sigma_2=\frac{F_{N2}}{A_2}=-75\text{MPa}$$

例 2-3　图 2-10 所示为起吊三角架，AB 杆由截面积为 10.86cm^2 的两根角钢组成，$G=130\text{kN}$，$\alpha=30°$，求 AB 杆截面应力。

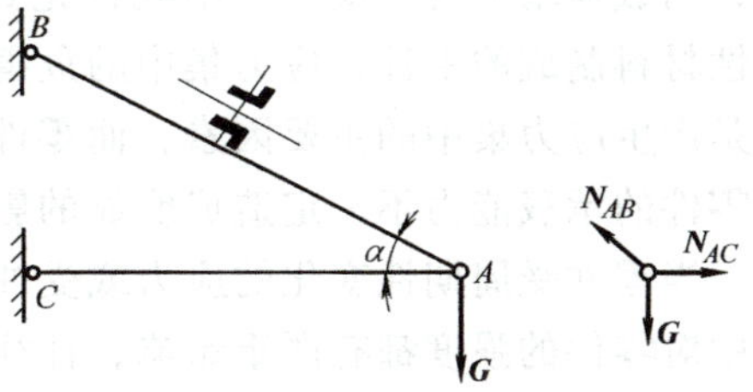

图 2-10　起吊三角架

解　(1) 计算 AB 杆内力

对节点 A：根据 $\sum F_y=0$，得

$$N_{AB}\sin 30°=G$$

则　$N_{AB}=2G=260\text{kN}$（拉力）

(2) 计算 σ_{AB}

由式（2-1）得

$$\sigma_{AB}=\frac{N_{AB}}{A}=\frac{260\times10^3}{10.86\times2\times10^{-4}}\times10^{-6}\text{MPa}=119.7\text{MPa}$$

2.3.2　应力集中的概念

等截面直杆受轴向拉伸或压缩时，横截面上的应力是均匀分布的。但由于实际需要，有些零件必须有切口、切槽、油孔、螺纹、轴肩等，以至于在这些部位上截面尺寸发生突然变化。试验结果和理论分析表明，在零件尺寸突然改变处的横截面上，应力并不是均匀分布的。例如，开有圆孔和带有切口的板条（图 2-11），当其受轴向拉伸时，在圆孔和切口附近的局部区域内，应力将急剧增加，但在离开这一区域稍远处，应力就迅速降低而趋于均匀。这种因杆件外形突然变化而引起局部应力急剧增大的现象，称为应力集中（图 2-11）。

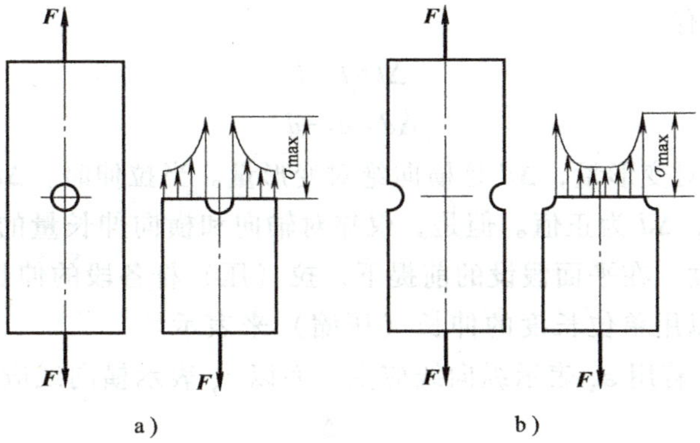

图 2-11　应力集中现象

试验结果表明：截面尺寸改变得越大且突然，角越尖，孔越小，应力集中的程度就越严重。因此，零件上应尽可能地避免出现带尖角的孔和槽，在阶梯轴的轴肩处要用圆弧过渡，而且在结构允许的范围内，应尽量使圆弧半径值大一些。

不同材料对应力集中的敏感程度并不相同，塑性材料有屈服阶段，当局部的最大应力

σ_{max} 到达屈服极限 σ_s 时，该处材料的变形可以继续增长，而应力却不再加大。如外力继续增加，增加的力就由截面上尚未屈服的材料来承担，使截面上其他点的应力相继增大到屈服极限。这就使截面上的应力逐渐趋于平均，降低了应力不均匀程度。脆性材料没有屈服阶段，当载荷增加时，应力集中处首先到达抗拉强度 σ_b，该处将首先产生裂纹。所以，对于脆性材料制成的零件，应力集中的危害性显得严重。脆性材料，其内部的不均匀性和缺陷往往是产生应力集中的主要因素，而零件外形的改变所引起的应力集中就可能成为次要因素，对零件的承载能力不一定造成明显的影响。

当零件受周期性变化的应力或受冲击载荷作用时，不论是塑性材料还是脆性材料，应力集中对零件的强度都有严重影响，往往是零件破坏的根源。

2.4 拉（压）杆的变形、胡克定律

2.4.1 变形

杆件在受外力拉伸或压缩时，其轴向和横向尺寸都要发生改变，如图 2-12 所示。一般的，在外力作用下杆件发生的形状和尺寸的改变称为变形。轴向尺寸的改变称为轴向变形，横向尺寸的改变称为横向变形，线段长度的改变称为线变形。

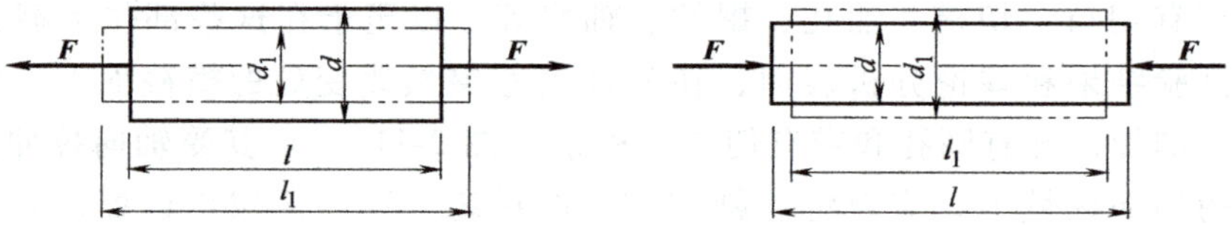

图 2-12 拉（压）杆的变形

如图 2-12 所示，杆原长为 l，直径为 d，受一对轴向拉力 F 的作用发生变形。变形后杆长为 l_1，直径为 d_1 则有

$$\Delta l = l_1 - l \tag{2-2}$$

$$\Delta d = d_1 - d \tag{2-3}$$

其中 Δl 是纵向绝对变形量，Δd 是横向绝对变形量。当拉伸时，Δl 为正值，Δd 为负值；而压缩时，Δl 为负值，Δd 为正值。但是，仅靠对轴向和横向伸长量的描述无法说明沿杆长度方向各段的变形程度。在平面假设的前提下，拉（压）杆各段的伸长（缩短）是均匀的，因此，其变形程度可以用单位长度的伸长（压缩）来表示。杆件单位长度的变形称为相对变形，或称线应变 ε。若用 ε_x 表示纵向线应变，而以 ε_y 表示横向线应变，则有

$$\varepsilon_x = \frac{\Delta l}{l} \tag{2-4}$$

$$\varepsilon_y = \frac{\Delta d}{d} \tag{2-5}$$

2.4.2 胡克定理

杆件在外加载荷作用下产生的变形与载荷之间的关系可以通过实验确定。实验表明，在

弹性范围内，变形与载荷成正比，与杆件的长度成正比，与杆件横截面面积成反比。由于这一关系是由科学家胡克首先提出的，故称为胡克定理，其表达式为

$$\Delta l=\frac{Fl}{EA}=\frac{F_N l}{EA} \tag{2-6}$$

式中，E 为比例常数，称为材料的弹性模量；A 为杆的横截面积。

结合式（2-1）和式（2-4）可以得到胡克定理的应力应变表达式

$$\sigma=E\varepsilon \tag{2-7}$$

式中，σ 代表正应力，ε 代表线应变。

式（2-7）意味当应力不超过比例极限时，正应力与线应变成正比。考虑到杆件横向线应变与纵向线应变之间的关系，实验结果还表明两者之比为常数 μ，即有

$$\mu=\left|\frac{\varepsilon_y}{\varepsilon_x}\right|=-\frac{\varepsilon_y}{\varepsilon_x} \tag{2-8}$$

式中，μ 称为泊松比或横向变形常数，它和弹性模量 E 都是反应材料弹性能力的常数。

2.4.3　拉（压）杆变形计算

下面通过例题介绍拉（压）杆的变形计算。

例 2-4　图 2-13 所示的等截面直杆的横截面积为 S、弹性模量为 E，试计算 D 点的位移。

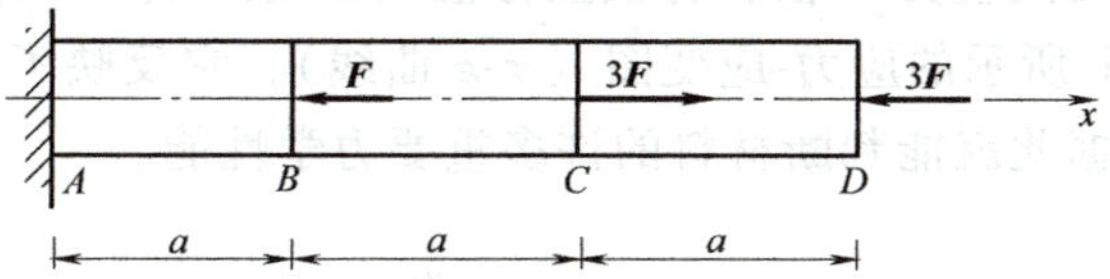

图 2-13　等截面直杆

解　解题的关键是先准确计算出每段杆的轴力，然后计算出每段杆的变形，再将各段杆的变形相加即可得出 D 点的位移。这里要注意位移的正负号应与坐标方向相对应。

$$\Delta l_{AB}=-\frac{Fa}{ES}$$

$$\Delta l_{BC}=0$$

$$\Delta l_{CD}=-\frac{3Fa}{ES}$$

$$\Delta l_{AB}+\Delta l_{BC}+\Delta l_{CD}=-\frac{4Fa}{ES}$$

D 点的位移为：$-\dfrac{4Fa}{ES}$，计算结果为负，说明杆的总变形为缩短。

2.5　材料在拉伸和压缩时的力学性能

材料在外力的作用下，强度和变形方面所表现出的性能称为材料的力学性能。研究材料的力学性能在工程应用中极为重要。材料的力学性能首先由材料的内因（成分、缺陷等）

确定，与外因（如温度、加速度等）也有关系。本节着重介绍杆件在拉伸和压缩试验中所表现出来的力学性能。

2.5.1 材料拉伸时的力学性能

在进行材料力学性能试验时，为方便比较不同材料的试验结果，需要按照国家标准《金属材料拉伸试验　第1部分：室温试验方法》[⊖]（GB/T 228.1—2010）中的规定做成标准试样。拉伸圆试样（试件）如图2-14所示（较常用的还有矩形截面试样）。为避免试件两端对测试结果的影响，取试件中间 L_0 长的一段等截面直杆作为测量变形的计算长度（或工作长度），称为原始标距。通常将圆截面标准试件的标距 L_0 与其横截面直径 d_0 的比值规定为 $L_0=10d_0$ 或 $L_0=5d_0$。

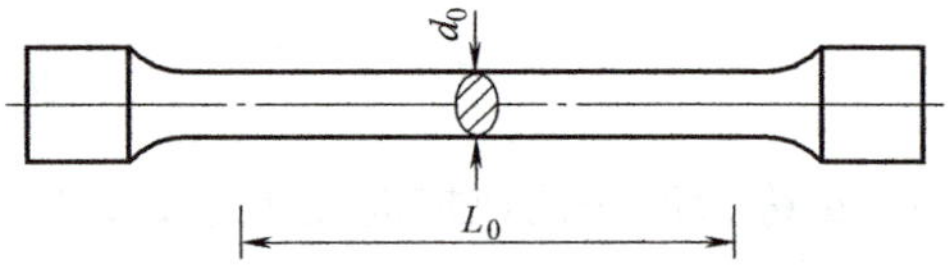

图2-14　拉伸圆试样

下面通过低碳钢的拉伸试验介绍材料在拉伸时的力学性能。将低碳钢（$w_C \leqslant 0.3\%$）在万能试验机下拉伸直至断裂过程中试件所受的拉力 F 和相应伸长量 Δl 记录下来，以纵坐标表示拉力 F，横坐标表示伸长量，把 F 与 Δl 的关系按一定比例绘制成图2-15a，该曲线称为低碳钢的拉伸图或 F-Δl 曲线。拉伸图只反映了试件在拉伸过程中的现象，为消除试件尺寸因素影响，根据前文中的内容，将纵坐标值（F 值）除以试件原截面面积 A 得到应力 σ 值，将横坐标值（Δl 值）除以试件标距 l 得到应变 ε 值。这样可以绘制出图2-15b所示的应力-应变图（σ-ε 曲线），它反映了材料拉伸时外加载荷与材料抗力的变化规律，据此就能判断材料的许多重要力学性能。

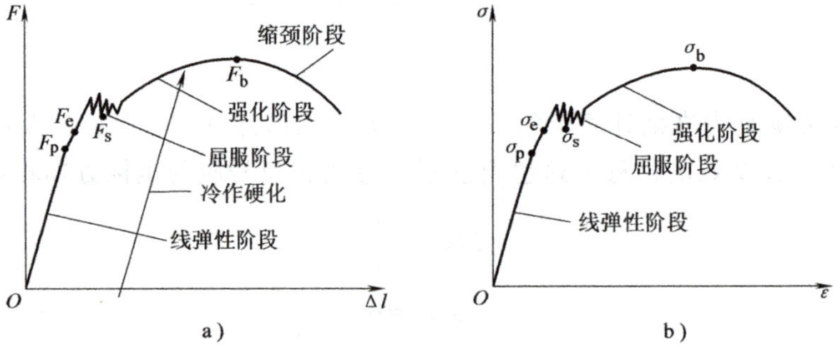

图2-15　低碳钢的 F-Δl 和 σ-ε 曲线

从图2-15中可以看出，低碳钢的拉伸过程经历四个变形阶段。依次是线弹性阶段、屈服阶段、强化阶段和缩颈阶段。

在弹性阶段，试件的变形完全是线弹性的，全部载荷去除后，试件将完全恢复其原长，因此也称为线弹性阶段。弹性阶段内，试件变形符合胡克定理；F_p 点对应着弹性范围的最高限，与之对应的应力 σ_p 则称为比例极限。弹性阶段的最高点 F_e 是试件卸载后不发生塑

⊖ 在现行国家标准中，上屈服强度采用 R_{eH} 表示；下屈服强度 σ_s 采用 R_{eL} 表示；规定塑性延伸强度 σ_p 采用 R_p 表示；抗拉强度 σ_b 采用 R_m 表示。由于此类性能符号尚未在所有金属材料力学性能标准中完成更新，本书部分符号仍沿用旧标准，读者可自行对照学习。

性变形的极限，所以与之对应的应力 σ_e 称为弹性极限。由于这两个极限相差不大，通常工程上并不区分这两个极限，而通称为弹性极限。

试件变形超过弹性极限后，应力发生幅度不大的波动，同时应变迅速增加，这一现象称为材料的屈服或流动，这一变形阶段则称为材料屈服阶段。在此阶段试件上出现与试件轴线方向呈约 45°角的条纹，它们对应试件最大切应力面的滑移过程，所以称为滑移线。屈服阶段的结束点的应力称为上屈服极限，开始点（F_s）的应力（σ_s）称为下屈服极限。上屈服极限数值不稳定，所以通常将下屈服极限称为材料的屈服极限，以 σ_s 表示。

试件变形经过屈服阶段后，材料主要发生塑性变形。塑性变形变形量很大，所以可以明显看到试件的横向尺寸缩小，同时，由于塑性变形过程中材料位错等交割强化作用，应力也有一定的上升，所以，这一阶段称为材料的强化阶段。图 2-15 中 F_b 是曲线的最高点，此时它所对应的应力 σ_b 也达到了最大值，因此，σ_b 称为材料的强度极限。

当应力达到强度极限后，试件的某段横截面将显著收缩，出现图 2-16 所示的“缩颈”现象。缩颈出现后，试件变形所需拉力逐渐减小，最终试件在缩颈处断裂。

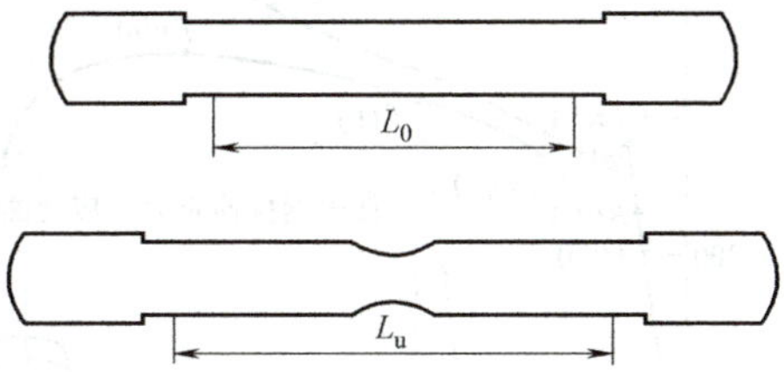

图 2-16 缩颈现象

如图 2-15 所示，如果在强化变形阶段中停止加载，并逐渐卸除载荷，可以看到该过程中试件应力-应变关系为线性关系，此段直线与弹性阶段 OF_p 段直线近乎平行。由此可见，在强化阶段，试件的变形包括了弹性应变和塑性应变两部分。卸载过程中，弹性变形消失，只留下塑性变形。所以如对试件预先加载，使其达到强化阶段，然后卸载；当再加载时试件的线弹性阶段将增加，而其塑性降低，这称为冷作硬化现象。在工程上常利用冷作硬化来提高材料在线弹性范围内所能承受的最大载荷。

试件拉断后，弹性变形消失，保留下塑性变形。常用断后伸长率 A 和截面收缩率 Z 来表示材料最终发生塑性变形的程度。两者表达式如下

$$A=\frac{L_u-L_0}{L_u}\times 100\% \tag{2-9}$$

$$Z=\frac{S_0-S_u}{S_0}\times 100\% \tag{2-10}$$

式中，L_0 是试件标距原长，L_u 是断裂后标距长度，S_0 是试样原来的横截面积，S_u 代表断裂处最小横截面积。显然 A 和 Z 越大，材料的塑性也越好。工程上将 $A\geqslant 5\%$ 的材料称为塑性材料；$A<5\%$ 的材料称为脆性材料。可见，断后伸长率和截面收缩率是衡量材料塑性的重要指标，而屈服极限和强度极限是衡量材料强度的重要指标。

2.5.2 材料的压缩力学性能

材料压缩的标准试件是短圆柱体，其高度 h 与直径 d 之比为 1.5~3。

同样，以低碳钢为例介绍材料的压缩性能。图 2-17 所示，为低碳钢压缩时的应力-应变曲线和拉伸时的应力-应变曲线（σ-ε 曲线）的对比图。其中虚线为压缩试验数据，实线为拉伸试验数据。结果表明，试件在压缩条件下，其弹性模量、弹性极限及屈服极限与拉伸时基本相同，在这段范围内压缩和拉伸的应力-应变曲线（σ-ε 曲线）基本重合。但是过了屈

服阶段后，试件在压缩时的名义应力的增大率随应变的增加而越来越大。这是因为到了强化阶段，试件的横截面面积逐渐增大，而计算名义应力时仍然采用试件原来的面积。由于试件横截面积越压越大，试件不可能产生断裂，所以低碳钢试件的抗压强度极限无法确定。

对于较脆的材料铸铁，压缩时的应力-应变曲线如图 2-18 所示。其中虚线代表拉伸时的 σ-ε 曲线，实线代表压缩时的曲线。比较两曲线可以看出，拉、压时曲线的直线部分均不明显，可以认为近似地服从胡克定律，且不存在屈服极限。压缩时试件随压力增加而逐渐呈鼓形，在变形不大的情况下沿与轴线方向成45°左右的斜截面断裂，如图 2-18 所示。断裂时的最大应力称为抗压强度极限（σ_{by}）。从图 2-18 中还可以看出铸铁压缩时的强度极限比拉伸时的强度极限高 4~5 倍。因此它可以作为承压构件。

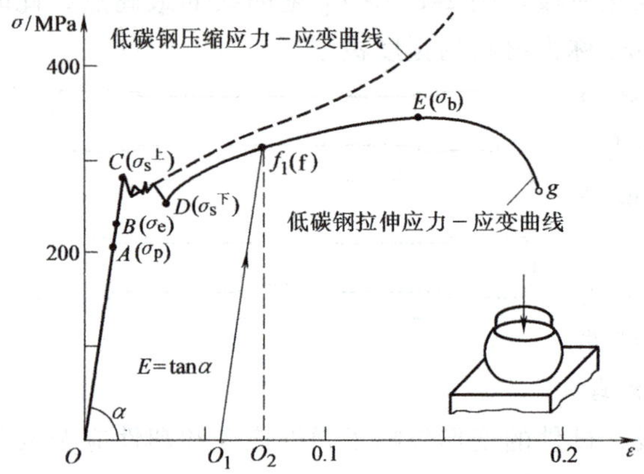

图 2-17 低碳钢压缩时的应力-应变曲线

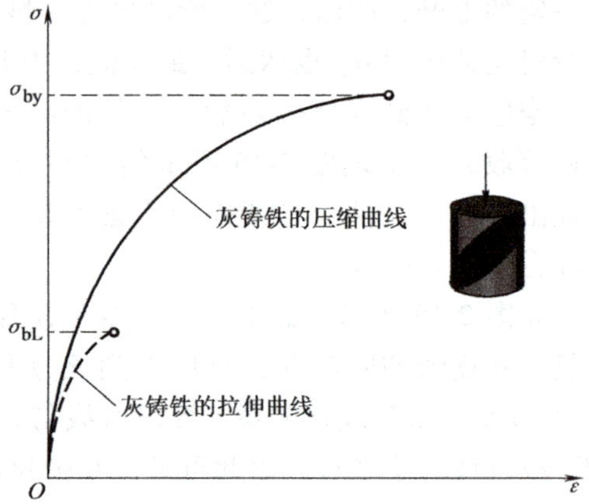

图 2-18 铸铁压缩时的应力-应变曲线

2.6 拉（压）杆的强度条件及其应用

判断杆件是否会因为强度不足而发生破坏，需要考虑材料的强度与材料在载荷作用下所表现出来的力学性能联系起来。材料丧失正常工作能力时的应力，称为极限应力，以 σ_u 来表示。对于塑性较好的材料，当应力达到屈服极限 σ_s 时，将发生较大的塑性变形，此时虽未发生破坏，但因变形过大将影响构件的正常工作，引起失效，所以把 σ_s 定为极限应力，即 $\sigma_u=\sigma_s$。对于较脆的材料，塑性变形较小，故断裂是破坏的标志，故以强度极限作为极限应力，即 $\sigma_u=\sigma_b$。为保证杆件有足够的强度，它在载荷作用下所引起的应力的最大值应低于极限应力。

考虑到实际杆件工作条件的复杂性，例如构件在使用中可能出现超载情况等，所以为安全起见，杆件必须有一定的强度储备。即必须使杆件内的最大工作应力低于材料的极限应力。如果将杆件在工作时所允许产生的最大应力称为许用应力，用 $[\sigma]$ 表示。极限应力与许用应力的比值称为安全因数 n。对于脆性材料和塑性材料，安全因数分别用 n_b 和 n_s 表示，即

$$[\sigma]=\frac{\sigma_u}{n} \tag{2-11}$$

$$[\sigma]=\frac{\sigma_u}{n_s} \tag{2-12}$$

$$[\sigma]=\frac{\sigma_u}{n_b} \tag{2-13}$$

安全因数是大于 1 的数，它的选取直接影响使用材料的数量。若安全因数取得过大，必然造成材料的浪费；若安全因数取得太小则可能发生事故。因此，安全因数的确定不单纯是力学方面的问题，这里同时也包括了工程上和经济上的考虑。对于常用材料，在静载荷的作用下，安全因数的大致数值如下所述。

塑性材料：轧、锻件　$n_s=1.2\sim2.2$

　　　　　铸件　　$n_s=1.6\sim2.5$

脆性材料：　　　　$n_b=2.0\sim3.5$

根据以上分析知道，为了保证试件在拉伸或压缩时具有足够的强度，则构件的工作应力不得超过材料的许用应力，即

$$\sigma_{max}=\frac{F_{Nmax}}{A}\leqslant[\sigma] \tag{2-14}$$

式中，A 为杆件横截面面积。

式（2-14）为拉压强度条件。应用这个条件可以解决三类形式的强度计算问题，即强度校核，设计截面尺寸和确定许可载荷。

已知杆件的材料、截面积和所受载荷，可以用式（2-14）验算构件的强度是否足够。若 $\sigma\leqslant[\sigma]$ 则强度足够，若 $\sigma>[\sigma]$ 则强度不够。

已知杆件所受的载荷和所用材料，那么根据式（2-14）可以确定杆件所需要的横截面面积，进而确定截面尺寸。

若已知杆件的材料及截面尺寸，可以按式（2-14）计算此杆件能安全地承受的轴力为 $F_{Nmax}\leqslant A[\sigma]$，并由此可以确定结构的许可载荷。

下面通过例题详细介绍强度条件的应用。

例 2-5　图 2-19 所示空心圆截面杆，外径 $D=20$mm，内径 $d=15$mm，承受轴向荷载 $F=20$kN 作用，材料的屈服应力 $\sigma_s=235$MPa，安全因数 $n=1.5$。试校核杆的强度。

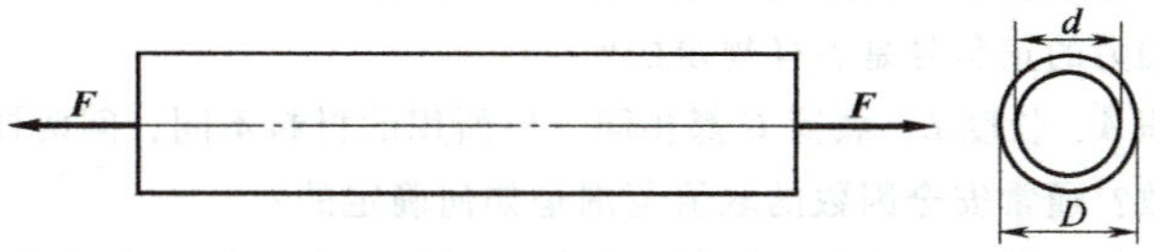

图 2-19　空心圆截面杆

解　杆件横截面上的正应力为

$$\sigma=\frac{4F}{\pi(D^2-d^2)}=\frac{4(20\times10^3\text{N})}{\pi[(0.020\text{m})^2-(0.015\text{m})^2]}=145\times10^6\text{Pa}=145\text{MPa}$$

材料的许用应力为

$$[\sigma]=\frac{\sigma_s}{n}=\frac{235\times10^6\text{Pa}}{1.5}\approx156.66\times10^6\text{Pa}=157\text{MPa}$$

可见，工作应力小于许用应力，说明杆件能够安全工作。

例 2-6 图 2-20 所示液压缸构件的 $D=350\text{mm}$，油压 $p=1\text{MPa}$。液压缸盖螺栓的 $[\sigma]=40\text{MPa}$，求螺栓所需直径。

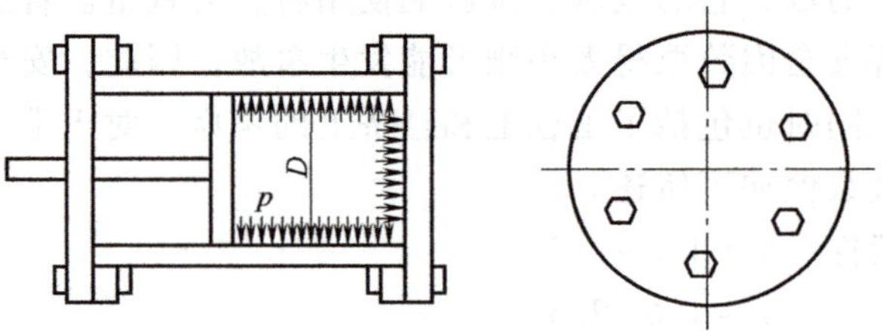

图 2-20 液压缸构件

解 （1）求螺栓承受的轴力 液压缸盖受到的力为

$$F=\frac{\pi}{4}D^2p$$

每个螺栓承受轴力为总压力的 1/6，即螺栓的轴力为

$$F_N=\frac{F}{6}=\frac{\pi}{24}D^2p$$

（2）求螺栓所需直径 根据强度条件

$$\sigma_{max}=\frac{F_{Nmax}}{A}\leqslant[\sigma]$$

得 $A\geqslant\frac{F_{Nmax}}{[\sigma]}$，即 $\frac{\pi}{4}d^2\geqslant\frac{\pi D^2p}{24[\sigma]}$

故螺栓的直径为

$$d\geqslant\sqrt{\frac{D^2p}{6[\sigma]}}=\sqrt{\frac{0.35^2\times10^6}{6\times40\times10^6}}=22.6\times10^{-3}\text{m}=22.6\text{mm}$$

习 题 2

2-1 轴向拉压的受力特点和变形特点是什么？什么叫内力？

2-2 什么叫轴力？轴力的正负号是怎样规定的？

2-3 若两杆的截面积 A、长度 L、载荷 G 都相同，但所用的材料不同，问两杆的应力及变形是否相等？

2-4 什么是安全因数？通常安全因数的取值范围是如何确定的？

2-5 两个拉杆轴力相等，截面积及形状相同，但材料不同，它们的应力是否相等？它们的许用应力是否相等？

2-6 如图 2-21 所示矩形截面的阶梯轴，AD 段和 DB 段的横截面积为 BC 段横截面面积的两倍。矩形截面的高度与宽度之比 $h/b=1.4$，材料的许用应力 $[\sigma]=160\text{MPa}$，选择截面尺寸 h 和 b。

2-7 如图 2-22 所示一等截面直杆所受外力，试求各段截面上的轴力，并作杆的轴力图。

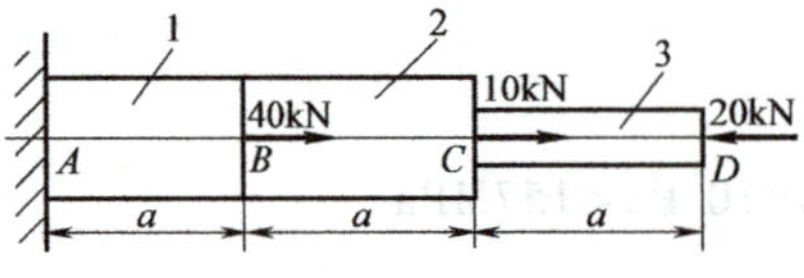

图 2-21 题 2-6 图

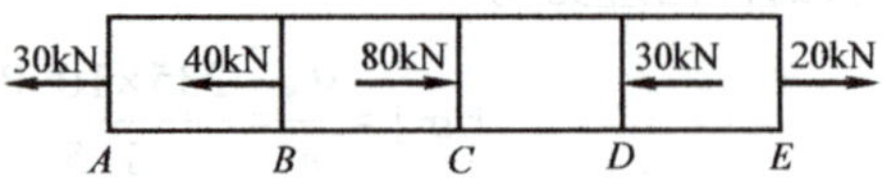

图 2-22 题 2-7 图

2-8　杆件受力如图 2-23 所示，已知杆的横截面面积为 $A=20\text{mm}^2$，材料弹性模量 $E=200\text{GPa}$，泊松比 $\mu=0.3$。

1）绘制杆的轴力图。

2）求杆横截面上的最大应力。

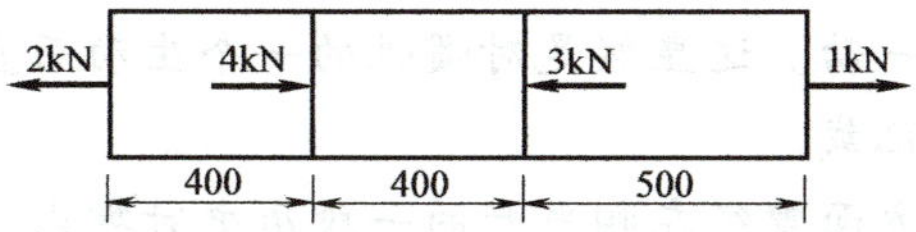

图 2-23　题 2-8 图

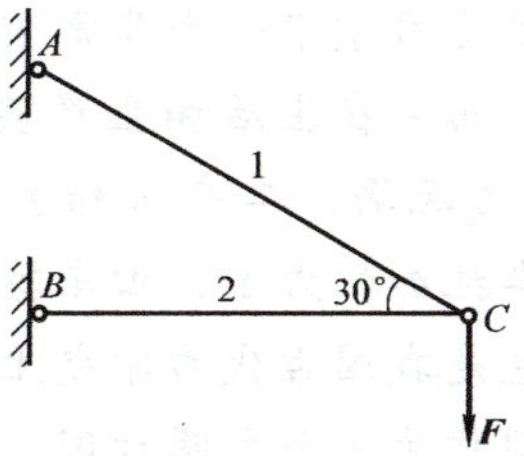

图 2-24　题 2-10 图

3）计算杆的总变形。

4）求杆的线应变。

2-9　拉伸试验时，低碳钢试件的直径 $d=10\text{mm}$，在标距 $l=100\text{mm}$ 内的伸长量 $\Delta l=0.06\text{mm}$，材料的比例极限 $\sigma_P=200\text{MPa}$，弹性模量 $E=200\text{GPa}$。求试件内的应力，此时杆所受的拉力是多大？

2-10　如图 2-24 所示三角架，在节点 C 受铅垂载荷 $\boldsymbol{F}$ 作用，其中 AC 为 50×50×5 的等边角钢，BC 为 10 号槽钢，$[\sigma]=120\text{MPa}$。试确定许用载荷 $[\boldsymbol{F}]$。

拓展园地

我国古代的力学探索

力学是研究宏观物体机械运动规律的一门科学。在人类研究力学的历史过程中，特别是在古代力学发展过程中，我国的古代科学家做出了杰出的贡献，他们对运动和力等一些力学基本概念做了简单的描述；对静力平衡问题、杠杆原理等一些力学现象做了一定的研究；此外，对惯性、速度及流体等的研究也有所记载。他们对力学的研究是人类探索力学规律活动的一个重要组成部分。

东汉时期成书的《尚书纬·考灵曜》中指出："地恒动不止而不知，譬如人在大舟中，闭牖而坐，舟行而不觉也。"这是对机械运动相对性十分生动和浅显的比喻。其后的哥白尼、伽利略在论述这类问题时，都不谋而合地运用过几乎相同的比喻，但在时间上已经晚了一千四百年之多，这说明我国早在公元二世纪前对运动就有了相当深刻的认识。

墨家最早指出："力，刑之所以奋也。"这里的"刑"同"形"，指物体的运动状态；这里的"奋"字是由静到动、由慢到快的意思，明确含有加速度的意思。所以以上墨家的论点可解释为：力是物体由静到动、由慢到快做加速运动的原因。《墨经》中还记载道："力，重之谓，下、举，重奋也。"意思是物体的重量也就是一种力，物体下坠、上举都是基于重的作用，也就是用力的表现。古代一直把重量单位如"钧""石"等作为力的量度单位，也足以说明这一点。

古时人们曾用头发编成发辫来悬挂重物，结果发现发辫中有的头发被拉断，而有的头发不被拉断，对此墨家进行了细致的观察和深入的研究，终于发现：当这些头发共悬一件重物时，由于头发的松紧程度不同，被拉紧的那一部分头发承受了重物全部的重量，尽管重物的重量可能不是很大，但这些头发往往先被拉断，其他部分的头发也有可能相继被拉断。于是，墨家认为，假如重物的重量能够均匀地分配到每一根头发上，这些头发就有可能一根也不会断。所谓“轻而发绝，不均也。均，其绝也莫绝”就是这个意思。战国后期的名家公孙龙在墨家这个论点的基础上提出了“发引千钧”的设想，即如果头发的松紧程度相同，则能承受很重的物体。

惯性是力学中一个非常重要的基本概念。我们的祖先很早以前就开始注意惯性这一力学现象了，而且在生活和生产实践中，逐步形成了对惯性现象的初步认识。《考工记》中写道：“马力既竭，车舟（辕）犹能一取也。”意思是说，马拉车的时候，马虽然停止前进，即不对车施加拉力了，但车辕还能继续往前动一动。这显然是对惯性的一个生动而直观的描述，这也是我国古代力学史上关于惯性最早的记载。

中国作为一个文明古国，在古代科学技术方面曾经在相当长的一段历史时期内相对于西方保持着明显的领先地位，这反映出我国古代人民的聪明才智和科学素养。在倡导科技创新的今天，我们回顾祖国灿烂的古代科技文明，应树立文化自信，一方面为祖先的辉煌成就而骄傲，另一方面以振兴民族科技为己任，为实现中华民族的伟大复兴贡献一分力量。

第 3 章 剪切、挤压和扭转

基本要求

1）了解剪切与挤压的概念，掌握剪切和挤压的实用强度计算。

2）了解扭转的概念，掌握外力偶矩计算、扭矩计算及扭矩图的绘制，掌握轴扭转变形的特点，熟练掌握横截面上扭转切应力的分布规律和任一点切应力的计算公式，熟练地运用强度条件求解扭转、剪切强度和刚度方面的三类问题。

重点

剪切与挤压的实用计算，外力偶矩计算，扭矩图的绘制，圆轴扭转时的应力及强度条件。

难点

剪切与挤压的实用计算，圆轴扭转时的应力及强度条件。

3.1 剪切和挤压

3.1.1 剪切和挤压的概念

工程实际中受剪切的构件应用得很广泛，特别在构件的联接中是最常用到的。螺栓、铆钉、键、销等各种联接件在工作时，大都承受剪切变形。如图 3-1a 所示的铆钉联接，当钢板受到载荷 F 作用时，载荷 F 由两块钢板传到铆钉上，使铆钉右上侧面和左下侧面受到压力作用（图 3-1b），介于作用力中间部分的 m-n 截面有发生相对错动的趋势，我们称这样的变形为剪切。图 3-2a 所示是联接齿轮与轴的键联接，在工作时，键也要承受同样的变形。同样，在日常生活中，剪刀剪纸、剪布等，也是剪切的例子。

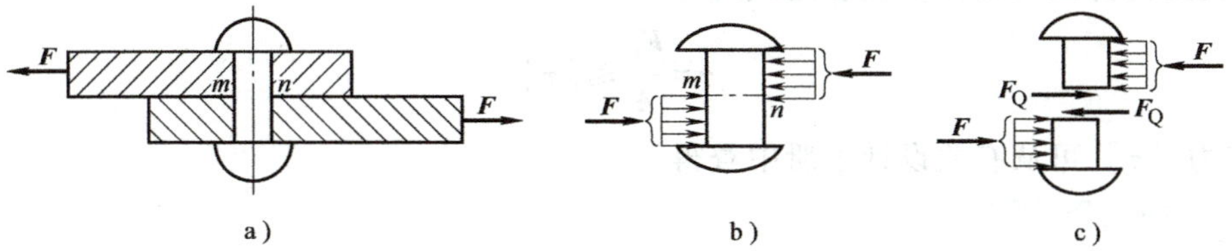

图 3-1 铆钉联接及受力分析

这类构件的受力特点是：作用在构件两侧面上的外力大小相等、方向相反、作用线相距很近（图 3-1b、图 3-2b），介于作用力中间部分的截面发生相对错动。构件的这种变形称为剪切变形，在变形过程中，产生相对错动的截面（如 m-n）称为剪切面。它位于方向相反的两个外力之间，且与外力的作用线平行。图3-1中的铆钉、图3-2中的键各有一个剪切面，而有些联接件，如图3-3中的销钉有两个剪切面 m-m 和 n-n。

另外，铆钉在发生剪切变形的同时，钢板的孔壁和铆钉的圆柱表面还将产生挤压作用。所谓挤压就是在外力作用下，零件在接触表面上相互压紧的现象。

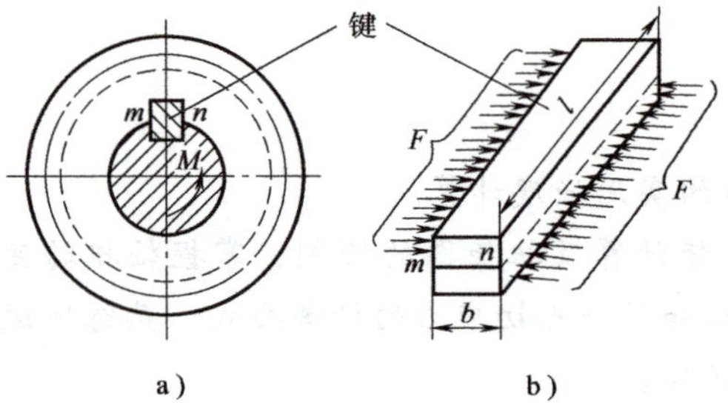

图3-2 键联接及受力分析

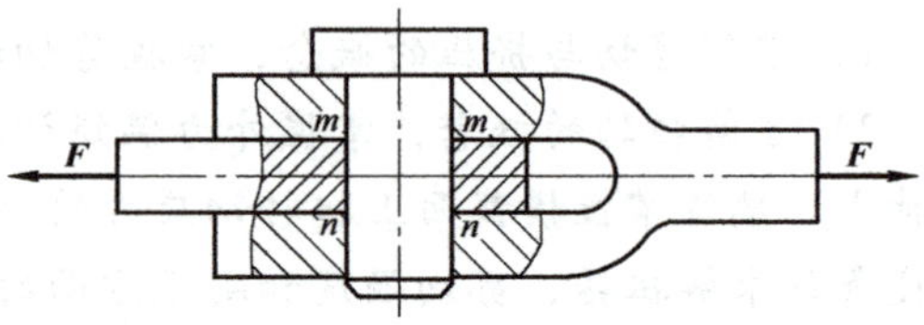

图3-3 双面剪切

3.1.2 剪切和挤压的实用计算

1. 剪切的实用计算

为了对构件进行抗剪强度计算，首先要计算剪切面上的内力。现以图3-1c所示的铆钉为例，进行分析。

运用截面法，假想将铆钉沿剪切面（m-n）分成上下两部分，如图3-1c所示。任取其中一部分为研究对象，由平衡方程得

$$F_Q = F$$

因 F_Q 与剪切面相切，故称为剪力，其相应的应力为切应力，以符号 τ 代表。

由于切应力在剪切面上的分布情况比较复杂，用理论方法计算切应力非常困难，工程上常以经验为基础，采用近似但切合实际的实用计算方法。在这种实用计算中，假定切应力在剪切面内均匀分布，则

$$\tau = \frac{F_Q}{A} \tag{3-1}$$

式中，A 为剪切面的面积。

为了保证构件在工作中不被剪断，必须使构件的实际切应力不超过材料的许用切应力 $[\tau]$，这就是抗剪强度条件，其表达式为

$$\tau = \frac{F_Q}{A} \leqslant [\tau] \tag{3-2}$$

许用切应力 $[\tau]$ 可从有关设计手册中查得。

2. 挤压的实用计算

两零件间产生挤压作用时，其接触表面称为挤压面，挤压面上的压力称为挤压力，用 F_{bs} 表示。而挤压面上的压强称为挤压应力，用 σ_{bs} 表示。挤压应力与压缩应力不同，压缩应力分布在整个构件内部，且在横截面上均匀分布；而挤压应力则只分布于两构件相互接触的局部区域，在挤压面上的分布也比较复杂。像切应力的实用计算一样，挤压应力的计算也采用实用计算的方法，即假定在挤压面上应力是均匀分布的，则

$$\sigma_{bs}=\frac{F_{bs}}{A_{bs}} \tag{3-3}$$

式中，A_{bs} 为挤压面的面积。

挤压面面积的计算要根据接触面的情况而定。当接触面为平面时，如图 3-2 所示的键联接，其接触面面积为挤压面面积，即 $A_{bs}=\frac{h}{2}l$（图 3-4a 中带阴影部分的面积）；当接触面为半圆柱面时，如图 3-1 所示的铆钉联接，则挤压面面积为其接触面在直径平面上的投影面积，如图 3-4c 所示。故对于螺栓、销钉、铆钉等圆柱形联接件的挤压面面积计算公式为 $A_{bs}=dt$，d 为螺栓、销钉、铆钉等的直径，t 为钢板的厚度。

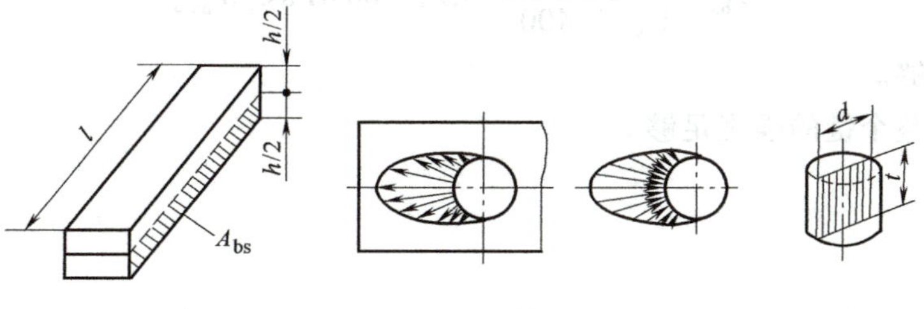

图 3-4 挤压面积的计算

为了保证挤压构件正常工作，除了进行抗剪强度计算外，还要进行挤压强度计算。挤压强度条件为

$$\sigma_{bs}=\frac{F_{bs}}{A_{bs}}\leqslant[\sigma_{bs}] \tag{3-4}$$

式中，$[\sigma_{bs}]$ 为材料的许用挤压应力，其值可从有关设计手册中查得。

最后指出，如果两接触构件的材料不同时，要以材料的许用挤压应力小的构件为基准进行挤压强度计算。

例 3-1 某齿轮用平键与轴联接，如图 3-5 所示。已知轴的直径 $d=50$mm，键的尺寸 $b\times h\times l=16\text{mm}\times10\text{mm}\times80\text{mm}$，传递的力矩 $M=800\text{N}\cdot\text{m}$。键的许用切应力 $[\tau]=60$MPa，许用挤压应力 $[\sigma_{bs}]=100$MPa，试校核键的强度。

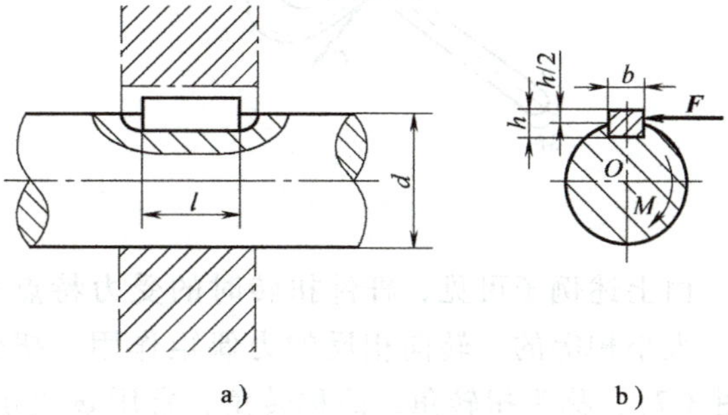

图 3-5 齿轮与轴的平键联接

解 （1）计算作用于键上的剪力 F_Q 与挤压力 F_{bs} 取轴和键一起为研究对象，画受力图如图 3-5b 所示。由轴的转动平衡得

$$F=\frac{2M}{d}=\frac{2\times800}{0.05}\text{N}=32000\text{N}=32\text{kN}$$

用截面法可求得剪切面的剪力为 $F_Q=F=32\text{kN}$

挤压力为 $F_{bs}=F=32\text{kN}$

（2）校核键的抗剪强度　键的剪切面积为 $A=bl=16\text{mm}\times80\text{mm}=1280\text{mm}^2$。按切应力计算公式（3-1）得

$$\tau=\frac{F_Q}{A}=\frac{32\times10^3}{1280}\text{MPa}=25\text{MPa}<[\tau]$$

故抗剪强度足够。

（3）校核键的挤压强度　键的挤压面积为 $A_{bs}=\frac{h}{2}l=\frac{10}{2}\text{mm}\times80\text{mm}=400\text{mm}^2$。按挤压应力强度条件即式（3-4）得

$$\sigma_{bs}=\frac{F_{bs}}{A_{bs}}=\frac{32\times10^3}{400}\text{ MPa}=80\text{MPa}<[\sigma_{bs}]$$

故挤压强度也足够。

综上所述，整个键的强度足够。

3.2 扭转

3.2.1 轴扭转的概念与实例

在工程实际中，有许多杆件会承受扭转，如汽车的转向轴（图 3-6），当汽车转向时驾驶员转动转向盘，在转向盘上作用一力偶矩，该轴下端 B 处又受到来自转向器的反力偶矩作用，这时轴的任意相邻两个横截面间都发生绕轴线的相对转动（图 3-7），这种变形形式为扭转。扭转变形是杆件的又一种基本变形形式，工程中较常见的是直杆轴的扭转。

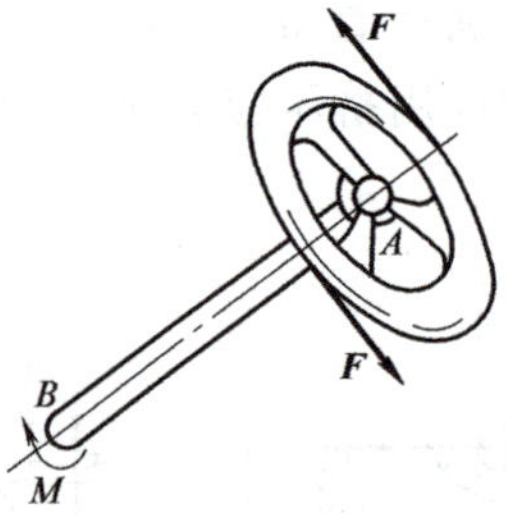

图 3-6　汽车转向轴

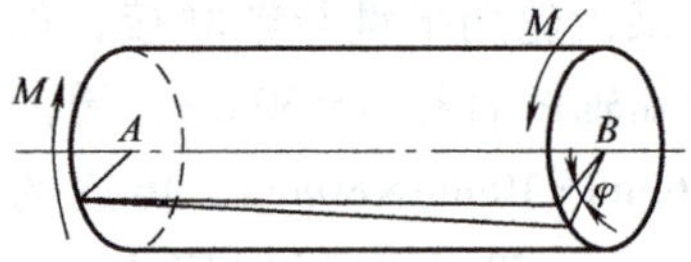

图 3-7　轴的扭转

由上述例子可见，杆件扭转时的受力特点为：杆件两端受到两个作用面与其轴线垂直的、大小相等的、转向相反的力偶矩作用。扭转时杆件任意两横截面间相对转过的角位移（图 3-7），称为扭转角，简称转角，常用 φ 表示。

3.2.2 外力偶矩的计算

工程实际中，作用于轴上的外力偶矩并不是直接给出的，经常是给出转轴的转速及其所传递的功率来计算的。外力偶矩的计算公式为

$$M=9550\frac{P}{n} \tag{3-5}$$

式中，M 为外力偶矩，单位为 N·m；P 为轴传递的功率，单位为 kW；n 为轴的转速，单位为 r/min。

3.2.3 扭矩和扭矩图

在求出作用于轴上的外力偶矩后，仍可采用截面法求轴横截面上的内力。图 3-8a 所示为一等截面轴，其 A、B 两端上作用有一对平衡外力偶矩 M，将轴用假想平面沿 m-m 截面处将轴分为两段，取左段为研究对象（图 3-8b），因 A 端有外力偶矩 M 的作用，为保持左段平衡，故在截面 m-m 上必有一个内力偶矩 T 与之平衡，T 称为扭矩。则由力矩平衡方程可得

$$T=M$$

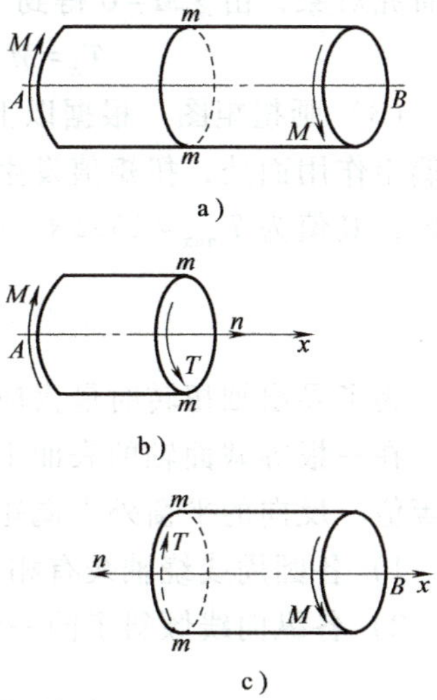

图 3-8 截面法求扭矩

若取右段为研究对象（图 3-8c），可得到相同的结果，只是扭矩方向相反。为了使不论取左段还是取右段求得的扭矩的大小、符号都一致，对扭矩的正负号规定如下：采用右手螺旋法则，四指顺着扭矩的转向握住轴线，大拇指的指向表示扭矩矢量方向，该矢量若指出横截面，扭矩为正；矢量若指向横截面，扭矩为负。一般情况下扭矩 T 是横截面的位置 x 的函数。即

$$T=T(x)$$

若作用于轴上的外力偶矩多于两个，则往往用图线表示各横截面上的扭矩沿轴线的变化情况。作图时，以轴线 x 表示横截面的位置，取扭矩为纵坐标，这样绘成的图形称为扭矩图。以下举例说明。

例 3-2 如图 3-9a 所示齿轮轴 ABC，其转速 $n=300\text{r/min}$，齿轮 A 输入功率 $P_A=50\text{kW}$，齿轮 B 及齿轮 C 输出功率分别为 $P_B=30\text{kW}$、$P_C=20\text{kW}$。试绘制轴 ABC 的扭矩图。

解 （1）计算外力偶矩 由式（3-5）得

$$M_A=9550\frac{P}{n}=9550\frac{50}{300}\text{N}\cdot\text{m}=1592\text{N}\cdot\text{m}$$

$$M_B=9550\frac{P}{n}=9550\frac{30}{300}\text{N}\cdot\text{m}=955\text{N}\cdot\text{m}$$

$$M_C=9550\frac{P}{n}=9550\frac{20}{300}\text{N}\cdot\text{m}=637\text{N}\cdot\text{m}$$

上式中，M_A 为主动力偶矩，与轴 ABC 转向相同；M_B、M_C 为阻力偶矩，其转向与轴转向相反。

（2）计算扭矩 将轴分为两段，逐段计算扭矩。

假想沿 1-1 截面把轴截开（图 3-9b），取左部分为研究对象，由 $\sum M=0$ 得到

$$T_1=M_A=1592\text{N}\cdot\text{m}$$

假想沿 2-2 截面把轴截开（图 3-9c），仍取左部分

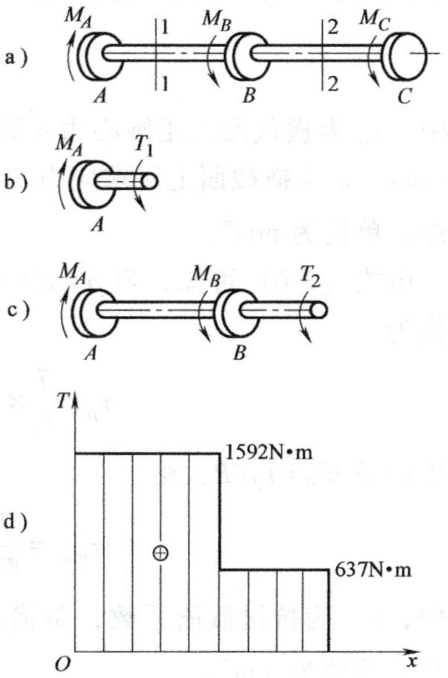

图 3-9 齿轮轴计算简图

为研究对象，由$\sum M=0$得到

$$T_2=M_A-M_B=1592\text{N}\cdot\text{m}-955\ \text{N}\cdot\text{m}\ =637\text{N}\cdot\text{m}$$

（3）画扭矩图　根据以上计算结果，画出扭矩图如图 3-9d 所示。由图看出，在集中外力偶矩作用面处，扭矩值发生突变，其突变值等于该集中外力偶矩的大小。最大扭矩在 AB 段内，其值为 $T_{\max}=1592\text{N}\cdot\text{m}$。

3.2.4　轴扭转时的应力和强度计算

为了导出轴扭转时最大应力的计算公式和强度计算公式，可进行如下试验。在一根等截面轴的表面上用圆周线和纵向线画成方格（图 3-10a），然后在轴的两端加上等值、反向的平衡外力偶矩 M 使其扭转（图 3-10b），则可以观察到如下现象：

1）各圆周线绕轴线有相对转动，但形状、大小及相邻两圆周线之间的距离均不变。

2）各纵向线倾斜了同一角度 γ，但仍为直线，表面的小矩形则变形成平行四边形。

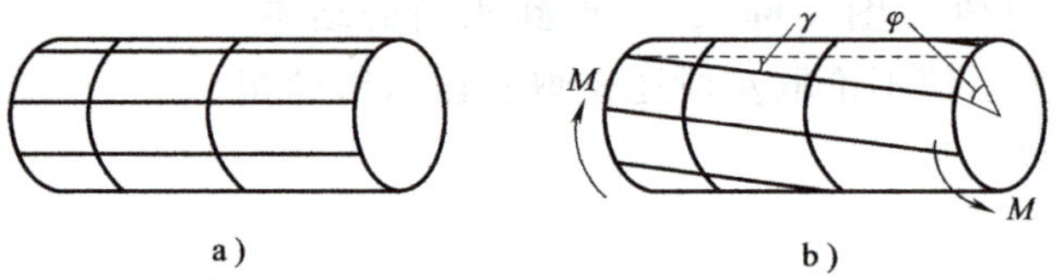

图 3-10　轴的扭转变形

根据上述现象，通过由表及里的推想，可以作出如下平面假设：轴扭转变形前为平面的横截面，变形后仍为平面，形状和大小不变，半径仍为直线，且相邻两截面间的距离不变，只是绕轴线旋转了一个角度。

由此可以得出结论：轴扭转时，横截面上只有垂直于半径方向的切应力，而没有正应力。

结合以上结论，通过几何关系、物理关系和静力关系三方面的推导（推导过程从略），可以得到轴扭转时横截面上切应力计算公式为

$$\tau_\rho=\frac{T}{I_\text{P}}\rho \tag{3-6}$$

式中，τ_ρ 为横截面上距圆心为 ρ 的点的切应力，单位为 MPa；T 为横截面上的扭矩，单位为 N · mm；ρ 为横截面上所求应力的点到圆心的距离，单位为 mm；I_P 为横截面对圆心的极惯性矩，单位为 mm^4。

由式（3-6）可知，当 $\rho=R=d/2$ 时切应力最大，即轴横截面上边缘点的切应力最大，其值为

$$\tau_\rho=\frac{T}{I_\text{P}}\times\frac{d}{2} \tag{3-7}$$

引用记号 $W_\text{P}=I_\text{P}/R$，则

$$\tau_{\max}=\frac{T}{W_\text{P}} \tag{3-8}$$

式中，W_P 为抗扭截面系数，是横截面抵抗扭转破坏的截面几何量，单位为 mm^3。

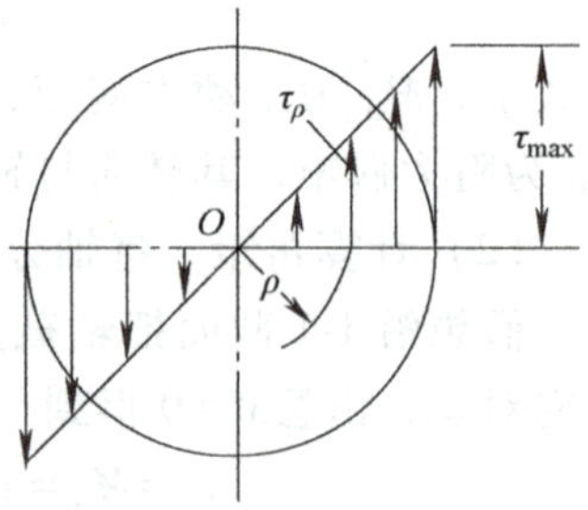

图 3-11　实心轴切应力分布规律

实心轴的切应力分布规律如图 3-11 所示。

下面讨论圆形截面的极惯性矩 I_P 与抗扭截面系数 W_P。

1）实心圆截面（设直径为 d）的极惯性矩 I_P 和抗扭截面系数 W_P 的计算公式分别为

$$I_P=\frac{\pi d^4}{32}\approx 0.1d^4$$

$$W_P=\frac{I_P}{d/2}=\frac{\pi d^3}{16}\approx 0.2d^3 \tag{3-9}$$

2）空心轴（设外径为 D，内径为 d，且 $\alpha=d/D$）的极惯性矩 I_P 和抗扭截面系数 W_P 的计算公式分别为

$$I_P=\frac{\pi D^4}{32}(1-\alpha^4)\approx 0.1D^4(1-\alpha^4)$$

$$W_P=\frac{I_P}{D/2}=\frac{\pi D^3}{16}(1-\alpha^4)\approx 0.2D^3(1-\alpha^4)$$

综上所述，可以得到轴扭转时的强度条件应该是轴上最大工作切应力 τ_{max} 不超过材料的许用切应力 [τ]，即

$$\tau_{max}\leqslant[\tau]$$

对于等截面轴，τ_{max} 应发生在最大扭矩 T_{max} 的横截面上周边各点处，所以其强度条件为

$$\tau_{max}=\frac{T_{max}}{W_P}\leqslant[\tau] \tag{3-10}$$

材料的许用切应力 [τ] 可从有关设计手册中查得。

例 3-3 如图 3-7 所示某轴，已知轴的转速 $n=10\text{r/min}$，传递的功率 $P=6\text{kW}$，轴的直径 $d=120\text{mm}$。试求此轴的最大切应力。

解 （1）计算作用在轴上的外力偶矩和扭矩 由式（3-5）得

$$M=9550\frac{P}{n}=9550\times\frac{6}{10}\text{N}\cdot\text{m}=5730\text{N}\cdot\text{m}$$

从而，截面上的扭矩为 $T=5730\ \text{N}\cdot\text{m}$。

（2）计算轴的抗扭截面系数 W_P 由式（3-9）得

$$W_P=\frac{I_P}{d/2}=\frac{\pi d^3}{16}\approx 0.2d^3=0.2\times120^3\text{mm}^3=3.456\times10^5\text{mm}^3$$

（3）计算轴的最大切应力 由式（3-10）得

$$\tau_{max}=\frac{T}{W_P}=\frac{5730\times10^3}{3.456\times10^5}\text{MPa}\approx 16.6\text{MPa}$$

3.2.5 轴扭转时的变形和刚度计算

1. 轴扭转时的变形计算

轴扭转时的变形是用两个横截面绕轴线的相对转角，即扭转角 φ 来度量的。如图 3-7 所示，设 AB 两横截面之间的长度为 l，截面 B 相对于截面 A 的扭转角用 φ 表示。可以证明，轴扭转时，相距为 l 的两个横截面之间的相对转角的计算公式为

$$\varphi=\frac{Tl}{GI_P} \tag{3-11}$$

式中，φ 为相距为 l 的两个横截面之间的相对转角，单位为弧度（rad）；T 为横截面上的扭矩，单位为 N · m；l 为两横截面之间的距离，单位为 m；I_P 为横截面对圆心的极惯性矩，单位为 m^4；G 为轴材料的切变模量，单位为 Pa。

上式表明，GI_P 越大，则扭转角 φ 越小，它反映了轴扭转变形的难易程度，故 GI_P 称为轴的抗扭刚度。

2. 轴扭转时的刚度计算

在工程中，轴扭转时除了要满足强度条件外，有时还要满足刚度条件。扭转的刚度条件就是限定单位长度扭转角 θ 的最大值不得超过规定的允许值［θ］，即

$$\theta_{max}=\frac{\varphi}{l}=\frac{T}{GI_P}\leqslant[\theta] \tag{3-12}$$

式中，θ 为单位长度扭转角，单位为 rad/m。

工程上，习惯把度/米（°/ m）作为扭转角 θ 的单位。考虑单位换算，得到

$$\theta_{max}=\frac{180}{\pi}\frac{T}{GI_P}\leqslant[\theta] \tag{3-13}$$

各种轴类零件的［θ］值可从有关手册中查得。

例 3-4 传动轴如图 3-12a 所示，已知主动轮 A 输入功率 $P_A=30$kW，从动轮输出功率分别为 $P_B=5$kW、$P_C=10$kW、$P_D=15$kW，该轴转速 $n=300$r/min，材料的切变模量 $G=80$GPa，许用切应力［τ］$=40$MPa，轴的许可转角［θ］$=1°/$ m。试按强度条件和刚度条件设计此轴直径。

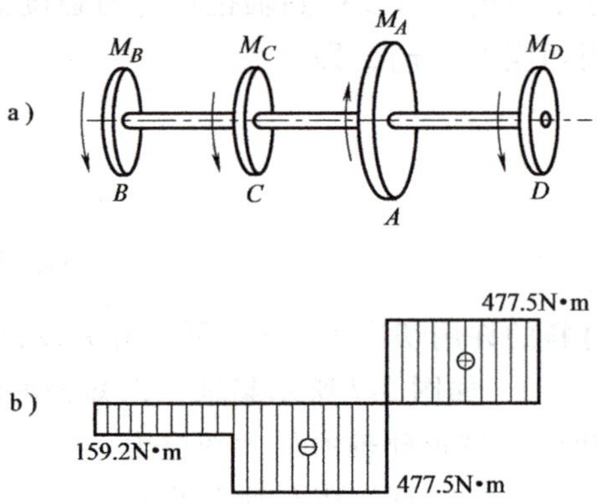

图 3-12 传动轴

解 （1）先计算外力偶矩 由式（3-5）得

$$M_A=9550\frac{P_A}{n}=9550\frac{30}{300}\text{N · m}=955\text{N · m}$$

$$M_B=9550\frac{P_B}{n}=9550\frac{5}{300}\text{N · m}=159.2\text{N · m}$$

$$M_C=9550\frac{P_C}{n}=9550\frac{10}{300}\text{N · m}=318.3\text{N · m}$$

$$M_D=9550\frac{P_D}{n}=9550\frac{15}{300}\text{N · m}=477.5\text{N · m}$$

（2）计算各段扭矩，画扭矩图 根据外力偶矩可求得轴的各段扭矩为

$$T_{BC}=-159.2\text{N · m} \quad T_{CA}=-477.5\text{N · m} \quad T_{AD}=477.5\text{N · m}$$

轴的扭矩图如图 3-12b 所示，最大扭矩发生在 CA 和 AD 段，$T_{max}=477.5$N · m。

（3）按强度条件设计轴径

根据
$$\tau_{max}=\frac{T_{max}}{W_P}=\frac{16T_{max}}{\pi d^3}\leqslant[\tau]$$

整理得

$$d \geqslant \sqrt[3]{\frac{16T_{max}}{\pi[\tau]}} = \sqrt[3]{\frac{16\times 477.5}{\pi\times 40\times 10^6}}\text{m} = 0.0393\text{m}$$

（4）按刚度条件设计轴径　由式（3-13）得到

$$\theta_{max} = \frac{180}{\pi}\frac{T_{max}}{GI_P} \leqslant [\theta]$$

则

$$d \geqslant \sqrt[4]{\frac{32T_{max}\times 180}{G\pi^2[\theta]}} = \sqrt[4]{\frac{32\times 477.5\times 180}{80\times 10^9\times \pi^2\times 1}}\text{m} = 0.0432\text{m}$$

若要使轴同时满足强度条件和刚度条件，则应取 $d=0.044\text{m}$。

习　题　3

3-1　切应力和挤压应力实用计算方法采用了什么假设？为什么？

3-2　挤压面面积是否与两构件的接触面积相同？试举例说明。

3-3　减速器中，高速轴直径大还是低速轴直径大？为什么？

3-4　轴扭转时，同一横截面上各点的切应力大小都不相同，对吗？

3-5　电动机轴与带轮用平键联接，如图 3-13 所示，已知轴的直径 $d=40\text{mm}$，键的尺寸 $b\times h\times l=12\text{mm}\times 8\text{mm}\times 60\text{mm}$，传递的力偶矩 $M=50\text{N}\cdot\text{m}$。键的许用切应力 $[\tau]=60\text{MPa}$，许用挤压应力 $[\sigma_{bs}]=100\text{MPa}$。带轮材料为铸铁，许用挤压应力 $[\sigma_{bs}]=53\text{MPa}$。试校核键联接的强度。

3-6　如图 3-14 所示凸缘联轴器，在凸缘上沿直径 $D=150\text{mm}$ 的圆周上，对称地分布着四个直径 $d=12\text{mm}$ 的螺栓。若此轴传递的外力偶矩 $M=1.5\text{kN}\cdot\text{m}$，螺栓的剪切许用应力 $[\tau]=60\text{MPa}$，校核螺栓的抗剪强度。

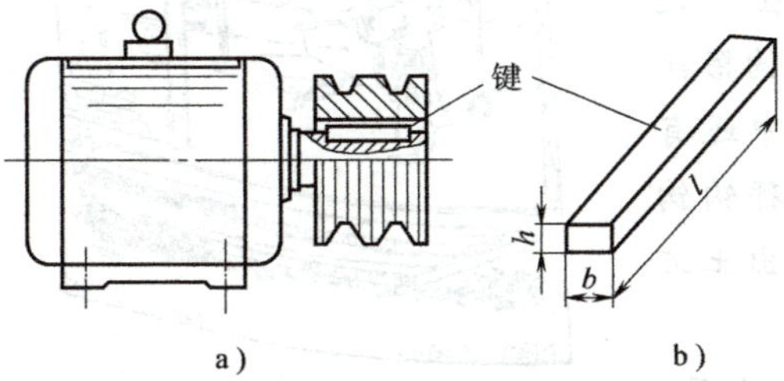

图 3-13　题 3-5 图

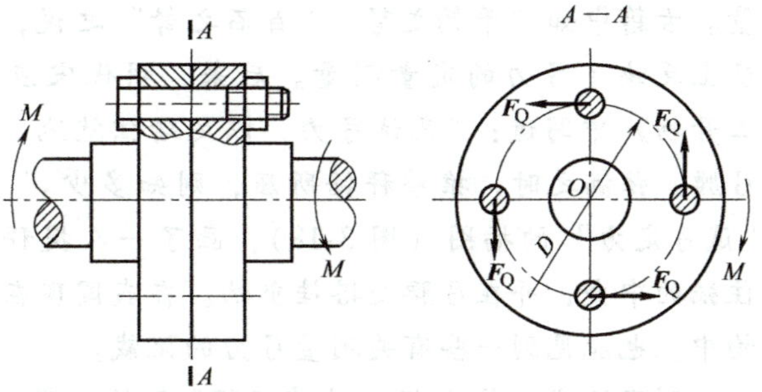

图 3-14　题 3-6 图

3-7　如图 3-15 所示，压力机的最大压力为 400kN，冲头材料的许用应力 $[\sigma]=440\text{MPa}$，被冲钢板的抗剪强度极限 $\tau_0=360\text{MPa}$。试求在此压力机上，能冲剪圆孔的最小直径 d 和钢板的最大厚度 t。

3-8　如图 3-16 所示直径 $d=75\text{mm}$ 的等截面传动轴上，主动轮和从动轮分别作用有力偶矩 $M_1=1\text{kN}\cdot\text{m}$，$M_2=0.6\text{kN}\cdot\text{m}$，$M_3=M_4=0.2\text{kN}\cdot\text{m}$。

（1）绘扭矩图。

（2）求轴中的最大切应力。

（3）如欲降低轴中应力，各轮如何安排？并求此时轴中最大切应力。

3-9　如图 3-17 所示传动轴，已知主动轮 A 输入功率 $P_A=50\text{kW}$，从动轮输出功率分别为 $P_B=30\text{kW}$、$P_C=20\text{kW}$，该轴转速 $n=300\text{r/min}$，材料的许用切应力 $[\tau]=40\text{MPa}$，试确定此轴直径。

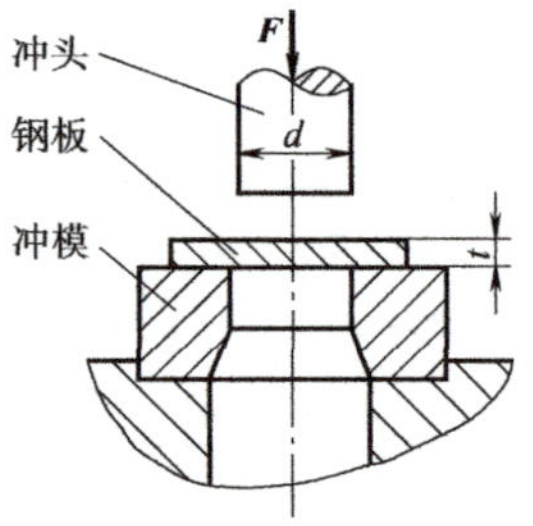

图 3-15 题 3-7 图

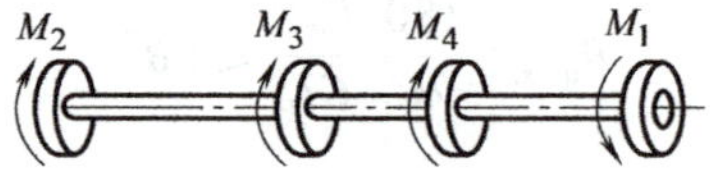

图 3-16 题 3-8 图

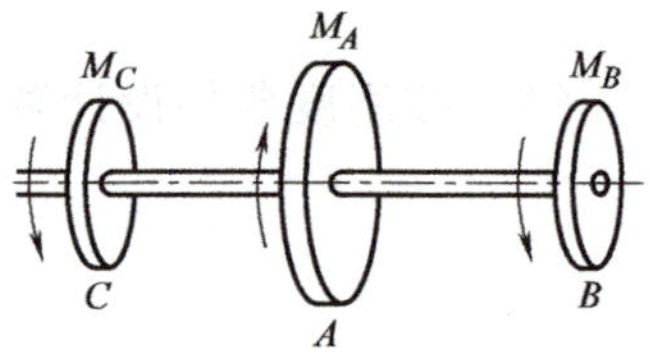

图 3-17 题 3-9 图

拓展园地

我国古代关于力与变形成正比关系的记载

1678 年，胡克以猜字谜的形式公布了力与变形成正比的规律，其实，在此之前的 1500 多年时，我国史书就已经有了这方面的记载。

东汉经学家郑玄（公元 127—200 年）对《考工记·弓人》中“量其力，有三均”作注云：“假令弓力胜三石，引之中三尺，弛其弦，以绳缓擐之，每加物一石，则张一尺。”这里的“缓擐”即松松套住之意，也就是没有初拉力。接着郑玄以“每加物一石，则张一尺”九个字，就把力与变形成正比的线性关系表述得清清楚楚。郑玄虽是大儒，他的说法并非空想，而是来源于实际的。在当时，我国弓人在制成弓以后，就已经有了对弓力的定量测量。古籍中如“千钧之弩”“百石之弩”之说，在一定程度上反映了弓力的定量测量。后来，明代宋应星在《天工开物》中写道：“凡试弓力，以足踏弦就地，秤钩搭挂弓腰，弦满之时，推移秤锤所压，则知多少。”书中还有“试弓定力”的插图（图 3-18），画了一人提秤，秤钩钩住弦的中央，并在弓腰处搭挂重物。在我国现在的出土文物中，也能见到一些有关测量弓力的记载。

图 3-18 试弓定力
（摘自《天工开物》）

到了近代，英人胡克才在 1676 年的一篇文章末尾，以谜面为 ceiiinosssttuv 的字谜暗示了力与变形成正比的线性关系。之后，胡克于 1678 年在另一篇文章中说出此字谜的谜底“Ut tensio sic vis”，此为拉丁文，译成中文就是“有多大的伸长，就有多大的力”，其意表明了任何弹簧的力与其伸长都成正比。

第4章 弯曲

基本要求

1）能够熟练地计算梁的支座反力、梁上任意截面的剪力和弯矩。

2）能正确地列出剪力方程和弯矩方程，熟练掌握绘制剪力图和弯矩图的方法。

3）会确定最大弯矩和最大剪力出现的位置和数值。

4）了解提高弯曲强度的措施。

重点

剪力图和弯矩图的绘制，弯曲正应力、弯曲强度的计算。

难点

剪力图和弯矩图，弯曲强度条件的应用。

4.1 平面弯曲的概念和梁的计算简图

4.1.1 平面弯曲的概念

当杆件受到垂直于杆轴的外力作用或在纵向平面内受到力偶作用时（图 4-1），杆轴的轴线由直线弯成曲线，这种变形称为弯曲。

1. 工程实例

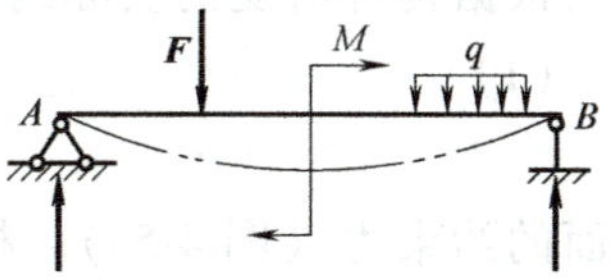

图 4-1 梁在弯曲时所受外力

弯曲是工程实际中最常见的一种基本变形。如图 4-2a 所示的桥式起重机梁，图 4-3a 所示的火车轮轴，它们在各自的载荷作用下，其轴线将由原来的直线弯成曲线。这种以弯曲变形为主的杆件通常称为梁。

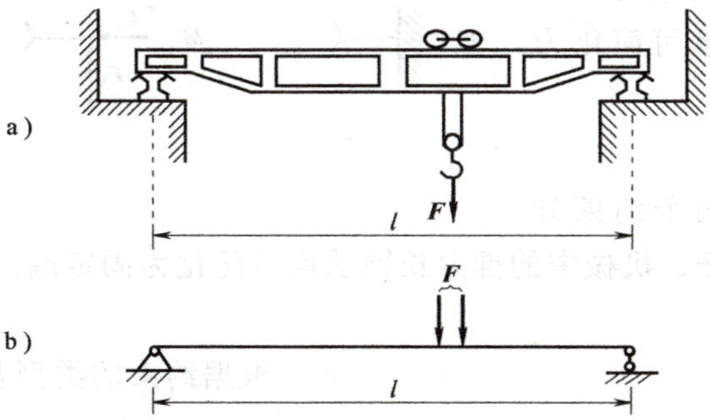

图 4-2 桥式起重机梁

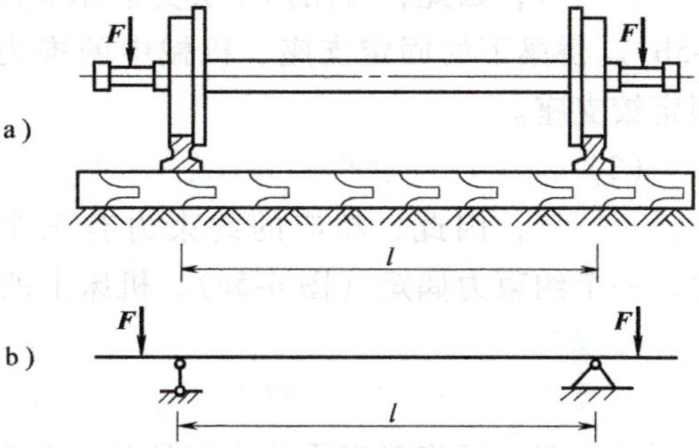

图 4-3 火车轮轴

2. 平面弯曲的概念

工程实际中，绝大部分梁的横截面至少有一根对称轴，这根对称轴与梁的轴线所组成的平面，称为纵向对称面（图 4-4），全梁至少有一个纵向对称面。如果作用于梁上的外力和外力偶都位于纵向对称面内（图 4-4），则梁的轴线将弯成位于此对称面内的一条平面曲线，此种弯曲称为平面弯曲。

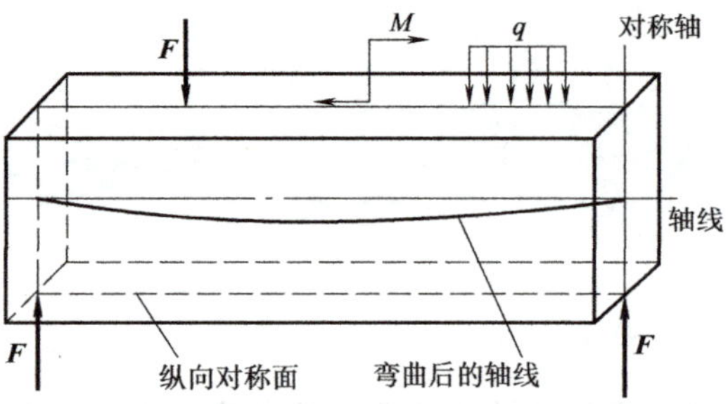

图 4-4 梁的平面弯曲

4.1.2 梁的计算简图

在计算梁的强度与刚度时，必须针对所研究问题的主要矛盾，对梁所受的实际约束及载荷进行简化，从而得到便于进行定量分析的梁的计算简图。

1. 载荷的简化

一般可将载荷简化为两种形式。当载荷的作用范围很小时，可将其简化为集中载荷（图 4-4 中的集中力 $\boldsymbol{F}$、集中力偶矩 M）。若载荷连续作用于梁上，则可将其简化为分布载荷（如水作用于水坝坝体上的作用力），呈均匀分布的载荷称为均布载荷（如图 4-4 中的均布载荷 q）。

图 4-2a 中的起重机大梁，若考虑大梁自身重量对梁的强度和刚度的影响，则可将梁自身重量简化为作用于全梁上的均布载荷。

分布于单位长度上的载荷大小，称为载荷集度，通常以 q 表示。国际单位制中，集度单位为 N/m，或 kN/m。

2. 实际约束的简化

根据构件所受的实际约束方式，可将约束简化为下列几种形式：

（1）滑动铰支座　这种支座只在支承处限定梁沿垂直于支座平面方向的位移，因此，只产生一个垂直于支座平面的约束力（图 4-5a）。桥梁中的滚轴支座、机械中的短滑动轴承及滚动轴承都可简化为滑动铰支座。

（2）固定铰支座　这种支座在支承处限定梁沿任何方向的位移，因此，可用两个分力表示相应的约束力（图 4-5b）。桥梁下的固定支座、机械中的推力轴承可简化为固定铰支座。

（3）固定端　这种约束既限定梁端的线位移，也限定其角位移，因此，相应的约束力有三个：两个约束分力，一个约束力偶矩（图 4-5c）。机床上的刀杆、机械中的推力长轴承均可简化为固定端。

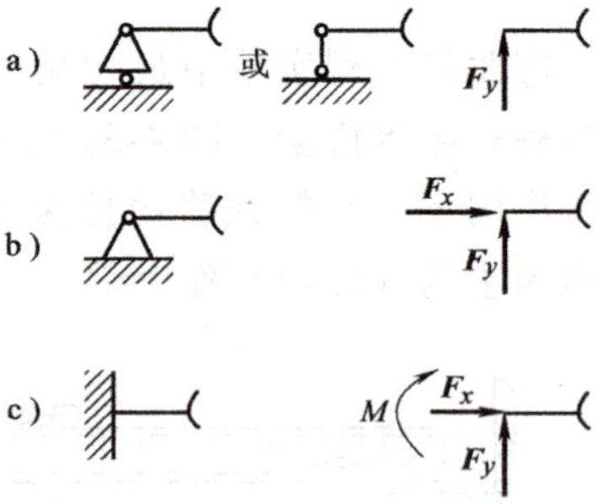

图 4-5 约束的简化

3. 梁的类型

若约束反力全部可以根据平衡方程直接确定，这样的梁称为静定梁。根据约束的类型及其所处位置，可将静定梁分为三种基本类型。

（1）简支梁　一端为固定铰支座，另一端为滑动铰支座的梁，如图 4-2b 所示。

（2）外伸梁　简支梁的一端或两端外伸，如图 4-3b 所示。

（3）悬臂梁　一端固定而另一端自由的梁，如图 4-6 所示。

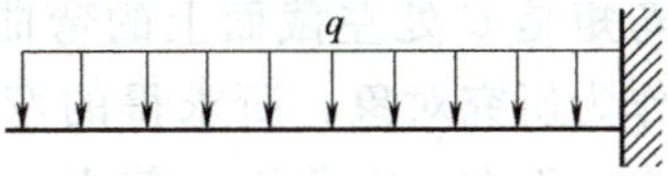

图 4-6　悬臂梁

若梁的支座反力数目多于静力平衡方程式的数目，此时只用静力平衡方程式将无法确定其支座反力，这种梁称为超静定梁。

4.2　梁的内力——剪力与弯矩

4.2.1　用截面法分析计算梁的内力

梁上的载荷及约束力确定后，即可利用截面法分析梁的内力，进而为计算梁的强度与刚度做好准备。

以图 4-7 所示为例，用截面法分析 C 截面处的内力。

首先，依据平衡条件确定约束力。因该梁的结构及所受载荷对称，故可直接求出约束力 $R_A=R_B=10\text{kN}$。

以一假想平面在 C 处将梁截开，选其中一部分（左段）为研究对象，分析 AC 段的受力（图 4-8）。AC 段上作用着均布载荷 q、约束力 R_A 这样的外载荷及 C 截面的内力（BC 段对 AC 段的作用力）。由平衡条件 $\sum F_Y=0$ 可知，C 截面上一定存在沿铅垂方向的内力，这种与截面平行的内力称为剪力，以 $\boldsymbol{F}_\text{Q}$ 表示。剪力的大小及实际方向由平衡方程确定。

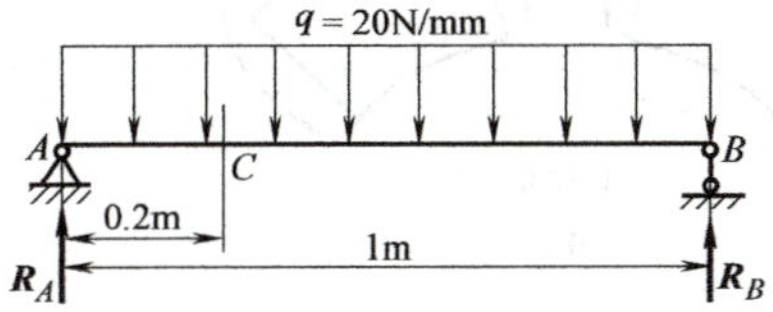

图 4-7　剪力与弯矩

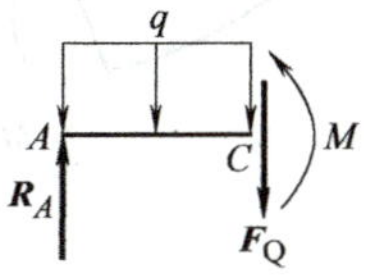

图 4-8　AC 段受力分析

由　$\sum F_y=R_A-q\cdot AC-F_\text{Q}=0$

得　$F_\text{Q}=10\text{kN}-20\times0.2\text{kN}=6\text{kN}$（$C$ 截面上剪力的实际方向向下）

又由平衡条件 $\sum M_C(F)=0$ 可知，C 截面上一定存在另一个内力分量，即力偶。此力偶的作用面位于梁的对称面，其矢量垂直于梁的轴线，此内力分量称为弯矩，以 M 表示。弯矩的大小及实际方向由平衡方程确定。

由　$\sum M_C(F)=M-R_A\cdot AC+\dfrac{q}{2}\cdot AC^2=0$

得　$M=\left(10\times0.2-\dfrac{20}{2}\times0.2^2\right)\text{kN}\cdot\text{m}=1.6\text{kN}\cdot\text{m}$（$C$ 截面弯矩的实际方向为逆时针方向）

注：一般将所求截面的形心作为力偶矩平衡方程的矩心。

4.2.2　剪力与弯矩正负号的规定

在上面以截面法计算弯曲内力的过程中，我们选取了左段作为研究对象，所求得的剪力

与弯矩是 C 处左截面上的弯曲内力。试分析，若选取右段作为研究对象，所求得的弯曲内力则为 C 处右截面的内力，而左、右截面上剪力、弯矩的方向一定是相反的（因其为作用力与反作用力的关系），如图 4-9 所示。

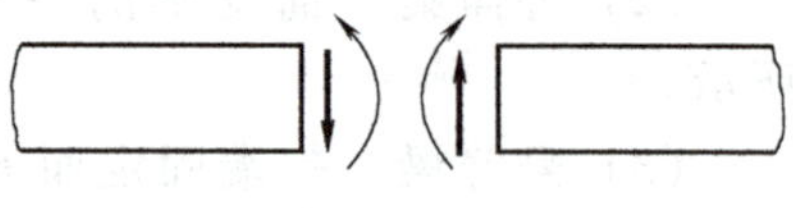

图 4-9 截面的作用力

因此，有必要对弯曲内力的符号做出规定。

剪力正负号的规定：使所取研究段产生顺时针方向旋转趋势的剪力为正，反之为负，如图 4-10a、b 所示。

弯矩正负号的规定：使所取研究段产生下凸变形的弯矩为正，反之为负，如图 4-10c、d 所示。

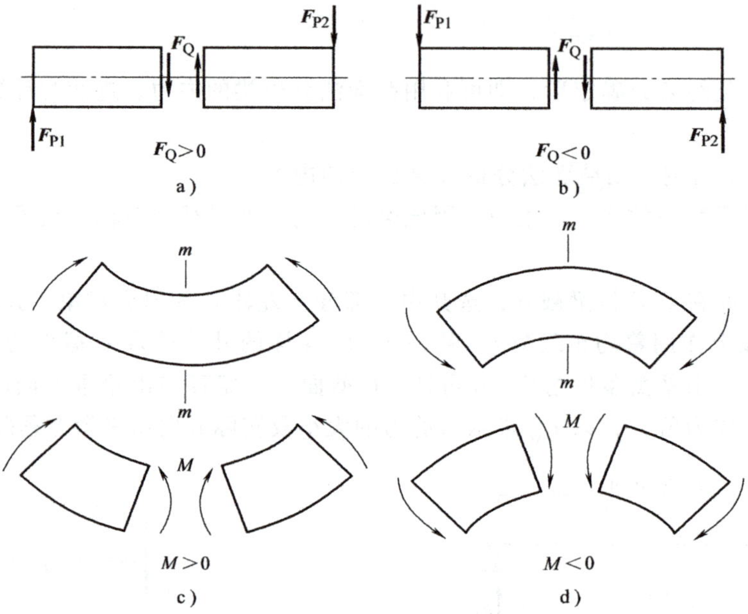

图 4-10 剪力与弯矩正负号的规定

这样，当采用截面法计算弯曲内力时，以一个假想平面将梁截开后，无论选择哪一段作为研究对象，所计算出的同一位置截面的内力就会具有相同的符号。

综上所述，可将计算弯曲内力的方法概括如下：

1）在需要计算内力的截面处，以一个假想的平面将梁切开，选其中一段为研究对象（一般选择载荷较少的部分为研究对象，以便于计算）。

2）对研究对象进行受力分析，此时，一般按正方向画出剪力与弯矩。

3）由平衡方程 $\sum F_y=0$ 计算剪力 F_Q。

4）以所切截面形心为矩心，由平衡方程 $\sum M_C(F)=0$ 计算弯矩。

4.3 剪力方程与弯矩方程、剪力图与弯矩图

梁横截面上的剪力与弯矩是随截面的位置而变化的。在计算梁的强度与刚度时，必须了解剪力及弯矩沿梁轴线的变化规律，从而找出最大剪力与最大弯矩的数值及其所在的截面

位置。

因此，我们沿梁轴方向选取坐标 x，以此表示各横截面的位置，建立梁内各横截面的剪力、弯矩与 x 的函数关系，即

$$F_Q = F_Q(x)$$
$$M = M(x)$$

上述关系式分别称为剪力方程和弯矩方程，此方程从数学角度精确地给出了弯曲内力沿梁轴线的变化规律。

若以 x 为横坐标，以 F_Q 或 M 为纵坐标，将剪力、弯矩方程所对应的图线绘出来，即可得到剪力图和弯矩图，它们都是弯曲构件的内力图（当构件以受弯曲作用为主时，通常只考虑弯矩图）。通过内力图可使我们更直观地了解梁各横截面的内力变化规律。

下面通过例题来分析剪力方程与剪力图、弯矩方程与弯矩图及其作法。

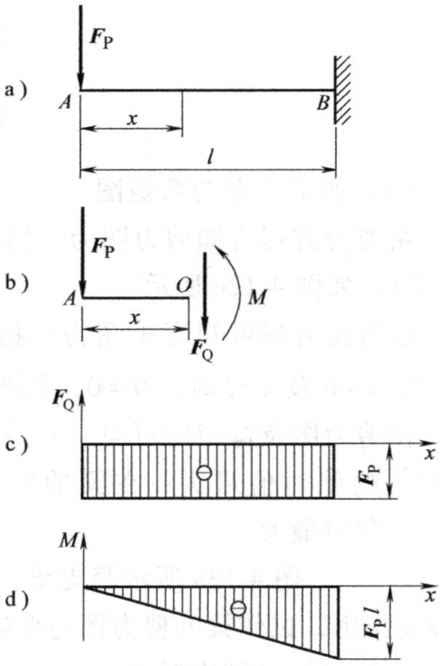

图 4-11　例题 4-1 图

例 4-1　一悬臂梁 AB（图 4-11a），右端固定，左端受集中力 F_P 作用。作此梁的剪力图及弯矩图。

解　（1）列剪力方程与弯矩方程

以 A 为坐标原点，在距原点 x 处将梁截开，取左段梁为研究对象，其受力分析如图 4-11b 所示。

由平衡方程求 x 截面的剪力与弯矩

由 $\sum F_y = -F_Q - F_P = 0$，得

$$F_Q = -F_P$$

由 $\sum M_O = F_P x + M = 0$，得

$$M = -F_P x$$

因截面的位置是任意的，故式中的 x 是一个变量。以上两式即为 AB 梁的剪力方程与弯矩方程。

（2）依据剪力方程与弯矩方程作出剪力图与弯矩图

由剪力方程可知，梁各截面的剪力不随截面的位置而变，因此，剪力图为一条水平直线，如图 4-11c 所示。

由弯矩方程可知，弯矩是 x 的一次函数，故弯矩图为一条斜直线（两点确定一线，$x=0$ 时，$M=0$；$x=l$ 时，$M=-F_P l$），如图 4-11d 所示。

由于在剪力图和弯矩图中的坐标比较明确，故习惯上往往不再将坐标轴画出。

例 4-2　一简支梁 AB 受集度为 q 的均布载荷作用（图 4-12a）。作此梁的剪力图与弯矩图。

解　（1）求支座反力

$$R_A = R_B = \frac{1}{2}ql$$

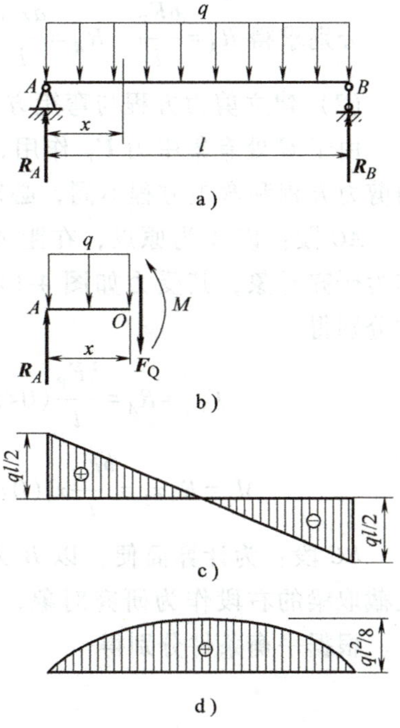

图 4-12　例题 4-2 图

（2）列剪力方程与弯矩方程

在距 A 点 x 处截取左段梁为研究对象，其受力如图 4-12b 所示。由平衡方程

$$\sum F_y = R_A - qx - F_Q = 0$$

得

$$F_Q = R_A - qx = \frac{ql}{2} - qx$$

由

$$\sum M_O = -R_A x + qx\frac{x}{2} + M = 0$$

得

$$M = R_A x - qx\frac{x}{2} = \frac{ql}{2}x - \frac{q}{2}x^2$$

（3）画剪力图与弯矩图

由剪力方程可知剪力图为一斜直线（两点确定一线：$x=0$ 时，$F_Q = ql/2$；$x=l$ 时，$F_Q = -ql/2$），如图 4-12c 所示。

由弯矩方程可知弯矩图为一抛物线，抛物线上凸；在 $x=l/2$ 处，弯矩有极值，$M_{max} = ql^2/8$；$x=0$ 及 $x=l$ 时，$M=0$，如图 4-12d 所示。

由剪力图及弯矩图可见，在靠近两支座的横截面上剪力的绝对值最大；在梁的中点截面上，剪力为零，而弯矩最大。

例 4-3 图 4-13a 所示简支梁，在截面 C 处受集中力 $\boldsymbol{F}_P$ 作用，试作梁的剪力图与弯矩图。

解 （1）计算支反力

由平衡方程 $\sum M_A = 0$ 和 $\sum M_B = 0$

分别求得 $R_A = \dfrac{bF_P}{l}$ $R_B = \dfrac{aF_P}{l}$

（2）建立剪力方程与弯矩方程

由于 C 处有集中力 $\boldsymbol{F}_P$ 作用，故 AC 和 BC 两段梁的剪力方程和弯矩方程不同，必须分别列出。

AC 段：以 A 为原点，在距 A 点 x_1 处截取左段梁作为研究对象，其受力如图 4-13b 所示。根据平衡条件分别得

$$F_{Q1} = R_A = \frac{bF_P}{l}(0<x_1<a)$$

$$M_1 = R_A x_1 = \frac{bF_P}{l}x_1(0 \leqslant x_1 \leqslant a)$$

BC 段：为计算简便，以 B 为原点，在距 B 点 x_2 处截取梁的右段作为研究对象，其受力如图 4-13c 所示。根据平衡条件分别得

$$F_{Q2} = -R_B = -\frac{aF_P}{l}(0<x_2<b)$$

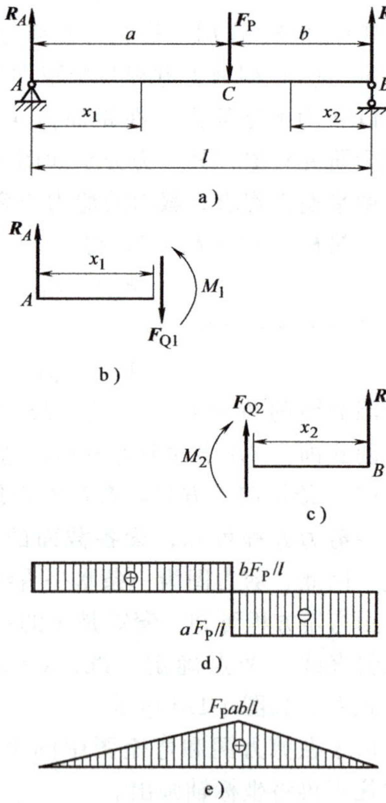

图 4-13 例题 4-3 图

$$M_2 = R_B x_2 = \frac{aF_P}{l} x_2 (0 \leqslant x_2 \leqslant b)$$

（3）画剪力图与弯矩图

根据 AC、BC 两段各自的剪力方程与弯矩方程，分别画出 AC、BC 两段梁的剪力图与弯矩图，如图 4-13d、e 所示。

可以看出，截面 C 的弯矩最大。如果 $a>b$，则 BC 段的剪力的绝对值最大。

从剪力图与弯矩图可以看出，在集中力作用处，其左、右两侧横截面上的弯矩相同，而剪力则发生突变，突变量等于该集中力之值。

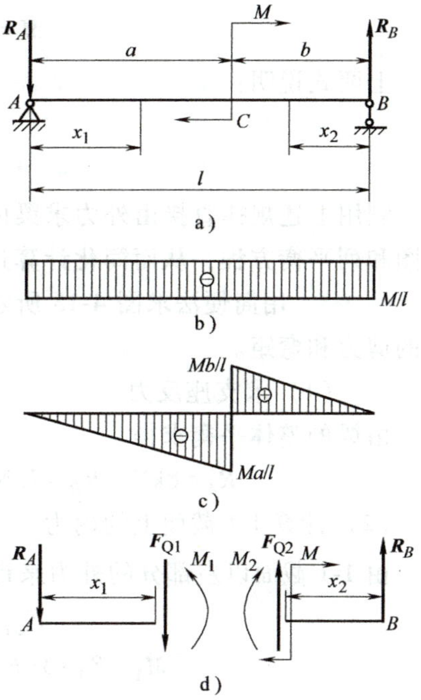

图 4-14　简支梁

例 4-4　图 4-14a 所示简支梁，在截面 C 处受到力偶矩为 M 的集中力偶作用，试作梁的剪力图和弯矩图。

解　（1）计算支反力

由平衡方程 $\sum M_A = 0$ 与 $\sum F_y = 0$

分别求得 $R_A = \frac{M}{l}$　　$R_B = \frac{M}{l}$

（2）建立剪力方程与弯矩方程

假想于梁的 C 处（M 左侧）将梁截开，分别取左段与右段为研究对象，并分别以 F_{Q1}、M_1 和 F_{Q2}、M_2 代表它们各自的内力，如图 4-14d 所示。

可求得

$$F_{Q1} = -R_A = -\frac{M}{l} (0 < x_1 \leqslant a)$$

$$M_1 = -R_A x_1 = -\frac{M}{l} x_1 (0 \leqslant x_1 < a)$$

$$F_{Q2} = -R_B = -\frac{M}{l} (0 < x_2 \leqslant b)$$

$$M_2 = R_B x_2 = \frac{M}{l} x_2 (0 \leqslant x_2 < b)$$

（3）画剪力图与弯矩图

根据剪力方程及弯矩方程，可作出如图 4-14b、c 所示的剪力图与弯矩图。

由内力图可以看出，在集中力偶矩作用处，其左右两侧横截面上的剪力相同，但弯矩则发生突变，突变量等于该集中力偶之矩。

在以上例题中，都是根据分离体的平衡条件求内力，从中我们也可以总结出求内力的简便方法，即直接根据外力计算梁在任意截面上的内力，规律如下：

1. 剪力的计算规律

计算剪力是对截面左（或右）段梁建立投影方程，经过移项后可得

$$F_Q = \sum F_{y左} \quad 或 \quad F_Q = \sum F_{y右}$$

上两式说明：梁在任一横截面上的剪力等于该截面一侧所有外力在垂直于轴线方向投影的代数和，对所求截面产生顺时针方向转动趋势的外力取正号（图 4-10a）；反之取负号（图 4-10b）。此规律可记为“顺转剪力正”。

2. 弯矩的计算规律

计算弯矩是对梁截面左（或右）段建立力矩方程，经过移项后可得

$$M=\sum M_{C左} \quad 或 \quad M=\sum M_{C右}$$

上两式说明：梁内任一横截面上的弯矩等于该截面一侧所有外力（包括力偶）对该截面形心力矩的代数和。将所求截面固定，使所选梁段产生下凸弯曲变形的外力矩取正号（图 4-10c）；反之取负号（图 4-10d）。此规律可记为“下凸弯矩正”。

利用上述规律直接由外力求梁内力的方法称为简便法。用简便法求梁内力可以省去画受力图和列平衡方程，从而简化计算过程。现举例说明。

例 4-5 用简便法求图 4-15 所示简支梁 1-1 截面上的剪力和弯矩。

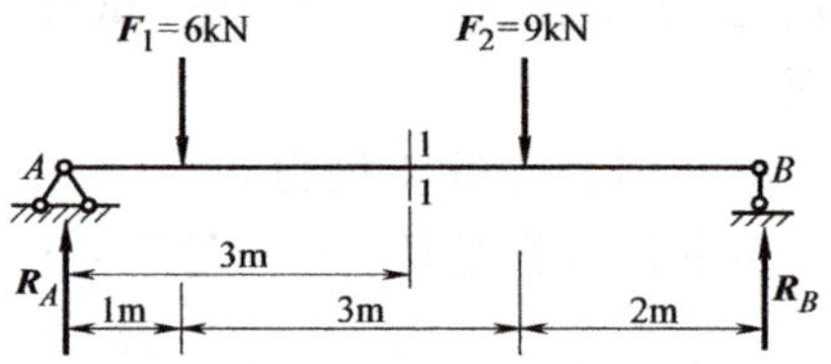

图 4-15 例题 4-5 图

解 （1）求支座反力

由梁的整体平衡求得

$$R_A=8kN,\ R_B=7kN$$

（2）计算 1-1 截面上的内力

由 1-1 截面以左部分的外力来计算内力，根据“顺转剪力正”和“下凸弯矩正”得

$$F_{Q1}=R_A-F_1=(8-6)kN=2kN$$

$$M_1=R_A\times3-F_1\times2=(8\times3-6\times2)kN\cdot m=12kN\cdot m$$

4.4 纯弯曲正应力

在上一节中，通过对梁弯曲内力的分析，可以确定梁受力后的危险截面，这是解决梁强度问题的重要步骤之一。但要最终对梁进行强度计算，还必须确定梁横截面上的应力，即需要确定横截面上的应力分布情况及最大应力值，因为构件的破坏往往首先开始于危险截面上应力最大的地方。因此，研究梁弯曲时横截面上的应力分布规律，确定应力计算公式，是研究梁的强度前所必须解决的问题。

通过 4.2 节的研究我们知道，梁产生弯曲时其横截面上有剪力与弯矩两种内力，而剪力是由横截面上的切向内力元素 τdA（dA 为横截面上的面积元）所组成，弯矩则由法向内力元素 σdA 所组成，故梁横截面上将同时存在正应力 σ 与切应力 τ。但对一般梁而言，正应力往往是引起梁破坏的主要因素，而切应力则为次要因素。因此，本节着重研究梁横截面上的正应力，并且仅研究工程实际中常见的平面（对称）弯曲情况。

图 4-16a 所示简支梁，在 F_P 力作用下，产生对称弯曲。观察图 4-16b、c 所示的该梁的剪力图与弯矩图，CD 段梁的各横截面上只有弯矩，而剪力为零，我们称这种弯曲为纯弯曲。AC、BD 段梁的各横截面上同时有剪力与弯矩，这种弯曲称为横力弯曲。为了更集中地分析正应力与弯矩的关系，下面我们将以纯弯曲为研究对象，去分析梁横截面上的正应力。

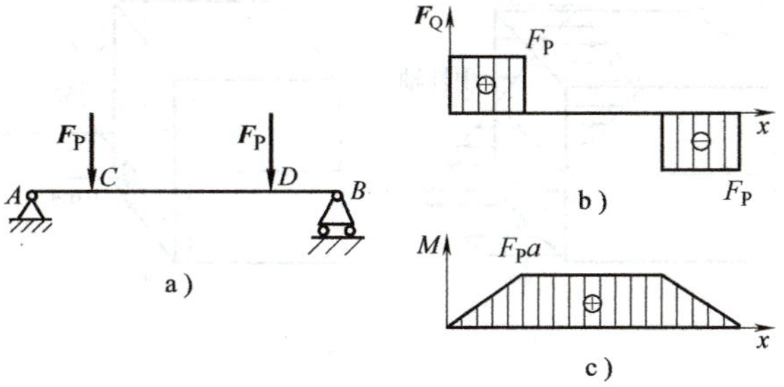

图 4-16　简支梁内力

4.4.1　纯弯梁横截面上的正应力

1. 纯弯曲的试验现象及相关假设

为了研究横截面上的正应力，我们首先观察在外力作用下梁的弯曲变形现象。

取一根矩形截面梁，在梁的两端沿其纵向对称面施加一对大小相等、方向相反的力偶矩 M，即使梁发生纯弯曲（图 4-17）。我们观察到如下的试验现象：

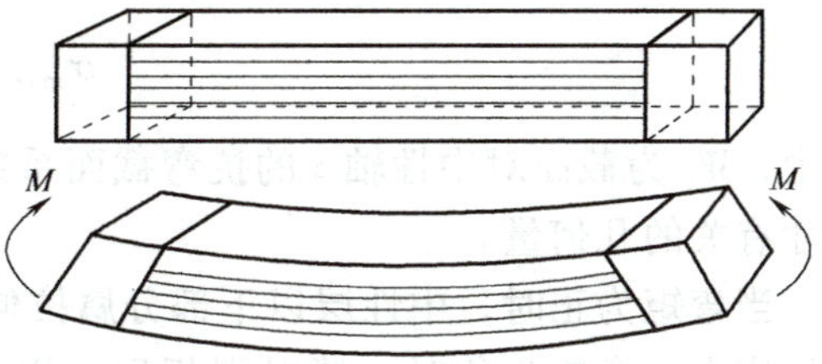

图 4-17　纯弯曲试验

1）梁表面的纵向直线均弯曲成弧线，而且，靠顶面的纵线缩短，靠底面的纵线拉长，而位于中间位置的纵线长度不变。

2）横向直线仍为直线，只是横截面间做相对转动，但仍与纵线正交。

3）在纵向拉长区，梁的宽度略减小，在纵向缩短区，梁的宽度略增大。

根据上述表面变形现象，我们对梁内部的变形及受力作如下假设：

1）梁的横截面在梁变形后仍保持为平面，且仍与梁轴线正交。此为平面假设。

2）梁的所有与轴线平行的纵向纤维都是轴向拉长或缩短（即纵向纤维之间无相互挤压）。此为单向受力假设。

基于上述假设，我们将与底层平行、纵向长度不变的那层纵向纤维称为中性层。中性层即为梁内纵向纤维伸长区与纵向纤维缩短区的分界层。中性层与横截面的交线称为中性轴。可以证明，中性轴通过横截面的形心。

概括起来就是：纯弯梁变形时，所有横截面均保持为平面，只是绕各自的中性轴转过一个角度，各纵向纤维承受纵向力，横截面上各点只有拉应力或压应力。

2. 梁横截面上正应力的分布

经过推导（略），梁横截面上任意一点的正应力与该点到中性轴之距成线性关系，即正应力沿截面高度呈线性分布，而中性轴上各点的正应力为零。梁横截面上正应力的分布如图 4-18 所示。

3. 正应力的计算

通过推导（略），可得到梁发生纯弯曲时横截面上任一点的正应力计算公式，即

$$\sigma = \frac{My}{I_z} \tag{4-1}$$

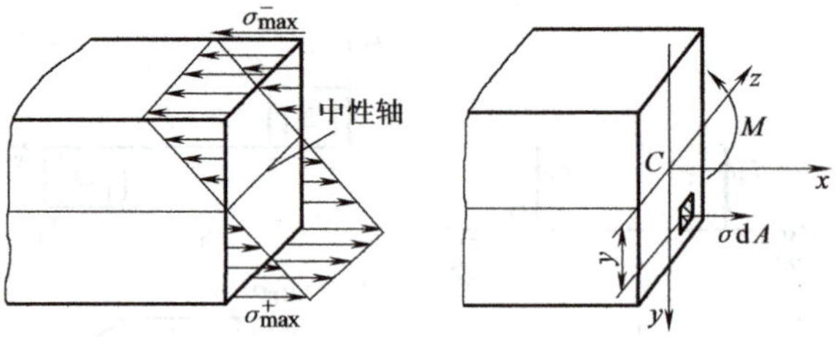

图 4-18 正应力分布图

式中，I_z 为截面对中性轴 z 的惯性矩，$I_z=\int_A y^2 \mathrm{d}A$，它是仅与截面形状和截面尺寸有关的几何量；M 为横截面上的弯矩；y 为横截面上欲求应力点到中性轴 z 的距离。

由式（4-1）可知，梁发生纯弯曲时横截面上任一点的正应力与该截面上的弯矩成正比，与截面对中性轴 z 的惯性矩成反比。

当 $y=y_{max}$ 时，即梁上距离中性轴 z 最远处的应力有最大值，其计算公式如下，即

$$\sigma_{max}=\frac{My_{max}}{I_z}=\frac{M}{W_z} \tag{4-2}$$

式中，W_z 为截面对中性轴 z 的抗弯截面系数（抗弯截面模量），它也是一个仅与截面形状及尺寸有关的几何量。

当弯矩为正时，中性层以下部分属拉伸区，产生拉应力；中性层以上部分属压缩区，产生压应力。弯矩为负时，情况则相反。用式（4-2）计算正应力时，M 与 y 均代入绝对值，正应力的拉、压则由观察而定。

4.4.2 常见截面的惯性矩、抗弯截面系数及平行移轴定理

1. 常见截面的惯性矩和抗弯截面系数

（1）矩形截面的惯性矩 I_z 和抗弯截面系数 W_z 图 4-19 所示矩形截面，其高、宽分别为 h、b，z 轴通过截面形心 C 并平行于矩形底边。为求该截面对 z 轴的惯性矩，在截面上距 z 轴为 y 处取一微元面积（图中阴影部分），其面积 $\mathrm{d}A=b\mathrm{d}y$，根据惯性矩定义有

$$I_z=\int_A y^2\mathrm{d}A=\int_{-\frac{h}{2}}^{\frac{h}{2}} y^2 b\mathrm{d}y=\frac{bh^3}{12}$$

则

$$W_z=\frac{\frac{bh^3}{12}}{\frac{h}{2}}=\frac{bh^2}{6}$$

（2）圆形截面的惯性矩 I_z 和抗弯截面系数 W_z 图 4-20 所示直径为 d 的圆形截面，z、y 轴均过形心 C。因为圆形截面对任意直径都是对称的，因此，对过任一圆心轴的惯性矩和抗弯截面系数都相等，分别为

$$I_z=\frac{I_P}{2}=\frac{\pi d^4}{64} \qquad W_z=\frac{\frac{\pi d^4}{64}}{\frac{d}{2}}=\frac{\pi d^3}{32}$$

（3）圆环形截面的惯性矩 I_z 和抗弯截面系数 W_z　同理，空心圆截面（圆环形截面）对中性轴的惯性矩和抗弯截面系数为

$$I_z=\frac{I_P}{2}=\frac{\pi D^4}{64}(1-\alpha^4)\quad W_z=\frac{\pi D^3}{32}(1-\alpha^4)$$

式中，D 为空心圆截面的外径，α 为内、外径的比值。

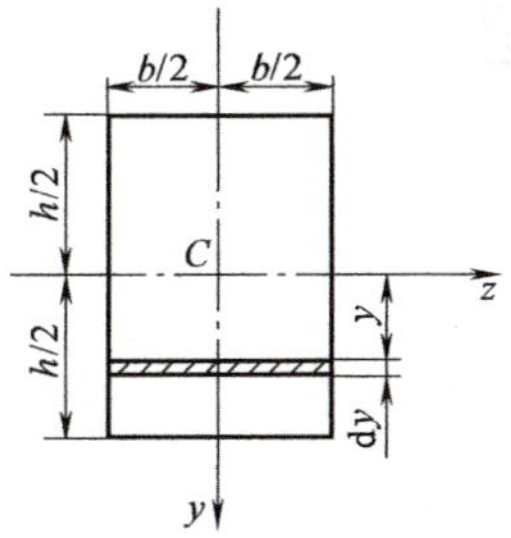

图 4-19　矩形截面

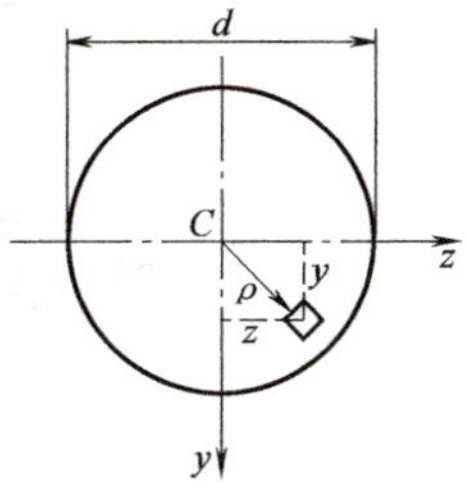

图 4-20　圆形截面

2. 平行移轴定理

图 4-21 中，C 为截面形心，z 轴与 z_0 轴平行且相距为 d，微面积 $\mathrm{d}A$ 在 y-z、y_0-z_0 坐标系中的纵坐标分别 y、y_0，根据惯性矩定义有

$$I_z=\int_A y^2\mathrm{d}A=\int_A(y_0+d)^2\mathrm{d}A$$

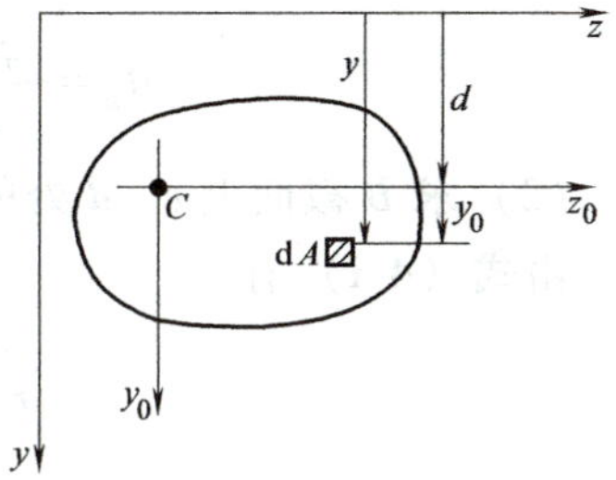

图 4-21　平行移轴定理

上式展开得

$$I_z=\int_A y_0^2\mathrm{d}A+2d\int_A y_0\mathrm{d}A+d^2\int_A\mathrm{d}A$$

因 z_0 通过形心 C，故

$$\int_A y_0\mathrm{d}A=0$$

于是得出结论

$$I_z=I_{z0}+Ad^2$$

上式即为平行移轴定理，它表明：截面对任一轴（不通过形心）的惯性矩，等于截面对平行于该轴的形心轴的惯性矩与一附加项之和，该附加项等于截面面积与两轴距离平方之积。因该附加项恒为正，所以，截面对形心轴的惯性矩最小。

4.4.3　横力弯曲时梁的正应力计算

前面我们推导出了纯弯梁的弯曲正应力计算式（4-1），即 $\sigma=\frac{My}{I_z}$。此式是在纯弯曲的情况下建立的。但工程实际中，梁横截面上常常既有弯矩又有剪力，即梁产生横力弯曲。那么，要计算横力弯曲时的正应力，式（4-1）是否适用呢。大量的理论计算与试验结果表明，只要梁是细长的，例如 $l/h>5$（梁的跨高之比大于 5），剪力对弯曲正应力的影响将是很小的，可以忽略不计。因此，应用式（4-1）计算横力弯曲时的正应力，其值仍然是准确的。

例 4-6 图 4-22a 所示矩形截面悬臂梁，承受均布载荷 q 作用。已知 $q=10\text{N/mm}$，$l=300\text{mm}$。$b=20\text{mm}$，$h=30\text{mm}$。试求 B 截面上 c、d 两点的正应力。

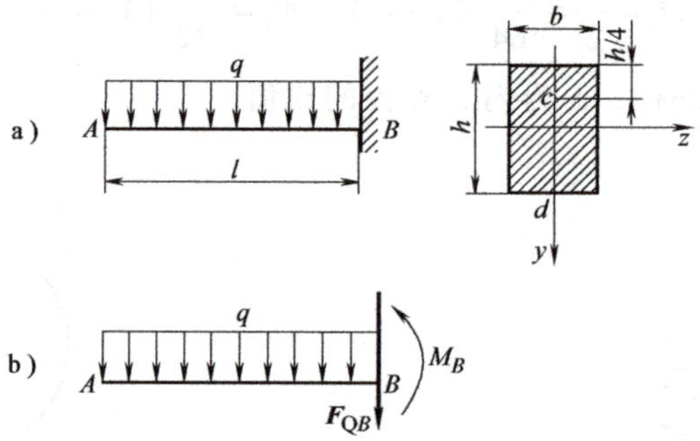

图 4-22 例题 4-6 图

解 （1）求 B 截面上的弯矩

由截面法（AB 受力分析如图 4-22b 所示）求得

$$M_B=-\frac{ql^2}{2}=-\frac{10\times300^2}{2}\text{N}\cdot\text{mm}=-4.5\times10^5\text{N}\cdot\text{mm}$$

（2）求 B 截面上 c、d 处的正应力

由式（4-1）有

$$\sigma_c=\frac{M_By_c}{I_z}=\frac{4.5\times10^5\times30}{4\times45\times10^3}\text{MPa}=75\text{MPa}$$

$$\sigma_d=\frac{M_By_d}{I_z}=\frac{4.5\times10^5\times30}{2\times45\times10^3}\text{MPa}=150\text{MPa}$$

因 B 截面上的弯矩为负，故横截面上中性轴 z 以上各点产生拉应力、以下各点产生压应力。所以，c 点处为拉应力，d 点处为压应力。

例 4-7 求图 4-23a 所示铸铁悬臂梁内最大拉应力和最大压应力。横截面形状尺寸如图 4-23b 所示，$\boldsymbol{F}_\text{P}=20\text{kN}$，$I_z=10200\text{cm}^4$，$AB$ 长 1.4m，BC 长 0.6m。

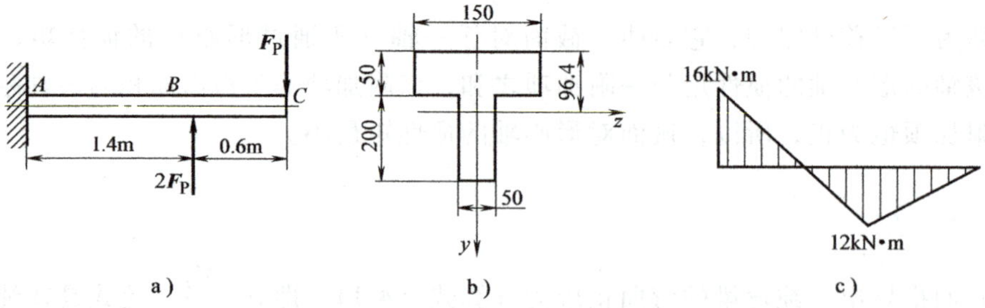

图 4-23 例题 4-7 图

解 （1）画弯矩图，确定危险面

因为梁是等截面的，且横截面相对 z 轴不对称，铸铁的抗拉能力与抗压能力又不同，故绝对值最大的正、负弯矩所在的面均可能为梁的危险面。弯矩图如图 4-23c 所示。

(2) 确定危险点，计算最大拉应力与最大压应力

由弯矩图看出，A、B 两截面均可能为危险面。A 截面上有最大正弯矩，该截面下边缘各点处将产生最大拉应力，上边缘各点处将产生最大压应力；而 B 截面上有最大负弯矩，该截面下边缘各点处将产生最大压应力，上边缘各点处将产生最大拉应力。A、B 截面正应力分布如图 4-24 所示。

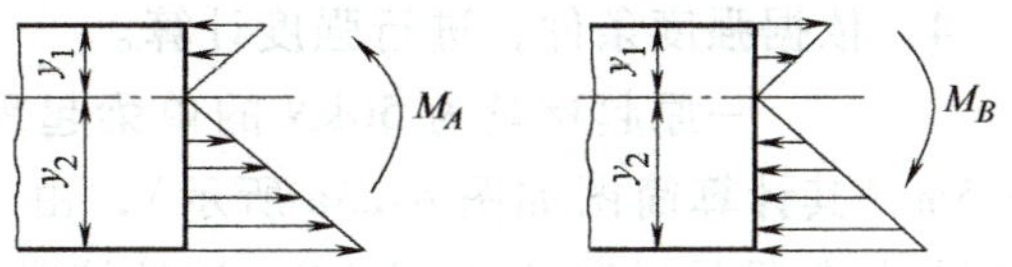

图 4-24 例题 4-7 截面应力图

显然，A 截面上的最大拉应力要大于 B 截面上的最大拉应力，故梁内最大拉应力发生在 A 截面下边缘各点处，其值为

$$\sigma_{\max}^{+}=\frac{M_A y_2}{I_z}=\frac{16\times10^6\times(250-96.4)}{1.02\times10^8}\text{MPa}\approx24.09\text{MPa}$$

对 A、B 两截面，需经计算，才能得知哪个截面上的最大压应力更大，于是

$$\sigma_{A\max}^{-}=\frac{M_A y_1}{I_z}=\frac{16\times10^6\times96.4}{1.02\times10^8}\text{MPa}\approx15.12\text{MPa}$$

$$\sigma_{B\max}^{-}=\frac{M_B y_2}{I_z}=\frac{12\times10^6\times(250-96.4)}{1.02\times10^8}\text{MPa}\approx18.07\text{MPa}$$

由此可见，梁内最大压应力发生在 B 截面的下边缘各点处。

4.5 强度条件及其应用

4.5.1 抗弯强度条件

对于一般载荷作用下的细长、非薄壁截面梁，弯矩对强度的影响要远大于剪力的影响。因此，对细长非薄壁梁进行强度计算时，主要是限制弯矩所引起的梁内最大弯曲正应力不得超过材料的许用正应力，即

$$\sigma_{\max}\leqslant[\sigma] \tag{4-3}$$

式 (4-3) 即为抗弯强度条件。

4.5.2 强度条件的应用

我们常常应用强度条件来解决三类强度问题，即强度校核、设计截面、确定许可载荷。在进行这类强度计算时，一般应遵循下列步骤：

1) 分析梁的受力，依据平衡条件确定约束力；分析梁的内力（画出弯矩图）。

2) 依据弯矩图和截面沿梁轴线变化的情况，确定可能的危险面。对等截面梁，弯矩最大截面即为危险面；对变截面梁，则需依据弯矩及截面变化情况具体分析才能确定危险面。

3) 确定危险点。对于拉、压力学性能相同的材料（如钢材），其最大拉应力点和最大压应力点具有同样的危险程度，因此，危险点显然位于危险面上离中性轴最远处。而对于拉、压力学性能不等的材料（如铸铁），则需分别计算梁内绝对值最大的拉应力和压应力，

因为最大拉应力点与最大压应力点均可能是危险点。

4）依据强度条件，进行强度计算。

例 4-8 一原起重量为 50kN 的单梁起重机，其跨度 l=10.5m（其计算简图如图 4-25a 所示），由 45 工字钢制成。而现拟将起重量提高到 P=70kN，试校核梁的强度。若强度不够，再计算其可能承受的起重量。梁的材料为 Q235 钢，许用应力 $[\sigma]$=140MPa；电葫芦自重 G=15kN，暂不考虑梁的自重。

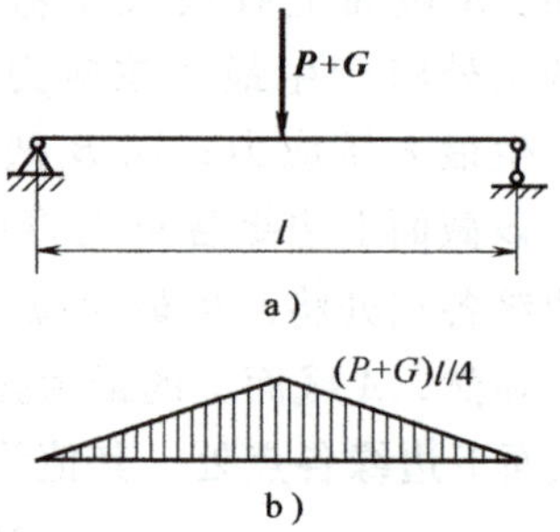

图 4-25 单梁起重机计算简图

解 （1）作弯矩图，确定危险面

显然，当电葫芦行至梁中点时所引起的弯矩最大，此时弯矩如图 4-25b 所示。由弯矩图可知，危险面为中点处的截面，其弯矩为

$$M_{\max}=\frac{(P+G)l}{4}=\frac{(70+15)\times 10.5}{4}\text{kN}\cdot\text{m}\approx 223\text{kN}\cdot\text{m}$$

（2）计算最大弯曲正应力

等截面梁，且截面（如工字钢、矩形、圆形）相对于中性轴对称，此类梁的最大弯曲正应力显然发生在危险截面（最大弯矩处）的上下边缘点处。

由型钢表查得 45 工字钢的抗弯截面模量

$$W_z=1430\text{cm}^3$$

故梁内最大工作正应力为

$$\sigma_{\max}=\frac{M_{\max}}{W_z}=\frac{223\times 10^3}{1430\times 10^{-6}}\text{MPa}\approx 156\text{MPa}$$

（3）依据强度条件，进行强度计算

显然，最大工作应力超过了材料的许用应力，故梁不安全。

梁的最大承载能力

$$M_{\max}\leqslant[\sigma]W_z=(140\times 10^6)\times(1430\times 10^{-6})\text{N}\cdot\text{m}=2\times 10^5\text{N}\cdot\text{m}=200\text{kN}\cdot\text{m}$$

$$P_{\max}=\frac{4M_{\max}}{l}-G=\frac{4\times 200}{10.5}\text{kN}-15\text{kN}\approx 61.19\text{kN}$$

因此，梁的最大起重量约为 61.19kN。

例 4-9 图 4-26a 所示简支梁，受均布载荷 q 作用，梁跨度 l=2m，$[\sigma]$=140MPa，q=2kN/m，试按以下两个方案设计轴的截面尺寸，并比较重量。

1）实心圆截面梁。

2）空心圆截面梁，其内、外径之比 α=0.9。

解 画梁的弯矩图（图 4-26b），由弯矩图可知，梁中点截面为危险截面，其上弯矩值为

$$M_{\max}=\frac{ql^2}{8}=\frac{2\times 2^2\times 10^6}{8}\text{N}\cdot\text{mm}=1\times 10^6\text{N}\cdot\text{mm}$$

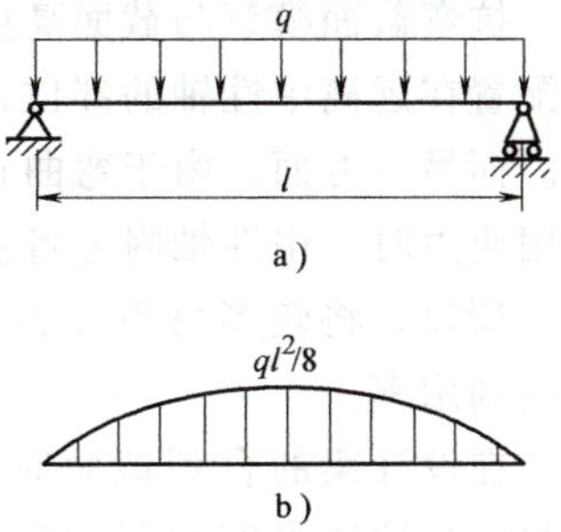

图 4-26 简支梁

(1) 设计实心圆截面梁的直径 d

依据强度条件 $\sigma_{max}=\dfrac{M_{max}}{W_z}\leqslant[\sigma]$，将 $W_z=\dfrac{\pi d^3}{32}$代入上式

解得 $d\geqslant\sqrt[3]{\dfrac{32M_{max}}{\pi[\sigma]}}=\sqrt[3]{\dfrac{32\times1\times10^6}{\pi\times140}}\text{mm}=41.75\text{mm}$

取 $d=42\text{mm}$

(2) 确定空心圆截面梁的内、外径 d_1 及 D

将 $W_z=\dfrac{\pi D^3}{32}(1-\alpha^4)$代入强度条件

解得 $$D\geqslant\sqrt[3]{\frac{32M_{max}}{\pi(1-\alpha^4)[\sigma]}}=\sqrt[3]{\frac{32\times1\times10^6}{\pi\times(1-0.9^4)\times140}}\text{mm}=59.59\text{mm}$$

取 $D=60\text{mm}$，则 $d_1=0.9D=54\text{mm}$

(3) 比较两种不同截面梁的重量

因材料及长度相同，故两种截面梁的重量之比等于其截面积之比。

$$\text{重量比}=\frac{\frac{\pi}{4}(D^2-d_1^2)}{\frac{\pi}{4}d^2}=0.388$$

上面的计算结果表明，空心圆截面梁的重量比实心圆截面梁的重量小很多。因此，在满足强度条件的前提下，采用空心截面梁可节省材料、减轻结构重量。

前面已提到，在一般情况下，对梁进行强度分析时，我们只需要考虑弯曲正应力的强度条件是否得以满足，因为弯曲正应力远大于弯曲切应力（两者之比大约等于梁的跨高之比）。

但是，在下列几种特殊情况下，则应同时考虑弯曲正应力强度条件和切应力强度条件，因为这类特殊情况下，梁内往往产生较大的弯曲切应力。

1）薄壁截面梁。

2）弯矩较小而剪力较大的梁，如短而粗的梁。

3）集中载荷作用于支座附近的梁。

4.6 提高梁抗弯强度的主要措施

前面已论述，设计梁的主要依据是弯曲正应力强度条件。由此条件可知：梁的强度与其所用材料、横截面形状及尺寸、外力所引起的弯矩等因素有关。而要提高梁的强度，自然就应降低梁内的最大正应力，由 $\sigma_{max}=M_{max}/W_z$ 知，要降低梁内最大正应力，通常可以从以下几方面采取措施。

1. 选择合理的截面形状

所说合理的截面形状，就是用最少的材料获得最大的抗弯截面模量的截面。一般情况下，抗弯截面模量与截面高度的平方成正比，因此，在横截面面积不变的前提下，将较多材料配置在远离中性轴的部位，便可获取较大的抗弯截面模量，从而降低梁内的最大弯曲正应力。而另一方面，由于弯曲正应力沿截面高度呈直线分布，当离中性轴最远处的正应力达到许用应力时，中性轴附近各点处的正应力仍很小，而且离中性轴较近的区域所承担的弯矩很小。所以，将较多材料配置于远离中性轴的部位，也会提高材料的利用率。

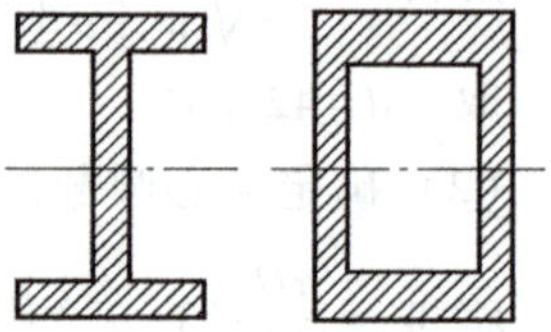
图 4-27　合理的截面形状

在设计梁的合理截面时，还应考虑材料的自身特性。对抗拉强度与抗压强度相同的塑性材料，宜采用关于中性轴对称的截面，如图 4-27 所示。而对于抗压强度高于抗拉强度的脆性材料，则最好采用截面形心偏于受拉一侧的截面形状，以使截面上的最大压应力大于最大拉应力，如图 4-28 所示。

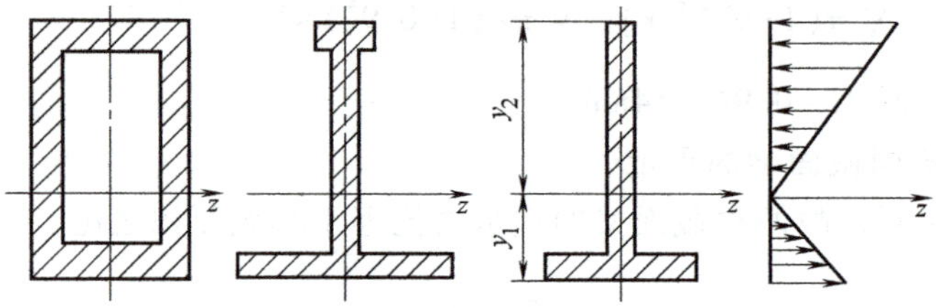

图 4-28　截面形心偏于受拉一侧的截面形状

2. 采用变截面梁或等强度梁

一般情况下，梁内不同截面的弯矩不同。在设计等截面梁时，我们针对最大弯矩所在截面进行设计，这样，除最大弯矩所在截面外，其余截面上的最大弯曲正应力均小于或远远小于材料的许用应力，即材料强度均未得到充分利用。鉴于此，为了减轻构件重量并节省材料，工程上，常常根据弯矩沿梁轴的变化情况，将梁设计为变截面梁。弯矩较大处，采用较大的截面；弯矩较小处，采用较小的截面。

从强度角度考虑，理想的变截面梁应使所有截面上的最大弯曲正应力均相等，且趋近材料的许用应力，此种梁称为等强度梁。

图 4-29 所示的阶梯轴为近似的等强度梁。

等强度梁虽然是一种理想的构件，但加工制造时有一定的难度。因此，工程实际中，常常将弯曲构件设计为近似等强度梁。

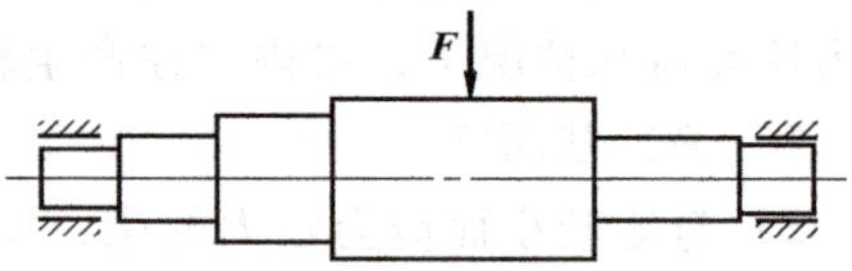

图 4-29　等强度梁

3. 改善梁的受力状况

合理安排梁的约束及加载方式，可以降低梁内的最大弯矩，从而减小梁内最大弯曲正应力，这是提高梁强度的另一措施。

如图 4-30a 所示简支梁，在均布载荷作用下，梁内最大弯矩为 $ql^2/8$。若将两端铰支座各向内移动 $0.2l$（图 4-30b），则最大弯矩为 $ql^2/40$，为前者的 1/5。

又如，图 4-31 所示简支梁，将集中载荷 F 分为大小相等的两个集中力 $F/2$ 作用于梁上，则降低了梁内最大弯矩值。

由此可见，在条件允许的情况下，合理安排约束和加载的方式，可以显著降低梁内的最大弯矩。

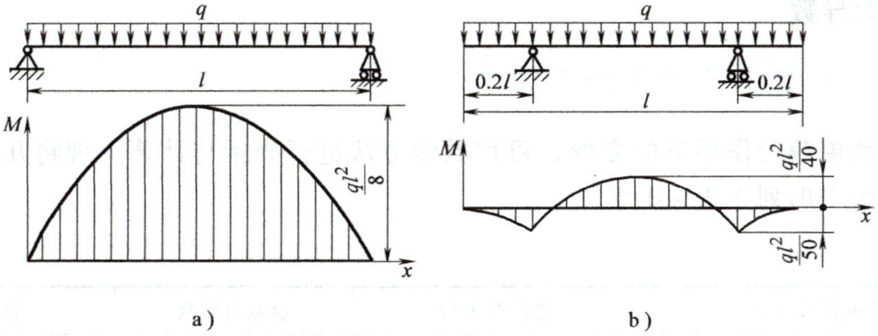

图 4-30　简支梁（一）

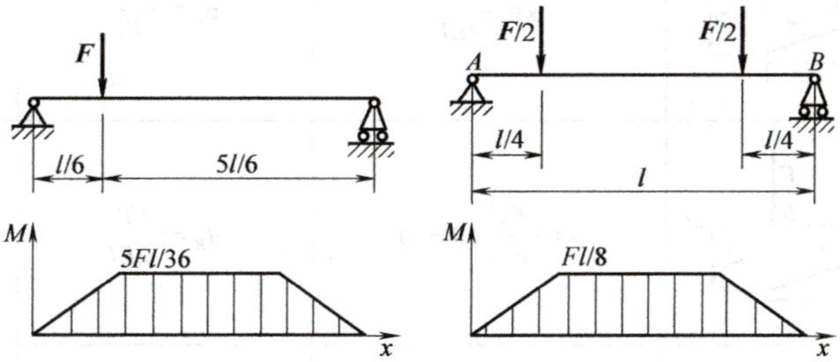

图 4-31　简支梁（二）

4.7　梁的变形和刚度条件

4.7.1　弯曲变形概念

为研究弯曲变形，首先讨论如何度量和描述弯曲变形的问题。

设有一梁，受载荷作用后其轴线将弯曲成为一条光滑的连续曲线，如图 4-32 所示。在平面弯曲的情况下，这是一条位于载荷所在平面内的平面曲线。梁弯曲后的轴线称为挠曲线。

在小变形的条件下，忽略梁横截面在轴向的位移，则在梁的变形过程中，梁截面有沿垂直方向的线位移 y，称为挠度；相对于原截面转过的角位移 θ 称为转角，这两个基本量决定了梁在弯曲变形后梁轴线的形状，即挠曲线。

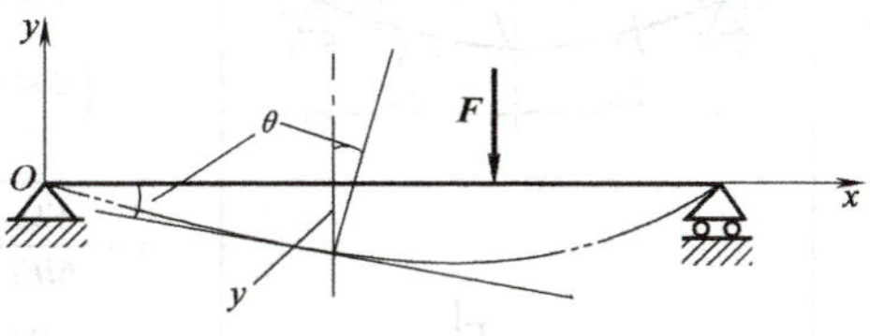

图 4-32　梁的弯曲变形

挠曲线是一条连续光滑平面曲线，其方程是

$$y=f(x)$$

式中，y 为挠度，即截面形心在坐标 y 轴方向上的位移，其正负号与 y 坐标轴正负相符；θ 为转角，即横截面绕中性轴转过的角度，其正负号是逆时针方向为正，顺时针方向为负，在小变形情况下，有

$$\theta \approx \tan\theta=\frac{\mathrm{d}y}{\mathrm{d}x}=y'=f'(x) \tag{4-4}$$

可见梁的挠度 y 与转角 θ 之间存在一定关系，即梁任一横截面的转角 θ 等于该截面处挠

度 y 对 x 的一阶导数。

4.7.2 梁在简单载荷作用下的变形

梁在各种简单载荷作用下的变形，可用数学方法进行分析与计算。现将几种典型梁在简单载荷作用下的变形列于表 4-1 中。

表 4-1 梁在简单载荷作用下的变形

序号	梁的计算简图	挠曲线方程	端截面转角	最大挠度
1	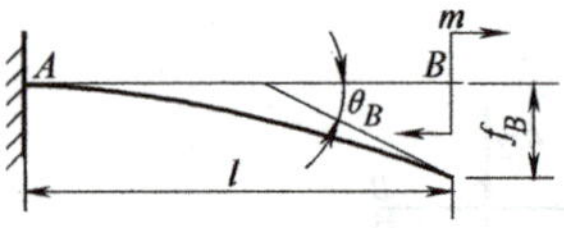	$y=-\dfrac{mx^2}{2EI}$	$\theta_B=-\dfrac{ml}{EI}$	$f_B=-\dfrac{ml^2}{2EI}$
2	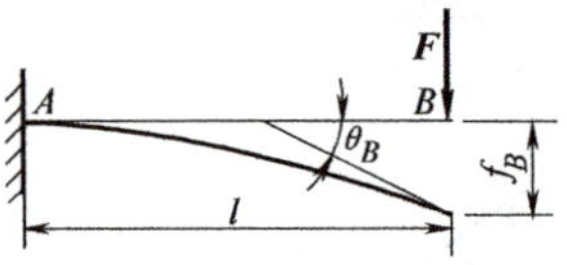	$y=-\dfrac{Fx^2}{6EI}(3l-x)$	$\theta_B=-\dfrac{Fl^2}{2EI}$	$f_B=-\dfrac{Fl^3}{3EI}$
3	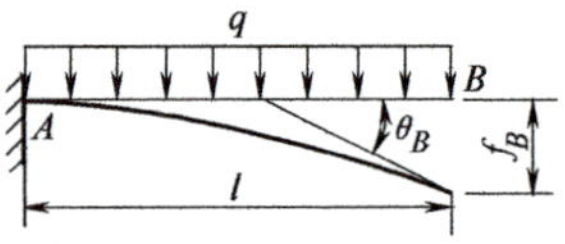	$y=-\dfrac{qx^2}{24EI}(x^2-4lx+6l^2)$	$\theta_B=-\dfrac{ql^3}{6EI}$	$f_B=-\dfrac{ql^4}{8EI}$
4	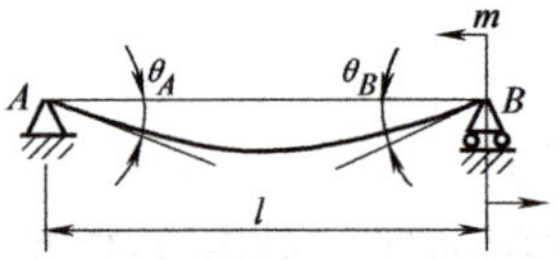	$y=-\dfrac{mx}{6EIl}(l^2-x^2)$	$\theta_A=-\dfrac{ml}{6EI}$ $\theta_B=\dfrac{ml}{3EI}$	$x=\dfrac{l}{\sqrt{3}}$, $f_{\max}=-\dfrac{ml^2}{9\sqrt{3}EI}$ $x=\dfrac{l}{2}$, $f_{\frac{l}{2}}=-\dfrac{ml^2}{16EI}$
5	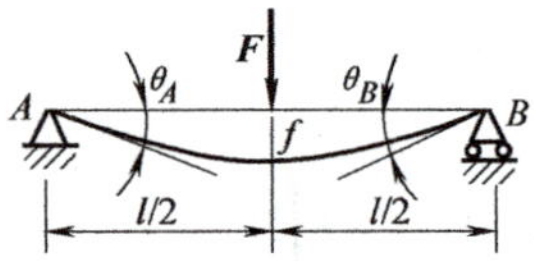	$y=-\dfrac{Fx}{48EI}(3l^2-4x^2)$ $\left(0\leqslant x\leqslant\dfrac{l}{2}\right)$	$\theta_A=-\theta_B=-\dfrac{Fl^2}{16EI}$	$f=-\dfrac{Fl^3}{48EI}$
6	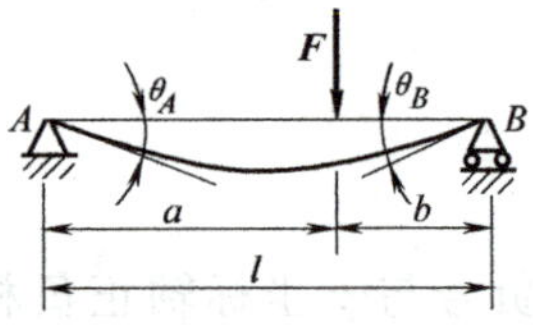	$y=-\dfrac{Fbx}{6lEI}(l^2-x^2-b^2)$ $(0\leqslant x\leqslant a)$ $y=-\dfrac{Fb}{6lEI}\left[\dfrac{l}{b}(x-a)^3+(l^2-b^2)x-x^3\right]$ $(a\leqslant x\leqslant l)$	$\theta_A=-\dfrac{Fab(l+b)}{6EIl}$ $\theta_B=\dfrac{Fab(l+a)}{6EIl}$	设 $a>b$，在 $x=\sqrt{\dfrac{l^2-b^2}{3}}$ 处， $f_{\max}=-\dfrac{Fb(l^2-b^2)^{3/2}}{9\sqrt{3}lEI}$ 在 $x=\dfrac{l}{2}$ 处， $f_{\frac{l}{2}}=-\dfrac{Fb(3l^2-4b^2)}{48EI}$
7	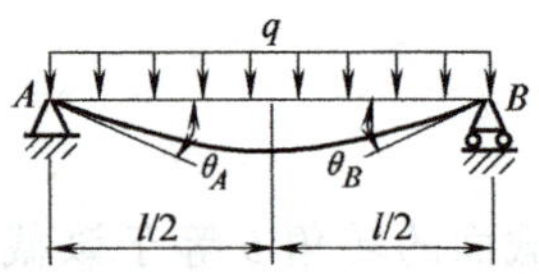	$y=-\dfrac{qx}{24EI}[l^3-2lx^2+x^3]$	$\theta_{AB}=-\theta_B=-\dfrac{ql^3}{24EI}$	$f=-\dfrac{5ql^4}{384EI}$

4.7.3 梁的刚度条件与刚度的合理要求

1. 梁的刚度条件

梁的刚度条件是指梁的最大挠度和最大转角不能超过许可值，即

$$\theta_{max} \leqslant [\theta]$$
$$f_{max} \leqslant [f] \qquad (4\text{-}5)$$

以上两式合称为弯曲构件的刚度条件。

2. 刚度的合理要求

对于主要承受弯曲的零件和构件，刚度设计就是根据对零件和构件的不同要求，将最大挠度和转角限制在一定范围内，即满足弯曲刚度条件。许用挠度和许用转角对不同的构件有不同的规定，可从有关的设计规范中查得。

3. 提高梁的抗弯刚度的措施

梁的弯曲变形与弯矩 $M(x)$ 及抗弯刚度 EI 有关，而影响梁弯矩的因素又包括载荷、支承情况及梁的有关长度。因此，为提高梁的刚度，可采取以下一些措施：

1）合理地选择梁的横截面，从而增大横截面的惯性矩 I。

2）调整加载方式，改善梁的结构，以减小弯矩；使梁的受力部位尽可能靠近支座或使集中力分散成分布力。

3）减小梁的跨度，增加支承约束。

其中第三种措施的效果最为显著，因为，梁的跨长或有关长度是以其二次方值来影响梁的挠度和转角的。

习 题 4

4-1 试计算图 4-33 所示各梁指定横截面 C 处的剪力与弯矩。

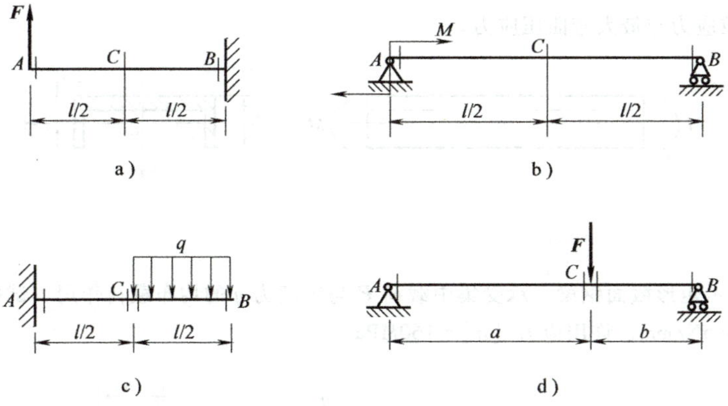

图 4-33 题 4-1 图

4-2 试建立图 4-34 所示各梁的剪力方程与弯矩方程，并画剪力图与弯矩图。

4-3 图 4-35 所示简支梁，载荷 F 可按四种方式作用于梁上，试分别画出弯矩图，并从强度方面考虑，指出何种加载方式最好。

4-4 图 4-36 所示悬臂梁，横截面为矩形，承受载荷 F_1 与 F_2 作用，且 $F_1=2F_2=5\text{kN}$，试计算梁内的最大弯曲正应力及该应力所在横截面上 K 点处的弯曲正应力。

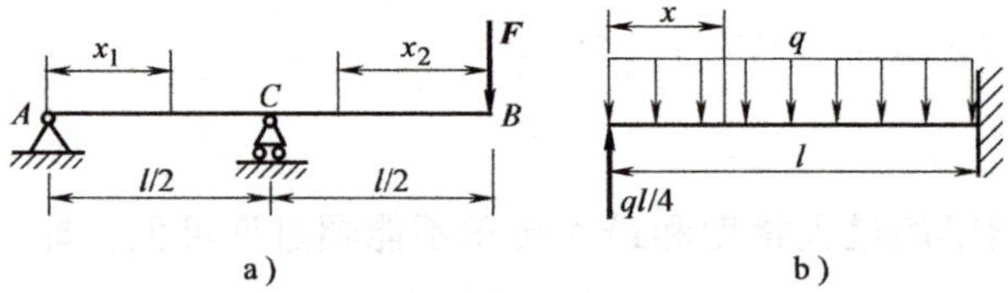

图 4-34 题 4-2 图

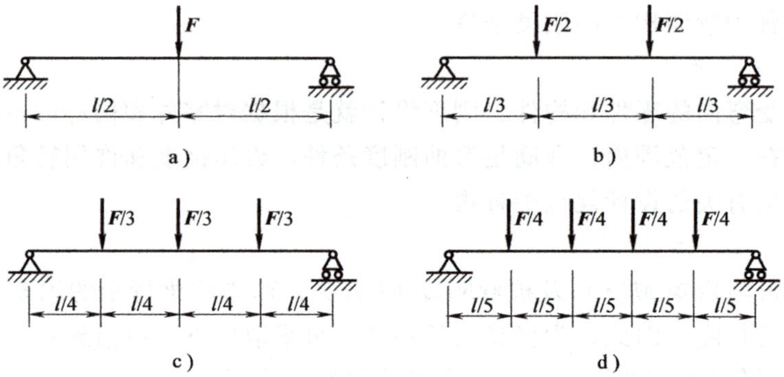

图 4-35 题 4-3 图

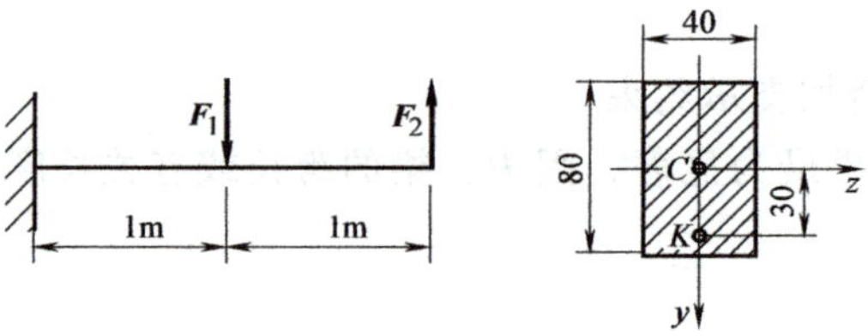

图 4-36 题 4-4 图

4-5 图 4-37 所示梁，由 No. 22 槽钢制成，弯矩 $M=80\text{N}\cdot\text{m}$，并位于纵向对称面（即 xy 平面）内，试求梁内的最大弯曲拉应力与最大弯曲压应力。

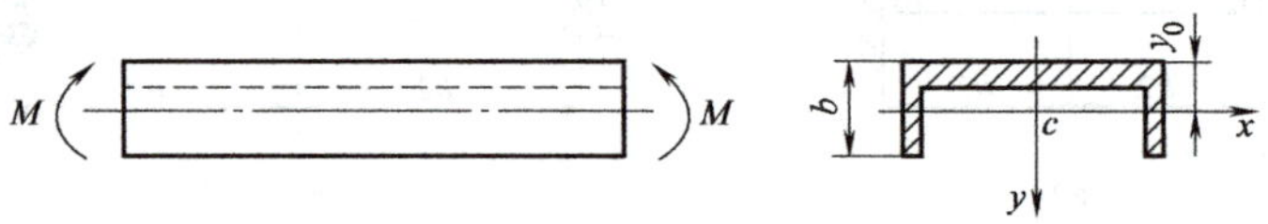

图 4-37 题 4-5 图

4-6 图 4-38 所示矩形截面钢梁，承受集中载荷 F 与集度为 q 的均布载荷作用，试确定截面尺寸 b。已知载荷 $F=10\text{kN}$，$q=5\text{N/mm}$，许用应力 $[\sigma]=160\text{MPa}$。

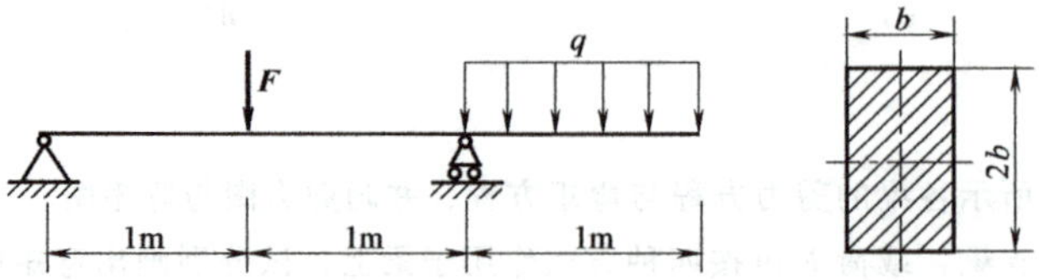

图 4-38 题 4-6 图

4-7 图 4-39 所示外伸梁，承受载荷 F 作用。已知载荷 $F=20\text{kN}$，许用应力 $[\sigma]=160\text{MPa}$，试选择工字钢型号。

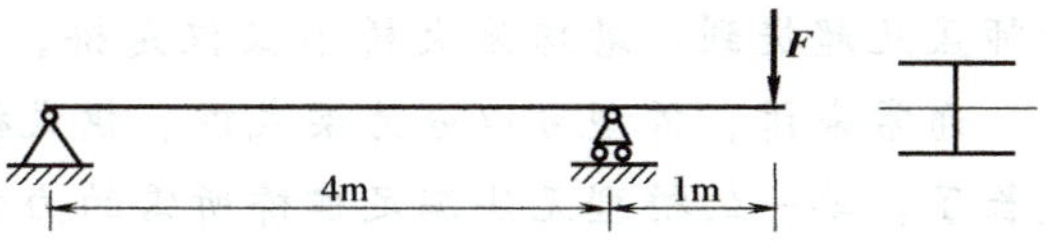

图 4-39 题 4-7 图

4-8 如图 4-40 所示，当载荷 F 直接作用在简支梁 AB 的跨度中点时，梁内最大弯曲正应力超过许用应力 30%。为了消除此种过载，配置一辅助梁 CD，试求辅助梁的最小长度 a。

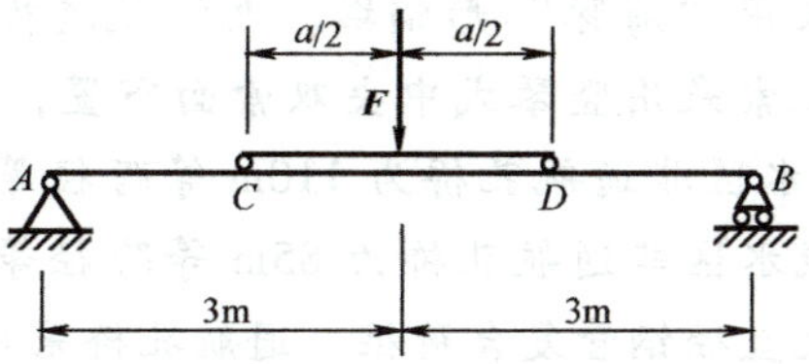

图 4-40 题 4-8 图

拓展园地

世界最长的跨海大桥——港珠澳大桥

港珠澳大桥被英国《卫报》誉为“新世界七大奇迹”之一，已经成为“中国智造”的新名片。它全长 55km，于 2018 年 10 月 24 日上午 9 时开通运营，连接了香港、珠海、澳门，将原来 4 小时的陆路车程缩短为 30 分钟，形成“一小时都市圈”。它的落成通车，还标志着中国现代桥梁建造技术再次站到了新高度，中国由桥梁大国迈向了桥梁强国！

我们在惊叹这座跨海巨龙的雄伟气魄和国人强大的创造力的同时，一起来看看力学在桥梁工程中所起的巨大推动作用吧！

在古代，力学基础理论的缺乏严重制约着桥梁的设计和建设。几乎所有桥梁的设计都来自生活经验（如拱桥和梁桥），并采用最简单的搭接和架设方式，无法形成大的跨径，也难以设计合理的拱形。尽管如此，古代桥梁结构的工程探索依然出现了技术进步的萌芽。比如，中国在 11 世纪初修建的洛阳桥，建设过程初期首先在桥址江中遍抛石块，其上养殖牡蛎，两三年后胶固形成筏形基础，体现了中国古代劳动人民的智慧；赵州桥采用拱桥结构，既利用了石料耐压特性，又因消除了拱轴线截面上的拉应力而使桥身更加稳固，且减轻了重量，增大了泄洪能力。

到了近代，桥梁设计中的力学原理除了以承载力为代表的静力作用之外，动力作用相关的力学原理也逐渐成为研究人员关注的重要内容。尤其是桥梁抗风设计的研发颇受重视，如尼亚加拉瀑布公路铁路两用桥采用了锻铁索和加劲梁；纽约布鲁克林吊桥采用了加劲桁架来减弱振动；旧金山金门桥和奥克兰海湾桥也都是采用加劲梁的吊桥。

现代，随着工程对桥梁跨径要求的不断提高，斜拉桥和悬索桥逐渐成为长大桥梁的主要形式。斜拉桥和悬索桥都是使用预应力钢丝索作为悬索，并同加劲梁构成自锚式体系，通过钢索将桥梁的力传递到主塔来承重；不同的是，斜拉桥是通过斜拉索直接将桥面的力传递至桥塔，而悬索桥是通过拉索垂直传递到主索，再由主索将力传递至桥塔。斜拉桥和悬索桥的设计形式为桥梁结构提供了更大的跨越长度。

港珠澳大桥的总设计师孟凡超提到：港珠澳大桥不仅仅是桥，更是一个跨海集群工程，由桥、岛、隧三部分组成。通常来讲，桥型可以分为梁式桥、拱式桥、悬索桥、斜拉桥四种类型。但是港珠澳大桥太长了，单一的桥型无法满足建桥所需的力学结构，也就无法保证大桥的安全性。因此，在设计桥型的时候，需要分段考虑。港珠澳大桥中，青州航道桥桥跨布置为双塔斜桥，主梁采用扁平流线型钢箱梁，斜拉索采用扇形式空间双索面布置，索塔采用横向“H”形框架结构，塔柱为钢筋混凝土构件，上联结系采用“中国结”造型的钢结构剪刀撑。江海直达船航道桥桥跨布置为三塔斜拉桥，主梁采用大悬臂钢箱梁，斜拉索采用竖琴式中央单索面布置，索塔采用“海豚”形钢塔。九洲航道桥桥跨布置为双塔斜拉桥，主梁采用悬臂钢箱组合梁，斜拉索采用竖琴式中央双索面布置，索塔采用“帆”形钢塔（下塔柱局部为混凝土结构）。深水区非通航孔桥为110m等跨径等梁高钢箱连续梁桥，钢箱梁采用大悬臂单箱双室结构。浅水区非通航孔桥为85m等跨径等梁高组合连续梁桥，主梁采用分幅布置。全桥基础采用大直径钢管复合群桩，通航孔桥采用现浇承台，非通航孔桥采用预制承台，全桥桥墩采用预制墩身。

港珠澳大桥的建成开通，有利于促进粤港澳大湾区发展，对于支持香港、澳门融入国家发展大局具有重大意义，体现了中国人民逢山开路、遇水架桥的奋斗精神，体现了中国综合国力、自主创新能力，体现了勇创世界一流的民族志气。

第5章 组合变形的强度计算

基本要求

1）理解组合变形的概念。

2）熟练掌握拉伸（压缩）与弯曲的组合变形的强度计算，弯曲与扭转的组合变形的强度计算。

重点

组合变形类型的判断，拉伸（压缩）与弯曲、弯曲与扭转两种组合变形危险截面、危险点的位置确定，选择强度理论求解组合变形的强度计算问题。

难点

确定危险截面、危险点的位置，弯曲与扭转组合变形的强度计算。

5.1 组合变形的概念

在工程实际中，由于结构所受载荷是复杂的，大多数构件往往会发生两种或两种以上的基本变形，则称这类变形为组合变形。如图 5-1 所示的挡土墙，除由本身的自重而引起压缩变形外，还有由于土壤水平压力的作用而产生的弯曲变形。在建筑结构和机械结构中，同时发生几种基本变形的构件是很多的。图 5-2 所示是工业厂房中的柱子，由于承受的压力并不通过柱的轴线，加上桥式起重机的小车水平制动力、风荷等，也产生了压缩与弯曲的联合作用。如图 5-3 所示，直升飞机的螺旋桨杆承受拉伸与扭转的两种变形。

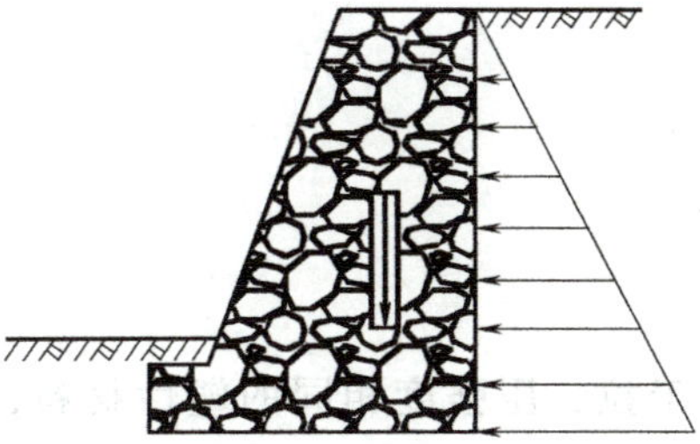

图 5-1 挡土墙

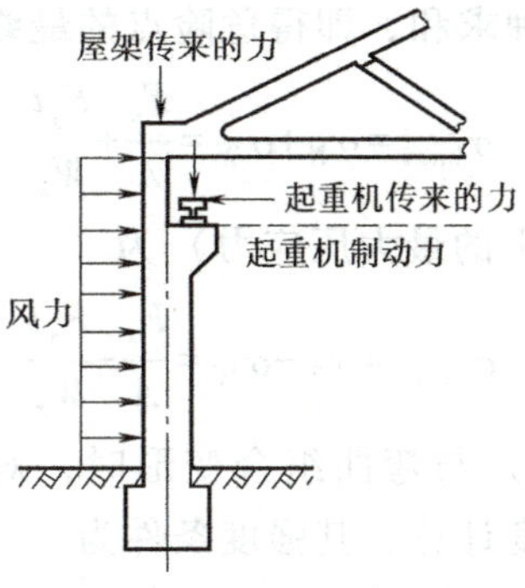

图 5-2 工业厂房中的柱子

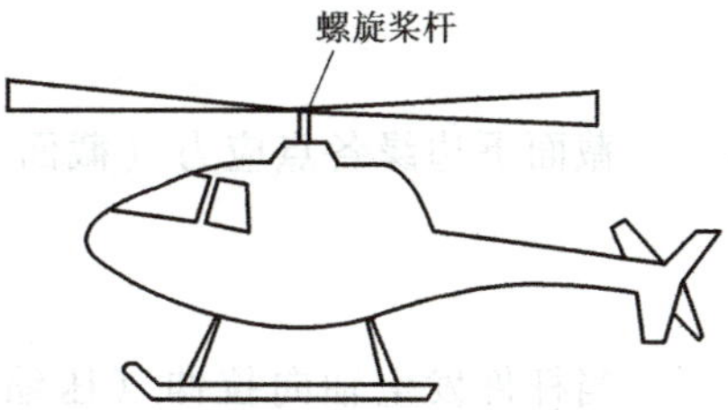

图 5-3 直升飞机

当杆件的某一截面或某一段内，包含两种或两种以上基本变形的内力分量时，其变形形式称为组合变形。

5.2 拉伸（压缩）与弯曲组合变形

当杆件受到轴向力和横向力共同作用时，即符合拉伸（压缩）与弯曲组合变形的情况。杆件组合变形的计算需分别计算轴向力和横向力作用下产生的正应力。图 5-4a 所示悬臂梁 *AB* 在 *B* 端承受载荷 $\boldsymbol{F}$ 的作用，固定端 *A* 受约束力 $\boldsymbol{F}_{Ax}$、$\boldsymbol{F}_{Ay}$ 以及约束力偶 M_A 的作用。为了分析变形，将载荷 $\boldsymbol{F}$ 分成两个正交分量 $\boldsymbol{F}_x$、$\boldsymbol{F}_y$，则

$$F_x = F\cos\alpha \qquad F_y = F\sin\alpha$$

$\boldsymbol{F}_x$ 和 $\boldsymbol{F}_{Ax}$ 使杆轴向拉伸，$\boldsymbol{F}_y$、$\boldsymbol{F}_{Ay}$ 和 M_A 使杆发生弯曲，因此，杆 *AB* 上发生轴向拉伸与弯曲的组合变形。

画出杆的轴力图和弯矩图（图 5-4b、c）。由轴力图可知，截面 *A* 为危险截面，该截面上的轴力 $F_N = F_x$，弯矩 $M_A = F_y l$。危险截面上的应力分布情况如图 5-4d 所示，其中

$$\sigma_N = \frac{F_x}{A} \qquad \sigma_W = \frac{F_y l}{W_z}$$

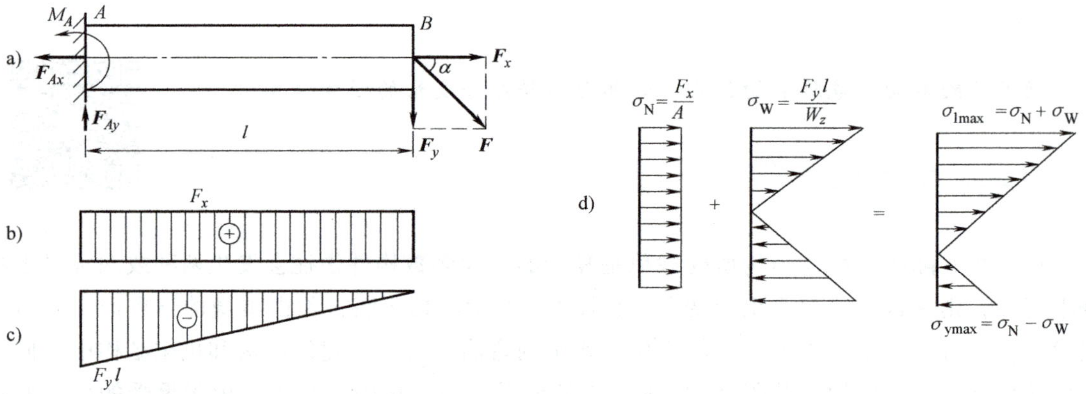

图 5-4 拉弯组合杆

由应力分布图可知，危险点为截面的上边缘各点。由于两种基本变形在危险点引起的应力均为正应力，故可以按叠加原理求和，即得危险点的最终应力为

$$\sigma_{lmax} = \sigma_N + \sigma_W = \frac{F_x}{A} + \frac{F_y l}{W_z}$$

截面下边缘各点应力（截面上的最大压应力）为

$$\sigma_{ymax} = \sigma_N - \sigma_W = \frac{F_x}{A} - \frac{F_y l}{W_z}$$

当杆件发生轴向拉伸（压缩）与弯曲组合变形时，对于拉、压强度相同的塑性材料，只需按截面上的最大应力进行强度计算，其强度条件为

$$\sigma_{max} = \left|\frac{F_x}{A}\right| + \left|\frac{F_y l}{W_z}\right| \leqslant [\sigma] \tag{5-1}$$

但对于抗压强度大于抗拉强度的脆性材料，则要分别按最大拉应力和最大压应力进行强度计算，故强度条件分别为

$$\sigma_{l\max}=\frac{F_x}{A}+\frac{F_y l}{W_z}\leqslant[\sigma_l] \qquad (5\text{-}2)$$

$$\sigma_{y\max}=\left|\frac{F_x}{A}-\frac{F_y l}{W_z}\right|\leqslant[\sigma_y] \qquad (5\text{-}3)$$

下面通过几个例子来说明拉伸和压缩组合变形中的计算问题。

例 5-1　简易悬臂起重机如图 5-5a 所示，起吊重力 $G=12\text{kN}$，横梁 AB 为 No. 20a 工字钢，材料的许用应力 $[\sigma]=100\text{MPa}$，试校核梁 AB 的强度。

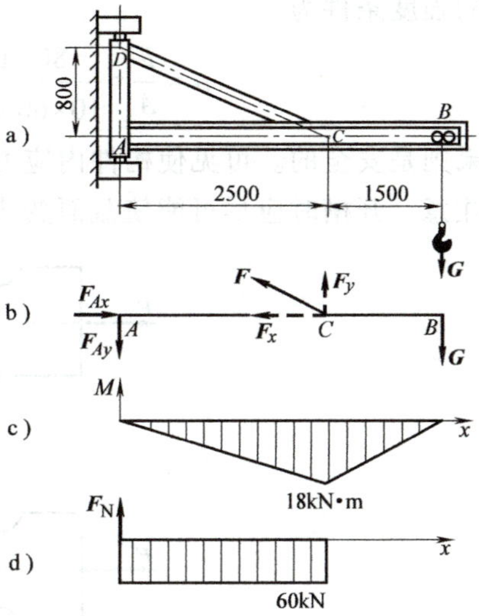

图 5-5　简易悬臂起重机

解　(1) 梁 AB 的受力图　如图 5-5b 所示，梁 AB 承受压缩与弯曲组合变形。

设 CD 杆的拉力为 F，由平衡方程得

$$\sum M_A=0$$

$$F\times\frac{0.8}{\sqrt{0.8^2+2.5^2}}\times2.5-12\times4\text{kN}=0$$

$$F=63\text{kN}$$

(2) 画出梁 AB 的内力图　如图 5-5c、d 所示，由图可知，梁 AC 段的轴力为

$$F_N=F_x=F\times\frac{0.8}{\sqrt{0.8^2+2.5^2}}=60\text{kN}$$

最大弯矩为

$$M_{\max}=12\text{kN}\times1.5\text{m}=18\text{kN}\cdot\text{m}$$

梁 AB 上横截面 C 略偏左处为危险截面，危险截面的下边缘点为危险点（有最大压应力）。

(3) 校核梁 AB 的强度

由型钢表查得 No. 20a 工字钢的弯曲截面系数和截面面积：$W_z=237\text{cm}^3$，$A=35.578\text{cm}^2$

因钢材的抗拉与抗压强度相同，由强度条件得

$$\sigma_{\max}=\left|\frac{F_N}{A}\right|+\left|\frac{M_{\max}}{W_z}\right|=\left(\frac{18\times10^3}{237\times10^{-6}}+\frac{60\times1000}{35.578\times10^{-4}}\right)\text{MPa}=92.84\text{MPa}<[\sigma]$$

故梁 AB 满足强度要求。

例 5-2　受拉钢板原宽度 $b=80\text{mm}$，厚度 $t=10\text{mm}$，上边缘有一切槽，深 $a=10\text{mm}$，$F=80\text{kN}$，钢板的许用应力 $[\sigma]=140\text{MPa}$，试校核其强度。

解　由于钢板有切槽，外力 F 对有切槽截面为偏心拉伸，其偏心距 e 为

$$e=\frac{b}{2}-\frac{b-a}{2}=\frac{a}{2}=5\text{mm}$$

将 F 力向截面 I-I 形心简化，得该截面上的轴力 F_N 和弯矩 M 为

$$F_N=F=80\text{kN}\quad M=Fe=80\times10^3\times5\times10^{-3}\text{N}\cdot\text{m}=400\text{N}\cdot\text{m}$$

轴力 F_N 引起均匀分布的拉应力，弯矩 M 在 I-I 截面的 A 点引起最大拉应力，故危险点在 A，因该点为单向应力状态，所以强度条件为

$$\sigma_{\max}=\frac{F_N}{A}+\frac{M_{\max}}{W_z}=\frac{80\times10^3}{10\times70\times10^{-6}}\text{Pa}+\frac{6\times400}{10\times70^2\times10^{-9}}\text{Pa}$$

$$=(114.29\times10^6+48.98\times10^6)\text{Pa}$$
$$=163.3\times10^6\text{Pa}=163.3\text{MPa}>[\sigma]$$

校核表明钢板的强度不够。从计算可见，由于微小偏心引起的弯曲应力约为总应力的30%。因此，为了保证强度，在条件允许时，可在切槽的对称位置，再开一个同样的切槽，如图5-6b所示。这时，截面 *I-I* 虽然面积有所减小，但却消除了偏心，使应力均匀分布。*A* 点的强度条件为

$$\sigma=\frac{F}{A}=\frac{80\times10^3}{10\times60\times10^{-6}}\text{Pa}=133\times10^6\text{Pa}=133\text{MPa}<[\sigma]$$

结果则是安全的。可见使构件内应力均匀分布，是充分利用材料，提高强度的办法之一。但应注意，开槽时应尽可能使截面变化缓和，以减少应力集中。

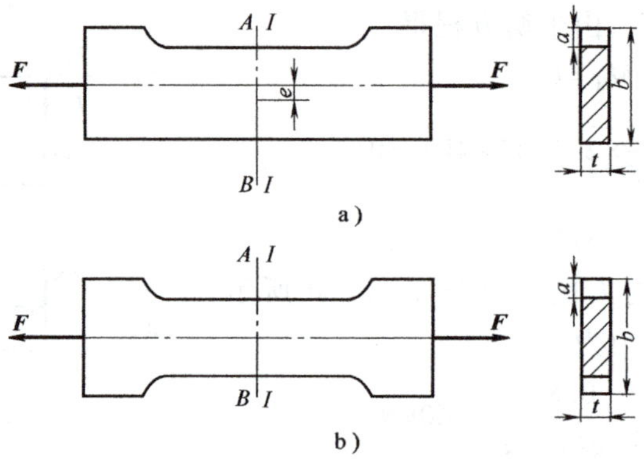

图5-6 受拉钢板

5.3 弯曲与扭转组合变形

在工程应用中，齿轮传动、带传动中的轴受力情况较为复杂，工作时均产生弯曲与扭转的组合变形，现讨论圆截面杆在弯曲与扭转时的应力分布。

设有一圆截面杆 *AB*，一端固定，一端自由，在自由端 *B* 处安装一个圆轮，并在轮缘上作用一个与轮相切的集中力，如图5-7所示，现讨论 *AB* 杆的强度计算。

画出弯扭组合变形轴的扭矩图和弯矩图如图5-7c、图5-7d所示。由此可以分析，在危险截面 *A* 上必然存在弯曲正应力和扭转切应力，其分布情况如图5-7e所示。就扭转而言，所有横截面的最外边缘同等危险；就弯曲而言，*A* 截面的上、下边缘是危险点，因此，*A* 截面的上、下边缘也是 *AB* 杆的危险点。从 *A* 截面的上边缘 *a* 点取原始单元体，如图5-7f所示，危险点的应力状态为平面应力状态，该点的弯曲正应力和扭转切应力分别为

$$\sigma=\frac{M}{W_z},\quad \tau=\frac{T}{W_P}$$

一般转轴由塑性材料制成，可按第三强度理论或第四强度理论建立强度条件，即

$$\sigma_{r3}=\sqrt{\sigma^2+4\tau^2}\leqslant[\sigma]$$
$$\sigma_{r4}=\sqrt{\sigma^2+3\tau^2}\leqslant[\sigma]$$

将 σ、τ 的表达式代入，并利用 $W_P=2W_z$，得到轴承受弯曲与扭转组合变形的强度条

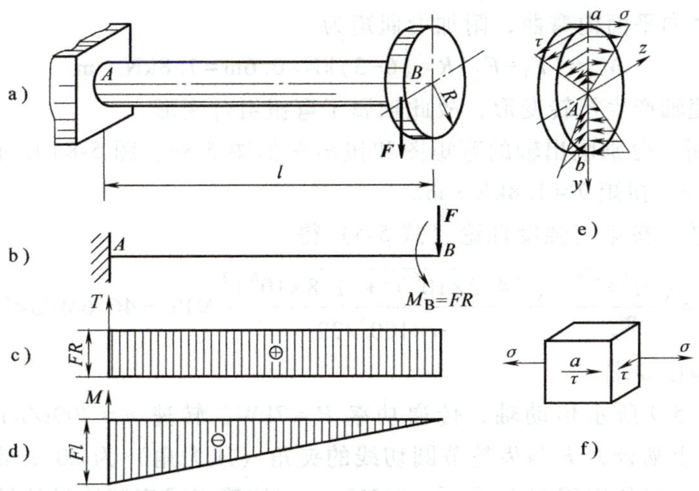

图 5-7　弯曲与扭转组合变形

件为

$$\sigma_{r3}=\frac{\sqrt{M^2+T^2}}{W_z}\leqslant[\sigma] \tag{5-4}$$

$$\sigma_{r4}=\frac{\sqrt{M^2+0.75T^2}}{W_z}\leqslant[\sigma] \tag{5-5}$$

例 5-3　图 5-8 所示传动轴 AB 由电动机带动，轴长 $L=1.2\text{m}$，在跨中安装一胶带轮，重 $G=5\text{kN}$，半径 $R=0.6\text{m}$，胶带轮紧边张力 $F_1=6\text{kN}$，松边张力 $F_2=3\text{kN}$，轴直径 $d=0.1\text{m}$，材料许用应力 $[\sigma]=50\text{MPa}$。试按第三强度理论校核轴的强度。

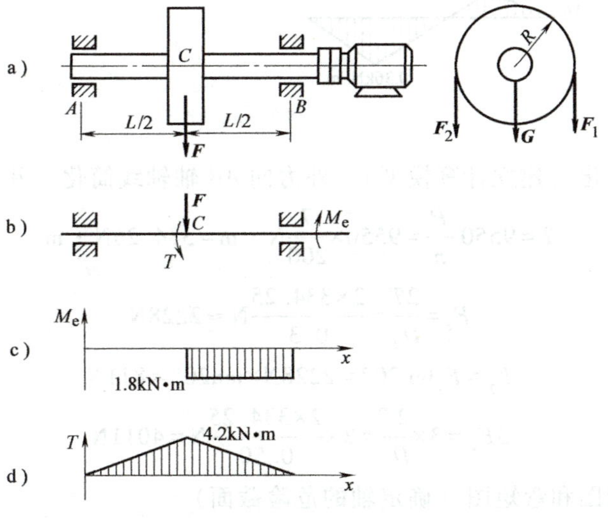

图 5-8　校核传动轴 AB 的强度

解　(1) 外力分析　将作用在胶带轮上的胶带拉力 F_1、F_2 向轴线简化，结果如图 5-8b 所示。传动轴受竖向主动力为

$$F=G+F_1+F_2=(5+6+3)\text{kN}=14\text{kN}$$

此力使轴在竖向平面内弯曲，附加力偶矩为

$$M_e=(F_1-F_2)R=(6-3)\text{kN}\times0.6\text{m}=1.8\text{kN}\cdot\text{m}$$

此外力偶矩使轴产生扭转变形，故此轴属于弯扭组合变形。

（2）内力分析　分别画出轴的弯矩图和扭矩图如图 5-8c、图 5-8d 所示，危险截面上的弯矩 $M=4.2\text{kN}\cdot\text{m}$，扭矩 $T=1.8\text{kN}\cdot\text{m}$。

（3）强度校核　按第三强度理论（式 5-4）得

$$\sigma_{r3}=\frac{\sqrt{M^2+T^2}}{W_z}=\frac{\sqrt{(4.2\times10^6)^2+(1.8\times10^6)^2}}{\pi\times100^3/32}\text{MPa}\approx46.6\text{MPa}<[\sigma]$$

故此轴满足强度要求。

例 5-4　如图 5-9 所示传动轴，传递功率 $P=7\text{kW}$，转速 $n=200\text{r/min}$。带轮重量 $G=1.8\text{kN}$。左端齿轮上啮合力 F 与齿轮节圆切线的夹角（压力角）为 20°，带轮上紧边、松边拉力 $F_1=2F_2$，轴材料的许用应力 $[\sigma]=80\text{MPa}$，试按第三强度理论设计轴的直径。

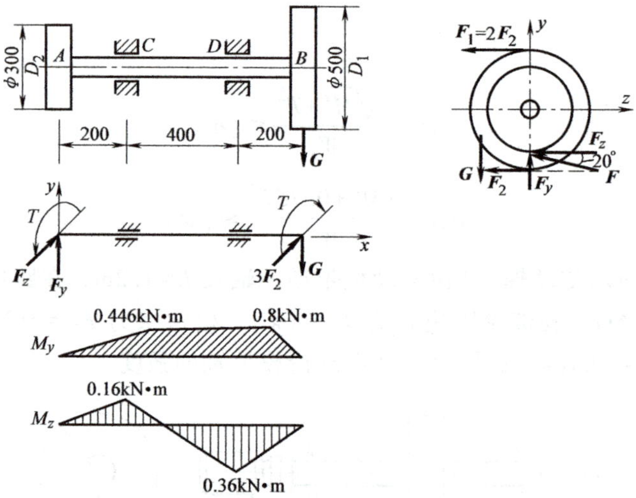

图 5-9　设计轴的直径

解　（1）外力简化（建立计算模型）　外力向 AB 轴轴线简化，并计算各力大小，即

$$T=9550\frac{P}{n}=9550\times\frac{7}{200}\text{N}\cdot\text{m}=334.25\text{N}\cdot\text{m}$$

$$F_z=\frac{2T}{D_2}=\frac{2\times334.25}{0.3}\text{N}\approx2228\text{N}$$

$$F_y=F_z\tan20°=2228\text{N}\times\tan20°=811\text{N}$$

$$3F_2=3\times\frac{2T}{D_1}=3\times\frac{2\times334.25}{0.50}\text{N}=4011\text{N}$$

（2）作轴的扭矩图和弯矩图（确定轴的危险截面）

因全轴上扭矩相等，所以扭矩图略。作 xz 平面内的 M_y 图和作 xy 平面的 M_z 图，可以看出，D 截面为危险截面，其上的内力为

$$\begin{cases}T=334.25\text{N}\cdot\text{m}\\M_D=\sqrt{M_y^2+M_z^2}=\sqrt{800^2+360^2}\text{N}\cdot\text{m}=877\text{N}\cdot\text{m}\end{cases}$$

（3）最后，根据第三强度理论设计轴的直径

$$由\ \sigma_{r3}=\frac{\sqrt{M_D^2+T^2}}{W_z}\leqslant[\sigma]$$

得 $$\frac{\pi d^3}{32}\geqslant\frac{\sqrt{M_D^2+T^2}}{[\sigma]}=\frac{\sqrt{0.877^2+0.33425^2}\times10^6}{80}\text{mm}^3\approx0.1173\times10^7\text{mm}^3$$

即 $d\geqslant\sqrt[3]{\dfrac{0.1173\times10^7\times32}{\pi}}\text{mm}\approx49.3\text{mm}$，取 $d=50\text{mm}$。

习　题　5

5-1　简易悬臂起重机如图5-10所示，$F=15\text{kN}$，$\alpha=30°$，横梁 AB 为No.25a工字钢，$[\sigma]=100\text{MPa}$，试校核梁 AB 的强度（$W_z=402\text{cm}^3$，$A=48.54\text{cm}^2$）。

5-2　如图5-11所示，在梁的中点处 C 作用有一铅垂力 $F=25\text{kN}$，试求梁危险截面上的最大正应力。

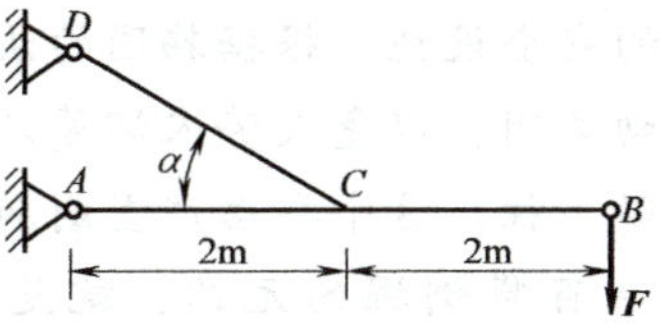

图5-10　题5-1图

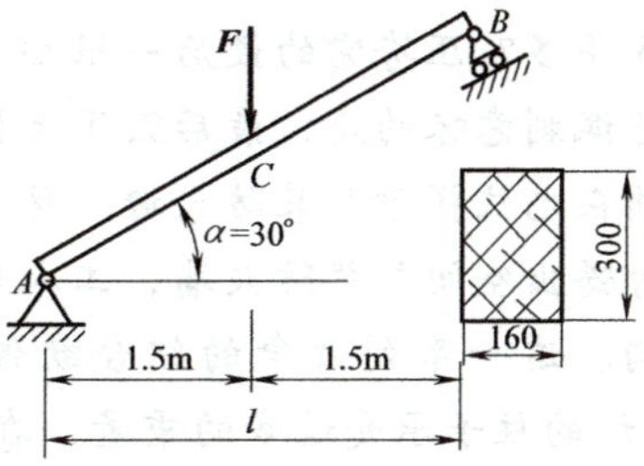

图5-11　题5-2图

5-3　如图5-12所示的固定端约束的圆截面杆，杆的 B 端作用有一集中力和一扭矩。已知 $F=0.5\text{kN}$，$M=1.2\text{kN}\cdot\text{m}$，$l=1\text{m}$，$[\sigma]=120\text{MPa}$。试按第三强度理论设计 AB 杆的直径 d。

5-4　如图5-13所示，手摇绞车 $d=3\text{cm}$，$D=36\text{cm}$，$l=80\text{cm}$，$[\sigma]=80\text{MPa}$，按第三强度理论计算最大起重量 G。

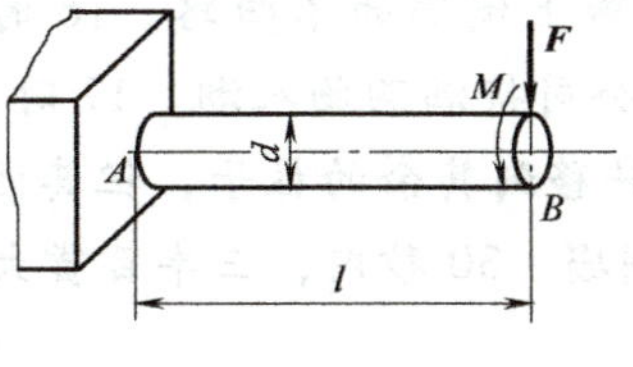

图5-12　题5-3图

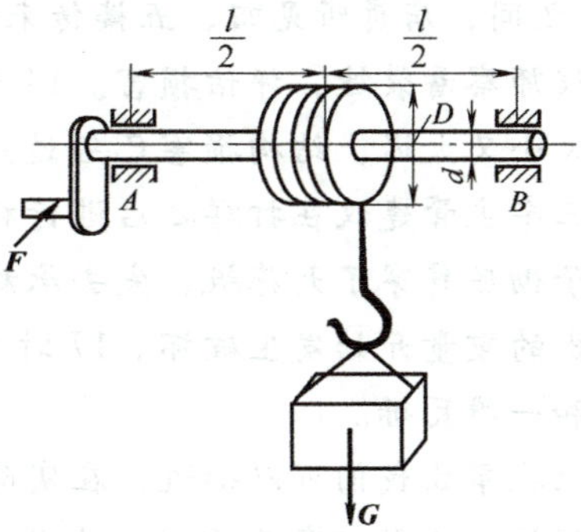

图5-13　题5-4图

拓展园地

警钟长鸣——韩国三丰百货大楼事故

1995年夏天，韩国汉城（现更名为首尔）欣欣向荣，堪称20世纪末亚洲经济奇迹的代表。三丰百货大楼是地标性建筑，也是韩国在全球快速成功崛起的象征。6月29日下午，

这里却成为一场恐怖浩劫的中心。在30秒内，五层百货大楼层层塌陷，导致501人被压死。到底是什么原因造成韩国历史上和平时期最惨重的灾难？

三丰百货大楼属于“平板”结构，平板结构施工优点多，却很敏感，它的规划必须更精确，完全不能出错。调查小组中的建筑师在检查大楼建筑蓝图后发现，设计图被施工单位大幅度更改，最关键的变动在五楼。五楼本来要当溜冰场，但后被改成传统的韩国餐厅，导致楼面重量增加了三倍。每家餐厅又加装了大型厨房设备，而这些多出的重量从未列入结构计算。紧接着，调查人员又发现屋顶的一项大修改：由于邻居抱怨噪声，大型冷却水塔从地面移至屋顶，水塔装满水重量可以达到30吨。上面楼层重量大增，理应加强支撑，但建筑商却反其道而行。调查小组在进行大楼的骨架与蓝图比对时，发现有些柱子与楼板间没有托板，但托板却是平板结构的要件，因为柱头的托板可以降低压强，分散混凝土楼板的荷载。实际调查的结果是许多托板的尺寸太小，有的柱头甚至没有托板。紧接着发现的是支撑四、五楼的柱子直径大幅缩水。顶楼的重量大幅度增加，结构支撑却大幅度缩水，这两大因素带来了致命的结果。调查人员看完三丰百货的蓝图即可看出灾难迟早发生，但为什么它还正常运营了5年多？压垮它的最后一根稻草又是什么？

具有讽刺意味的是，最后毁了大楼的，竟然是新添的安全设施。根据韩国的法规，百货公司必须在电扶梯旁加装防火墙。防火墙遇到火警会自动关闭，以免火势浓烟蔓延到其他楼层。而为腾出空间加装防火墙，工人切开电扶梯旁的混凝土柱。这个举动严重削弱了大楼的支撑结构。这一系列致命的组合就像颗定时炸弹。三丰百货倒塌的元凶，就是“贯穿剪力”。太细的柱子承受过多的重量，在强大的压强作用下就会像针一样贯穿上方的天花板。

1995年6月29日的情况就是如此。从一早员工开始上班时，三丰百货已经接近崩塌边缘。当天早晨，有员工发现楼板隆起，餐厅的天花板下陷，四楼电扶梯旁的那根被切割过的柱子受到剪力，开始贯穿楼板。建筑物开始摇晃，造成餐具部玻璃器皿晃动作响，但百货公司没人有警觉，还把晃动怪到屋顶的空调。上午9时40分，五楼的餐厅因地板出现裂缝而关闭。1小时后，四楼的柱子继续贯穿天花板，整片混凝土板下陷5厘米。上午11时30分到12时之间，店员听见四、五楼传来连续轰隆声。14时，三丰会长紧急召集主管，决定请结构工程师察看裂缝，评估损害。14时到15时，员工抽干屋顶冷却水塔，以减少负重。但这改变太小又太迟，结构损害已经造成，三丰百货已经踏上倒塌的不归路。16时，结构工程师向三丰主管建议在打烊之后进行补强。17时，百货公司挤满购物人潮。17时47分，四楼的柱子彻底贯穿了天花板，失去承载能力，载荷顿时转移到其余的柱子，但其他柱子无力支撑多出的重量开始发生破坏。17时52分，大楼开始倒塌。30秒内，三丰百货大楼化为飞扬尘土和一堆瓦砾。

由此次事故我们可以知道，在实际的工程与生产中，力学问题不可忽视，一旦发现构件变形或损坏，应引起高度重视，查明原因，防微杜渐，以免引起更严重的事故。2021年5月18日中午12点31分，高达355.8米的深圳华强北赛格大厦发生晃动，大楼管理处立即通过应急广播通知所有人撤离，40分钟内共疏散群众达一万五千人。经专家调查，证实是由于桅杆风致涡激共振引发大厦有感振动，大楼主体结构没有异常。这一事件说明我国民众的安全意识和管理部门的应急管理措施都十分到位。各位同学在今后的生活与工作中，也应牢记力学常识，时刻保持一定警惕性，保证人身安全、生产安全。

第6章 平面机构的运动简图及自由度

基本要求

1）掌握平面机构运动副及其分类，平面机构运动简图的绘制。

2）熟练掌握平面机构自由度的计算方法，能正确判断和处理复合铰链、局部自由度和常见的虚约束，熟练计算平面机构的自由度并判断其运动是否确定。

重点

运动副的概念，平面机构运动简图的绘制，机构具有确定运动的条件及平面机构自由度的计算。

难点

平面机构中的虚约束的判定问题及平面机构运动简图的绘制。

6.1 运动副及其分类

一个作平面运动的自由构件具有三种独立运动，如图6-1所示，在xOy坐标中构件可随其上任一点A沿x、y轴移动和绕A点转动。这种相对于参考系构件所具有的独立运动称为构件的自由度。所以，一个作平面运动的自由构件有三个自由度。

当构件组成机构时，每个构件都以一定的形式与其他构件相互连接，且相互连接的两构件间保留着一定的相对运动。这种使两构件直接接触而又彼此有一定的相对运动的连接称为运动副。如齿轮间的啮合、轴与轴承的连接、活塞与气缸的连接等都构成运动副。构件组成运动副后，其独立运动受到约束，自由度便随之减少。

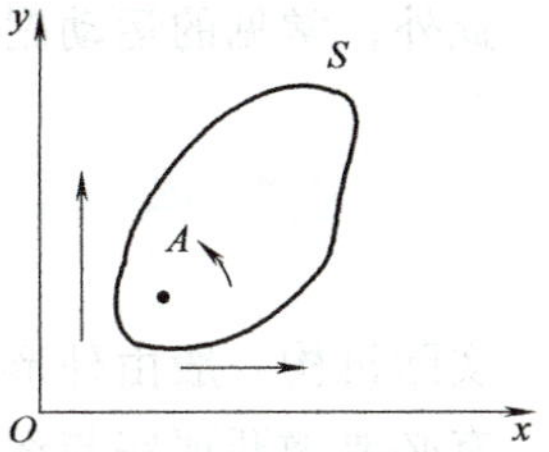

图6-1　自由构件的独立运动

根据组成运动副两构件之间的接触特性，运动副可分为低副和高副。

6.1.1 低副

两构件通过面接触形成的运动副称为低副。根据它们之间的相对运动是转动或移动，又可分为转动副和移动副。

1. 转动副

若组成运动副的两构件之间只能绕某一轴线做相对转动，这种运动副称为转动副或铰链。如图6-2所示，它又可分为固定铰链和活动铰链。

2. 移动副

若组成运动副的两构件只能沿某一轴线相对直线移动，这种运动副称为移动副，如

图 6-3 所示。

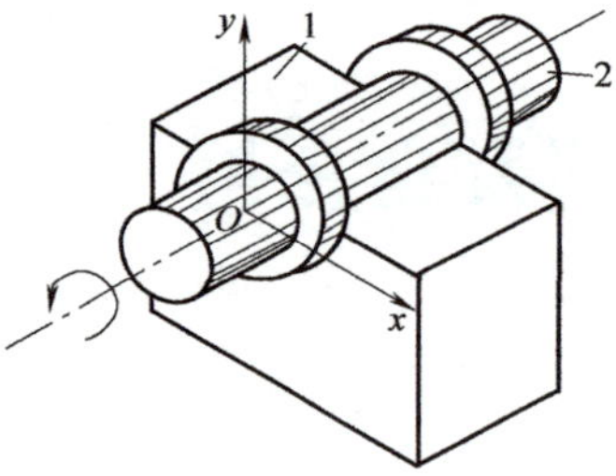

图 6-2　转动副

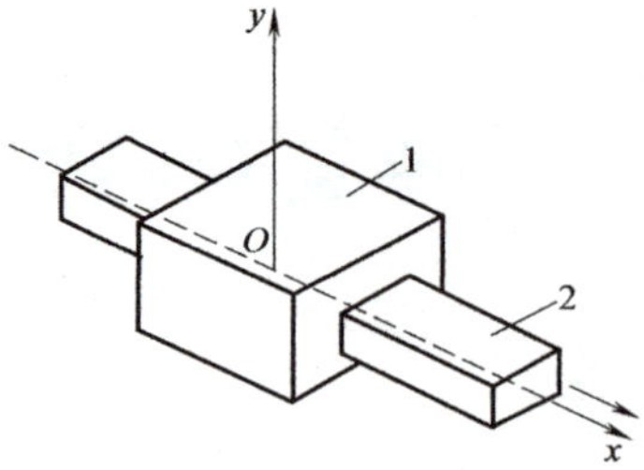

图 6-3　移动副

6.1.2　高副

两构件间通过点或线接触组成的运动副，称为高副。如图 6-4 所示，它们的相对运动是沿切线 *t*-*t* 和绕 *A* 点的转动。

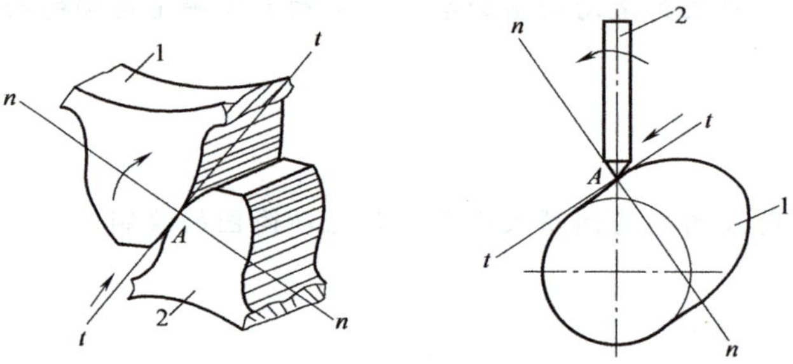

a）　　b）

图 6-4　高副

a）齿轮高副　b）凸轮高副

此外，常见的运动副还有螺旋副、球面副，它们都属于空间运动副。

6.2　平面机构运动简图

实际机构一般由外形和结构都较复杂的构件组成，为便于分析和研究机构，有必要撇开那些与运动无关的构件外形和运动副具体构造，仅用简单的线条和符号来表示构件和运动副，并按此比例定出各运动副的位置，这种说明机构各构件间相对运动关系的简化图形，称为机构运动简图。机构运动简图保持其实际机构的运动特征，它不仅简明地表达了实际机构的运动情况，且还可以通过该图进行运动分析和动力分析。

6.2.1　运动副的符号

图 6-5 所示是两个构件组成转动副的表示方法，用圆圈表示转动副，其圆心代表相对转动轴线。图 6-5a 表示两个构件均为活动构件，图 6-5b、c 表示一个构件为机架，应把代表机架的构件 1 画上斜线。图 6-6 所示是两个构件组成移动副的表示方法，移动副的导路必须与相对移动方向一致。与上述相同，应把代表机架的构件画上斜线。

图 6-7 表示高副。画高副时，应将接触部分的外形画出。对于凸轮、滚子，习惯上画出其全部轮廓；对于齿轮，常用点画线画出其节圆。

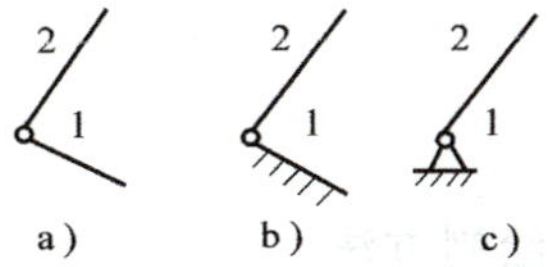

图 6-5 两个构件组成转动副的符号

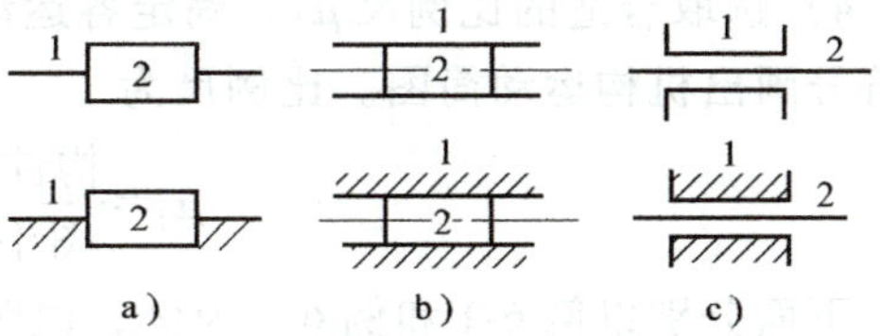

图 6-6 两个构件组成移动副的符号

图 6-8 所示为构件的表示方法。图 6-8a 表示参与构成两个转动副的构件。图 6-8b、图 6-8c 表示参与构成三个转动副的构件，为了说明三个转动副是在同一构件上，可在三角形内画上剖面线（图 6-8b），或在三个角涂上焊缝标记（图 6-8c）。一个构件上有三个转动副，且转动副中心在一条直线上，则可用图 6-8d 表示。图 6-8e、图 6-8f 表示参与构成一个转动副和一个移动副的构件。

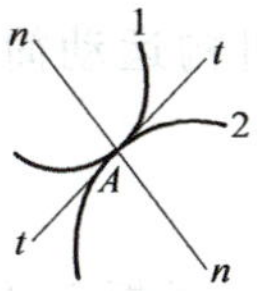

图 6-7 高副的表示方法

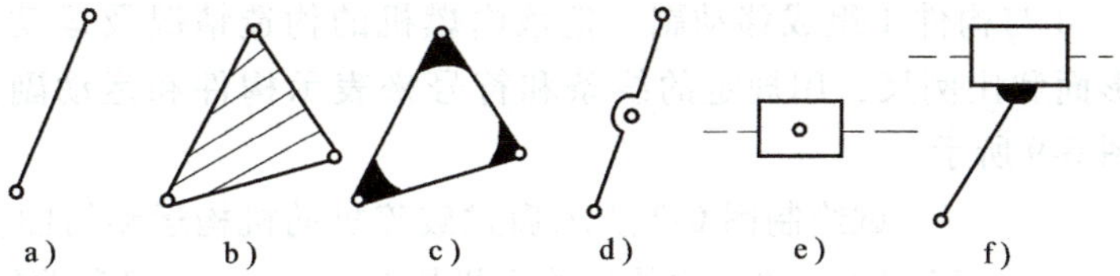

图 6-8 构件的表示方法

其他表示方法可参看有关标准。

6.2.2 机构中构件的分类

组成机构的构件，根据运动性质可分为三类：

1. 固定构件（机架）

机构中用来支承活动构件的构件。如图 0-1 中的气缸体。

2. 原动件（主动件、输入构件）

机构中作用有驱动力或力矩的构件（或运动规律已知的构件）。如图 0-1 中的活塞。

3. 从动件

机构中除了主动件以外，随着主动件的运动而运动的其余可动件皆称为从动件。其中，输出预期运动的从动件称为输出构件，其他从动件则起传递运动的作用。如图 0-1 中的曲轴是输出构件，连杆是用于传递运动的从动件。

任何一个机构中，必然有一个构件被相对地看作为固定构件。由此可知，机构是由机架、原动件及从动件系统所组成。

6.2.3 机构运动简图的绘制

机构运动简图一般可按以下步骤进行试绘：

1）分析机构运动的传递情况，找出固定件（机架）、原动件和从动件。

2）从原动件开始，按照运动的传递顺序，分析各构件间的运动副性质，从而确定有多少构件及运动副的类型和数目。

3）选择视图平面。

4）选取合适的比例尺μ_1，确定各运动副之间的相对位置，用简单的线条和规定的运动副符号画出机构运动简图。比例尺为

$$\mu_1=\frac{\text{构件的实际长度（m）}}{\text{图中线段长度（mm）}}$$

下面分别以例6-1和例6-2为例，说明其机构运动简图的绘制方法。

例6-1 试绘制图0-1所示内燃机的机构运动简图。

解 由图0-1可知，此内燃机的主体机构是由气缸体1、活塞2、连杆5和曲轴6所组成的曲柄滑块机构。此外，还有齿轮机构、凸轮机构等。在燃气的压力作用下，活塞2首先运动，是主动件，然后通过连杆5使曲轴6输出回转运动。而为了控制进气和排气，由固装于曲轴6上的小齿轮10带动大齿轮9使凸轮轴回转，再由凸轮轴上的两个凸轮7，分别推动顶杆8以控制进气阀3和排气阀4。构件2与构件1组成移动副，构件2与构件5组成转动副，构件5与构件6组成转动副，构件9与构件10组成高副，构件7与构件8组成高副，构件8、4与构件1组成移动副。把该内燃机的构造情况及运动副的组成搞清楚以后，再选定投影面和比例尺，用规定的线条和符号来表示构件和运动副即不难绘出其机构运动简图，如图6-9所示。

例6-2 试绘制图0-2所示颚式破碎机的机构运动简图。

解 颚式破碎机的主体机构由机架8、偏心轴（又称曲轴）5、动颚板6、肘板7共四个构件组成。带轮4与偏心轴5固联成一整体，它是运动和动力输入构件，即原动件，其余构件都是从动件。当带轮4和偏心轴5绕轴线A转动时，驱使输出构件，即动颚板6做平面运动，从而将物料轧碎。在确定构件数目之后，再根据各构件间的相对运动确定运动副的种类和数目。偏心轴5与机架绕轴线A相对转动。故构件5与机架组成以A为中心的转动副；动颚板6与偏心轴5绕轴线B相对转动，故构件6、5组成以B为中心的转动副；动颚板6与肘板7绕轴线C相对转动，故构件6、7组成以C为中心的转动副；肘板7与机架绕轴线D相对转动，故构件7与机架组成以D为中心的转动副。选定适当比例尺，根据图0-2尺寸定出A、B、C、D的相对位置，用构件和运动副的规定符号绘出机构运动简图，如图6-10所示。

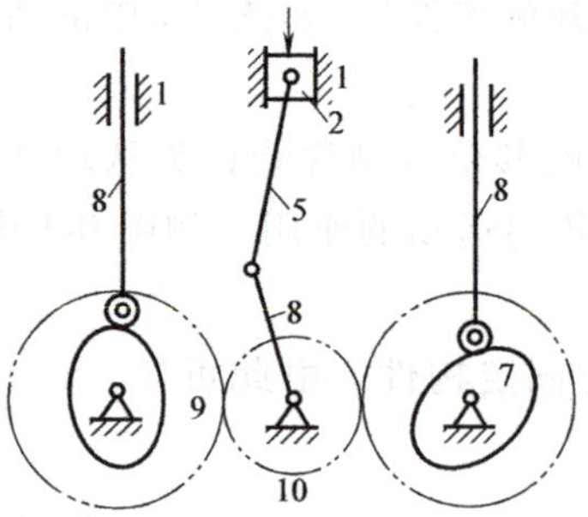

图6-9 内燃机的机构运动简图

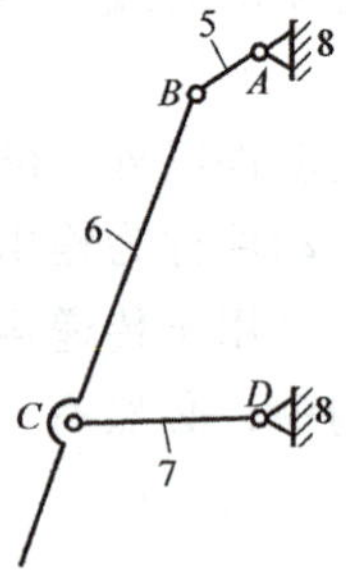

图6-10 颚式破碎机的机构运动简图

6.3 平面机构的自由度

机构是一个构件系统，为了传递运动和动力，机构中各构件之间应具有

确定的相对运动。然而，机构中的构件仅仅拼凑起来是不一定能运动的；即使能运动，也不一定能有确定的相对运动。为此，构件应如何组合，才能运动？在什么条件下才具有确定的相对运动？这对分析现有机构或创新机构是很重要的。

若要判定通过运动副相连起来几个构件的构件系统，能否产生相对运动和是否有确切的运动，就必须研究平面机构的自由度计算。

6.3.1　平面机构自由度计算公式及机构具有确定运动的条件

平面机构的自由度就是该机构中各构件相对于机架的所能有的独立运动的数目。

我们已经知道，对于一个做平面运动的构件，具有三个自由度，当它们通过运动副相互连接之后，它们的相对运动就受到约束，必然失去一些自由度，但又保留一些自由度。构件失去的自由度与它受到的约束条件数相等。例如图 6-2 所示的转动副，约束了两个移动自由度，只保留一个转动自由度；而移动副（图 6-3）也约束了两个自由度，保留一个自由度；高副（图 6-4）则只约束了沿接触公法线 nn 方向移动的自由度，保留两个自由度。故在平面机构中，每个低副引入两个约束，使构件失去两个自由度；每个高副引入一个约束，使构件失去一个自由度。

设平面机构共有 K 个构件，去除固定构件，则机构中的活动构件数为 $n=K-1$；若机构中共有 P_L 个低副和 P_H 个高副，则这些活动构件在未用运动副连接之前，其自由度总数为 $3n$。当用 P_L 个低副与 P_H 个高副连接成机构之后，全部运动副所引入的约束总数为 $2P_L+P_H$。因此，可动构件的自由度总数减去运动副引入的约束总数，就是该机构中各个构件相对于机架独立运动的数目，即为该机构的自由度，以 F 表示，则有

$$F=3n-2P_L-P_H \tag{6-1}$$

式（6-1）就是计算平面机构自由度的公式。

由前述可知，机构的自由度是机构中各构件相对机架所具有的独立运动的数目。而从动件是不能独立运动的，原动件才能独立运动，故原动件数必定等于机构的自由度。

例 6-3　计算图 6-10 所示机构的自由度。

解　该机构有三个活动构件，即 $n=3$；有四个转动副，即 $P_L=4$；没有高副，即 $P_H=0$。由式（6-1）得机构的自由度为

$$F=3n-2P_L-P_H=3\times3-2\times4-0=1$$

原动件的独立运动是由外界给定的。如果给出的原动件数不等于机构的自由度，则将产生如下影响。

如图 6-11a 所示，由三个构件通过转动副连接而成的系统就没有运动的可能性，计算其自由度可得 $F=3\times2-2\times3-0=0$。图 6-11b 所示系统，$n=3$、$P_L=5$、$P_H=0$，计算其自由度可

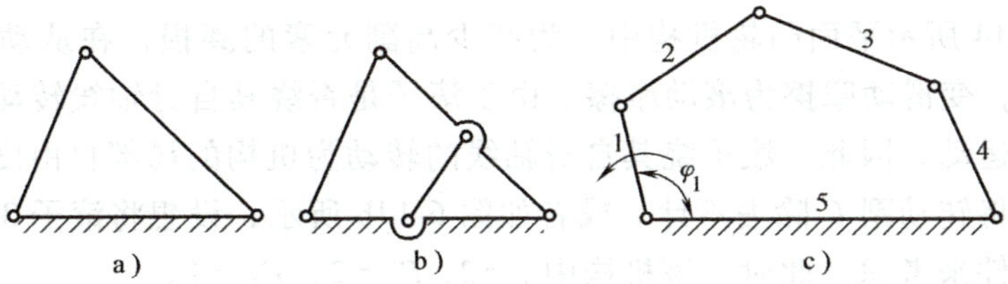

图 6-11　几种构件系统示例

得，$F=3\times3-2\times5-0=-1$，由于 $F<0$，已成为超静定的桁架。又如图 6-11c 所示的五构件系统，若取构件 1 作主动件，当给定 φ_1 时，构件 2、3、4 的位置是不确定的。但如果给定构件 1、4 的位置参数 φ_1 和 φ_4，则构件 2、3 的位置也就确定了。计算该系统的自由度可得 $F=3\times4-2\times5-0=2$。

综上所述，机构具有确定运动的条件是：$F>0$，且 F 等于原动件数。

6.3.2 计算平面机构自由度应注意的事项

在应用式（6-1）计算平面机构自由度时，应注意以下几点。

1. 复合铰链

两个以上构件同时在一处用转动副相连接就构成复合铰链。图 6-12a 所示为三构件在 A 处构成的复合铰链。图 6-12b 是它的俯视图。由图 6-12b 可以看出，此三个构件共组成两个转动副。当由 K 个构件组成复合铰链时，则应当组成（$K-1$）个转动副。在计算机构自由度时，应仔细观察是否有复合铰链存在，以免影响计算。

例 6-4 试计算图 6-13 所示机构的自由度。

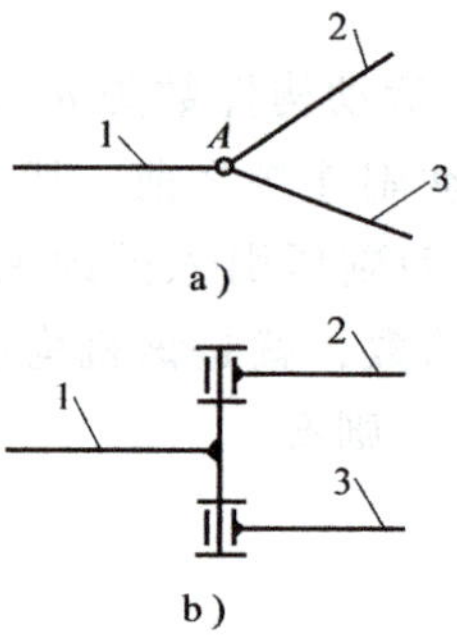

图 6-12 复合铰链

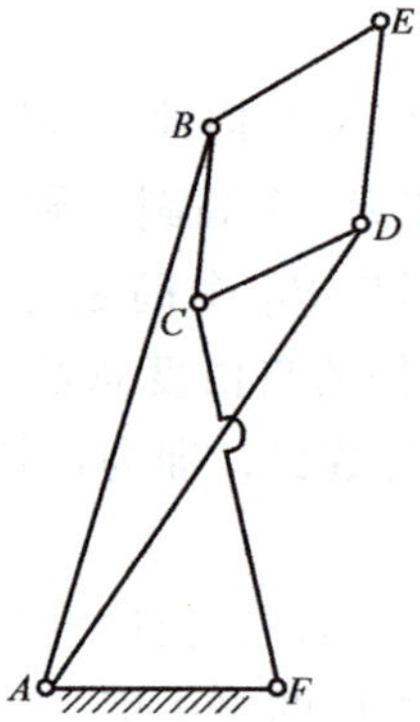

图 6-13 含有复合铰链的机构

解 此机构 A、B、C、D 为复合铰链，各具有两个转动副，所以 $P_L=10$（全部为转动副），$P_H=0$，可动构件数 $n=7$。

由式（6-1）得机构的自由度为

$$F=3n-2P_L-P_H=3\times7-2\times10-0=1$$

2. 局部自由度

机构中一种与整个机构主运动无关的自由度，称为局部自由度，在计算机构自由度时，可预先排除。

例 6-5 试计算图 6-14 所示机构的自由度。

解 如图 6-14 所示平面凸轮机构中，为减少高副元素的磨损，在从动件上安装一个滚子 3（图 6-14a），变滑动摩擦为滚动摩擦。由于滚子是否绕其自身轴线转动并不影响凸轮与从动件间的相对运动，因此，滚子绕其自身轴线的转动为机构的局部自由度，在计算机构的自由度时应预先将转动副 C 除去不计。或者如图 6-14b 所示，设想将滚子 3 与从动件固连在一起作为一个构件来考虑，此时，该机构中 $n=2$，$P_L=2$，$P_H=1$。

故
$$F=3n-2P_L-P_H=3\times2-2\times2-1=1$$

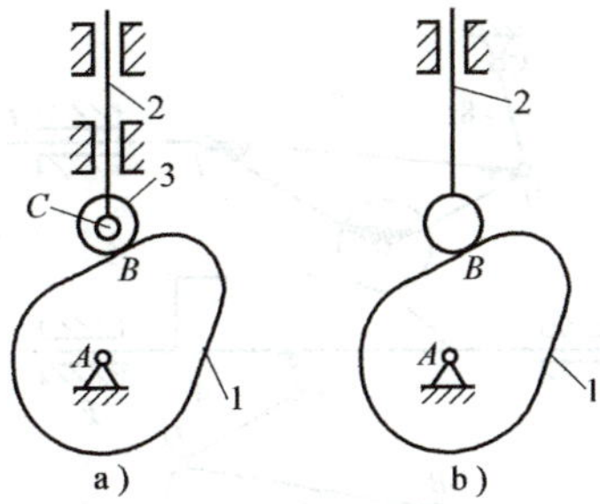

图 6-14　局部自由度

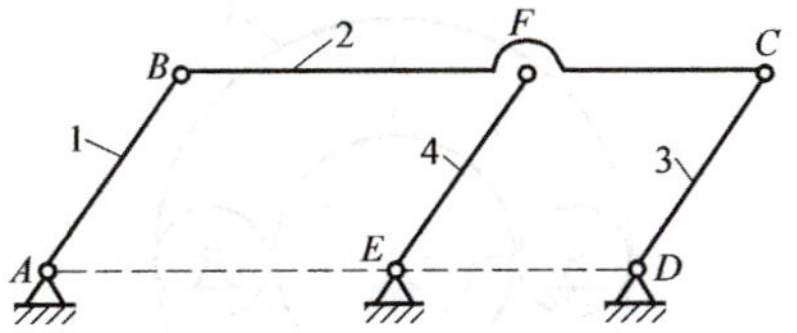

图 6-15　虚约束

即此机构只有一个自由度，是符合实际情况的。

3. 虚约束

在机构中，与其他约束重复而不起限制运动作用的约束称为虚约束。在计算机构自由度时应当除去不计。例如图 6-15 所示机构中的 $L_{AB}=L_{CD}=L_{EF}$，$L_{BF}=L_{AF}$，$L_{FC}=L_{ED}$，在此机构中，$n=4$，$P_L=6$，$P_H=0$，故其自由度

$$F=3n-2P_L-P_H=3\times4-2\times6=0$$

这表明该机构不能运动，显然与实际情况不符。进一步分析可知，机构中的运动轨迹有重叠现象。因为如果去掉构件 4（转动副 E、F 也不再存在）。当原动件 1 转动时，构件 2 上的 F 点的轨迹自然是以 E 点为圆心，以 L_{AB}（或 L_{EF}）为半径的圆弧。因此，构件 4 及转动副 E、F 是否存在对整个机构的运动并无影响。也就是说，机构中加入构件 4 及转动副 E、F 后，虽然使机构增加了一个约束，但此约束并不起限制机构运动的作用，所以是虚约束。因此，在计算机构自由度时应除去构件 4 和转动副 E、F。此时，$n=3$，$P_L=4$，$P_H=0$，则

$$F=3\times3-2\times4=1$$

此结果与实际情况相符。

对于虚约束，只要求理解和熟悉下列三种情况：

1）两构件间组成多个导路平行的移动副，只有一个起作用，另一个为虚约束。例如图 6-14a 所示凸轮机构的运动简图，其直动从动件与机座间组成两个移动副，但其中只有一个起作用，故可用图 6-14b 所示的一个移动副来代替。

2）两个构件间组成多个轴线重合的转动副，只有一个起作用，其余为虚约束。例如，两个轴承支持一根轴只能看作为一个移动副。

3）机构中对传递运动不起独立作用的对称部分，如图 6-16 所示的行星轮系中，星轮 2′对机构运动的作用与行星轮 2 一样，但 2′将引入一个约束，也就是虚约束，计算自由度时应拆去 2′及其带入的转动副和两个高副。

应当注意，对于虚约束，从机构的运动观点看是多余的，但从增加构件的刚度，改善机构受力状况等方面看却是必需的。虚约束发生的情况较复杂，要注意分析判断，以免出现计算错误。

例 6-6　计算图 6-17 所示凸轮连杆机构的自由度。

解　机构中滚子处有一个局部自由度。除去滚子与构件 6 之间的转动副，从 AB 开始给每个构件编号，共有 8 个可动构件；构件 5 与机架由导路平行的两个移动副 F、F'相连，其中一个移动副为虚约束，应除去一个移动副。构件 2、3 及 4 之间的转动副 D 是复合铰链。这样，机构总计有 11 个低副、1 个高副，由式（6-1）有

$$F=3n-2P_L-P_H=3\times8-2\times11-1=1$$

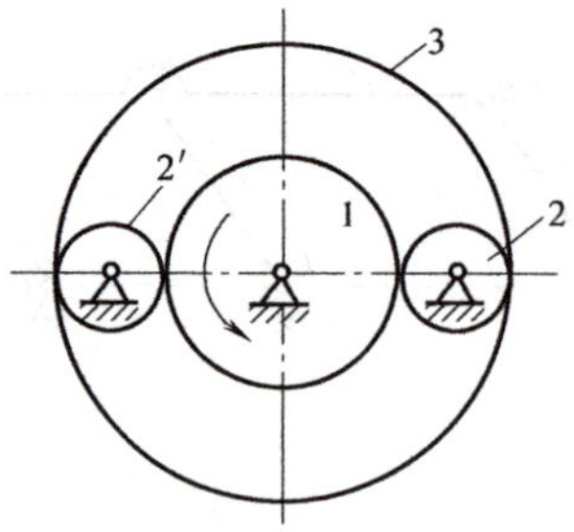

图 6-16 对称结构的虚约束

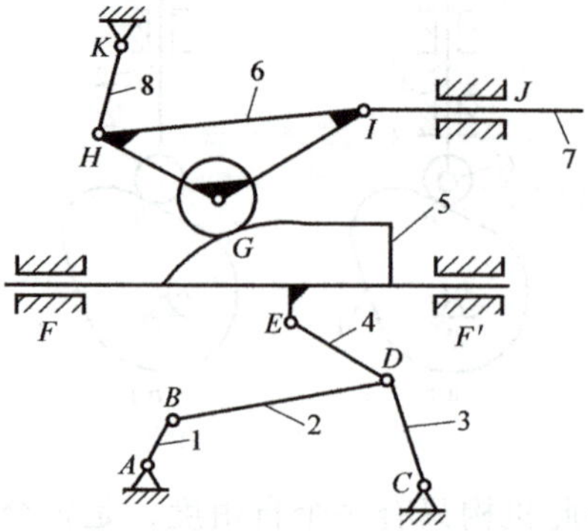

图 6-17 凸轮连杆机构

习 题 6

6-1 绘制图 6-18 所示机构的运动简图，并计算其自由度。

6-2 计算图 6-19 所示机构的自由度，并判定它们是否具有确定的相对运动（图中画有箭头的构件为原动件）。若有复合铰链、局部自由度和虚约束要明确指出。

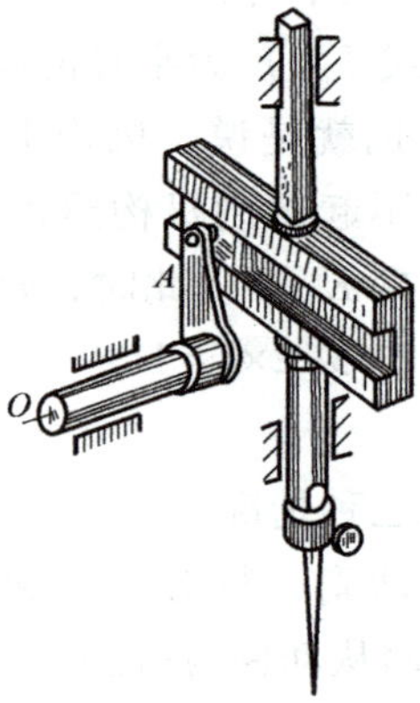

a）

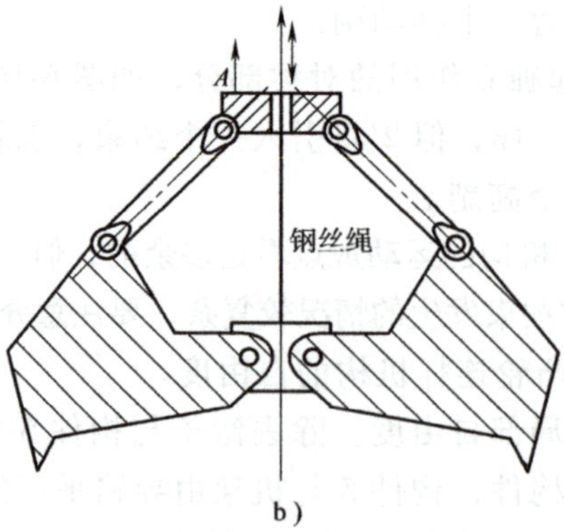

b）

图 6-18 题 6-1 图

a）缝纫机机构 b）抓斗机构

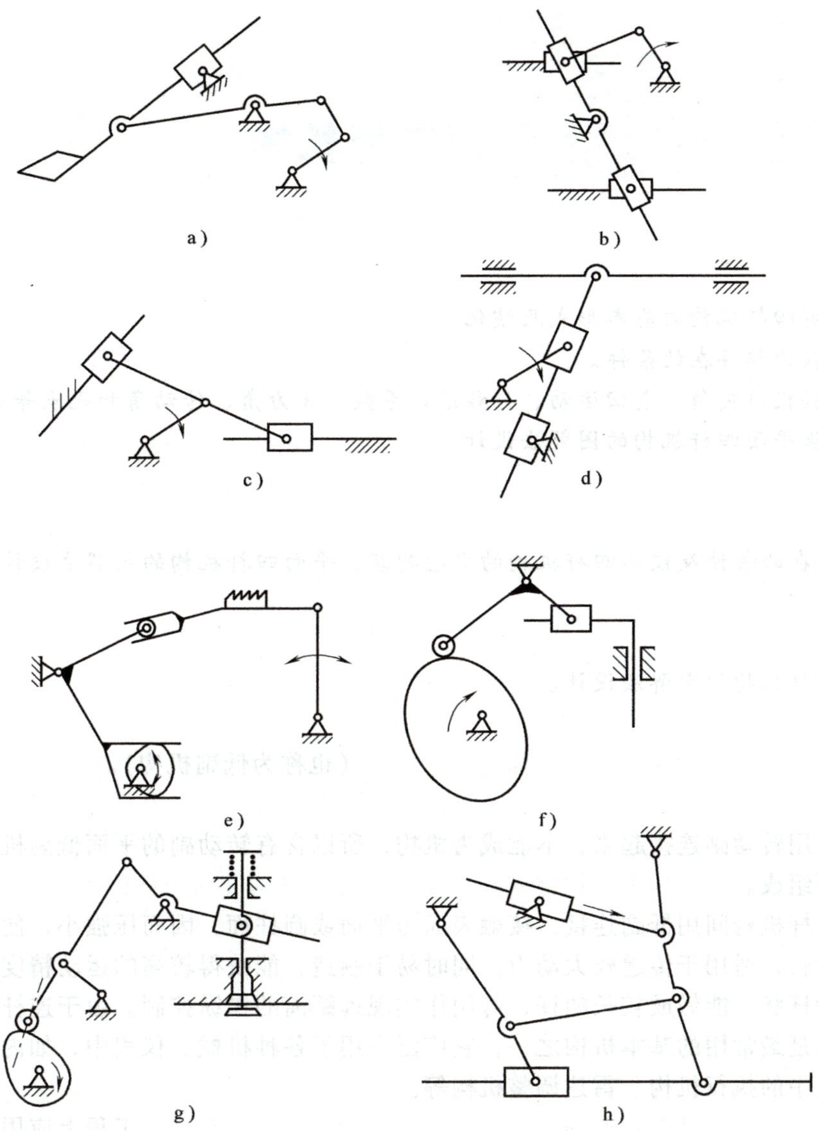

图 6-19　题 6-2 图

第7章 平面连杆机构

基本要求

1）了解四杆机构的基本形式及演化。

2）掌握曲柄存在的条件。

3）掌握极位夹角、急回运动、行程速比系数、压力角、传动角和死点等概念。

4）掌握平面四杆机构的图解法设计。

重点

曲柄存在的条件及铰链四杆机构的类型判断，平面四杆机构的图解法设计。

难点

平面四杆机构的图解法设计。

构件间只有低副连接的机构，称为连杆机构（也称为低副机构）。

所有构件均在平行于某一平面内作平面运动的连杆机构，称为平面连杆机构。由前述可知，三构件用转动副连接起来，不能成为机构，所以含有转动副的平面低副机构应由四杆或四杆以上所组成。具有四个构件（包括机架）的连杆机构称为四杆机构。

由于连杆机构间用低副连接，接触表面为平面或圆柱面，因而压强小，便于润滑，磨损较小，寿命长，适用于传递较大动力；同时易于制造，能获得较高的运动精度；此外，由于构件形状为杆状，能做成较长的杆，可用作实现远距离的操纵控制。由于连杆机构具有上述特点，所以是最常用的基本机构之一，它广泛应用于各种机械、仪表中，如内燃机、牛头刨床、锻压机中的执行机构、雷达调整机构等。

构件间全部用转动副相连的平面四杆机构称为铰链四杆机构。工程上应用最广泛的是平面四杆机构。很多平面多杆机构是在其基础上，添加一些杆件系统构成。所以，本章主要介绍平面四杆机构的基本类型、特性及其常用的设计方法。

7.1 平面四杆机构的类型

平面四杆机构的基本形式是铰链四杆机构。如图 7-1 所示，杆 *AD* 固定不动称为机架，不直接与机架相连的杆 *BC* 称为连杆，与机架用转动副连接的杆 *AB* 和杆 *CD* 称为连架杆。能做整周转动的连架杆称为曲柄，仅能在小于 360°某一角度内摆动的连架杆称为摇杆。根据连架杆运动形式的不同，铰链四杆机构又可分为曲柄摇杆机构、双曲柄机构、双摇杆机构三种基本形式。

1. 曲柄摇杆机构

具有一个曲柄和一个摇杆的铰链四杆机构称为曲柄摇杆机构。

曲柄摇杆机构一般以曲柄1为主动件做等速转动，摇杆2为从动件做往复摆动，构件3为连杆，构件4为机架，如图7-2所示雷达天线调整机构和图7-3所示的搅拌机。也有以摇杆为主动件，曲柄为从动件的情况，如图7-4所示的缝纫机踏板机构，便属于这种情况。

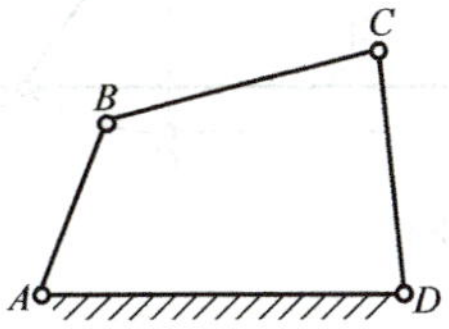

图7-1 铰链四杆机构

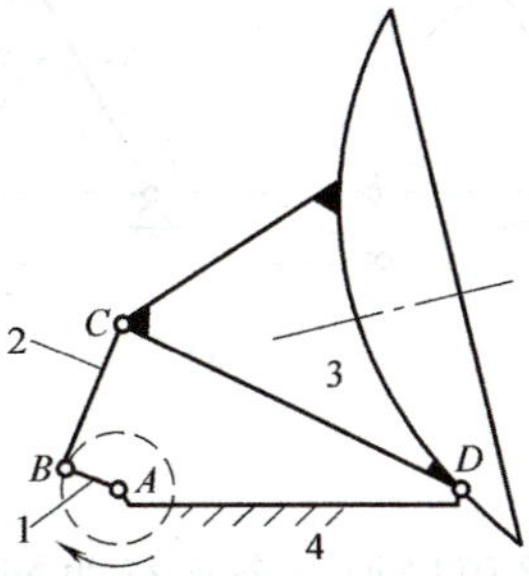

图7-2 雷达天线调整机构

1—曲柄 2—摇杆 3—连杆 4—机架

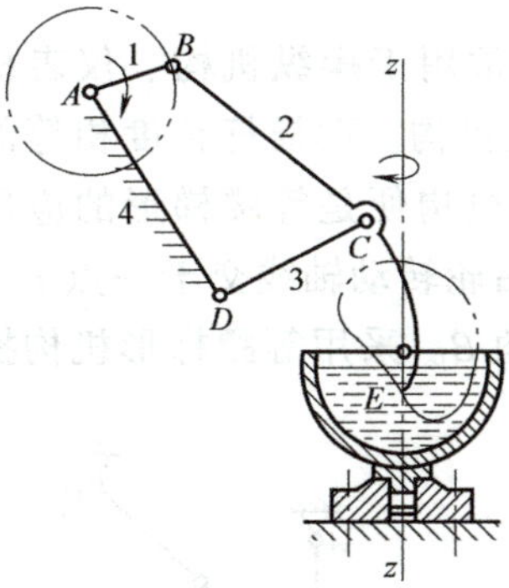

图7-3 搅拌机

1—曲柄 2—摇杆 3—连杆 4—机架

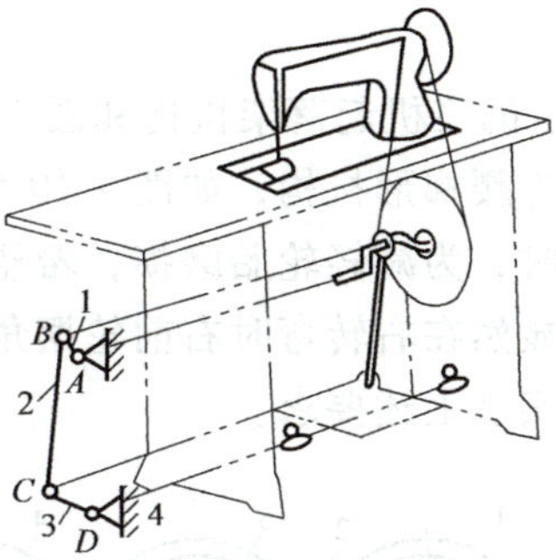

图7-4 缝纫机踏板机构

1—曲柄 2—摇杆 3—连杆 4—机架

2. 双曲柄机构

具有两个曲柄的铰链四杆机构称为双曲柄机构。双曲柄机构中，通常主动曲柄做等速转动，从动曲柄做变速转动。如图7-5所示的惯性筛机构，*ABCD* 为双曲柄机构。当主动曲柄1做等速转动，从动曲柄3做变速转动时，连杆4带动滑块5上的筛子，使其具有所需的加速度，从而使筛子上的颗粒物料因惯性做用而达到分筛的目的。

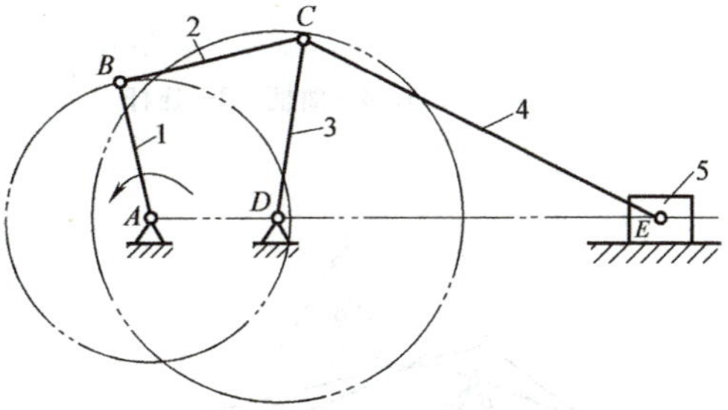

图7-5 惯性筛机构

1—主动曲柄 2、4—连杆 3—从动曲柄 5—滑块

在双曲柄机构中，若连杆2与机架的长度相等。且两曲柄1、3的转向相同，长度也相等时称为平行四边形机构，如图7-6所示。由于这种机构两曲柄的角速度始终保持相等，且连杆始终做平动，故应用较广。

必须注意，平行四边形机构在运动过程中，当两个曲柄与连杆共线时（图7-6a），机构会出现运动不确定现象。为了消除这种运动不确定的现象，可以设计成图7-7所示的机车驱

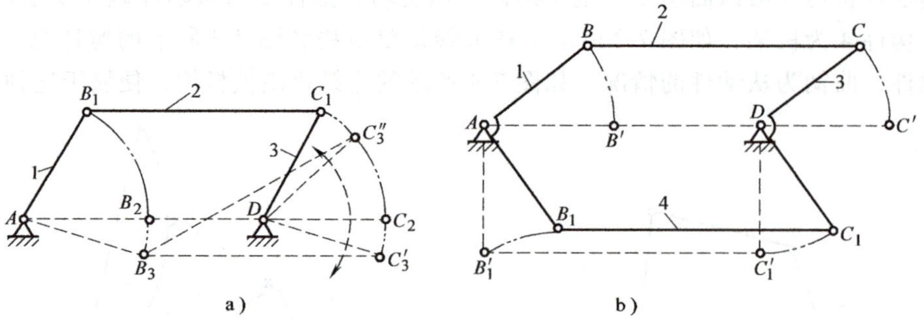

图 7-6　平行四边形机构

动联动机构，采用增加一个平行曲柄的方法。或者如图 7-6b 所示，在主从动曲柄上错开一定角度而安装一组平行四边形，当上面一组平行四边形转到 $AB'C'D$ 共线位置时，下面一组平行四边形 $AB_1'C_1'D$ 却处于正常位置，该机构仍然保持确定运动。

3. 双摇杆机构

具有两个摇杆的铰链四杆机构称为双摇杆机构，它常用于操纵机构、仪表机构等，如图 7-8 所示的飞机起落架机构和图 7-9 所示的鹤式起重机机构。两摇杆长度相等的双摇杆机构，称为等腰梯形机构，如图 7-10 所示。汽车前轮转向机构便是等腰梯形的应用实例。当汽车转弯时，为减轻轮胎磨损，希望两前轮转动轴线与后轮转动轴线交于一点 P。为达到这一要求，显然在右转弯时右前轮摆角 δ 应大于左前轮摆角 β。采用等腰梯形机构操纵轮的转动，即可实现上述要求。

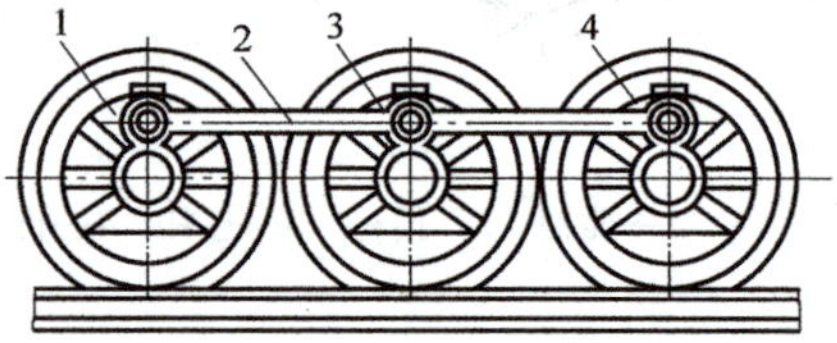

图 7-7　机车驱动联动机构

1、3、4—曲柄　2—连杆

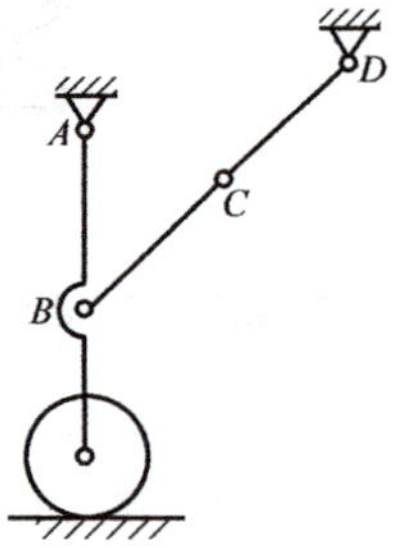

图 7-8　飞机起落架机构

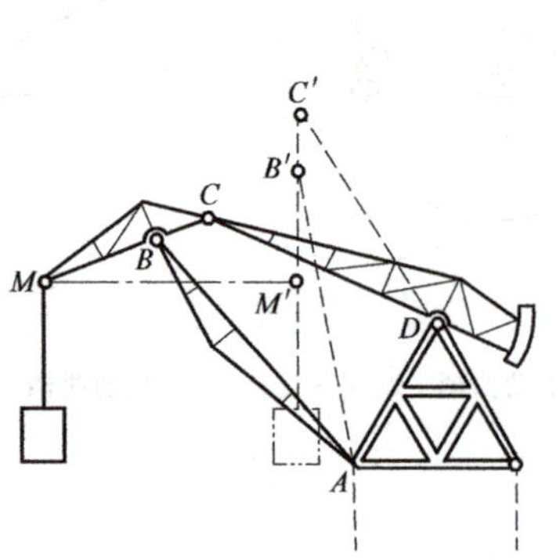

图 7-9　鹤式起重机机构

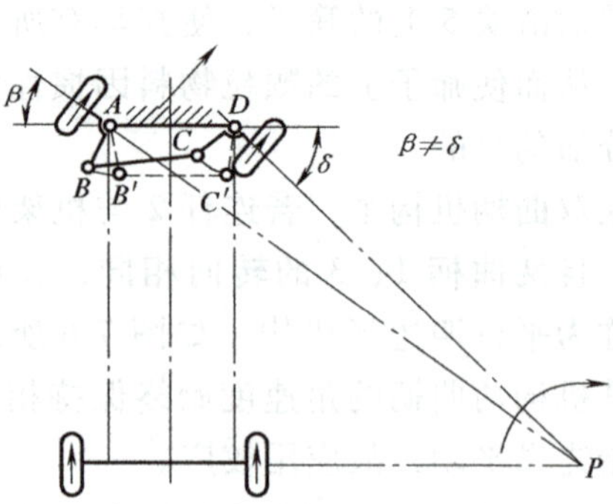

图 7-10　汽车前轮转向机构

7.2　平面连杆机构的基本特性

7.2.1　铰链四杆机构存在曲柄的条件

铰链四杆机构三种基本形式的区别主要取决于机构内是否存在曲柄，而机构中有无曲柄又与各构件间的相对尺寸有关，为此需要分析曲柄存在的条件。

如图 7-11 所示的铰链四杆机构 *ABCD* 中，a、b、c、d 分别代表各杆长度。现分析杆 *AB* 成为曲柄的条件。

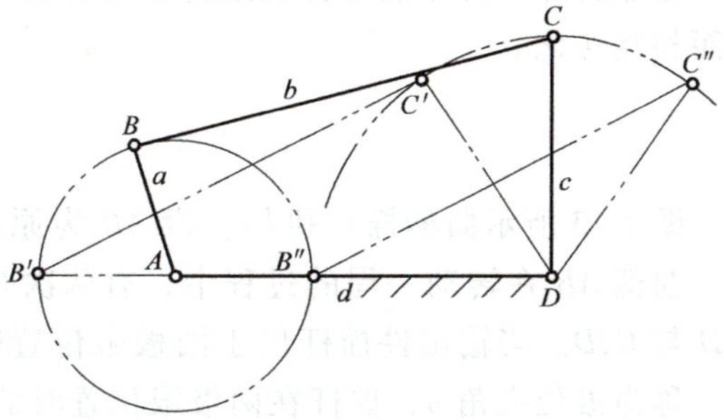

图 7-11　铰链四杆机构存在曲柄的条件

设 $a<d$，则当 *AB* 杆能绕轴 *A* 相对于 *AD* 杆作整周回转时，*AB* 杆应能占据与 *AD* 杆共线的两个位置 *AB′* 和 *AB″*。由图可见，为了使 *AB* 杆能够转至位置 *AB′*，则在 $\triangle B'C'D$ 中，显然各杆的长度应满足

$$a+d \leqslant b+c \tag{7-1}$$

为了使 *AB* 杆能够转至位置 *AB″*，则在 $\triangle B''C''D$ 中各杆的长度应满足

$$c \leqslant (d-a)+b \quad 即\ c+a \leqslant d+b \tag{7-2}$$

$$b \leqslant (d-a)+c \quad 即\ b+a \leqslant d+c \tag{7-3}$$

将式（7-1）、式（7-2）、式（7-3）分别两两相加，则得

$$a \leqslant b,\quad a \leqslant c,\quad a \leqslant d$$

同理，如设 $a>d$，同上可得 $d \leqslant a$、$d \leqslant b$、$d \leqslant c$。

若设 $a=d$，则可得 $a=d$、$b=c$、$a \leqslant b$。

分析以上各式，可得出铰链四杆机构中有曲柄的条件：

1）最短杆与最长杆的长度和应小于或等于其他两杆的长度和，此条件通常称为杆长条件。

2）最短杆为连架杆或机架。

根据铰链四杆机构中有曲柄的条件可得出其他一些推论：

1）若机构不满足杆长条件则只能成为双摇杆机构。

2）若机构满足杆长条件，则：①以最短杆的邻边为机架时为曲柄摇杆机构；②以最短杆为机架时为双曲柄机构；③以最短杆的对边为机架时为双摇杆机构。

例　如图 7-12 所示的铰链四杆机构 *ABCD* 中，已知各杆长分别为 $a=30$，$b=50$，$c=40$，$d=45$。试确定该机构分别以 *AD*、*AB*、*CD* 和 *BC* 各杆为机架时，属于何种机构？

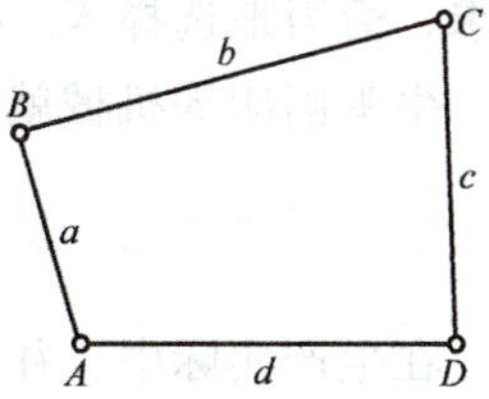

图 7-12　铰链四杆机构

解　因　　$a+b<c+d$

故此机构满足曲柄存在条件中的杆长条件。

根据铰链四杆机构中有曲柄的条件之推论 2，可知：

1）以最短杆 AB 的相邻杆 AD 为机架，很显然，此为曲柄摇杆机构。

2）以最短杆 AB 杆为机架，此时机构为双曲柄机构。

3）以 BC 杆为机架，与情况 1）相似，故为曲柄摇杆机构。

4）以 CD 杆为机架，为双摇杆机构。

综上所述，对于满足杆长条件的三种铰链机构，存在内在联系，可通过取不同构件为机架而相互转化。

7.2.2 急回特性和行程速比系数

图 7-13 所示曲柄摇杆机构，设 AB 为原动曲柄，当 AB 等速回转时，CD 做变速往复摆动，曲柄 AB 在转动一周的过程中，有两次与连杆 BC 共线，这时摇杆分别位于两极限位置 C_1D 与 C_2D。当输出件摇杆位于两极限位置时，对应的输入件曲柄在两位置之间所夹的锐角，称为极位夹角 θ，摇杆在两极限位置时的夹角 ψ 称为摇杆的摆角。

当曲柄以等速顺时针方向从 AB_1 转动到 AB_2 位置时，转过角 $\varphi_1=180°+\theta$，摇杆 C_1D 摆至 C_2D，摆过工作行程 ψ 角，所需时间 t_1 则 C 点的平均速度为 $v_1=\overset{\frown}{C_1C_2}/t_1$，当曲柄继续转过 $\varphi_2=180°-\theta$ 时，摇杆由 C_2D 摆回到 C_1D，摆过的空回行程仍为 ψ 角，所需时间为 t_2，则 C 点的平均速度为 $v_2=\overset{\frown}{C_1C_2}/t_2$，则 $v_2>v_1$。由此可见，输入曲柄做等速转动时，做往复摆动的输出件摇杆在空回行程中的平均速度大于工作行程的平均速度，这一性质称为连杆机构的急回特性。

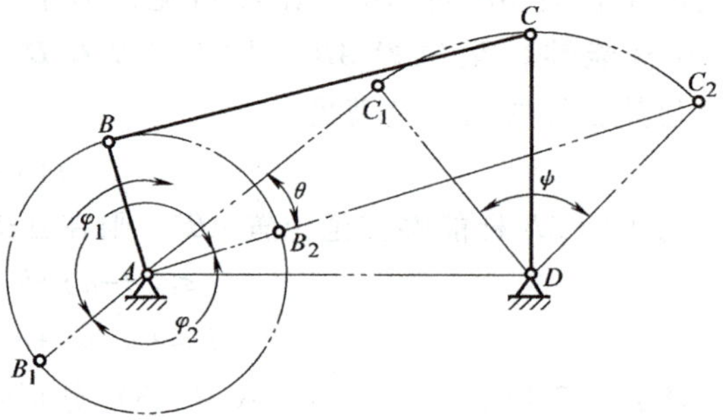

图 7-13 曲柄摇杆机构急回特性

连杆机构急回特性的相对程度，用行程速比系数 K 来表示。

即
$$K=\frac{v_2}{v_1}=\frac{\overset{\frown}{C_1C_2}/t_2}{\overset{\frown}{C_1C_2}/t_1}=\frac{t_1}{t_2}=\frac{\varphi_1}{\varphi_2}=\frac{180°+\theta}{180°-\theta} \tag{7-4}$$

或
$$\theta=180°\frac{K-1}{K+1} \tag{7-5}$$

由上式可知，机构的急回运动取决于极位夹角 θ 的大小，θ 角越大，K 越大，机构的急回程度也越高。但从另一方面看，机构运动的平稳性就越差。因此，在设计时应根据其工作要求，恰当地选择 K，在一般机械中，$1<K<2$。

牛头刨床等机械就是利用这种急回特性来缩短非生产时间，提高生产率的。

7.2.3 压力角和传动角

在生产实际中，往往要求连杆机构不仅能实现预期的运动规律，而且希望传力性能良好（运动轻便，效率较高），因此需要讨论机构的传力特性。

在图 7-14 所示的曲柄摇杆机构中，若忽略各杆的惯性力和运动副中的摩擦力，则连杆可视为二力杆。当主动件为曲柄时，连杆给摇杆的作用力为 F，其作用线必与连杆共线，力 F 的作用点 C 的绝对速度 v_C 的方向与 CD 杆垂直。从动件上的作用力 F 与该速度 v_C 所夹的锐角 α 称为机构的压力角。F 力在 v_C 方向的分力 $F'=F\cos\alpha$ 为有效分力，它可使从动件产生有效的回转力矩。显然 F' 越大越好。而 F' 在垂直于 v_C 方向的分力 $F''=F\sin\alpha$ 则为有害分力，它不仅无助于从动件的转动，反而增加了从动件转动时的摩擦阻力矩，因此希望 F'' 越小越好。由此可知，压力角 α 越小，机构的传力性能越好，理想情况是 $\alpha=0$。所以，压力角是反映机构传力效果好坏的一个重要参数。在实际应用中为了度量方便起见，常用压力角的余角 γ 来衡量机构传力性能的好坏，γ 称为传动角。显然，γ 值越大越好。理想情况是 $\gamma=90°$。

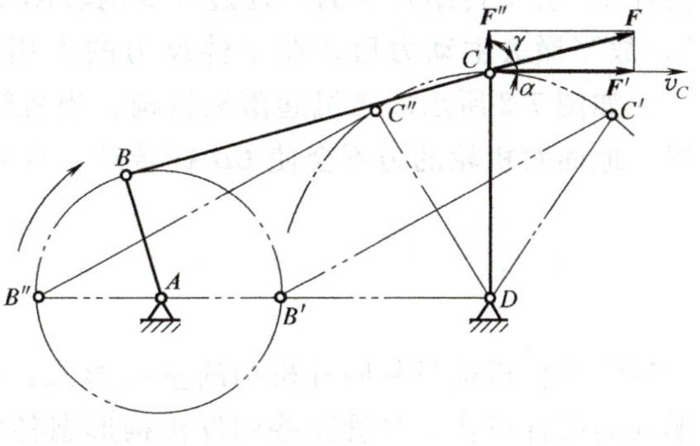

图 7-14　压力角和传动角

由于机构在运动中，压力角和传动角的大小随机构的不同位置而变化，γ 值越大，α 值越小，机构的传力性能越好；反之，传力性能越差。为了保证机构的正常转动，通常应使传动角的最小值 γ_{min} 大于或等于其许用值 $[\gamma]$。一般机械中，推荐 $[\gamma]=40°\sim50°$。对于传递功率大的机械，如压力机、颚式破碎机中的主要执行机构，为了使其在工作时得到更大效率，可取 $[\gamma]\geqslant50°$。对于一些非传力机构，如控制、仪表等机构，也可取 $[\gamma]<40°$，但不能过小。

在图 7-14 所示的曲柄摇杆机构中，当 $\angle BCD<90°$ 时，$\gamma=\angle BCD$，若 $\angle BCD>90°$，则 $\gamma=180°-\angle BCD$。因此，B、D 两点间的距离为最小值或最大值的位置（即曲柄与机架共线的位置），均有可能是 γ_{min} 出现的位置。一般可通过计算或作图量取此两位置的传动角，其中的小值即为 γ_{min}。

应该注意，由于平面连杆机构的从动件是可以互换的，所以在确定传动角时，必须分清原动件和从动件。当原动件不同时，其传动角就不同。

7.2.4　死点位置

在不计构件的重力、惯性力和运动副中的摩擦阻力的条件下，当机构处于 $\alpha=90°$（即 $\gamma=0°$）的位置时，驱动力的有效分力 $F'=0$，在此位置，无论怎样加大驱动力，均不能仅靠驱动力的作用使从动件运动。机构的这种位置称为机构的死点位置，如图 7-13 所示 C_1、C_2 的位置（DC 为主动件）。

一方面，对于传动机构，死点的存在是不利的。如图 7-4 所示的缝纫机踏板机构，有时就会出现上述现象。为了使机构能顺利越过死点位置连续运转，可利用从动件的惯性或在从动件上施加外力，或采用相同的机构错位排列等方法来实现。

另一方面，在工程实践中可利用机构的死点来实现一些特定的要求。如图 7-15 所示的夹具机构，当工件 5 被夹紧后，B、C、D 三铰链中心在一直线上，这时工

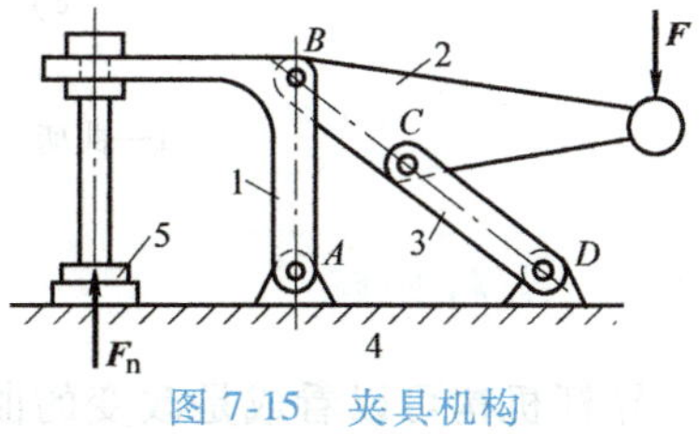

图 7-15　夹具机构

件经杆1、杆2传给杆3的力通过杆3的转动中心 D，此力不能驱使杆3转动（构件4为机架）。故当撤去主动力后，在工件反力的作用下，不会使机构反转，工件仍能被可靠地夹紧。又如图7-8所示的飞机起落架机构，当机轮放下时，BC 杆与 CD 杆共线，机构处于死点位置，地面对机轮的力不会使 CD 杆转动，从而保证降落可靠性。

7.3 铰链四杆机构的演化

铰链四杆机构只是四杆机构的基本形式，在实际机器中还存在着其他多种形式的四杆机构，尽管这些四杆机构形态各异，但都可认为是基本形式通过某些方法演化而来的。演化的目的或者是为了满足运动要求，或者是为了满足动力要求，或者是为了满足结构方面的要求。演化机构外形虽然不同，但其运动性质、运动分析和设计方法却是相同的。下面举例说明几种常用的演化机构。

7.3.1 曲柄滑块机构

在图7-16a所示的曲柄摇杆机构中，随着摇杆3长度的增加，C 点的运动轨迹 m-m 逐渐趋于平缓。当摇杆3的长度增至无限大时，C 点的运动轨迹则成为直线 m-m（图7-16b），于是构件3由摇杆演变成滑块，转动副 D 也演化成移动副，于是曲柄摇杆机构演化成曲柄滑块机构（图7-16c），直线 m-m 即为滑块导路的中心线。

当滑块导路中心线 m-m 通过曲柄转动中心 A 时，则称该机构为对心式曲柄滑块机构（图7-16c）；若当滑块导路中心线 m-m 不通过曲柄回转中心 A 而有一偏距 e 时，则称该机构为偏置式曲柄滑块机构（图7-16d）。

曲柄滑块机构广泛应用于活塞式内燃机、空气压缩机、压力机、送料机等机械中。

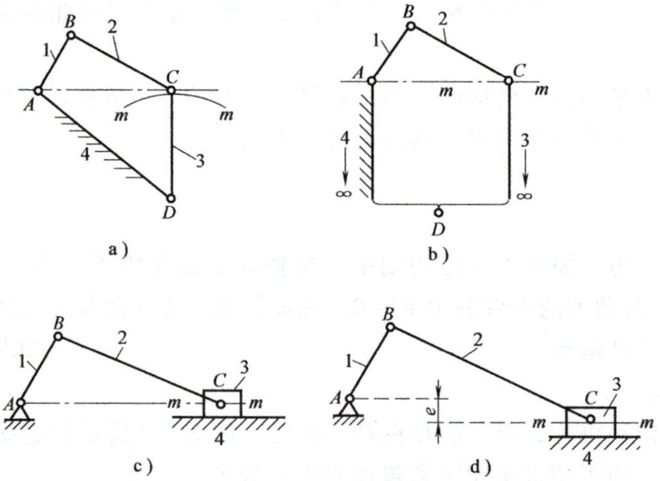

图7-16 曲柄滑块机构

1—曲柄 2—连杆 3—由摇杆演化为滑块 4—机架

7.3.2 导杆机构

导杆机构可以看成是改变的曲柄滑块机构，如图7-17a所示的固定构件。演化后在滑块

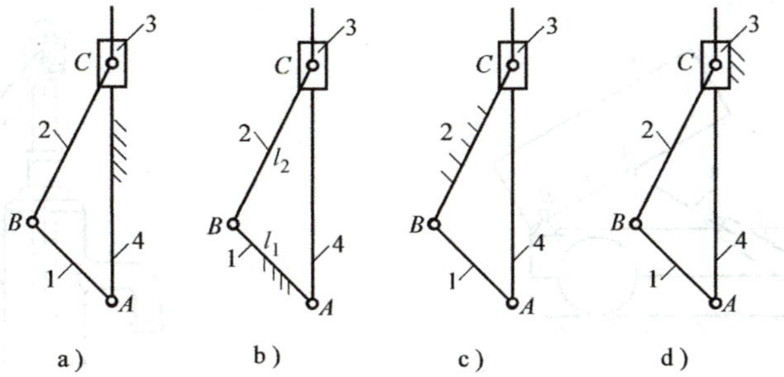

图 7-17　曲柄滑块机构的演化

中与滑块做相对移动的构件称为导杆。

1. 曲柄转动导杆

结构如图 7-17a 所示的曲柄滑块机构，当取构件 1 为机架，且 $l_1<l_2$ 时，构件 2 与构件 4 都可以做整周转动，这种具有一个曲柄和一个能做整周转动导杆的四杆机构称为曲柄转动导杆机构或转动导杆机构，如图 7-17b 所示。如图 7-18 所示的小型刨床机构简图中，采用的就是转动导杆机构。

2. 曲柄摆动导杆机构

在图 7-17b 中，如果构件 1 的长度大于构件 2 的长度，即 $l_1>l_2$，那么机构演化成图 7-19 所示的曲柄摆动导杆机构或称摆动导杆机构。由图可见，摆动导杆机构的传动角始终等于 90°。这种机构具有很好的传力性能，故常用于牛头刨床、插床和回转式液压泵之中。

3. 摆动导杆滑块机构

当取曲柄滑块机构中的连杆 2 为机架时，则演化为如图 7-17c 所示的摆动导杆滑块机构（摇块机构）。这种机构广泛应用于摆缸式内燃机和液压驱动装置中，例如图 7-20 所示的卡车车厢自动翻转卸料机构。当液压缸 3 中的压力推动活塞 4 在缸体内移动时，车厢 1 被顶起，物料自动卸下。随着车厢 1 的起降，液压缸 3 绕自身的支点摆动。

4. 移动导杆机构

当取曲柄滑块机构中的滑块 3 为机架时，则演化为如图 7-17d 所示的移动导杆机构。这种机构常用于老式的手动压水机，如图 7-21 所示。当摇动手柄 1 时，活塞 4 在缸体 3 中上下移动便可将水抽出。这种机构还可用于抽油泵中。

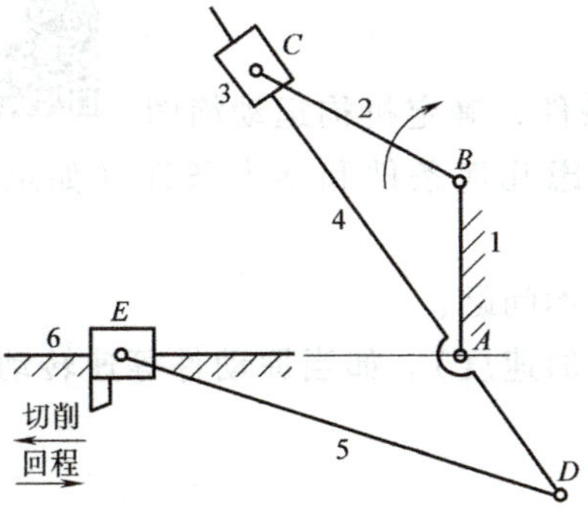

图 7-18　小型刨床机构

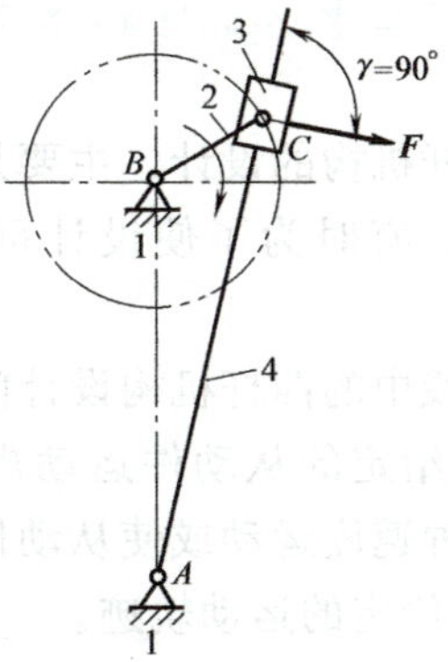

图 7-19　摆动导杆机构

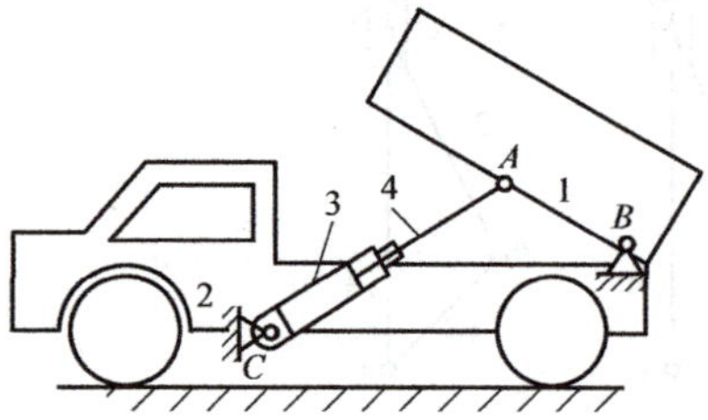

图 7-20 卡车车厢自动翻转卸料机构

1—车厢 2—机架 3—液压缸 4—活塞

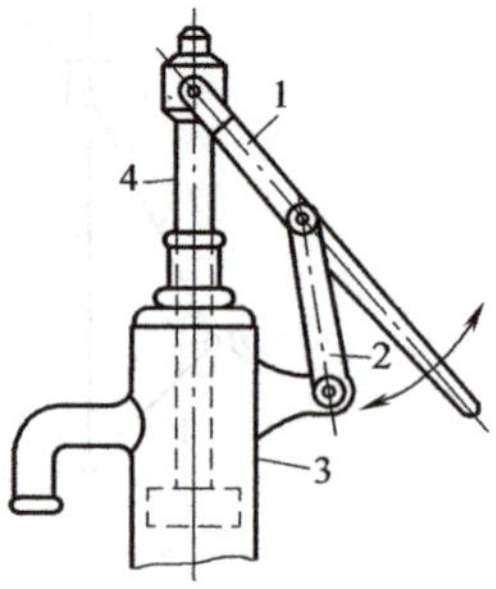

图 7-21 手动压水机

1—手柄 2—连杆 3—缸体 4—活塞

7.3.3 偏心轮机构

在曲柄滑块机构中，若要求滑块行程较小则必须减小曲柄长度。由于结构上的原因很难在较短的曲柄上制造出两个转动副，往往采用转动副中心与几何中心不重合的偏心轮来代替曲柄，如图 7-22c 所示。两中心间距离 e 称为偏心距，其值即为曲柄长度，图中滑块行程为 $2e$。这种将曲柄作成偏心轮形状的平面四杆机构称为偏心轮机构，它可视为图 7-22d 中的转动副 B 扩大后包容转动副 A，使构件 1 成为转动中心 A 点的偏心轮而成，因此，其运动特性与原曲柄滑块机构等效。同理，也可将图 7-22a 所示的另一种偏心轮机构演化成曲柄摇杆机构（图 7-22b），其运动特性与原机构也完全相同。

偏心轮机构广泛应用于传力较大的剪床、压力机、颚式破碎机、内燃机等机械中。

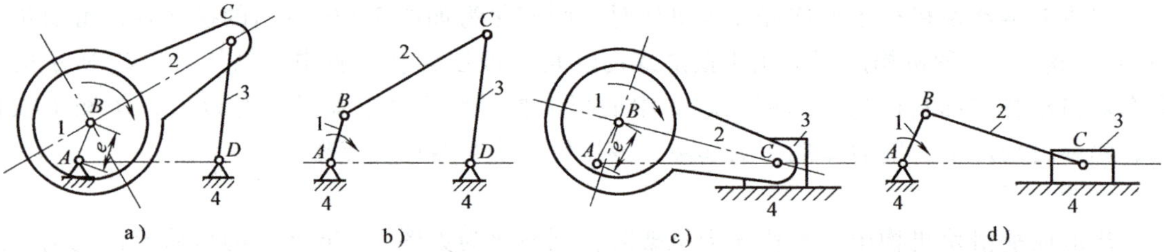

图 7-22 偏心轮机构

7.4 平面四杆机构的设计

平面四杆机构的设计，主要是考虑给定的运动条件，确定机构运动简图的尺寸参数。有时为了使设计可靠、合理，还应考虑几何条件和动力条件（如最小传动角）等。

生产实践中的四杆机构设计问题可归纳为两类基本问题：

1）实现给定的从动件运动规律（位置、速度、加速度）。如当原动件等速转动时，使从动件按某种速度运动或使从动件具有急回特性等。

2）实现给定的运动轨迹。

对于以上两类基本问题的设计方法有解析法、图解法和实验法三种。解析法精确；图解法几何关系清晰、直观，但精确度较低；实验法简便。本节仅介绍图解法。

7.4.1　按给定的行程速比系数设计四杆机构

设计具有急回特性的四杆机构，一般是根据实际工作需要，选定行程速比系数 K 的数值，然后根据机构在两极限位置处的几何关系，结合其他辅助条件，确定机构运动简图的尺寸参数。

1. 曲柄摇杆机构

已知条件：摇杆长度 l_3、摆角 ψ 和行程速比系数 K。

设计的实质是确定铰链中心 A 点的位置，定出其他三杆，l_1、l_2 和 l_4 的尺寸。其设计步骤如下：

1）由给定的行程速比系数 K，求出极位夹角 θ，$\theta=180°\dfrac{K-1}{K+1}$。

2）如图 7-23 所示，任选固定铰链中心 D 的位置，按一定的比例尺 μ_l，由摇杆长度 l_3 和摆角 ψ 作出摇杆的两个极限位置 C_1D 和 C_2D。

3）连接 C_1 和 C_2，并作 C_1M 垂直于 C_1C_2。

4）作 $\angle C_1C_2N=90°-\theta$，$C_2N$ 与 C_1M 相交于 P 点。由图可见 $\angle C_1PC_2=\theta$。

5）作 $\triangle PC_1C_2$ 的外接圆，此圆上任取一点 A 作为曲柄上固定铰链中心。连 AC_1 和 AC_2，因为同一圆弧上的圆周角相等，故 $\angle C_1AC_2=\angle C_1PC_2=\theta$。

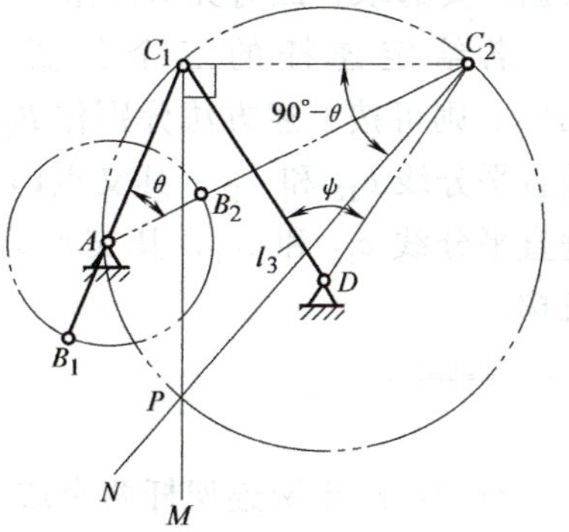

图 7-23　按 K 值设计曲柄摇杆机构

6）因极限位置处曲柄与连杆共线。故 $\mu_l\cdot AC_1=l_1-l_2$，$\mu_l\cdot AC_2=l_2+l_1$，从而得曲柄长度 $l_1=\mu_l(AC_2-AC_1)/2$，连杆长度 $l_2=\mu_l(AC_2+AC_1)/2$。

由于 A 点是 $\triangle PC_1C_2$ 外接圆上任选的点，所以，若仅按 K 值设计，可得无穷多组解。A 点位置不同，机构传动角大小也不同。如欲获得良好的传动质量，可按照 γ_{min} 或给定的 l_4 或其他辅助条件来确定 A 点的位置，可得唯一解。

2. 导杆机构

已知条件：机架长度 l_4，行程速比系数 K。

由图 7-24 所示可知，导杆机构的极位夹角 θ 等于导杆的摆角 ψ，所需确定的尺寸是曲柄长度 l_1，其设计步骤如下：

1）由已知的行程速比系数 K，求得 θ（即是摆角 ψ），$\psi=\theta=180°\dfrac{K-1}{K+1}$。

2）任选固定铰链中心 C，以夹角 ψ 作出导杆两极限位置 cm、cn。

3）作摆角 ψ 的平分线 AC，并在线上取 $AC=l_4/\mu_l$，得固定铰链中心 A 的位置。

4）过 A 点作导杆极限位置的垂线 AB_1（或 AB_2），得曲柄长度 $l_1=\mu_l\cdot AB_1$。

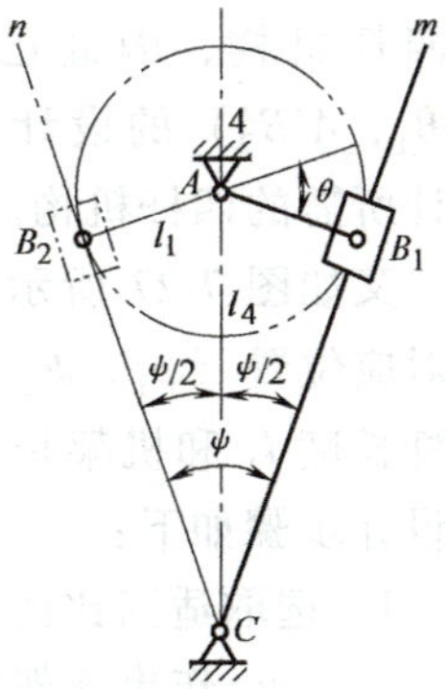

图 7-24　按 K 值设计导杆机构

7.4.2 按给定连杆位置设计四杆机构

当四杆机构的四个铰链中心确定后，其各杆的长度也就相应确定了。所以根据设计要求确定各杆的长度，可以通过确定四个铰链的位置来解决。如图 7-25 所示，设连杆上两活动铰链的中心 B、C 位置已确定，而在机构的运动过程中，要求连杆占据 B_1C_1、B_2C_2。现在来介绍此四杆机构的作图设计方法。

如上所述，此时该机构的主要问题是确定两固定铰链点 A、D 的位置。由于 B、C 两点的运动轨迹是圆，该圆的中心就是固定铰链的位置，因此，A、D 的位置应分别为于 B_1B_2 和 C_1C_2 的垂直平分线 b_{12} 和 c_{12} 上，具体位置可根据需要选取，故有无穷多解。

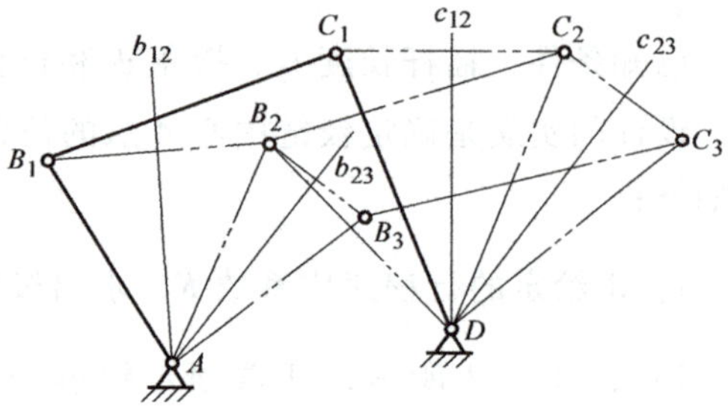

图 7-25 按给定连杆位置设计四杆机构

若给定连杆的三个位置 B_1C_1、B_2C_2、B_3C_3，则可按上述方法分别作 B_1B_2 和 B_2B_3 的垂直平分线 b_{12} 和 b_{23}，其交点即为固定铰链 A 的位置。用同样的方法，作 C_1C_2 和 C_2C_3 的垂直平分线 c_{12} 和 c_{23}，其交点即为固定铰链 D 的位置。连结 AB_1 及 C_1D 即得所求的四杆机构。

7.4.3 按给定的两连架杆对应位置设计四杆机构

对于按给定两连架杆两个或三个对应位置设计四杆机构，可根据相对运动不变原理，转化为已知连杆的两位置或三位置的设计问题来求解。如图 7-26 所示，给出四杆机构两连架杆 1 和 3 的两个对应位置 φ_1、ψ_1 和 φ_2、ψ_2，现要求设计此四杆机构。为实现上述转化，先设想将机构在 AB_2C_2D 位置刚化，并绕固定铰链中心 D 反转 $(\psi_1-\psi_2)$ 角，使杆 3 从 DC_2 位置转回到 DC_1 位置。显然，这样不影响各构件间的相对运动，杆 1 即由 AB_2 位置转到 $A'B_2'$ 位置。经过这样的转化，可以认为该机构已变成以杆 3 为机架，杆 1 为连杆的四杆机构，因此已转化为给定连杆两个位置 $(AB_1, A'B_2')$ 的设计问题了。从而可按上述方法设计所需的四杆机构。

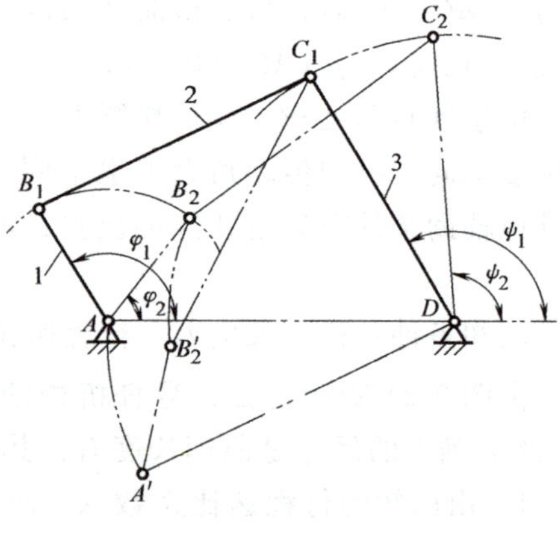

图 7-26 按给定两连架杆对应位置设计四杆机构

又如图 7-27 所示，给定连架杆上 1 和 3 的三个对应位置 $(\varphi_1$、ψ_1、φ_2、ψ_2、φ_3、$\psi_3)$，已知连架杆长度 l_1 和机架长度 l_4，要求设计此四杆机构。其设计步骤如下：

1）选取适当比例 μ_l，用机架长度作出机架位置 AD $(AD=l_4/\mu_l)$，并根据 φ_1、ψ_1、φ_2、ψ_2、φ_3、ψ_3 作出连架杆 1 和 3 的三组对应位置 AB_1、AB_2、AB_3 $(AB_1=AB_2=AB_3=l_1/\mu_1)$ 和 DE_1、DE_2、DE_3 $(DE_1=DE_2=DE_3$，长度可任选)。

2）连直线 B_2D 和 B_3D，并将 B_2D 和 B_3D 分别绕固定铰链中心 D 点反转（此处为逆时

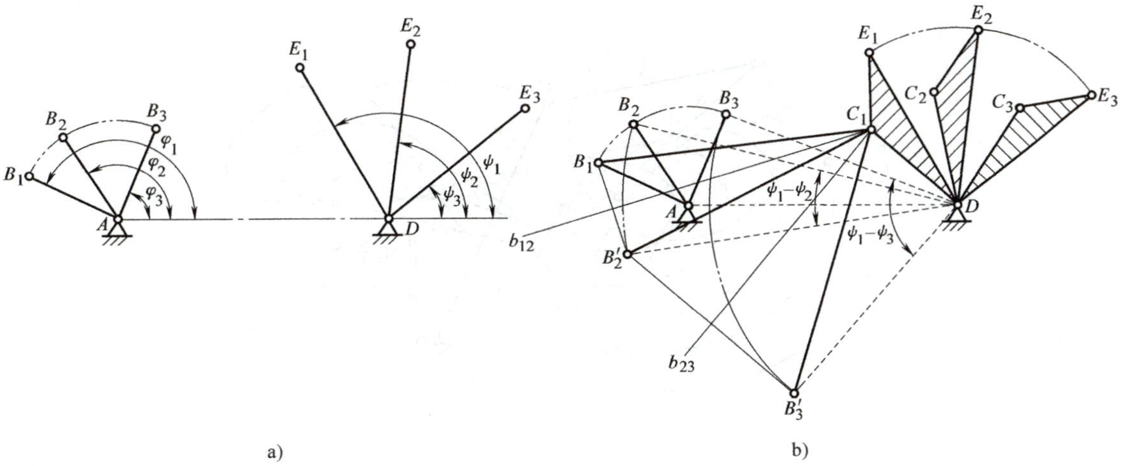

图 7-27　给定连架杆三个对应位置设计机构

针）（$\psi_1-\psi_2$）角和（$\psi_1-\psi_3$）角，得到 B_2' 和 B_3' 点。

3）连直线 B_1B_2' 和 $B_2'B_3'$，并分别作垂直平分线 b_{12} 和 b_{23}。b_{12}、b_{23} 两直线的交点便是所要求的铰链中心 C 的位置。

4）连直线 B_1C_1，则 AB_1C_1D 为所设计的四杆机构，连杆长度 $l_2=\mu_lB_1C_1$，连架杆 3 长度 $l_3=\mu_lDC_1$。由上述可知，给定两连架杆三个对应位置设计四杆机构，只有唯一解；如果给定两个对应位置设计，则 C_1 点可以在 b_{12} 线上任意选取，故有无穷多解。此时可由其他辅助条件，求得唯一解。

7.4.4　按照给定点的运动轨迹设计四杆机构

在生产实践中，有时要求按照给定点的运动轨迹设计四杆机构。例如图 7-3 所示的搅拌机就是利用连杆上 E 点的 β-β 曲线轨迹来搅拌的。又如图 7-9 所示的鹤式起重机也是要求连杆上的 M 点按照给定的轨迹（近似水平直线）运动。

四杆机构运动时，连杆做平面复合运动，连杆上任一点的轨迹通常为一封闭曲线，称为连杆曲线。随着连杆上点的位置以及机构各杆长度的改变，可以获得各种各样的连杆曲线。因此，凡是与给定点轨迹相符的连杆曲线，其四杆机构则为所要求设计的四杆机构。一般采用如图 7-28 所示的模板试验装置来进行设计。图中四杆机构的各杆长度是可以调整的，连杆 2 上固连一多孔模板，每个孔表示连杆上不同点的位置，平板 S 与机架 4 固联，以便记录连杆曲线。当机构完成一个运动循环时，模板上的每个孔都走出一条封闭曲线，设计时可在其中选择一条符合给定点运动轨迹的连杆曲线，然后定出机构中各杆的长度尺寸。

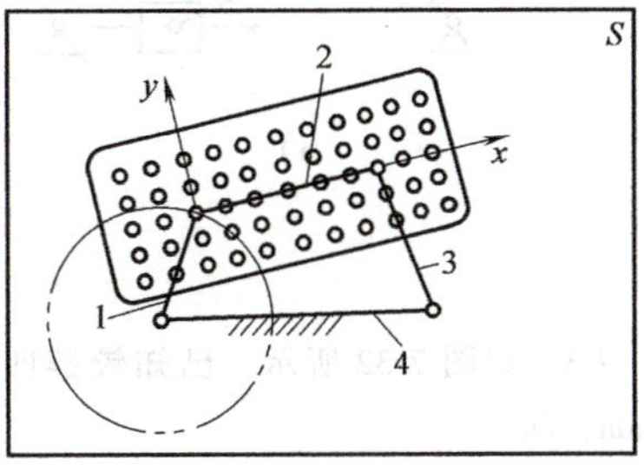

图 7-28　模板试验装置

为提高设计效率，可查阅《连杆曲线图谱》，图 7-29 所示即为其中的一张图。设计时只需在图谱中找出与给定点运动轨迹相吻合的连杆曲线，并查出相应机构的各杆长度尺寸即可。

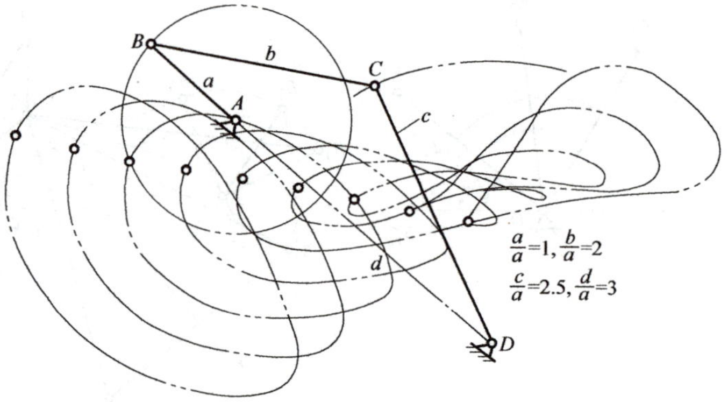

图 7-29 连杆曲线图谱

习 题 7

7-1 试根据图7-30中所注明的尺寸判断各铰链四杆机构的类型。

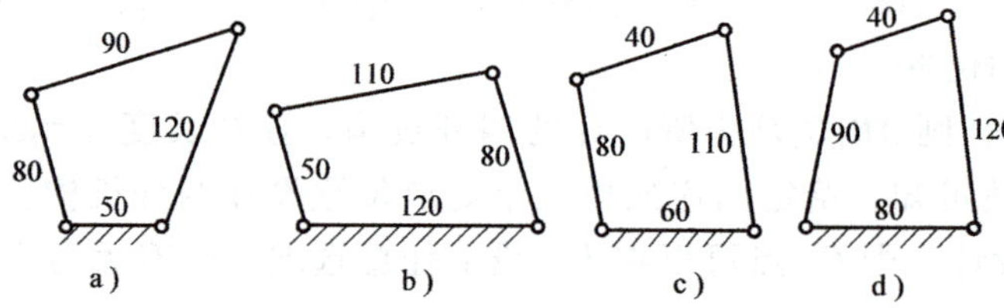

图 7-30 题 7-1 图

7-2 画出图7-31所示各机构的传动角和压力角。图中标箭头的构件为原动件。

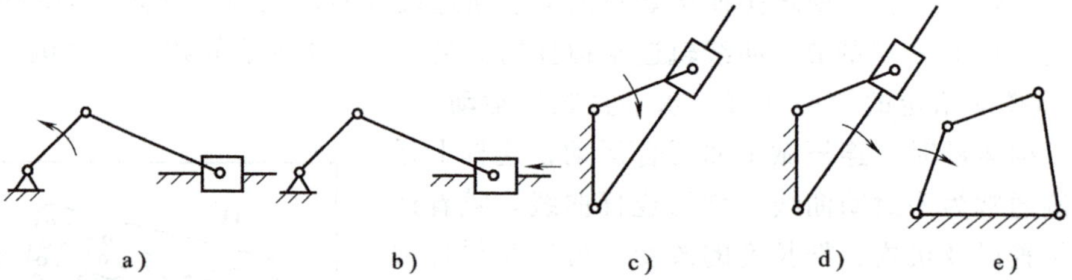

图 7-31 题 7-2 图

7-3 如图7-32所示，已知铰链四杆机构中各杆的长度，$l_{AB}=20\text{mm}$，$l_{BC}=60\text{mm}$，$l_{CD}=45\text{mm}$，$l_{AD}=40\text{mm}$，问：

若AB为主动件，此机构有无急回特性？为什么？

若此机构为曲柄摇杆机构，且AB为曲柄，求l_{AB}的最大值（其他杆长不变）。

若此机构为双曲柄机构，求l_{AB}的最小值（其他杆长不变）。

7-4 设计一偏置曲柄滑块机构，如图7-33所示，已知滑块行程$h=60\text{mm}$，偏距$e=20\text{mm}$，行程速比系数$K=1.5$，求曲柄长度l_{AB}和连杆长度l_{BC}。

7-5 设计一铰链四杆机构作为加热炉炉门的启闭机构，如图7-34所示。已知炉门上两活动铰链的中心距为50mm，炉门打开成水平位置时，要求炉门温度较低的一面朝上（如虚线所示），设固定铰链安装在yy轴线上，其相关尺寸如图所示，求此铰链四杆机构其余三杆的长度。

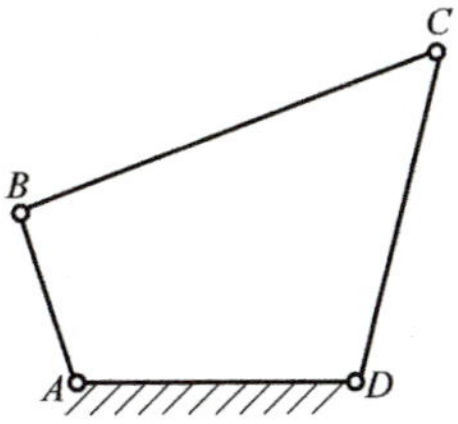

图 7-32　题 7-3 图

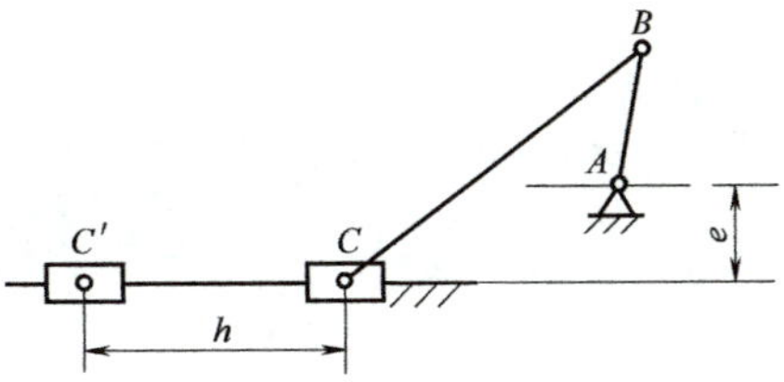

图 7-33　题 7-4 图

7-6　拟设计一脚踏轧棉机的曲柄摇杆机构，如图 7-35 所示。要求踏板 CD 在水平位置上下各摆动 10°，$CD=500\text{mm}$，$AD=1000\text{mm}$。试用图解法求曲柄长度 AB 和连杆长度 BC。

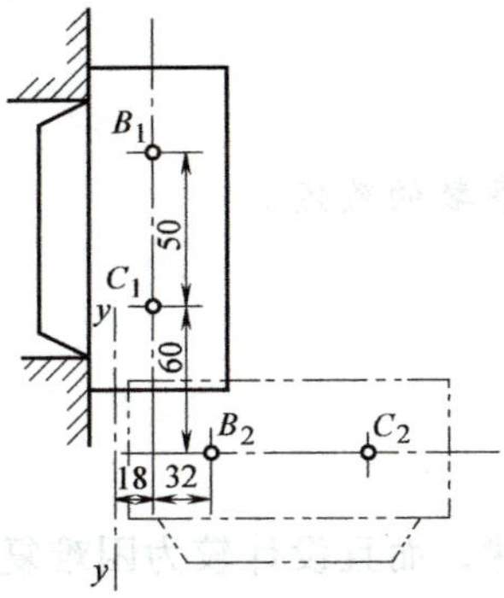

图 7-34　题 7-5 图

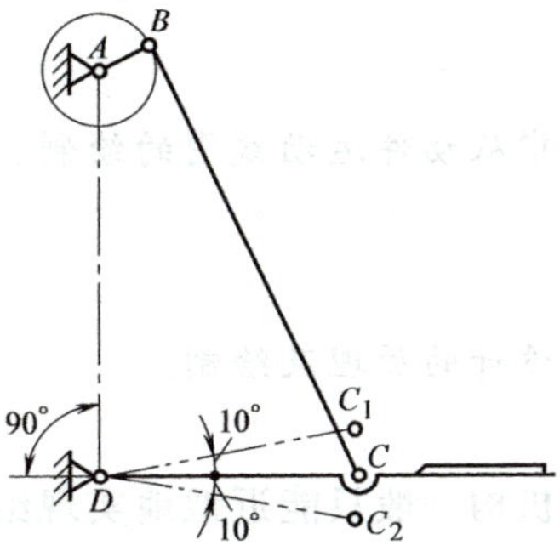

图 7-35　题 7-6 图

7-7　设计一曲柄摇杆机构。已知摇杆长度 $l_3=80\text{mm}$，摆角 $\psi=40°$，摇杆的行程速比系数 $K=1.4$，且要求摇杆 CD 的一个极限位置与机架间的夹角 $\angle CDA=90°$，试用图解法确定其余三杆的长度。

第8章 凸轮机构

基本要求

1）了解凸轮机构的组成、特点及应用。

2）理解从动件常用运动规律，掌握位移曲线的绘制及设计凸轮曲线的方法。

3）理解基圆半径、滚子半径确定的基本原则。

重点

凸轮机构中从动件运动线图的绘制，凸轮机构各参数的确定。

难点

凸轮轮廓设计的原理及绘制。

前述低副机构一般只能近似地实现给定的运动规律，而且设计较为困难复杂。当机器的执行构件需要按一定的位移、速度、加速度规律运动时，尤其是当执行构件需要做间歇运动时，常用的解决方法就是采用凸轮机构。

8.1 凸轮机构的应用和分类

8.1.1 凸轮机构的应用

凸轮机构是机械中的一种常用机构，在自动化和半自动化机械中应用非常广泛。图 8-1 所示为内燃机配气机构，当凸轮 1 等速回转时，其轮廓驱使气阀 2（从动件）做往复移动，使其按预定的运动规律开启或关闭（关闭是靠弹簧的作用），以控制燃气进入或排出废气。

图 8-2 所示为绕线机的凸轮机构，当绕线轴 3 快速转动时，经蜗杆传动带动凸轮 1 缓慢地转动，通过凸轮轮廓与尖顶 A 之间的作用，驱使从动件 2 往复摇动，从而使线均匀地缠绕在绕线轴上。

图 8-3 所示为应用于压力机上送料的凸轮机构示意图。凸轮 1 固定在冲头上，当冲头上下往复运动时，凸轮驱使从动件 2 以一定的规律做水平往复运动，从而带动机械手装卸工件。

图 8-4 所示为驱动动力头在机架上移动的凸轮机构。圆柱凸轮 1 与动力头连接在一起，它们可以在机架 3 上做往复移动。滚子 2 的轴固定在机架 3 上，滚子 2 放在圆柱凸轮的凹槽中。凸轮转动时，由于滚子 2 的轴是固定在机架上的，故凸轮转动时带动动力头在机架 3 上做往复移动，以实现对工件的钻削。动力头的快速引进—等速进给—快速退回—静止等动作均取决于凸轮上凹槽的曲线形状。

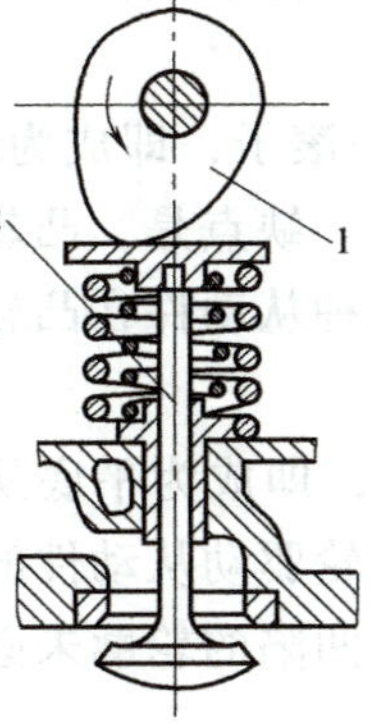

图 8-1　内燃机配气机构

1—凸轮　2—气阀

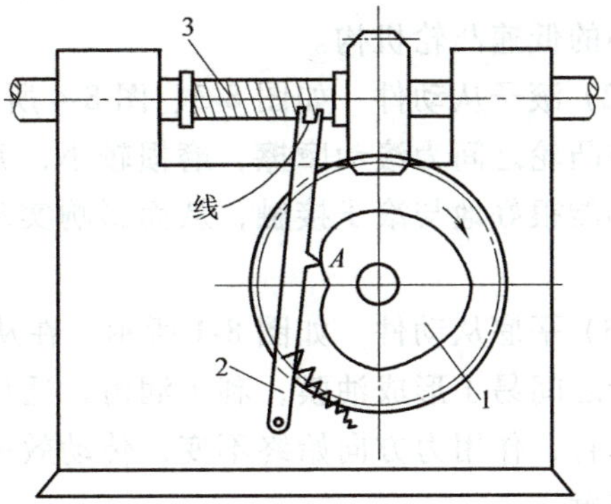

图 8-2　绕线机

1—凸轮　2—从动件　3—绕线轴

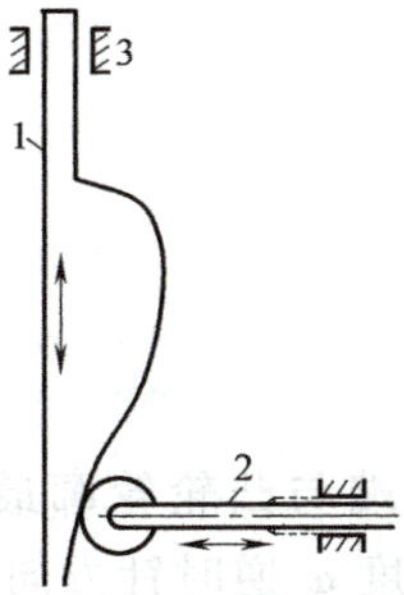

图 8-3　送料机构

1—凸轮　2—从动件　3—机架

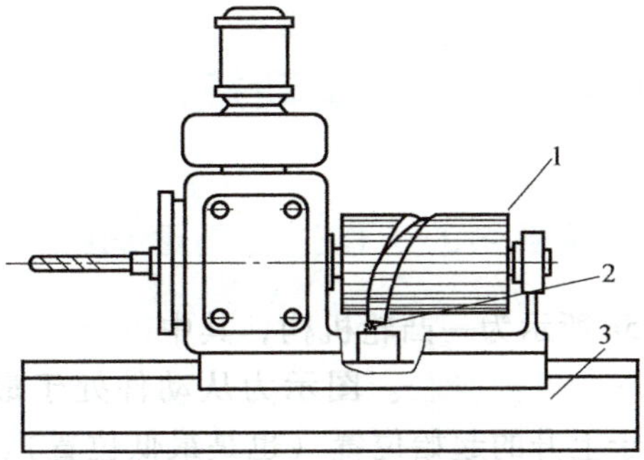

图 8-4　驱动动力头机构

1—凸轮　2—滚子　3—机架

从以上数例可知，凸轮机构主要由凸轮、从动件和机架三个基本构件组成。

凸轮机构的优点为：只需设计适当的凸轮轮廓，便可使从动件得到所需要的运动规律，且结构简单，设计方便。它的缺点是：凸轮轮廓与从动件之间为点接触或线接触，接触面应力大，易磨损，所以通常用于传力不大的控制机构中。

8.1.2　凸轮机构的分类

常用凸轮机构的分类方法如下：

1. 按凸轮形状分类

（1）盘形凸轮　如图 8-1、图 8-2 所示凸轮，是绕固定轴线转动，而且有变化向径的盘形构件。

（2）移动凸轮　当盘形构件的回转中心趋于无穷大时，绕定轴转动的盘形凸轮就变成相对于机架作往复运动的移动凸轮，如图 8-3 所示。

（3）圆柱凸轮　将移动凸轮卷成圆柱体，即成圆柱凸轮，如图 8-4 所示。

2. 按从动件的形状分

（1）尖顶从动件　如图 8-2 所示，尖顶能与复杂的凸轮轮廓保持接触，从而实现任意预期的运动规律。但由于凸轮与从动件之间通过点或线接触，容易产生磨损，所以只适用于受力较小的低速凸轮机构。

（2）滚子从动件　如图 8-3、图 8-4 所示，在从动件端部装一滚子，即成为滚子从动件。滚子与凸轮之间为滚动摩擦，磨损较小，并且可承受较大的载荷。缺点是，凸轮上凹陷的轮廓未必能很好地与滚子接触，从而影响实现预期的运动规律。这种从动件在凸轮机构中应用最广。

（3）平底从动件　如图 8-1 所示，在从动件端部固定一平板，即成为平底从动件。平底与凸轮之间易于形成油膜，利于润滑，适用于高速机构，而且凸轮驱动从动件的力始终与平底相垂直，作用力方向始终不变，传动效率高。缺点也是凸轮上凹陷的轮廓未必能很好地与平底接触。

3. 按从动件的运动形式分

（1）直动从动件　从动件相对机架做往复直线运动，如图 8-1、图 8-3、图 8-4 所示。

（2）摆动从动件　从动件相对机架做往复摆动，如图 8-2 所示。

8.2　从动件的常用运动规律

8.2.1　凸轮机构的工作过程与运动线图

图 8-5a 所示为一凸轮机构，其中以凸轮轮廓的最小向径 r_0 为半径所画的圆称为凸轮的基圆，r_0 称为基圆半径。图示为从动件处于最低位置，其尖端与凸轮轮廓最低点 A 接触，从动件处于上升的起始位置（也是最低位置）。当凸轮以等速度 ω 逆时针方向回转时，从动件开始上升，当凸轮转过 ϕ 角度时，从动件被推至离凸轮轴心 O 的最远位置，这一过程称为推程。AB' 即为从动件的最大位移，又称为升程，用 h 表示，相应的凸轮转角称为推程运动角。当凸轮继续转过 ϕ_s 角时，由于从动件尖端与凸轮圆弧轮廓 $\widehat{BC}$ 相接触，从动件将停留在最高位置不动，其对应的凸轮转角 ϕ_s 称为远程休止角。当凸轮又继续转过 ϕ' 角时，从动件从最高处返回最低处，这一过程称为回程（其值仍为 h），ϕ' 称为回程运动角。当凸轮再转过 ϕ'_s 角时，从动件在最低位置停留不动，ϕ'_s 称为近程休止角。当凸轮继续回转时，则从动件将重复上述的升—停—降—停的运动循环。

以凸轮的转角 φ 为横坐标，以从动件的位移 s 为纵坐标所作的 s—φ 曲线，称为从动件的位移曲线，如图 8-5b 所示。由于绝大多数的凸轮均做等速回转，凸轮的转角 φ 与时间 t 成正比，故位移线图上横坐标可以代表凸轮转角 φ，也可以代表时间 t（$t=\varphi/\omega$）。位移曲线 s—φ 对时间进行连续求导，可分别得出速度曲线 v—t 和加速度曲线 a—t。上述这些曲线统称为运动线图。

8.2.2　从动件基本运动规律

从动件的运动规律即是从动件的位移 s、速度 v 和加速度 a 随时间 t 变化的规律。

从动件的运动规律类型很多，下面介绍几种基本的运动规律。

1. 等速运动规律

从动件速度为定值的运动规律称为等速运动规律，故其速度曲线 $y=\varphi(t)$ 就是水平线

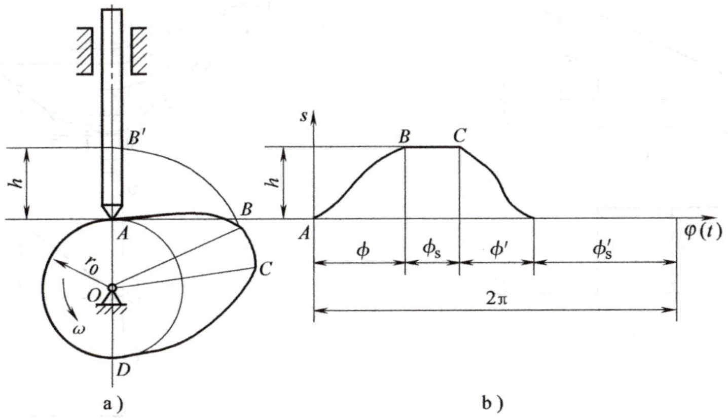

图 8-5　凸轮机构的工作过程

（图 8-6b）。根据 $s=vt$（其中 $v=h/T$，$T=\phi/\omega$），所以位移曲线 $s=\varphi(t)$ 为斜直线（图 8-6a）。因为从动件等速运动，其加速度为零，加速度曲线如图 8-6c 所示。由此可得运动线图的表达式为

$$\left.\begin{aligned} s&=\frac{h}{\phi}\varphi\\ v&=\frac{h}{\phi}\omega\\ a&=0 \end{aligned}\right\} \tag{8-1}$$

从前面的分析可知，从动件在推程开始和终止的瞬时，速度有突变，其加速度在理论上为无穷大（实际上由于材料的弹性变形，其加速度不可能达到无穷大），致使从动件在极短时间内产生很大的惯性力，因而使凸轮机构受到很大的冲击。这种从动件在某瞬时速度有突变，其加速度及惯性力在理论上均趋于无穷大时所引起的冲击称为刚性冲击，故等加速运动规律只适用于低速、轻载的凸轮机构。

2. 等加速等减速运动规律

从动件在一行程的前一阶段为等加速运动和后一阶段为等减速运动的规律，称为等加速、等减速运动规律。如图 8-7 所示，从动件在升程 h 中，先做等加速运动，后做等减速运动，直到停止。通常等加速度和等减速度绝对值相等，这样，由于从动件等加速段的初速度和等减速段的末速度为零，故两段升程时所需的时间必相等，即凸轮转角均为 $\phi/2$；两段行程也必相等，即均为 $h/2$。按照物理学方法可推出从动件的运动方程为

$$\left.\begin{aligned} s&=\frac{2h}{\phi^2}\varphi^2\\ v&=\frac{4h\omega}{\phi^2}\varphi\\ a&=\frac{4h\omega^2}{\phi^2} \end{aligned}\right\}（等加速段） \tag{8-2}$$

式中，φ 的变化区间为 $0\sim\phi/2$。

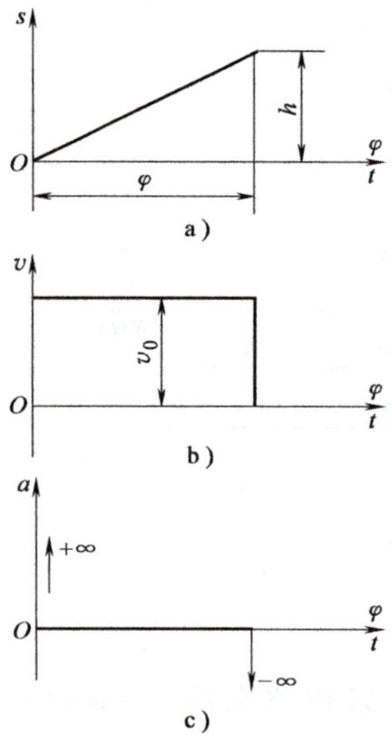

图 8-6　等速运动规律

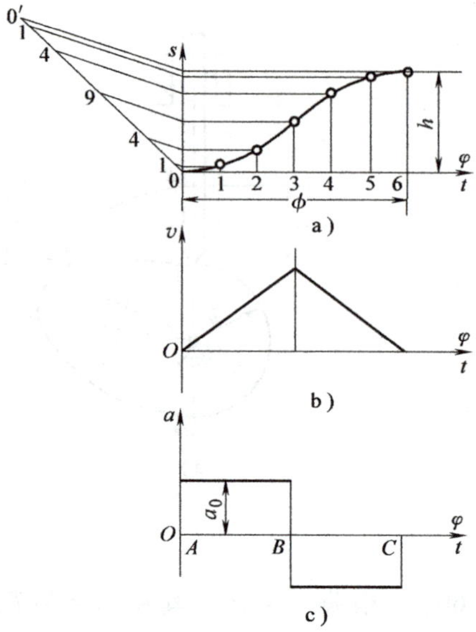

图 8-7　等加速等减速运动规律

由位移方程可知，当 $\varphi=1$，2，3，4，…时，各段 s 之比分别为 1∶4∶9∶16…，所以其位移线图可以方便地用作图法画出来，如图 8-7a 的 s—φ 曲线所示。

参照式（8-2），可以导出等减速段的方程为

$$\left.\begin{aligned} s &= h-\frac{2h}{\phi^2}(\phi-\varphi)^2 \\ v &= \frac{4h\omega}{\phi^2}(\phi-\varphi) \\ a &= -\frac{4h\omega^2}{\phi^2} \end{aligned}\right\}（等减速段） \tag{8-3}$$

式中，φ 的变化区间为 $\phi/2\sim\phi$。

由加速度线图可知，从动件在升程始末，以及由等加速过渡到等减速的瞬时（A、B、C 三处）加速度出现有限值的突变，这将产生有限惯性力的突变，从而引起冲击。这种从动件在某瞬时加速度发生有限值的突变时所引起的冲击称为柔性冲击，故等加速、等减速运动规律不适用于高速凸轮机构，仅适用于中、低速凸轮机构。

3. 简谐运动规律

点在圆周上做匀速运动时，它在这个圆直径上的投影所构成的运动称为简谐运动。如图 8-8 所示，设以从动件升程 h 为直径作一圆，显然从动件的位移方程为

$$s=\frac{h}{2}(1-\cos\theta)$$

由图可知，当 $\theta=\pi$ 时，$\varphi=\phi$，故将 $\dfrac{\theta}{\varphi}=\dfrac{\pi}{\phi}$ 代入上式可得出从动件推程时的简谐运动方程为

$$\left.\begin{aligned} s &= \frac{h}{2}\left[1-\cos\left(\frac{\pi}{\phi}\varphi\right)\right] \\ v &= \frac{\pi h\omega}{2\phi}\sin\left(\frac{\pi}{\phi}\varphi\right) \\ a &= \frac{\pi^2 h\omega^2}{2\phi^2}\cos\left(\frac{\pi}{\phi}\varphi\right) \end{aligned}\right\} \tag{8-4}$$

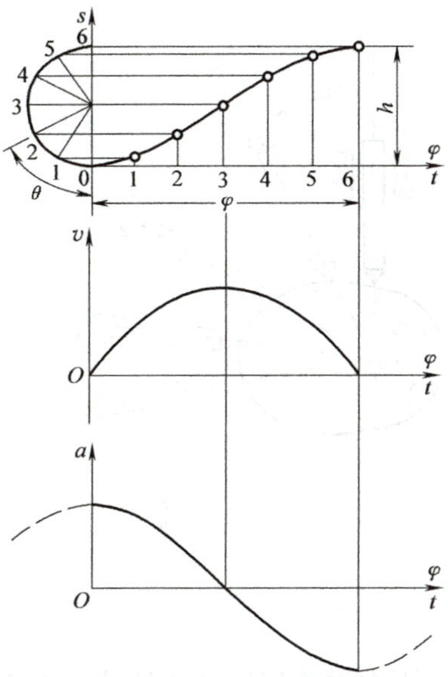

图 8-8 简谐运动规律

由运动线图可知，这种运动规律在运动始末两点加速度有突变，也会引起柔性冲击，故只适用于中速场合。只有当从动件作无静止期的升—降—升连续往复运动时，其加速度曲线成为连续曲线（如图 8-8 虚线所示），不再产生柔性冲击，这时也可用于高速场合。

8.2.3 从动件运动规律的选择

在选择从动件的运动规律时，应根据机器工作时的运动要求来确定。如机床中控制刀架的凸轮机构，要求刀架进刀时为等速运动，则从动件应选择等速运动规律，至于行程始末端，可以通过拼接其他运动规律的曲线来消除冲击。

对于无一定运动要求，只需要从动件有一定位移量的凸轮机构，如夹紧送料等装置的凸轮机构，可只考虑加工方便，可采用圆弧、直线等组成的凸轮轮廓。

对于高速机构，应减小惯性力、改善动力性能，可选用正弦加速度运动规律或其他改进型的运动规律。

在实际应用时，或者采用单一的运动规律，或者采用几种运动规律的配合，应视推杆的工作需要而定。原则上应注意减轻机构中的冲击。

8.3 图解法设计凸轮轮廓

8.3.1 直动从动件盘形凸轮轮廓的绘制

凸轮机构工作时，通常凸轮是运动的。用图解法绘制凸轮轮廓曲线时，却需要凸轮与图面相对静止，为此，我们应用“反转法”。如图 8-9 所示，现设想给整个凸轮机构加上一个公共角速度“$-\omega$”，此时凸轮将静止不动。根据相对运动原理，凸轮和从动件之间的相对运动原理并未改变，这样，从动件一方面随导路以角速度$-\omega$绕轴 O 转动，另一方面又在导路中按预定规律做往复移动。由于从动件尖顶始终与凸轮轮廓相接触，显然从动件在这种复合运动中，其尖顶的运动轨迹即是凸轮轮廓曲线。这种以凸轮作动参考系，按相对运动原理设计凸轮轮廓曲线的方法称为“反转法”。

1. 尖顶直动从动件盘形凸轮轮廓的绘制

图 8-10a 所示为偏距 $e=0$ 的对心尖顶直动从动件盘形凸轮机构。已知从动件位移线图（图 8-10b），凸轮的基圆半径 r_0 以及凸轮以等角速度 ω 顺时针方向回转，要求设计此凸轮轮廓曲线。

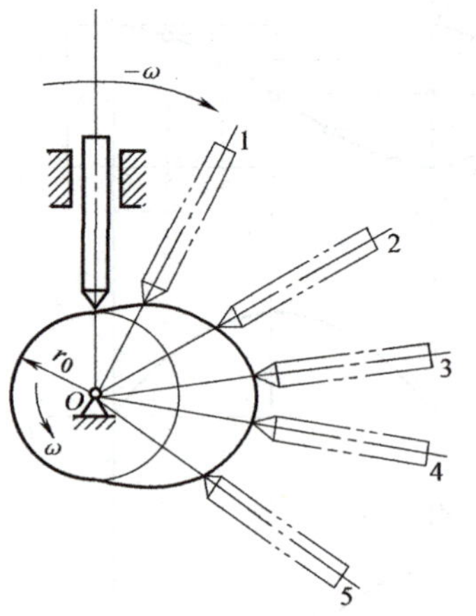

图 8-9 反转法原理

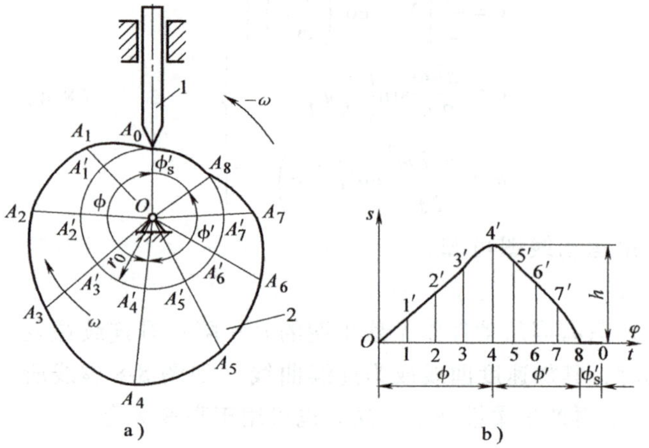

图 8-10 对心尖顶直动从动件盘形凸轮机构

下面讨论应用“反转法”绘制凸轮轮廓曲线的步骤。

1）以与位移线图相同的比例尺作基圆，此基圆与导路的交点 A_0 便是从动件尖顶的起始位置。

2）自 OA_0 沿 ω 的相反方向在基圆上取角度 ϕ，ϕ_s，ϕ'，ϕ'_s，并将它们各分成与图 8-10b 对应的若干等分，得 A'_1、A'_2、A'_3、…点，连接 OA'_1、OA'_2、OA'_3、…，它们便是反转后从动件导路的各个位置。

3）另取 $A_1A'_1=11'$、$A_2A'_2=22'$、…，得反转后从动件尖顶的一系列位置 A_1、A_2、…。

4）将 A_0、A_1、A_2、…连成光滑的曲线，便得到所要求的尖顶直动从动件盘形凸轮轮廓曲线。

2. 滚子直动从动件盘形凸轮

若将图 8-10 中的尖顶改为滚子，如图 8-11 所示，则其作图方法如下：

1）首先，把滚子中心看作尖顶从动件的尖顶，按照前述方法求出一条轮廓曲线 β_0（也即滚子中心的轨迹），β_0 称为此凸轮的理论轮廓曲线。

2）再以 β_0 上各点为圆心，以滚子半径为半径作一系列圆；最后作这些圆的包络线 β，便是使用滚子从动件时凸轮的实际轮廓曲线。由作图过程可知，滚子从动件凸轮的基圆半径和压力角均应在理论轮廓曲线上度量。

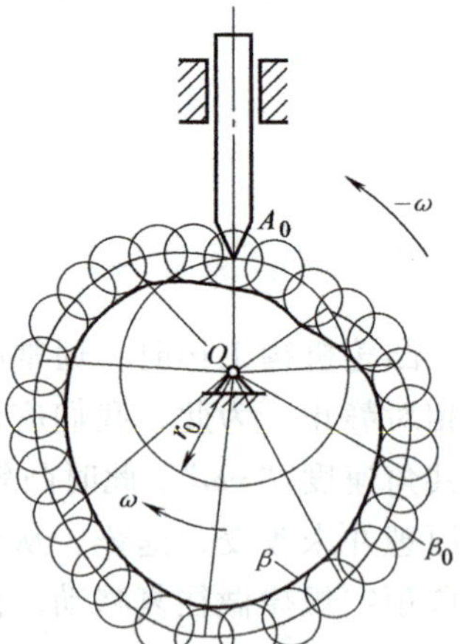

图 8-11 滚子直动从动件盘形凸轮

3. 平底直动从动件盘形凸轮

如图 8-12 所示，设计平底从动件盘形凸轮时，首先在平底上选一固定点 A_0 视为尖顶，按照尖顶从动件凸轮轮廓的设计方法，求出从动件在复合运动中 A_0 点依次所占据的位置点 A_1、A_2、A_3、…，其次，过这些点画出一系列代表平底的直线 A_1B_1、A_2B_2、A_3B_3、…，然后作这些直线的包络线，便得到凸轮的轮廓曲线。

4. 偏置移动尖顶从动件盘形凸轮轮廓曲线的绘制

如图 8-13 所示，偏置移动尖顶从动件盘形凸轮轮廓曲线的绘制方法也与前述方法相似。

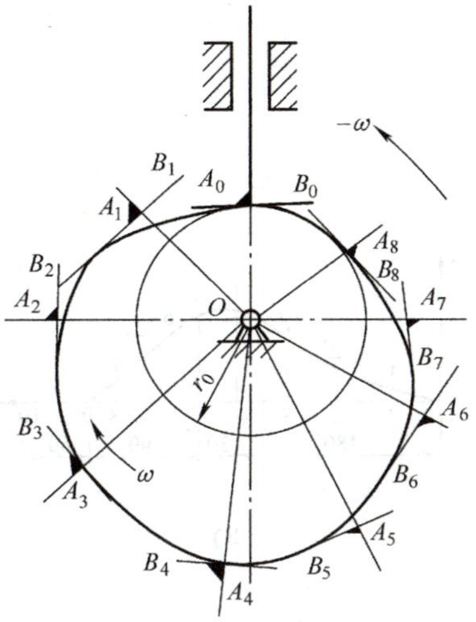

图 8-12　平底直动从动件盘形凸轮

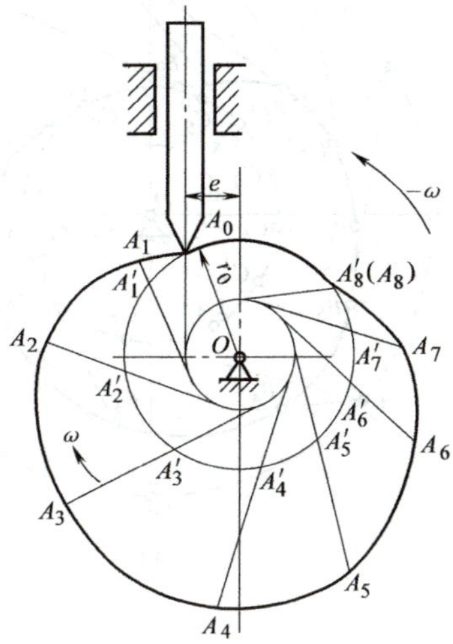

图 8-13　偏置移动尖顶从动件盘形凸轮

但由于从动件导路的轴线不通过凸轮的转动中心，其偏心距为 e。所以，从动件在反转过程中，其导路轴线始终与以偏心距 e 为半径所作的偏距圆相切，因此从动件的位移应沿这些切线量取。作图方法如下：

1）根据已知从动件的运动规律，作出从动件的位移线图，并将横坐标分段等分。

2）在基圆上，任取一点 A_0 作为从动件升程的起始点，并过 A_0 作偏距圆的切线，该切线即是从动件导路线的起始位置。

3）由 A_0 点开始，沿相反方向将基圆分成与位移线图相同的等分，得各等分点 A_1'、A_2'、A_3'、…，过 A_1'、A_2'、A_3'、…各点作偏距圆的切线并延长，则这些切线即为从动件在反转过程中依次占据的位置。

4）在各条切线上自 A_1'、A_2'、A_3'、…截取 $A_1'A_1=11'$、$A_2'A_2=22'$、$A_3'A_3=33'$、…，得 A_1、A_2、A_3、…各点。将 A_0、A_1、A_2、…各点连成光滑曲线，即为凸轮轮廓曲线。

8.3.2　摆动从动件盘形凸轮轮廓的设计

如图 8-14 所示，一摆动从动件盘形凸轮机构，设已知凸轮轴心与从动件转动中心的距离为 a，凸轮的基圆半径 r_0 和摆动从动件长度为 l，以及凸轮以等角速度 ω 逆时针方向转动，从动件的运动规律如图 8-14b 所示，要求设计凸轮轮廓。

根据“反转法”设计凸轮轮廓的步骤如下：

1）将图 8-14b 所示的从动件角位移曲线横坐标分成若干等分。

2）以 O 为圆心，以 $OB_0=r_0$ 和 $OA_0=a$ 为半径，分别作出基圆及中心圆。

3）自 A_0 点开始沿 $-\omega$ 方向把中心圆分成与图 8-14b 中横坐标相应的等分，得点 A_1、A_2、A_3、…，再以这些点为圆心，以 $A_0B_0=l$ 为半径作弧与基圆交点 C_1、C_2、C_3、…，得线段 A_1C_1、A_2C_2、A_3C_3、…。

4）自线段 A_1C_1、A_2C_2、A_3C_3、…开始，分别作 $\angle C_1A_1B_1=11'$、$\angle C_2A_2B_2=22'$、

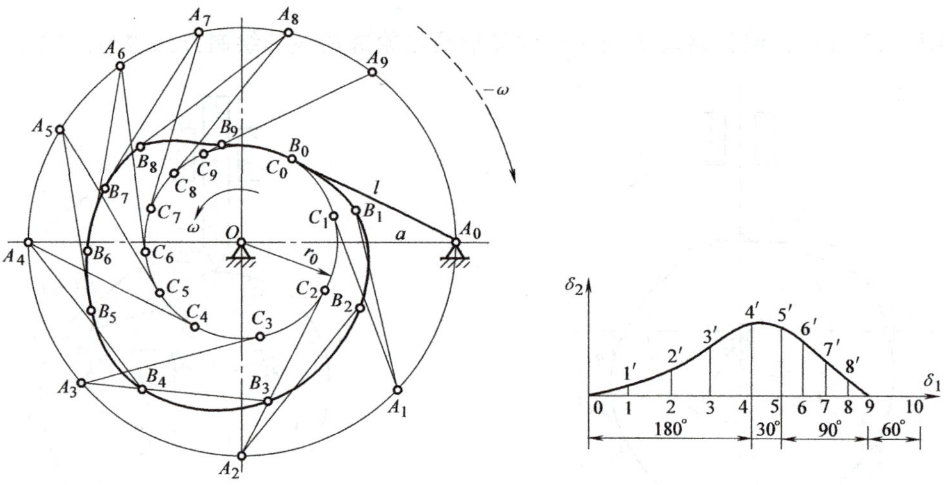

a)　　　　b)

图 8-14　摆动从动件盘形凸轮轮廓的设计

$\angle C_2A_3B_3=33'$、…，使它们分别等于图 8-14b 中对应的角位移，得点 B_1、B_2、B_3、…。

5）同上所述，如果采用滚子或平底从动件，则上述轮廓为理论轮廓，只要在理论轮廓上选一系列点作滚子或平底，最后作它们的包络线，便可求出相应的实际凸轮轮廓。

8.4　凸轮机构运动设计中应该注意的问题

设计凸轮机构时，除根据工作要求合理地选择从动件运动规律外，为了保证从动件实现预期的运动规律，并具有良好的传力性能、紧凑的结构，还应考虑以下问题。

8.4.1　压力角与作用力的关系

凸轮廓线上与从动件接触的法线方向和从动件接触点的速度方向间所夹锐角称为凸轮机构在该接触点的压力角。

图 8-15 所示为尖顶直动从动件盘形凸轮机构，当不考虑摩擦时，凸轮给予从动件的力 F 是沿法线方向的。图示位置凸轮机构的压力角为 α，力 F 可分解为沿从动件运动方向的有用分力 F_1 和使从动件紧压导路的有害分力 F_2，且

$$F_1=F\cos\alpha$$

$$F_2=F\sin\alpha$$

由上述关系式可知，压力角 α 越大，有效分力 F_1 越小，有害分力 F_2 就越大。当 α 角大到某一数值时，必将会出现 F_2 引起的摩擦阻力超过有效分力 F_1 的情况。这时，不论施加多大的 F 力，都不能使从动件运动，这种现象称为自锁。因此，为了保证凸轮机构的正常工作，必须对凸轮机构的压力角进行限制。在设计时应使最大压力角 α_{max}

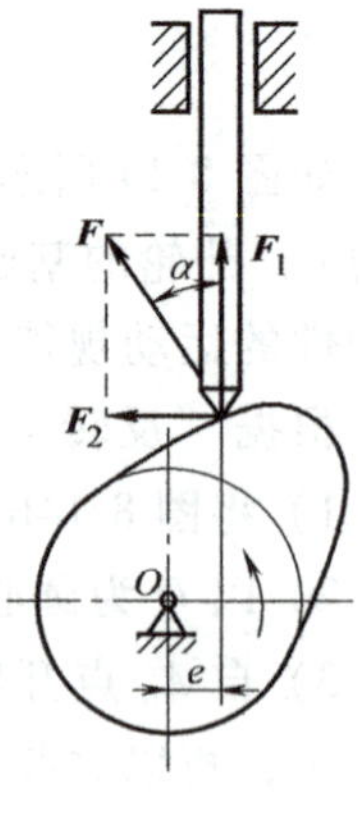

图 8-15　凸轮机构的压力角

不超过许用压力角 $[\alpha]$，通常推荐的许用压力角的数值是

直动从动件在推程时 $[\alpha]=30°$

摇动从动件在推程时 $[\alpha]=45°$

对于回程，由于从动件实际上不是由凸轮推动的，发生自锁的可能性极小，因此，通常只需校核推程压力角。

8.4.2 压力角与凸轮机构尺寸的关系

压力角与基圆半径有直接关系。如图 8-15 所示，在其他条件都不变的情况下，若把基圆增大，则凸轮的尺寸也将随之增大。因此，欲使机构紧凑就应当采用较小的基圆半径，但基圆半径减小会引起压力角增大，这可通过下面的公式得知。由有关知识可推得

$$\tan\alpha=\frac{\dfrac{ds}{d\varphi}\mp e}{s+\sqrt{r_0^2-e^2}}$$

式中，s 为凸轮转角为 φ 时对应的从动件位移；字母 e 前为正号时，导路在凸轮回转中心左侧，e 前为负号时，导路在凸轮回转中心右侧。凸轮顺时针方向转动时，e 前面的正、负号相反。

公式说明，其他条件不变的情况下，基圆半径 r_0 越小，压力角就 α 越大。基圆半径过小，α 就会超过许用值，因此，在设计时应根据具体条件抓住主要矛盾。如对凸轮机构尺寸没有严格要求时，可将基圆选大些，以减小 α 值，使机构具有良好的传力条件；反之，则应尽量减小 r_0，但不能使 α 值超过 $[\alpha]$。对于凸轮轴，$r_0>r_{轴}$；对于单独凸轮，$r_0=(1.6\sim2)r_{轴}$。

8.4.3 滚子半径的选择

从减小接触应力的角度看，滚子半径越大越好，但是滚子半径增大后对凸轮实际廓线有很大的影响。

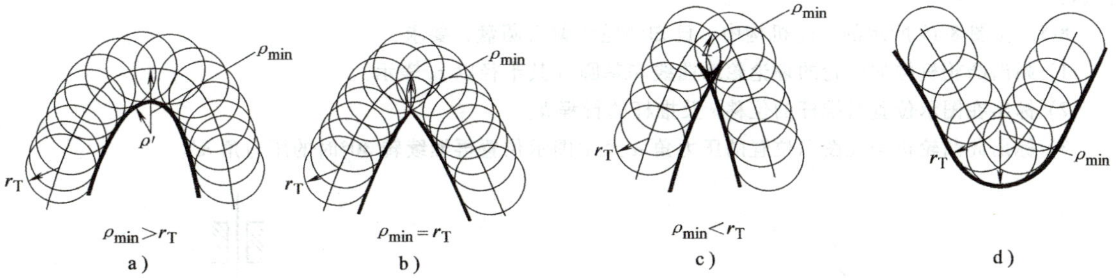

图 8-16 滚子半径的选择

如图 8-16 所示，设理论轮廓外凸部分的最小曲率半径用 ρ_{min} 表示，滚子半径用 r_T 表示，则相应位置实际轮廓的曲率半径 $\rho'=\rho_{min}-r_T$。当 $\rho_{min}>r_T$ 时，如图 8-16a 所示，这时 $\rho'>0$，实际轮廓为一平滑曲线。当 $\rho_{min}=r_T$ 时，如图 8-16b 所示，这时 $\rho'=0$，在凸轮轮廓上产生了尖点，凸轮轮廓在尖点处很容易磨损，磨损后就会改变原定的运动规律。当 $\rho_{min}<r_T$ 时，如图 8-16c 所示，这时 $\rho'<0$，实际轮廓曲线出现交叉。图中阴影部分在实际制造中将被切除，使这一部分运动规律无法实现。通过上述分析，为使凸轮轮廓在任何位置既不变尖，更不相交，对于外凸的凸轮轮廓曲线应使滚子半径 r_T 小于理论轮廓的最小曲率半径 ρ_{min}。如

果 ρ_{min} 过小，按上述条件选择的 r_T 太小而不能满足安装和强度要求，就应加大 r_0，重新设计凸轮轮廓。应注意的是：对于内凹段廓线，由于 $\rho'=\rho_{min}+r_T$，不管 r_T 取多大，ρ'总是大于零，故对滚子半径的选择没有影响。

习 题 8

8-1 标出图 8-17 所示各凸轮机构在该位置时的压力角。

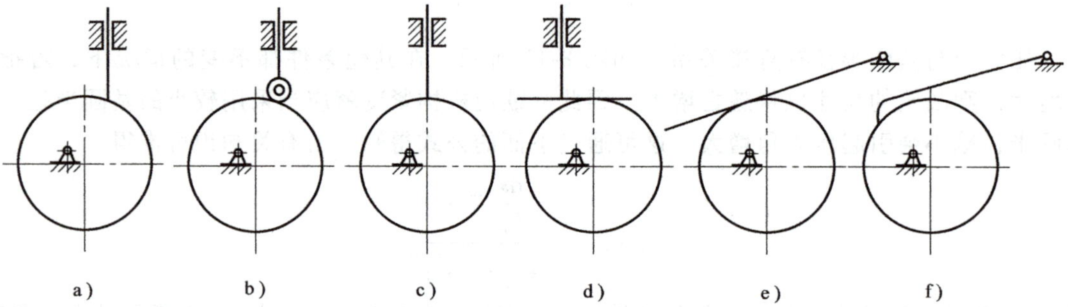

图 8-17 题 8-1 图

8-2 设计一对心移动滚子从动件盘形凸轮。已知凸轮以等角速度顺时针方向回转，凸轮的基圆半径 $r_0=50\text{mm}$，从动件的升程 $h=15\text{mm}$，滚子半径 $r_T=10\text{mm}$，$\phi=60°$、$\phi_s=30°$、$\phi'=60°$、$\phi_s'=210°$。从动件在推程做简谐运动，在回程做等加速、等减速运动。试绘出凸轮的轮廓。

8-3 试设计一偏置移动滚子从动件盘形凸轮机构的凸轮廓线。已知凸轮以等角速度顺时针方向回转，基圆半径 $r_0=30\text{mm}$，滚子半径 $r_T=15\text{mm}$，偏心距 $e=10\text{mm}$，从动件的升程 $h=15\text{mm}$、$\phi=180°$、$\phi'=90°$、$\phi_s=30°$、$\phi_s'=60°$。从动件在推程做等速运动，在回程做等加速、等减速运动。试绘出凸轮的轮廓。

8-4 设计一尖底摆动从动件盘形凸轮。凸轮回转方向和从动件的初始位置如图 8-18 所示，已知 $L_{OA}=75\text{mm}$，$L_{AB}=58\text{mm}$，$r_0=30\text{mm}$，从动件运动规律为 $\phi=180°$、$\phi_s=0°$、$\phi'=120°$、$\phi_s'=60°$，从动件推程以简谐运动规律顺时针方向摆动，最大摆角 $\psi_{max}=30°$；回程以等加速、等减速运动规律返回原处。试绘出凸轮轮廓。

8-5 在图 8-19 所示的凸轮机构中，已知凸轮为偏心圆盘，要求：

1）画出凸轮机构的凸轮的理论轮廓曲线和基圆（其半径以 r_0 表示）。

2）标出在图示位置时推杆的位移 s 及推杆的行程 h。

3）标出此凸轮机构在图示位置的压力角 α 及由图示位置再继续转 30°时的压力角 α'。

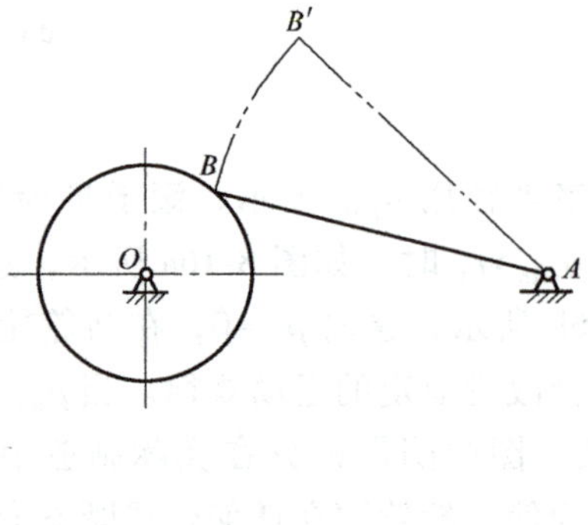

图 8-18 题 8-4 图

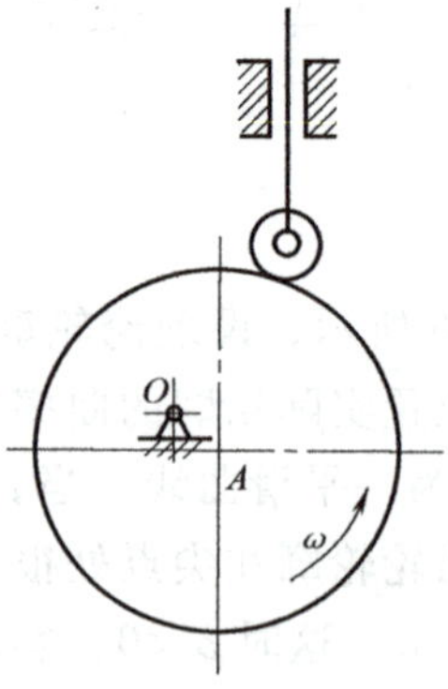

图 8-19 题 8-5 图

第9章 间歇运动机构

基本要求

1） 了解棘轮机构的组成、工作原理、特点及应用。

2） 了解槽轮机构、不完全齿轮机构的组成、工作原理、特点及应用。

重点

棘轮机构、槽轮机构的工作原理及应用。

难点

运动系数的概念及计算。

9.1 棘轮机构

9.1.1 棘轮机构的工作原理

图 9-1 所示棘轮机构由摇杆 1、棘轮 2、棘爪 3、机架 4、制动爪 5 和弹簧 6 组成。当摇杆 1 连同棘爪 3 逆时针方向转动时，棘爪 3 进入棘轮的相应齿槽，推动棘轮转过一定的角度；当摇杆顺时针方向转动时，棘爪 3 在棘轮齿背上滑过。制动爪 5 防止棘轮跟随摇杆顺时针方向转动，使棘轮静止不动。这样，摇杆不断地做往复摆动，棘轮便得到单向的间歇转动。

常用的棘轮机构可分为齿式棘轮机构和摩擦式棘轮机构两大类。

1. 齿式棘轮机构

齿式棘轮机构按其运动形式又可分为三类。

（1）单动式棘轮机构　如图 9-1 所示，当主动摇杆往复摆动一次时，棘轮只能单向间歇地转过某一角度。

（2）双动式棘轮机构　如图 9-2 所示，在摇杆往复摆动时都能使棘轮做同一方向的间歇转动。棘爪可做成直头，如图 9-2a 所示，或钩头，如图 9-2b 所示。

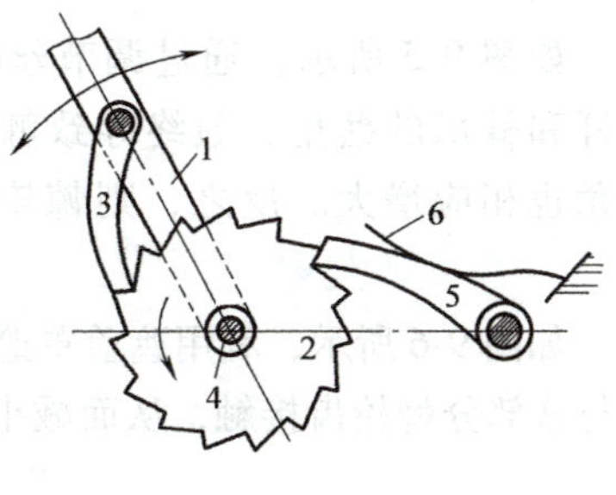

图 9-1　棘轮机构

1—摇杆　2—棘轮　3—棘爪　4—机架　5—制动爪　6—弹簧

（3）可变向棘轮机构　当棘轮轮齿制成方形时，成为可变向棘轮机构。如图 9-3a 所示，当棘爪 1 处于实线位置时，棘轮 2 做逆时针方向间歇转动；当棘爪 1 处于虚线位置时，棘轮则做顺时针方向间歇运动。图 9-3b 采用回转棘爪，当棘爪 1 按图示位置放置时，棘轮 2 将做逆时针方向间歇转动。若将棘爪提起，并绕本身轴线转 180°后再插入棘轮齿槽时，棘轮将做顺时针方向间歇转动。若将棘爪提起并绕本身轴线转动 90°时，棘爪将被架在壳体顶部的平台上，使轮与爪脱开，此时棘轮将静止不动。这种棘轮机构常用在牛头刨床工作台的进给装置中。

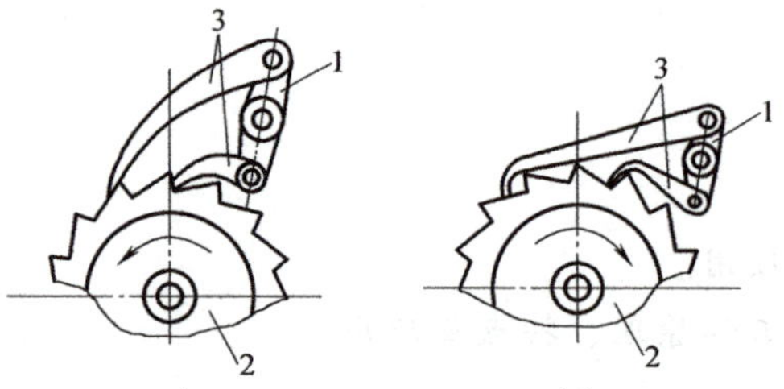

a)　　b)

图 9-2　双动式棘轮机构

1—摇杆　2—棘轮　3—棘爪

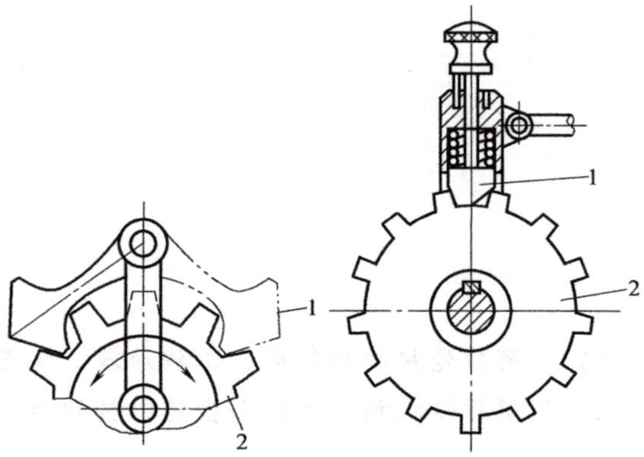

a)　　b)

图 9-3　可变向棘轮机构

1—棘爪　2—棘轮

2. 摩擦式棘轮机构

图 9-4 所示为摩擦式棘轮机构，与齿式棘轮机构相比，摩擦式棘轮机构能无级调节棘轮转角的大小，而且降低了机构的冲击和噪声。当摆杆 1 做逆时针方向转动时，利用棘爪 2 与棘轮 3 之间的摩擦带动棘轮 3 和摇杆一起转动；当摇杆做顺时针方向转动时，棘爪 2 与棘轮 3 之间产生滑动，这时由于制动爪 4 的作用能阻止棘轮反转。

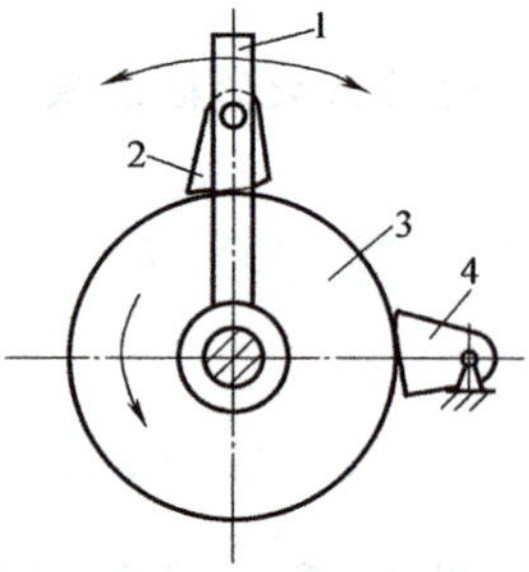

图 9-4　摩擦式棘轮机构

1—摆杆　2—棘爪

3—棘轮　4—制动爪

9.1.2　棘轮转角的调节

在齿式棘轮机构中，棘轮的转角可以进行有级调节。常用的调节方法有如下两种：

1. 改变摇杆摆角

如图 9-5 所示，通过调节丝杠来改变曲柄摇杆机构 *ABCD* 中曲柄 *AB* 的长度，从而改变摇杆和棘爪的摆角，最终导致棘轮转角的变化。摇杆摆角随曲柄长度增加而增加，因此棘轮转角也相应增大。反之，则棘轮转角减小。

2. 利用遮盖罩

如图 9-6 所示，利用遮盖罩遮住棘爪行程内的部分棘齿，使棘爪只能在遮盖罩上滑过，而不能与这部分棘轮齿接触，从而减小棘轮的转角。调整遮盖罩的位置，即可实现棘轮转角的调节。

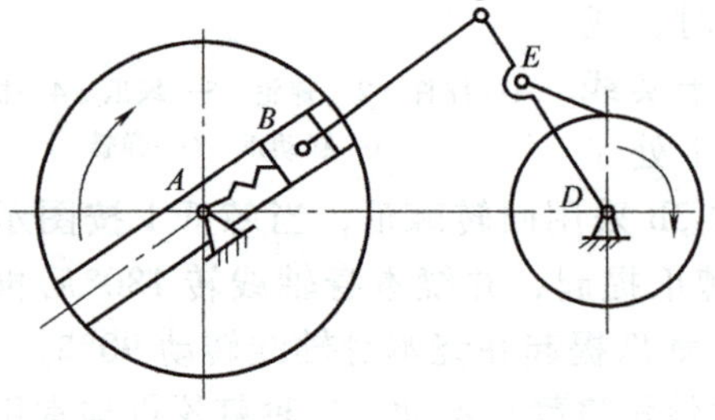

图 9-5　改变曲柄长度调节棘轮转角

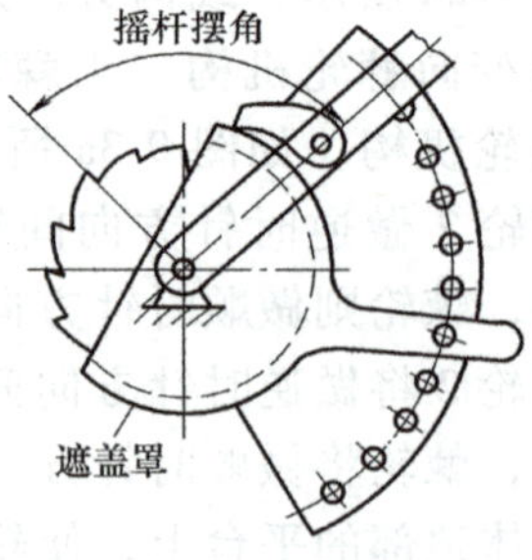

图 9-6　用遮盖罩调节棘轮转角

9.1.3 棘轮机构的特点与应用

棘轮机构具有结构简单、容易制造和运动可靠的特点，棘轮转角调节方便，而且制动爪还有防止棘轮反转的作用。但棘轮机构传动时冲击较大，运动的平稳性差，故棘轮机构只能用于低速、轻载的间歇运动的场合。

棘轮机构在生产中可满足送进、制动、超越和转位分度等要求。

图 9-7 所示为提升机中的棘轮机构。在吊起重物后，制动爪可以防止棘轮反转，起到制动作用。

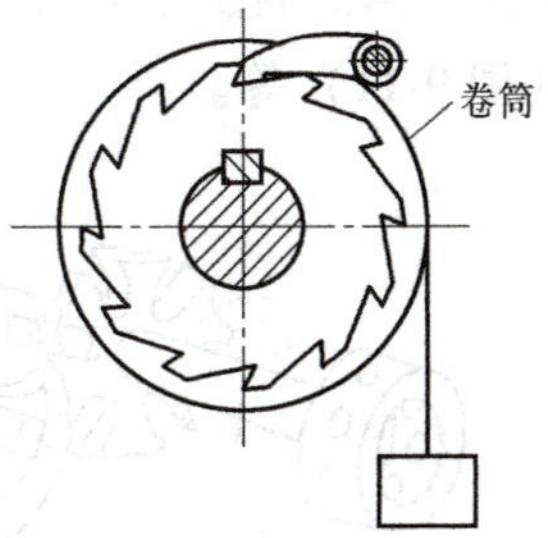

图 9-7 用于制动的棘轮机构

9.2 槽轮机构

9.2.1 槽轮机构的工作原理和类型

槽轮机构又称马尔他机构。如图 9-8 所示，它是由带圆销 A 的主动拨盘 1、具有径向槽的从动槽轮 2 和机架组成。拨盘做匀速转动时，驱动槽轮做时转时停的单向间歇运动。当拨盘上的圆销 A 未进入槽轮径向槽时，由于槽轮的内凹锁止弧 β 被拨盘的外凸圆弧 α 卡住，故槽轮静止。图示位置是圆销 A 刚开始进入槽轮径向槽时的情况，这时锁止弧刚被松开，因此槽轮受圆销 A 的驱动开始沿顺时针方向转动；当圆销 A 离开径向槽时，槽轮的下一个内凹锁止弧又被拨盘的外凸圆弧卡住，致使槽轮静止，直到圆销 A 再进入槽轮另一径向槽时，两者又重复上述的运动循环。

槽轮机构有两种基本形式：一种是外槽轮机构，如图 9-8 所示；另一种是内槽轮机构，如图 9-9 所示。

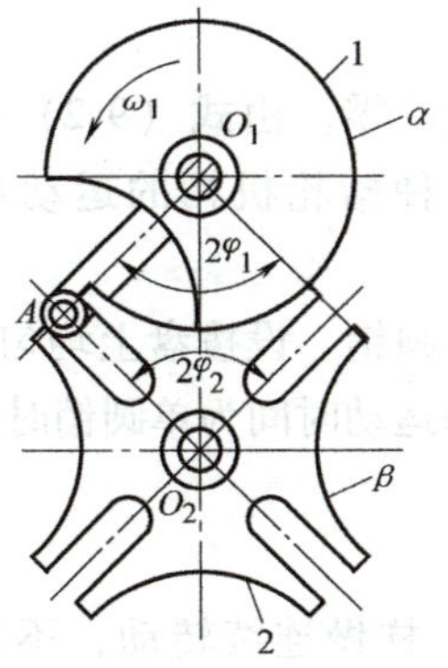

图 9-8 外槽轮机构

1—主动拨盘 2—从动槽轮

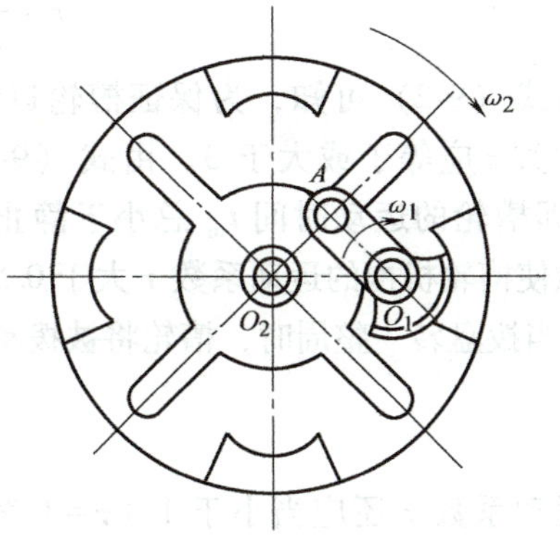

图 9-9 内槽轮机构

9.2.2 槽轮机构的特点和应用

槽轮机构结构简单、工作可靠、机械效率高，能较平稳、间歇地进行转位。但槽轮转角不可调整，在圆销进入和脱离径向槽时也会产生柔性冲击，不适用于高速场合。因此，只能用于定转角的间歇运动机构中，如自动机床的刀架转位机构（图 9-10）、电影放映机卷片机构（图 9-11）等。

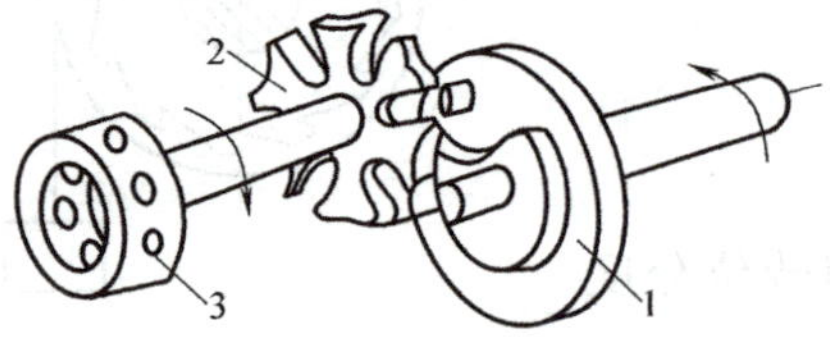

图 9-10 自动机床的刀架转位机构

1—主动拨盘 2—从动槽轮 3—刀架

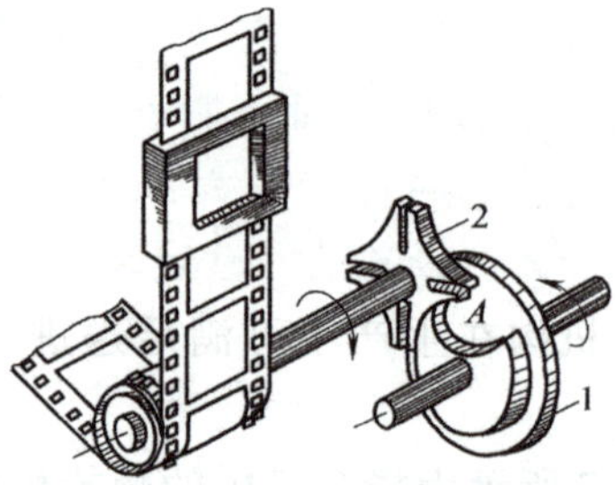

图 9-11 电影放映机卷片机构

1—主动拨盘 2—从动槽轮

9.2.3 槽轮槽数 z 和拨盘圆销数 K 的选择

槽轮槽数 z 和拨盘圆销数 K 是槽轮机构的主要参数。如图 9-8 所示，为了使槽轮 2 在开始和终止转动时的瞬时角速度为零，以避免刚性冲击，在圆销进入或脱出径向槽的瞬时，径向槽的中线应与圆销中心相切，即 O_2A 应与 O_1A 垂直。设 z 为均匀分布的径向槽数，当槽轮 2 转过 $2\varphi_2=2\pi/z$ 弧度时，拨盘 1 相应转过的转角为

$$2\varphi_1=\pi-2\varphi_2=\pi-\frac{2\pi}{z} \tag{9-1}$$

在一个运动循环内，槽轮 2 的运动时间 t_m 与主动拨盘转一周的总时间 t 之比，称为槽轮机构的运动系数，用 τ 表示。当拨盘匀速转动时，时间之比可用槽轮与拨盘相应的转角之比来表示。如图 9-8 所示，只有一个圆销的槽轮机构，t_m 和 t 分别为对应于拨盘的转角为 $2\varphi_1$ 和 2π 所用的时间，因此，该槽轮机构的运动系数 τ 为

$$\tau=\frac{t_m}{t}=\frac{2\varphi_1}{2\pi}=\frac{\pi-\frac{2\pi}{z}}{2\pi}=\frac{z-2}{2z} \tag{9-2}$$

由式（9-2）可知，为保证槽轮运动，其运动系数应大于零。由式（9-2）可知，槽轮的径向槽数 z 应等于或大于 3。由式（9-2）还可以看出，这种槽轮机构的运动系数 τ 恒小于 0.5，即槽轮的运动时间 t_m 总小于静止时间 t_s。

欲使槽轮机构的运动系数 τ 大于 0.5，可在拨盘上装数个圆销。设拨盘上均匀分布的圆销数为 K，当拨盘转一整周时，槽轮将被拨动 K 次。因此，槽轮的运动时间为单圆销时的 K 倍。

即

$$\tau=\frac{K(z-2)}{2z} \tag{9-3}$$

运动系数 τ 还应当小于 1（$\tau=1$ 表示槽轮 2 与拨盘 1 一样做连续转动，不能实现间歇运动），故由式（9-3）得

$$\frac{K(z-2)}{2z}<1$$

即

$$K<\frac{2z}{z-2} \tag{9-4}$$

由式（9-4）可知：当 $z=3$ 时，K 可为 1~5；当 $z=4$ 或 5 时，K 可为 1~3；而当 $z>6$ 时，K 为 1 或 2。

棘轮机构和槽轮机构的设计，可参考有关机械设计手册等。

9.3　不完全齿轮机构

9.3.1　不完全齿轮机构的工作原理和类型

不完全齿轮机构是由普通渐开线齿轮机构演化而成的间歇运动机构，其基本结构形式分为外啮合与内啮合两种，如图 9-12 和图 9-13 所示。外啮合与内啮合不完全齿轮机构相似，前者两轮转向相反，而后者两轮转向相同。不完全齿轮机构的主动轮 1 只有一个或几个齿，从动轮 2 具有若干个与主动轮 1 相啮合的轮齿及锁止弧，可实现主动轮的连续转动和从动轮的有停歇转动。在图 9-12 所示的机构中，主动轮 1 每转 1 转，从动轮 2 转 1/4 转，从动轮转 1 转停歇 4 次。停歇时从动轮上的锁止弧与主动轮上的锁止弧密合，保证了从动轮停歇在确定的位置上而不发生游动现象。

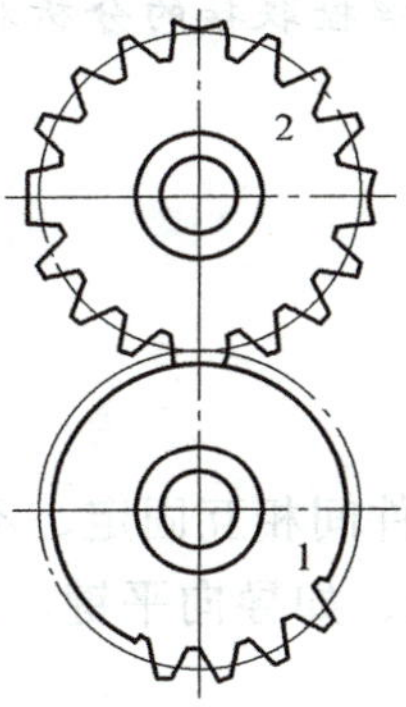

图 9-12　外啮合不完全齿轮机构

1—主动轮　2—从动轮

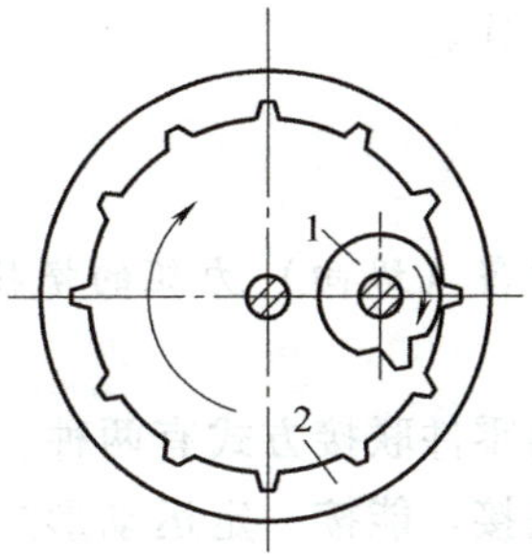

图 9-13　内啮合不完全齿轮机构

1—主动轮　2—从动轮

9.3.2　不完全齿轮机构的特点及用途

不完全齿轮机构结构简单、制造方便，从动轮的运动时间和静止时间的比例不受机构结构的限制。但因为从动轮在转动开始及终止时速度有突变，冲击较大，一般仅用于低速、轻载场合，如计数机构及在自动机、半自动机中用作工作台间歇转动的转位机构等。

习　题　9

9-1　槽轮机构有什么特点？何谓运动系数 τ，为什么 τ 必须大于零而又必须小于 1？

9-2　槽轮机构的槽数 z 和圆销数 K 的关系如何？

9-3　已知一槽轮机构的槽数 $z=4$，圆销数 $K=1$，若主动转臂的转速为 $n_1=120\text{r/min}$，求槽轮的运动时间 t_m 和静止时间 t_s 及运动系数 τ 的大小。

9-4　已知一槽轮机构的槽数 $z=6$，槽轮的运动时间 t_m 是静止时间 t_s 的两倍，求槽轮机构的运动系数 τ 及所需圆销数 K。

第10章 联　　接

基本要求

1）了解联接的形式和应用。

2）掌握螺纹联接的类型和应用场合、螺纹联接的预紧与防松、常用的标准螺纹联接件强度计算。

3）掌握键联接的类型和功用，平键联接的结构和标准及尺寸选择。

4）了解销联接的类型和功用。

重点

各种联接的基本类型和应用场合，受轴向工作载荷的紧螺栓联接的分析和计算，螺栓联接的强度计算。

难点

承受倾覆（纵向）力矩的螺栓组联接的设计计算。

常见的零件联接方式有两种：静联接和动联接。被联接件间相互固定、不能做相对运动的称为静联接。能按一定运动形式做相对运动的称为动联接，如导向平键、铰链等。通常，所谓的联接主要是指静联接。

静联接的分类如下所示：

- 联接
  - 可拆的联接
    - 螺纹联接
    - 键联接（平键、花键、楔键）
    - 销联接
    - 弹性环联接
    - 成形联接
    - 夹紧联接等
  - 不可拆的联接
    - 焊接
    - 铆接
    - 粘接
    - 过盈配合

在这些联接方式中尤其以螺纹联接应用最为广泛，各种类型的机器设备中都有这种联接方式，如自行车、汽车等。

10.1 键联接

键的主要用途是将轴类零件与孔类零件在圆周方向进行联接，用于传递圆周方向的运动及传递转矩。有些类型的键还可以实现轴上零件的轴向固定或轴向移动。

10.1.1 键联接的类型及应用

键联接是将轴与轴上的传动零件联接在一起，实现轴和轴上零件之间的周向固定。有些类型的键还可以实现轴与轴上零件的轴向固定或轴向动联接。由于键联接的结构简单，装拆方便，成本较低，因此在机械中得到了广泛的应用。键是联接件，根据具体的使用要求的不同，键分为多种类型。常用的键有普通平键、半圆键和楔键，它们都是标准件。

1. 平键联接

平键联接如图 10-1 所示，平键的剖面为矩形。键的两个侧面是工作面。在工作的时候，靠键与键槽的挤压来传递运动和转矩。

平键联接的结构简单、制造容易、对中性较好、装拆方便，能够承受冲击或变载荷，因而得到广泛的应用。但是，这种联接不能承受轴向力，因而对轴上的零件不能起到轴向固定的作用。

常用的平键有普通平键和导向平键两种。普通平键用于静联接。普通平键端部的形状有圆头、平头或单圆头三种形式，分别称为 A 型、B 型及 C 型平键，见表 10-1。

如图 10-2 所示，在工作过程中若轴上的传动零件沿轴线做相对滑动，则采用导向平键能够起到导向的作用，实现轴上零件的轴向移动，构成动联接。如汽车变速箱中的滑移齿轮采用的就是导向平键。

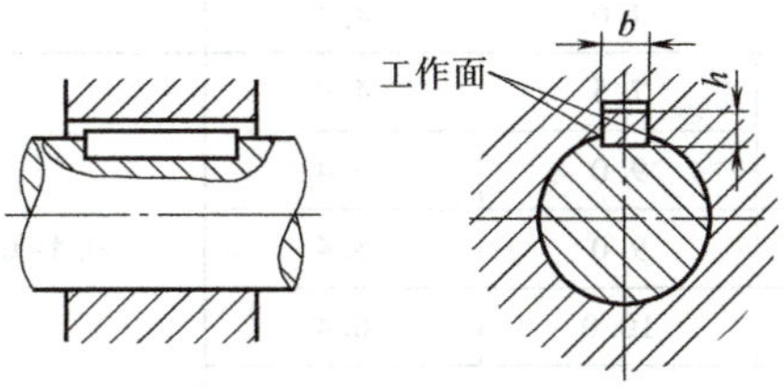

图 10-1 普通平键联接

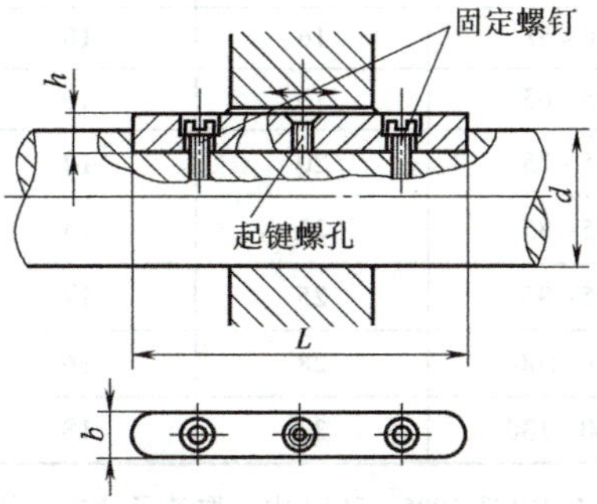

图 10-2 导向平键

导向平键是一种长度较长的平键，为了防止键在轴上的键槽中松动，需要采用螺钉将其固定在轴上的键槽中。在键的中部，常加工出起键螺纹孔，以便于拆卸。

2. 半圆键联接

半圆键联接如图 10-3 所示。半圆键的侧面呈半圆形，轴上加工出的键槽也呈半圆形。与平键的工作原理一样，半圆键也是以键的两个侧面为工作面。在工作的时候，半圆键能在轴槽中绕其几何中心摆动，可以适应轮毂上键槽底面的斜度。半圆键用于静联接，具有适应性较好，装配较为方便的优点。尤其适于锥形轴端与轮毂的联接，如图 10-4 所示。但是，由于轴上的键槽窄而深，因此对轴的强度削弱较大，一般只适用于轻载联接。

表 10-1 普通平键和键槽的尺寸（摘自 GB/T 1095—2003、GB/T 1096—2003） （单位：mm）

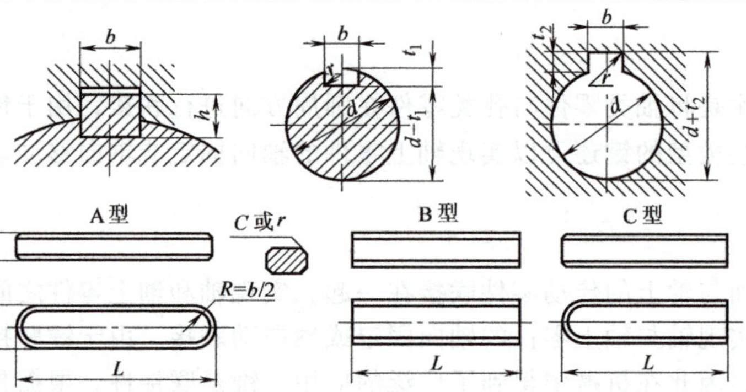

标记示例：

圆头普通平键（A 型），$b=16$、$h=10$、$L=100$ 的标记为：GB/T 1096 键 16×10×100

平头普通平键（B 型），$b=16$、$h=10$、$L=100$ 的标记为：GB/T 1096 键 B16×10×100

单圆头普通平键（C 型），$b=16$、$h=10$、$L=100$ 的标记为：GB/T 1096 键 C16×10×100

轴的直径 d	键槽的尺寸					
	b	h	L	t_1	t_2	半径 r
>10~12	4	4	8~45	2.5	1.8	0.08~0.16
>12~17	5	5	10~56	3.0	2.3	
>17~22	6	6	14~70	3.5	2.8	0.16~0.25
>22~30	8	7	18~90	4.0	3.3	
>30~38	10	8	22~100	5.0	3.3	
>38~44	12	8	28~140	5.0	3.3	
>44~50	14	9	36~160	5.5	3.8	0.25~0.4
>50~58	16	10	45~180	6.0	4.3	
>58~65	18	10	50~200	7.0	4.4	
>65~75	20	12	56~220	7.5	4.9	
>75~85	22	14	63~250	9.0	5.4	
>85~95	25	14	70~280	9.0	5.4	0.4~0.6
>95~100	28	16	80~320	10.0	6.4	
>100~130	32	18	90~360	11.0	7.4	

注：在 GB/T 1095—2003 中，取消了轴的直径 d 一列。但为了便于读者选择键的尺寸，仍保留了这一列数据，仅供选择时参考。

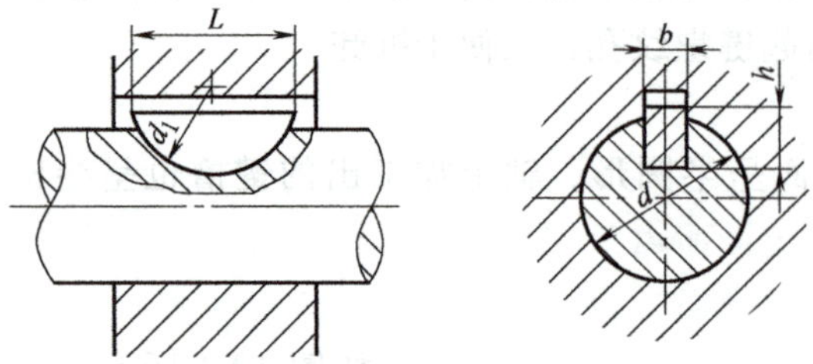

图 10-3 半圆键联接

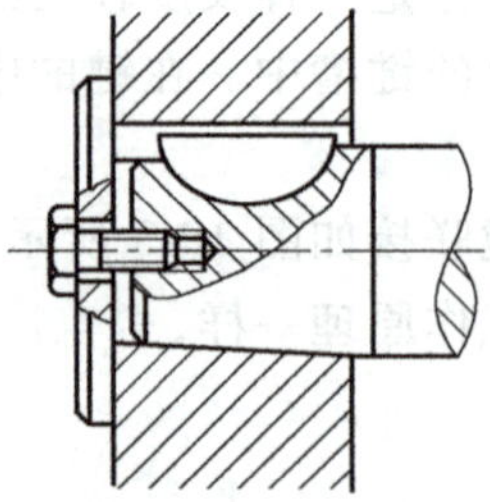

图 10-4 锥形轴端处的半圆键联接

3. 楔键联接

楔键的上表面和轮毂的键槽底面均有 1∶100 的斜度。楔键的上、下表面是工作面，与槽底没有间隙。而键的两个侧面是非工作面，与键槽的两个侧面应留有间隙，如图 10-5 所示。工作时，主要依靠楔键的上、下表面与轮毂和轴之间的摩擦力来传递转矩，并能承受单方向的轴向力。楔键多用于定心精度不高载荷平稳、转速较低的场合。

楔键分为普通楔键和钩头型楔键两种，如图 10-6 所示。钩头型楔键钩头的作用是便于拆键。

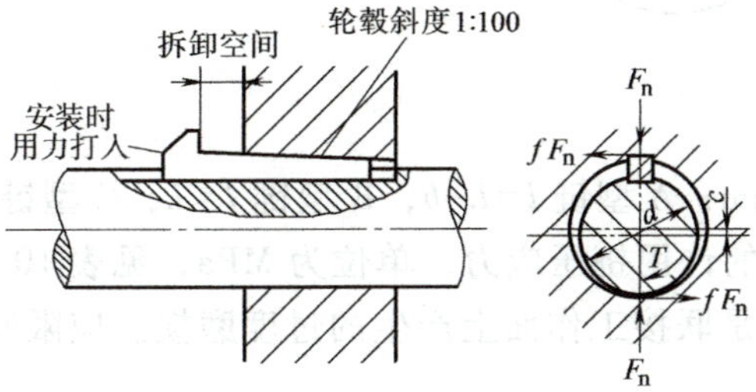

图 10-5　楔键联接

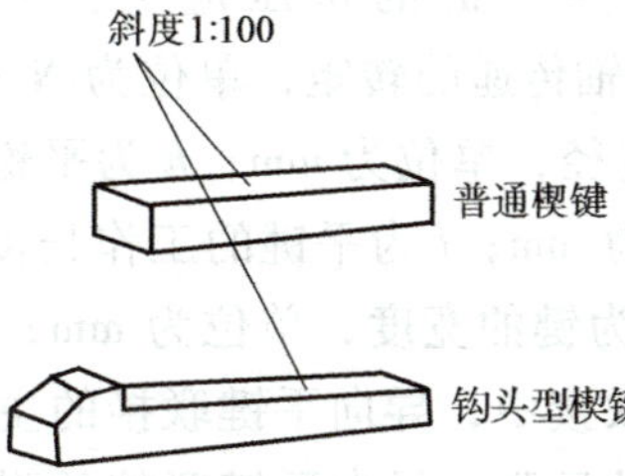

图 10-6　楔键的类型

图 10-7 所示为切向楔键联接，它由两个斜度为 1∶100 的楔键组成，其上、下面（窄面）为工作表面，靠工作表面与轴及轮毂相挤压来传递转矩。单向传动时用一对切向楔键（图 10-7a），双向传动时用两对切向楔键（图 10-7b）。切向楔键的键槽对轴削弱较大，适用于 d>100mm 的轴，且对中要求不高的场合。

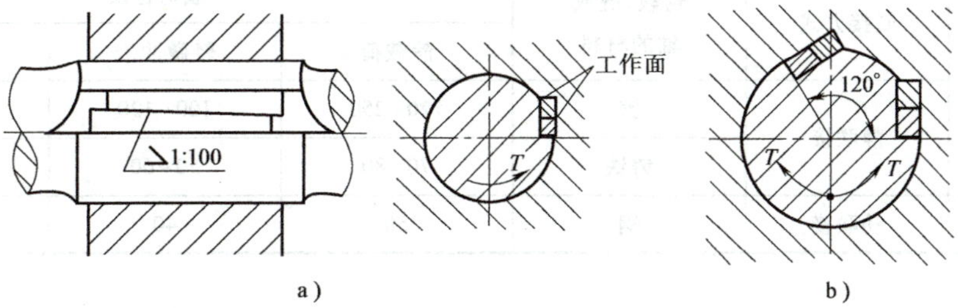

图 10-7　切向楔键联接

10.1.2　平键联接的强度计算

在设计平键联接时，平键的选择和计算一般按如下步骤进行。

1. 选择平键的类型

根据传动的情况和工作要求，按照各类平键的结构形式和应用特点选择平键的类型。

2. 确定平键的截面尺寸

根据轴的直径 d，从国家标准中查取平键的相应的截面尺寸 $b\times h$，见表 10-1。

3. 确定平键的长度

按照轴结构设计的结果，根据轮毂的长度 L，来确定平键的长度值，一般取键长为 $L-(5\sim10)$mm，并选取相近的标准值。

4. 校核平键联接的强度

必要时，应进行平键联接的强度校核。在静联接中，普通平键联接的主要失效形式是联接工作面上的压溃。实践表明，压溃一般发生在较弱的轮毂键槽的工作表面。除非有严重过载情况，否则，一般不会发生平键被剪断的现象；必要时，尚需校核平键的抗剪强度。

普通平键联接的受力情况如图 10-8 所示，假设载荷沿工作面均匀分布，则普通平键联接的挤压强度条件为

$$\sigma_{jy}=\frac{4T}{dhl}\leqslant[\sigma_{jy}] \qquad (10\text{-}1)$$

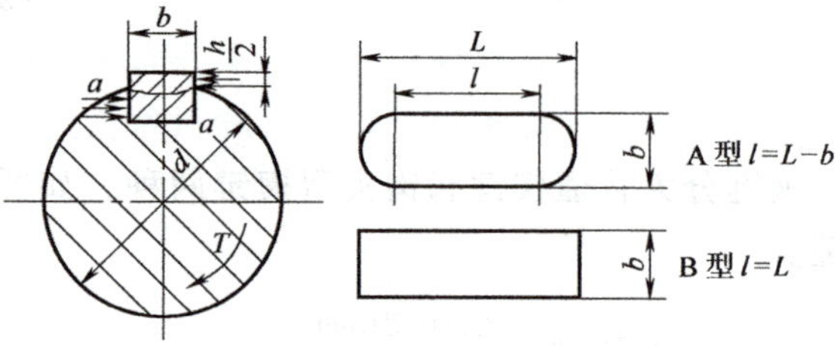

图 10-8 普通平键联接的受力情况

式中，σ_{jy} 为平键的挤压应力，单位为 MPa；T 为轴传递的转矩，单位为 N · mm；d 为轴的直径，单位为 mm；h 为平键的高度，单位为 mm；l 为平键的工作长度，单位为 mm；A 型键 $l=L-b$，B 型键 $l=L$，C 型键 $l=L-b/2$；b 为键的宽度，单位为 mm；$[\sigma_{jy}]$ 为键的许用挤压应力，单位为 MPa，见表 10-2。

在动联接中，导向平键联接的主要失效形式是联接工作面上产生的过度磨损。应限制其工作面上的压强。导向平键联接的强度条件为

$$P=\frac{4T}{dhl}\leqslant[P] \qquad (10\text{-}2)$$

式中，$[P]$ 为键的许用压强，单位为 mm，见表 10-2，其他符号同上。

表 10-2 键联接的许用挤压应力和许用压强 （单位：MPa）

许用应力（压强）	联接方式	轮毂、键或轴的材料	载荷性质		
			静载荷	轻微冲击	冲击
$[\sigma_{jy}]$	静联接	钢	120~250	100~120	60~90
		铸铁	70~80	50~60	30~45
$[P]$	动联接	钢	50	40	30

10.2 花键联接

轴与轮毂孔周向均布的多个键齿构成的联接称为花键联接。花键齿的侧面是工作面。

由于是多齿传递载荷，所以花键联接比平键联接具有承载能力高、对轴削弱程度小、定心好和导向性能好等优点。它适用于定心精度要求高、载荷大或经常滑移的联接。花键联接按其齿形不同，可分为矩形花键（图 10-9a）和渐开线花键（图 10-9b）。矩形花键加工方便，应用最为广泛；渐开线花键可以用制造齿轮的方法加工，制造精度高，键齿的根部强度高。花键联接的定心方式为齿侧定心，承载均匀；外花键多是压力角为 45°的渐开线齿形，适用于薄壁零件的联接。

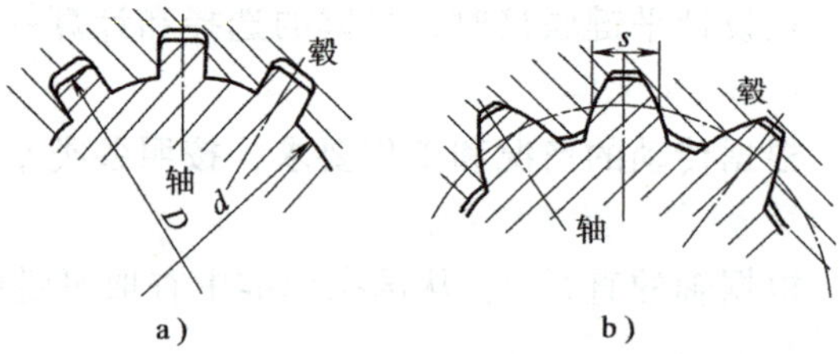

图 10-9 花键联接的类型

10.3 销联接

销是标准件，可用于两零件之间的定位和联接。

1. 根据销联接的功能分类

根据销联接的功能，销可分为定位销、联接销和安全销等。

定位销一般不承受载荷或只能承受很小的载荷，主要用于固定两个零件之间的相对位置，如图 10-10 所示。定位销一般成对使用，并安装在两个零件接合面的对角处，以加大两销之间的距离，增加定位的精度。

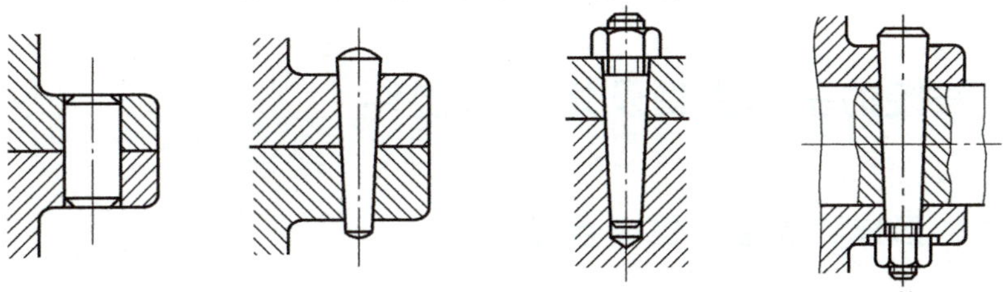

图 10-10 定位销联接

a）圆柱销联接 b）圆锥销联接 c）大端有外螺纹的圆锥销联接 d）小端有外螺纹的圆锥销联接

联接销只能承受不大的载荷，用于轴与轮毂的联接或其他零件的联接，适用于轻载和不很重要的场合。

2. 根据销的形状分类

根据销的形状，销可分为圆柱销、圆锥销和开口销等。

圆柱销主要用于定位，也可用作联接。圆柱销与销孔之间是过盈配合的关系，为了保证其定位精度和联接的紧固性，不宜经常拆卸，如图 10-10a 所示。

圆锥销主要用于定位。圆锥销有 1∶50 的锥度，具有自锁性能，便于拆卸，定位精度比圆柱销高，大多用于经常装拆的场合，如图 10-10b 所示。图 10-11 所示是圆锥销用于联接轴与轴套的实例。

销还有许多特殊的联接形式，图 10-10c 所示是大端有外螺纹的圆锥销联接，可用于不通孔的联接；图 10-10d 所示是小端带有外螺纹的圆锥销联接，可用螺母锁紧，适用于有冲击的场合。

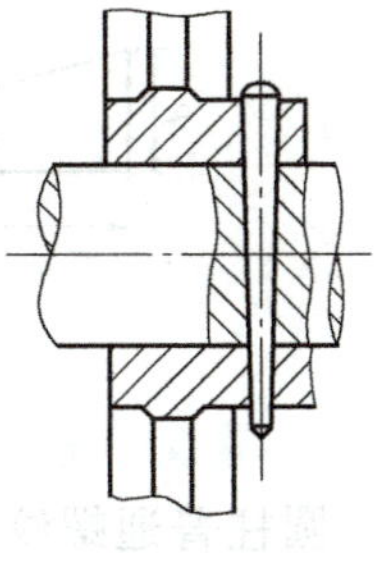

图 10-11 圆锥销联接

图 10-12a 所示是带槽的圆柱销及其联接方式。在销上加工有 3 条纵向沟槽，将带槽的圆柱销打入销孔之后，它的沟槽产生收缩变形，使得销与孔壁压紧，不容易松脱，因此，能够承受振动和变载荷。在放大的俯视图中，细实线表示圆柱销在安装之前的形状，粗实线表示变形后的结果。在使用这种销联接时，销孔不需要铰制，且可以多次拆卸。图 10-12b 所示为开尾圆柱销，适用于有冲击、振动的场合。图 10-12c 所示为开口销，经常与槽形螺母配合使用（见表 10-5），用于螺纹联接的防松装置中，以锁定螺纹联接件。

销也是标准件。在设计销联接的时候，可先根据联接的结构特点和工作要求来选择销的类型和尺寸，必要时再进行强度校核。

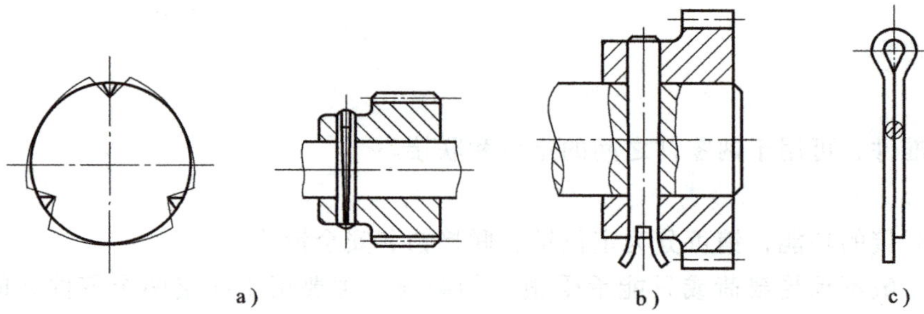

图 10-12 几种特殊形式的圆柱销

a）带槽圆柱销 b）开尾圆柱销 c）开口销

10.4 螺纹联接的基本类型及螺纹联接件

10.4.1 螺纹的形成和类型及主要参数

1. 螺纹的形成

如图 10-13 所示，将一直角三角形绕在直径为 d_2 的圆柱表面上，使三角形底边与圆柱体的底面边线重合，则三角形的斜边在圆柱体表面形成一条螺旋线。三角形的斜边与底边的夹角 λ，称为螺旋线升角。若取一平面图形（三角形、梯形等）绕直径为 d_2 的圆柱表面做螺旋线运动，并使其所在平面始终通过圆柱体的轴线，则这平面图形在空间形成一个螺旋形体，称为螺纹。

在圆柱体上沿一条螺旋线切制的螺纹，称为单线螺纹。也可是二条或三条螺旋线分别切制出的双线或三线螺纹。如图 10-13b 所示单线螺纹主要用于联接，多线螺纹用于传动。

在圆柱体外表面上的螺纹称为外螺纹，在圆柱体内表面上的螺纹称为内螺纹。

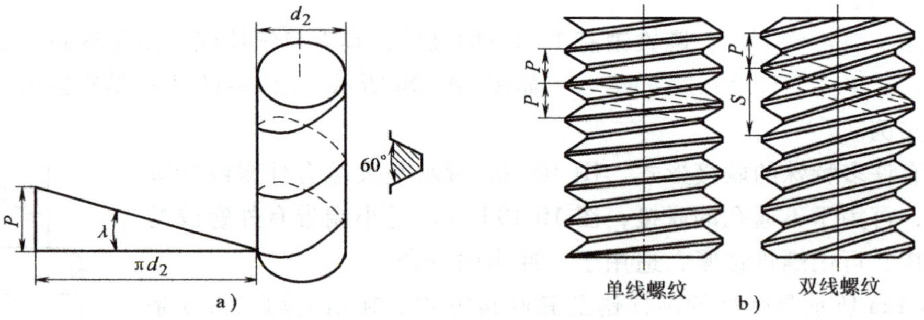

图 10-13 螺纹的形成

2. 螺纹的主要参数

圆柱普通螺纹的主要参数，如图 10-14 所示。

（1）大径 d 它是与外螺纹牙顶或内螺纹牙底相重合的假想圆柱的直径，一般定为螺纹的公称直径。

（2）小径 d_1 它是与外螺纹牙底或内螺纹牙顶相重合的假想圆柱的直径，一般取为外螺纹的危险剖面的计算直径。

（3）中径 d_2 它是一个假想圆柱的直径，该圆柱的母线定为通过牙型上沟槽和凸起宽度相等的地方。对于矩形螺纹，$d_2=0.5(d+d_1)$，其中 $d\approx 1.25d_1$。

（4）螺矩 P　相邻螺牙在中径线上对应两点间的轴向距离称为螺矩 P。

（5）导程 P_h 和螺纹线数 n　导程是同一螺纹线上的相邻牙在中径线上对应两点间的轴向距离。导程和螺纹线数的关系为

$$P_h=nP \tag{10-3}$$

其中，单线螺纹 $n=1$，双线螺纹 $n=2$，其余类推。

（6）升角 λ　在中径圆柱上螺旋线的切线与垂直于螺纹轴线的平面间的夹角称为升角，其计算式为

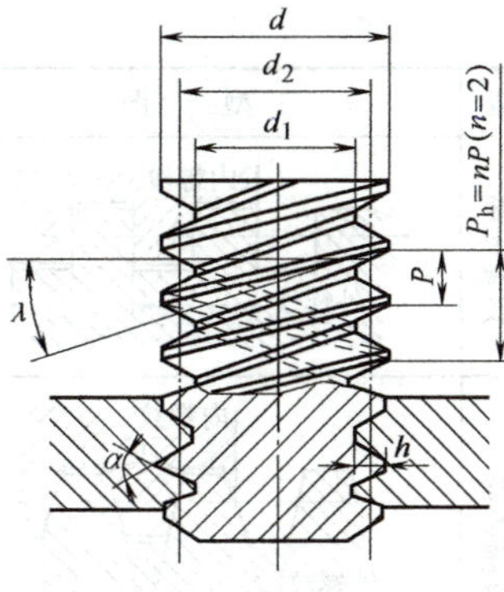

图 10-14　螺纹的主要参数

$$\tan\lambda=\frac{P_h}{\pi d_2}=\frac{nP}{\pi d_2} \tag{10-4}$$

显然，在公称直径 d 和螺距 P 相同的条件下，随着螺纹线数 n 的增多，导程 P_h 将成 n 倍增加，升角 λ 也相应增大，传动效率也将提高。

（7）牙型角 α　在轴向剖面内螺纹牙型两侧边的夹角称为牙型角。

3. 螺纹的分类、特点和应用

螺纹有外螺纹和内螺纹之分，共同组成螺纹副使用。起联接作用的螺纹称为联接螺纹，起传动作用的螺纹称为传动螺纹。按螺纹的旋向可分为左旋螺纹和右旋螺纹，常用的为右旋螺纹。螺纹又分为米制螺纹和寸制螺纹两类，我国除管螺纹外，一般采用米制螺纹。

常用螺纹的类型主要有普通螺纹、管螺纹、矩形螺纹、梯形螺纹和锯齿形螺纹。前两种螺纹主要用于联接，后三种螺纹主要用于传动。除矩形螺纹外其他螺纹已标准化，标准螺纹的基本尺寸可查阅有关标准。常用螺纹的类型、特点和应用见表 10-3。

表 10-3　常用螺纹的类型、特点和应用

类型		型图	特点和应用
联接螺纹	普通螺纹	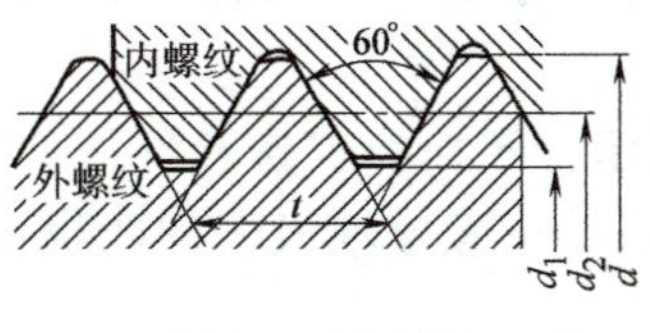	牙型角 $\alpha=60°$。当量摩擦因数大，自锁性能好。螺牙根部较厚，强度高，应用广泛。同一公称直径，按螺距大小分为粗牙螺纹和细牙螺纹，常用粗牙螺纹。细牙螺纹的螺距和升角小，自锁性能较好，但不耐磨、易滑扣，常用于薄壁零件或受动载荷和要求紧密性的联接，还可用于微调机构等
	55°非密封管螺纹	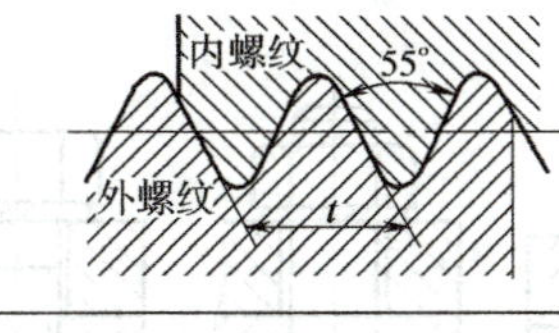	牙型角 $\alpha=55°$。公称直径近似为管子孔径，以英寸为单位，螺距以每英寸的牙数表示。牙顶、牙底呈圆弧状，牙高较小。螺纹副的内外螺纹间没有间隙，联接紧密，常用于低压的水、煤气、润滑或电线管路系统中的联接
	55°密封管螺纹	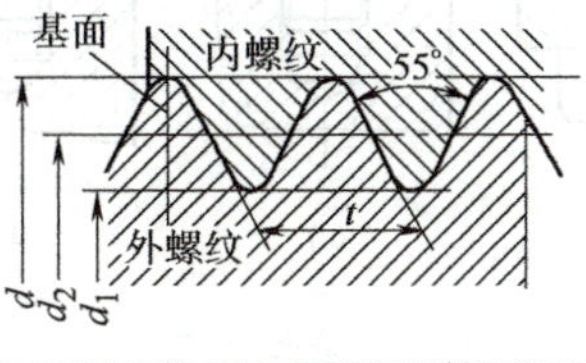	牙型角 $\alpha=55°$。与 55°非密封管螺纹相似，但螺纹分布在 1∶16 的圆锥管壁上。旋紧后，依靠螺纹牙的变形使联接更为紧密。主要用于高温，高压条件下工作的管子的联接，如汽车、工程机械、航空机械、机床的燃料、油、水、气输送管路系统

（续）

类型		型图	特点和应用
传动螺纹	矩形螺纹	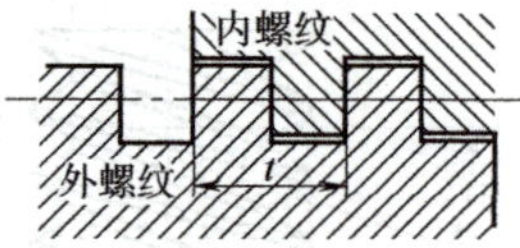	螺纹牙的剖面多为正方形，牙厚为螺距的一半，牙根强度较低。因其摩擦因数较小，效率较其他螺纹为高，故多用于传动联接。但难以精确加工，磨损后松动、间隙难以补偿，对中性差，常用梯形螺纹代替
	梯形螺纹	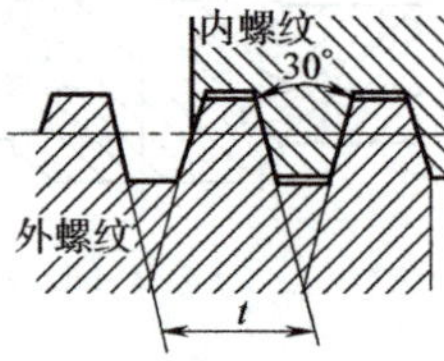	牙型角 $\alpha=30°$。效率虽较矩形螺纹低，但加工较易，对中性好，牙根强度较高，用剖分螺母时，磨损后可以调整间隙，故多用于传动联接
	锯齿形螺纹	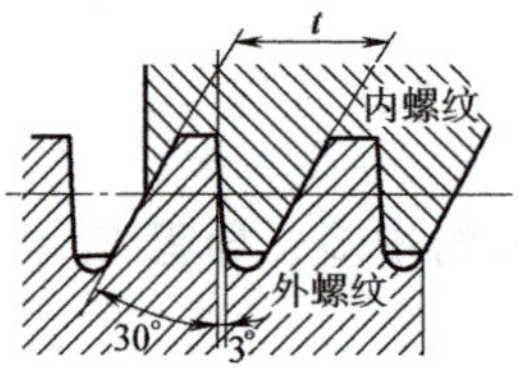	工作面的牙边倾斜角为3°，便于铣制；另一边为30°，以保证螺纹牙有足够的强度。它兼有矩形螺纹效率高和梯形螺纹牙强度高的优点，但只能用于承受单向载荷的传动联接

10.4.2 螺纹联接的基本形式

螺纹联接是利用螺纹联接件将被联接件联接起来而构成的一种可拆联接，在机械中应用较广。螺纹联接的类型很多，常用的有以下四种基本类型。

1. 螺栓联接

螺栓联接有普通螺栓联接和铰制孔用螺栓联接两种。

普通螺栓联接如图10-15a所示，在工作的时候，主要承受轴向载荷。这种联接的特点是在螺栓与被联接件上的通孔之间留有间隙，因此，在被联接件上只需钻出通孔，而不必加工出螺纹。由于通孔加工方便且精度低，结构简单，装拆方便，因此，普通螺栓联接是工程上应用较为广泛的一种联接方式。一般用于被联接的两个零件厚度不大，且容易钻出通孔，并能从两边进行装配的场合。

铰制孔用螺栓联接由螺栓和螺母组成。如图10-15b所示，螺栓杆与螺栓孔之间没有间隙，对孔的加工精度要求较高。这类螺栓联接适用于承受垂直于螺栓轴线方向的横向载荷，或者需要精确固定被联接件的相互位置的场合。

2. 双头螺柱联接

双头螺柱联接由双头螺柱、螺母和垫圈组成，如图10-15c所示。

双头螺柱联接多用于被联接的两个零件之一较薄，且另一零件较厚不能钻成通孔，或者为了结构紧凑不允许钻成通孔的不通孔联接。采用这种联接可允许多次拆卸而不会损坏被联接件上的螺纹孔。

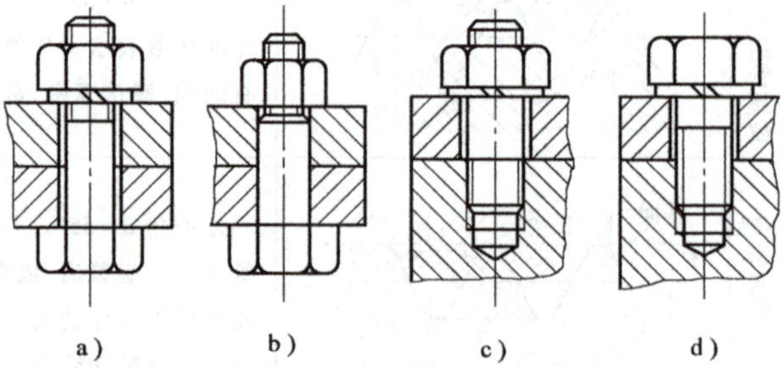

a)　b)　c)　d)

图10-15 螺纹联接的基本形式

3. 螺钉联接

螺钉联接大多用于被联接的两个零件之一较厚、受力不大且不经常拆卸的场合，如图 10-15d 所示。如果经常拆卸，会使被联接件的螺纹孔磨损，修复起来比较困难，有可能导致被联接件报废。

4. 紧定螺钉联接

在工程应用中，紧定螺钉联接大多用于轮毂与轴之间的固定联接，并可传递不大的力或转矩。通常，在轴上加工出小锥坑，如图 10-16 所示。

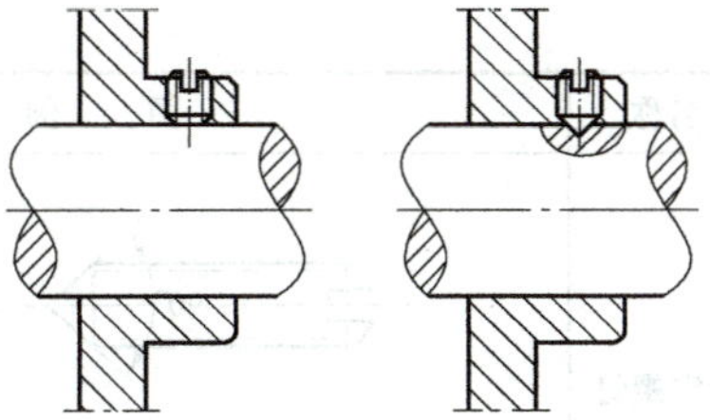

图 10-16 紧定螺钉联接

10.4.3 标准螺纹联接件

螺纹联接件的类型很多，在机械制造中常见的螺纹联接件有螺栓、双头螺柱、螺钉、螺母和垫圈等。这类零件大多已标准化，设计时可根据有关标准选用。它们是一种商品性零件，经合理选择其规格、型号后可直接到商店购买。表 10-4 列出了标准螺纹联接件的图例、结构特点及应用场合。

表 10-4 常用标准螺纹联接件

名称	图例	结构特点及应用场合
六角头螺栓	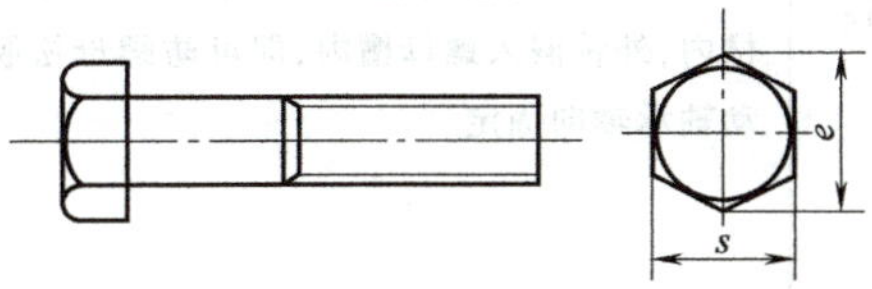	螺纹精度分 A、B、C 三级，通常多用 C 级。杆部可以全部是螺纹或只有一段螺纹
双头螺柱	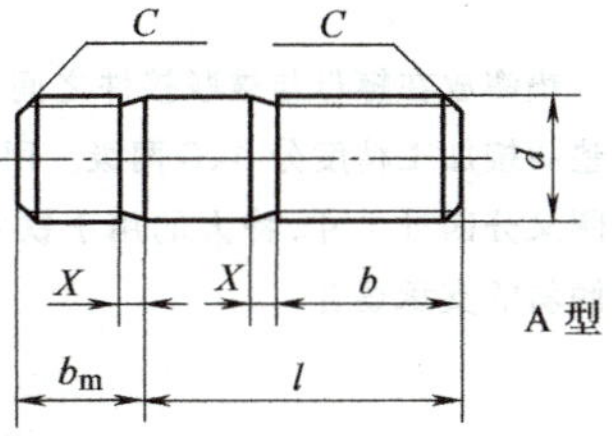 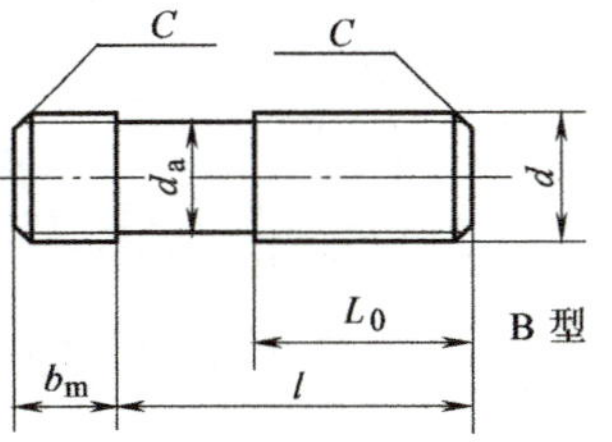	两端均有螺纹，两端螺纹可相同或不同。有 A 型、B 型两种结构。一端拧入厚度大、不便穿透的被联接件，另一端用螺母旋紧
螺钉	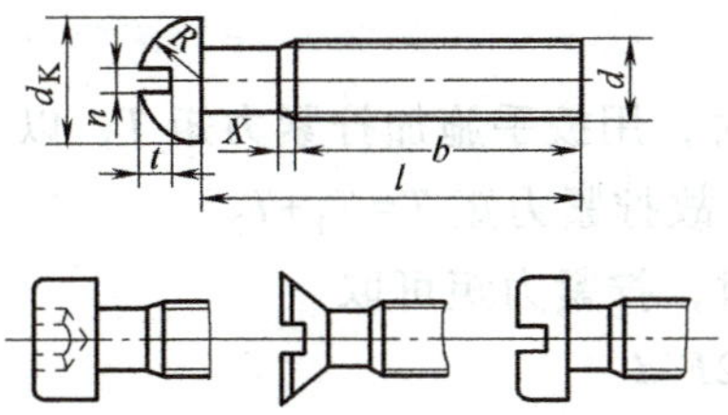	头部形状有圆头、扁圆头、内六角头、圆柱头和沉头等。螺钉槽有一字槽、十字槽、内六角孔等。十字槽强度高，便于用机动工具旋紧，内六角孔用于要求结构紧凑的地方

（续）

名称	图　例	结构特点及应用场合
紧定螺钉	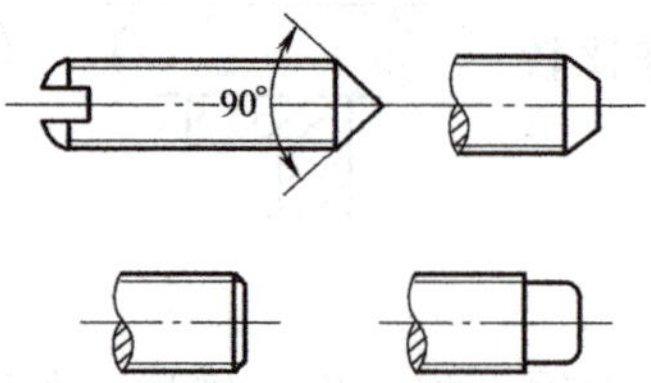	常用的紧定螺钉末端形状有锥端、平端和圆柱端。锥端用于被紧定件硬度低、不常拆卸的场合；平端常用于紧定硬度较高的平面或用于经常拆卸的场合；圆柱端压入轴上的凹坑中，适用于紧定空心轴上的零件
六角螺母	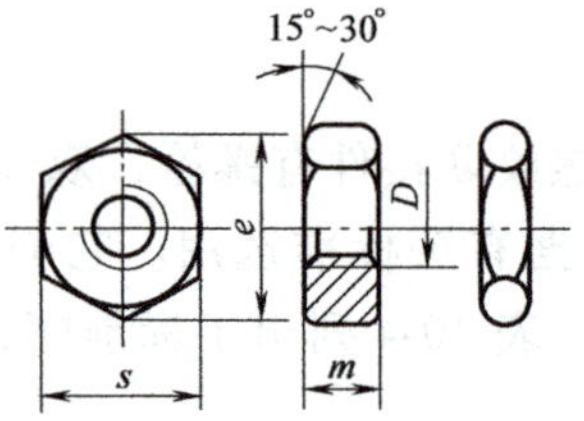	按厚度分为标准、薄型两种。螺母的制造精度与螺栓的制造精度对应，分A、B、C三级，分别与同级别的螺栓配用
圆螺母	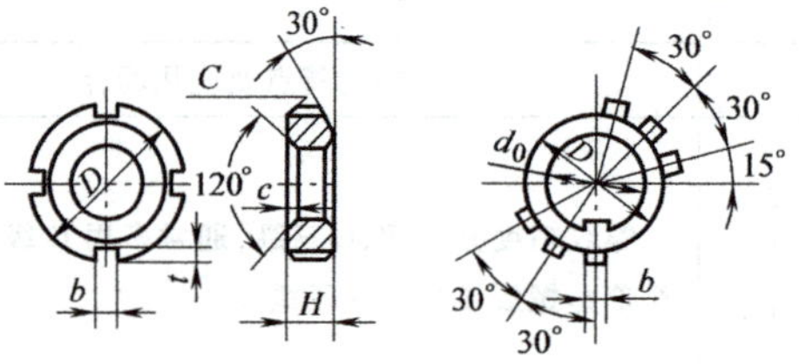	圆螺母常与止退垫圈配用，装配时垫圈内舌嵌入轴槽内，外舌嵌入螺母槽内，即可防螺母松脱。常用作滚动轴承轴向固定
垫圈	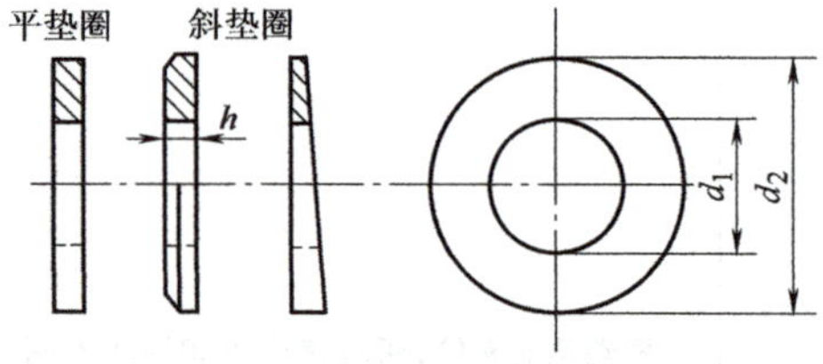	垫圈放在螺母与被联接件之间用以保护支承面。平垫圈按加工精度分A、C两级。用于同一螺纹直径的垫圈又分四种尺寸，特大的用于铁木结构。斜垫圈用于倾斜的支承场合

10.5　螺纹联接的预紧与防松

10.5.1　螺纹联接的拧紧

绝大多数螺纹联接在装配时需要拧紧，使联接在承受工作载荷之前预先受到力的作用，这个预加的作用力称为预紧力。预紧的目的是为了增大联接的紧密性和可靠性。此外，适当地提高预紧力还能提高螺栓的疲劳强度。拧紧时，用扳手施加拧紧力矩 T，以克服螺纹副中的阻力矩 T_1 和螺母支承面上的摩擦阻力矩 T_2，故拧紧力矩 $T=T_1+T_2$。

对于M10~M68的粗牙普通螺纹，无润滑时，拧紧力矩可取

$$T \approx 0.2F'd \tag{10-5}$$

式中，F' 为预紧力，单位为N；d 为螺纹公称直径，单位为mm。

10.5.2　螺纹联接的防松

在静载荷作用下，联接螺纹的升角较小，故能满足自锁条件。但在受冲击、振动或变载荷及温度变化大时，联接有可能自动松脱，这就容易发生事故。因此，设计螺纹联接时必须考虑防松的问题。常用的防松方法见表 10-5。

为了保证预紧力 F' 不致过小或过大，可在拧紧过程中控制拧紧力矩 T 的大小，其方法多采用测力矩扳手（图 10-17）或定力矩扳手（图 10-18），必要时可测定螺栓伸长量等。

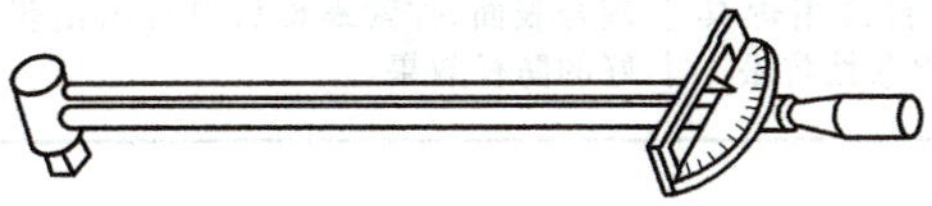
图 10-17　针式测力矩扳手

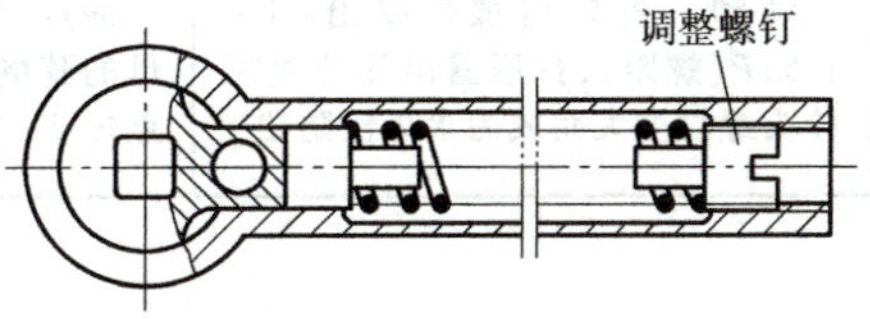

图 10-18　预置式定力矩扳手

表 10-5　常用的防松方法

方法	图示及应用		
利用摩擦防松	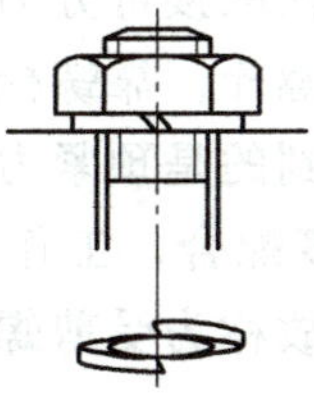	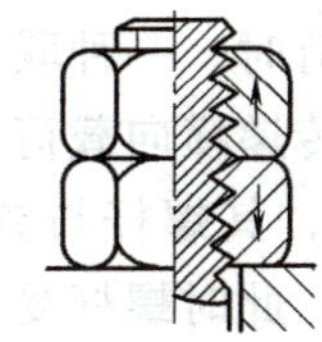	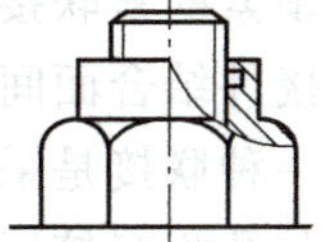
	弹簧垫圈式　垫圈材料为弹簧钢，装配后垫圈被压平，靠错开的刃口分别切入螺母和被联接件以及利用弹力保持的预紧力来防松	对顶螺母　利用两螺母对顶预紧，使螺纹旋合部分（此处在工作中几乎不变形）始终受到附加的预拉力及摩擦力而防松	自锁螺母　螺母尾部因开槽或镶弹性材料而产生较大弹性变形且螺纹中径比螺杆稍小，旋合后产生附加径向压力而防松
机械防松	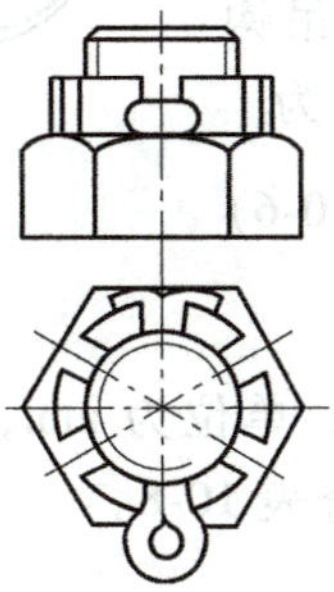	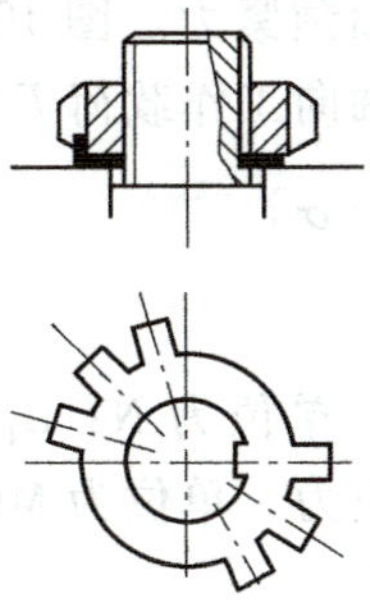	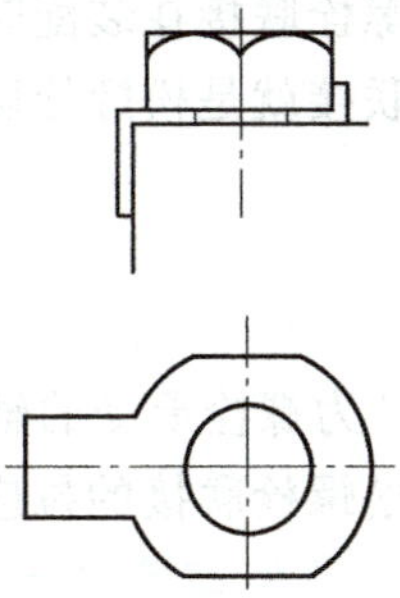
	槽型螺母与开口销　螺母尾部开槽，拧紧后用开口销穿过螺母槽和螺栓的径向孔而可靠防松	圆螺母与止动垫圈　内舌嵌入螺栓的轴向槽内，拧紧螺母后将垫圈外舌之一褶嵌入螺母的一个槽内	单耳止动垫圈　在螺母拧紧后将垫圈一端褶起扣压到螺母的侧平面上，另一端褶下扣紧被联接件

（续）

方法	图示及应用		
其他方法防松	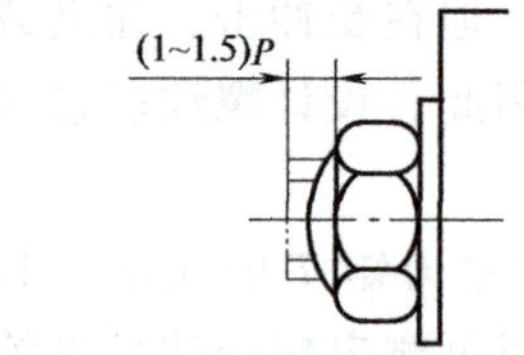	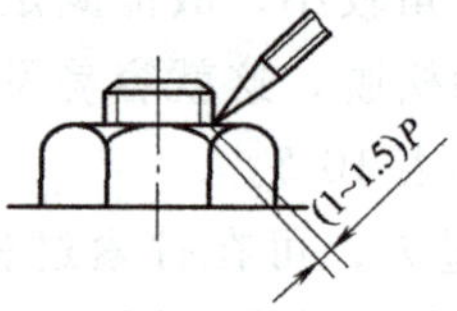	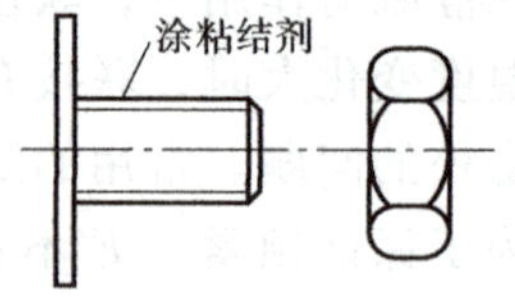
	端铆　拧紧后螺栓露出（1～1.5）*P*（螺距），打压露出部分使螺栓头螺纹变大而成为永久性防松	冲点、焊点　拧紧后在螺栓和螺母的骑缝处用样冲冲打或用焊具点焊2～3点，而成为永久性防松	粘结剂　用厌氧性粘结剂涂于螺纹旋合表面，拧紧螺母后自行固化获得良好的防松效果

10.6　螺栓联接的强度计算

螺栓联接的受载形式很多，它所传递的载荷主要有两类：一类为外载荷沿螺栓轴线方向传递，称轴向载荷；一类为外载荷垂直于螺栓轴线方向传递，称为横向载荷。对螺栓来讲，当传递轴向载荷时，螺栓受到的是轴向拉力，故称为受拉螺栓。螺栓联接可分为不预紧的松联接和有预紧的紧联接。当传递横向载荷时，一种联接是采用普通螺栓，靠螺栓联接的预紧力在被联接件结合面间产生的摩擦力来传递横向载荷，此时螺栓受到的是预紧力，仍为轴向拉力。另一种联接是采用铰制孔用螺栓，其螺杆与铰制孔间是过渡配合，工作时靠螺杆受剪，杆壁与孔相互挤压来传递横向载荷，此时螺杆受切应力作用，故称为受剪螺栓。

螺栓的主要失效形式有螺栓杆拉断、螺纹压溃和剪断、因磨损而产生滑扣等。由于螺栓是标准件，所以螺栓与螺母的各参数不需要设计。螺栓联接强度计算的目的是校核所使用的螺栓强度是否合适或根据工作条件选择合适的螺栓。螺栓联接按承受工作载荷之前是否被拧紧可分为松螺栓联接和紧螺栓联接。

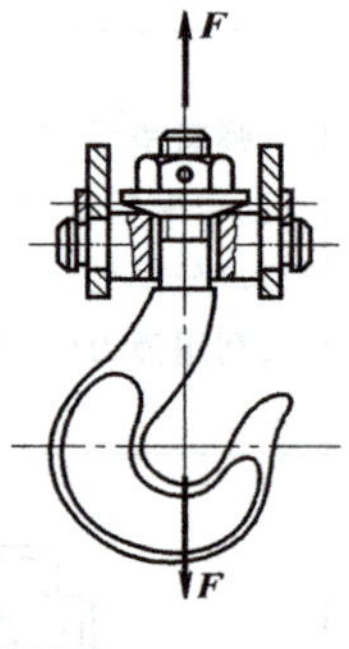

图10-19　起重吊钩松螺栓联接

1. 松螺栓联接

松螺栓联接在装配时不对螺栓施加预紧力。图10-19所示起重吊钩尾部的联接就是松螺栓联接。当承受轴向工作载荷 F 时，强度条件为

$$\sigma=\frac{F}{\dfrac{\pi d_1^2}{4}}\leqslant[\sigma] \tag{10-6}$$

式中，F 为螺栓承受的轴向工作载荷，单位为N；d_1 为螺纹小径，单位为mm；σ 和 $[\sigma]$ 分别为松螺栓联接的拉应力和许用拉应力，单位为MPa；$[\sigma]$ 值查表10-8。

2. 紧螺栓联接的强度计算

（1）只受预紧力作用的螺栓联接　预紧螺栓联接的螺栓杆除受沿轴向的预紧力 F' 的拉伸作用外，在拧紧螺母时还受螺纹力矩 T_1 的扭转作用。F' 和 T_1 将分别使螺纹部分产生拉应力 σ 及扭转切应力 τ。当螺栓采用塑性材料时，螺纹部分的强度条件为

$$\sigma=1.3\times\frac{F'}{\pi d_1^2/4}\leqslant[\sigma] \tag{10-7}$$

式中，F'为螺栓承受的预紧力，单位为 N；d_1 为螺纹小径，单位为 mm；σ 和 $[\sigma]$ 分别为预紧螺栓联接的拉应力和许用拉应力，单位为 MPa；$[\sigma]$ 值查表 10-8。

比较式（10-6）和式（10-7）可知，考虑扭转切应力的影响，相当于把螺栓的轴向拉力增大 30%后按纯拉伸来计算螺栓的强度。

（2）受预紧力和轴向静工作拉力的螺栓联接　这种联接比较常见，图 10-20 所示的汽车气缸盖螺栓联接就是典型的实例。由于螺栓和被联接件都是弹性体，在受有预紧力 F'的基础上，因受到两者弹性变形的相互制约，故总拉力 F_0 并不等于预紧力 F'与工作拉力 F 之和，它们的受力关系属于静不定问题。根据静力平衡条件和变形协调条件，可求出各力之间的关系式，即

$$F_0 = F' + \frac{c_1}{c_1 + c_2} F \tag{10-8}$$

$$F' = F'' + \left(1 - \frac{c_1}{c_1 + c_2}\right) F \tag{10-9}$$

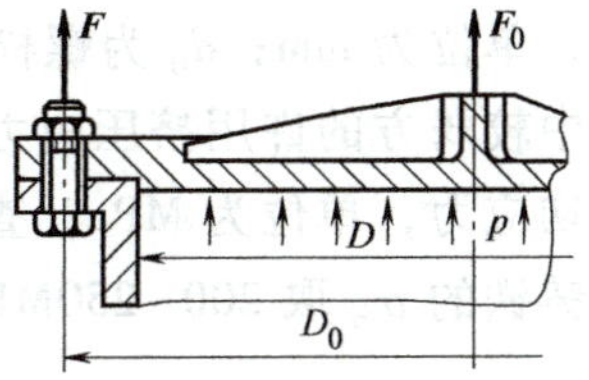

图 10-20　气缸盖联接螺栓受力情况

式中，$c_1/(c_1 + c_2)$ 称为螺栓的相对刚度，其大小与联接件的材料、结构形式、尺寸大小及载荷作用方式等有关，一般设计时对于钢制被联接件可取：金属垫（或无垫）0.2~0.3、皮革垫 0.7、铜皮石棉垫 0.8、橡胶垫 0.9；F'为螺栓拧紧后所受的预紧力；F''为螺栓受载变形后的剩余预紧力，应大于零，一般当工作拉力 F 无变化时取 $F''=(0.2\sim0.6)F$，当 F 有变化时取 $F''=(0.6\sim1.0)F$；对要求紧密性的螺栓联接，取 $F''=(1.5\sim1.8)F$。

从式（10-8）可以看出总拉力 F_0 并不等于预紧力 F'与工作拉力 F 之和，而是预紧力 F'与部分工作拉力之和。

考虑到螺栓工作时可能被补充拧紧，在螺纹部分产生扭转切应力，所以，将总拉力 F_0 增大 30%作为计算载荷。则受拉螺栓联接螺纹部分的强度条件为

$$\sigma = \frac{1.3F_0}{\pi d_1^2/4} \leqslant [\sigma] \text{或} \ d_1 \geqslant \sqrt{\frac{1.3F_0}{\pi[\sigma]/4}} \tag{10-10}$$

式中各符号意义同前。

对于受有预紧力 F'及工作拉力 F 作用的螺栓联接，其设计步骤大致为：①根据螺栓受载情况，求出单个螺栓所受的工作拉力 F；②根据联接的工作要求，选定剩余预紧力 F''，并按式（10-9）求得所需的预紧力 F'；③按式（10-8）计算螺栓的总拉力 F_0；④按式（10-10）计算螺栓小径 d_1，查阅相关螺纹标准，确定螺纹公称直径 d。此外，若轴向载荷在 $0\sim F$ 之间周期性变化，则螺栓总载荷 F_0 将在 $F'\sim[F'+Fc_1/(c_1+c_2)]$之间变化。受轴向变载荷螺栓的简化计算仍可按式（10-10）进行，但联接螺栓的许用应力 $[\sigma]$ 值应另参考有关手册选取。

3. 铰制孔用螺栓联接的强度计算

如图 10-21 所示的螺栓联接是将螺栓穿过与被联接件上的铰制孔并与之过渡配合的形式。其受力方式为：在被联接件的结合面处螺栓杆受剪切力作用；螺栓杆表面与孔壁间受挤压力作用，因此，应分别按被联接件的挤压强度和螺栓杆的抗剪强度进行计算。

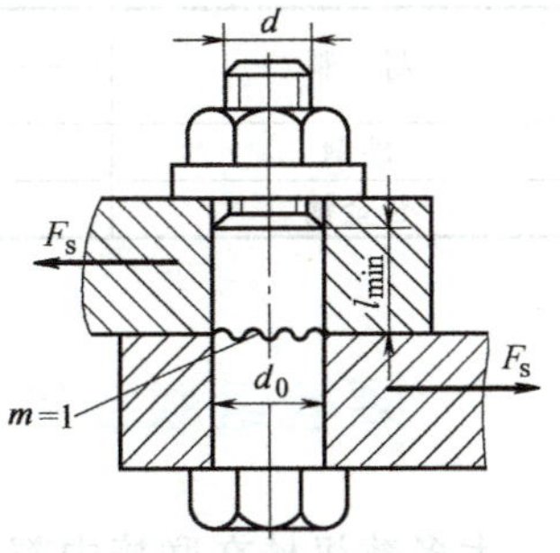

图 10-21　铰制螺纹孔受力情况

这种联接所受的预紧力很小，所以在计算中可不考虑预紧力和螺纹摩擦力矩的影响。

螺栓杆对孔壁的挤压强度条件为

$$\sigma_{jy}=\frac{F_s}{d\delta}\leqslant[\sigma]_{jy}=K_{jy}\sigma_b \tag{10-11}$$

螺栓杆的抗剪强度条件为

$$\tau=\frac{F_s}{m\pi d_0^2/4}\leqslant[\tau] \tag{10-12}$$

式中，F_s 为单个螺栓所受到的横向工作载荷，单位为 N；δ 为螺栓杆与孔壁挤压面的最小高度，单位为 mm；d_0 为螺栓孔的直径，单位为 mm；m 为受剪面数；$[\sigma]_{jy}$ 为螺栓或孔壁材料中较弱方的许用挤压应力，单位为 MPa，查表 10-7、表 10-8 选取；$[\tau]$ 为螺栓材料的许用切应力，单位为 MPa，查表 10-7、表 10-8 选取；σ_b 为联接件的抗拉强度，查表 10-7，常用铸铁的 σ_b 取 200~250MPa；K_{jy} 为挤压系数，对于螺栓联接件的 K_{jy} 值查表 10-6 选取。

表 10-6 螺栓联接的挤压系数 K_{jy}

联接情况	不可拆卸，不活动	可拆卸，不活动	可以活动但受力时不活动	受力同时还要活动	
				一般情况	保证润滑的情况
K_{jy}	1.3	1.0	0.65	0.2	0.3

表 10-7 螺栓紧固件常用材料的力学性能 （单位：MPa）

钢号	Q215	Q235	35	45	40Cr
抗拉强度 σ_b	340~420	375~470	540	650	750~1000
屈服强度 σ_s	220	240	320	360	650~900

表 10-8 螺栓联接的许用应力和安全系数

联接情况	受载情况	许用应力$[\sigma]$和安全系数 s
松联接	静载荷	$[\sigma]=\sigma_s/s$，$s=1.2\sim1.7$
紧联接	静载荷	$[\sigma]=\sigma_s/s$，s 取值：控制预紧力时 $s=1.2\sim1.5$，不严格控制预紧力时 s 查表 10-9
铰制孔用螺栓联接	静载荷	$[\tau]=\sigma_s/2.5$ 联接件为钢时$[\sigma]_P=\sigma_s/1.25$，联接件为铸铁时$[\sigma]_P=\sigma_b/2\sim2.5$
	变载荷	$[\tau]=\sigma_s/3.5\sim5$ $[\sigma]_P$ 按静载荷的$[\sigma]_P$ 值降低 20%~30%

表 10-9 紧螺栓联接的安全系数 s（静载不控制预紧力时）

材料	螺栓		
	M6~M16	M16~M30	M30~M60
碳钢	4~3	3~2	2~1.3
合金钢	5~4	4~2.5	2.5

10.7 螺栓组联接结构的设计

大多数机械在联接中都是成组地使用螺栓联接件，因此，应根据螺栓组整体的情况合理地布置螺栓联接件。

设计螺栓组联接结构时，应注意以下几点：

1）联接的结合面应尽可能设计成轴对称的简单几何形状，螺栓对称布置，使结合面受力比较均匀，如图 10-22 所示。

2）螺栓的布置应尽可能使各螺栓受力均匀。受力矩作用的螺栓组，螺栓布置应尽量远离螺栓组的几何中心。圆周上的螺栓数宜采用 3、4、6、8、12 等，这样可以便于加工时分度、划线，如图 10-22 所示。

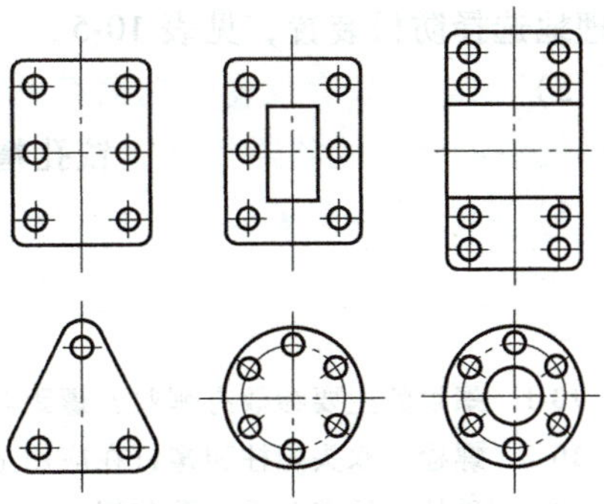

图 10-22 螺栓组联接常见的结合面形状

3）螺栓排列应有合理间距、边距和必要的扳手空间（图 10-23），对于压力容器等紧密性要求较高的重要联接场合，要保证一定的间距；扳手空间和螺栓间的尺寸可查有关设计手册。

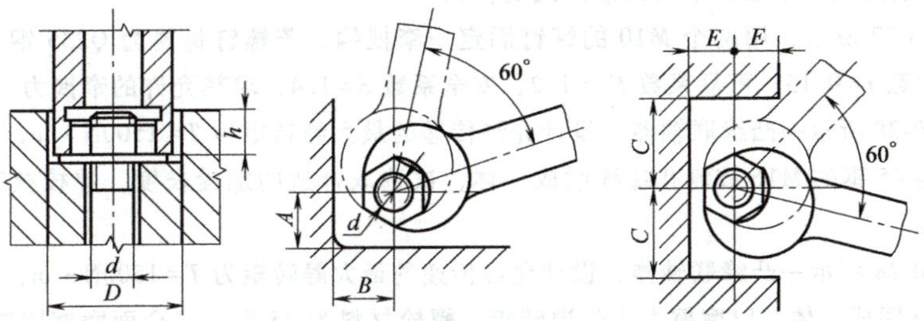

图 10-23 扳手空间

4）应该保证螺栓与螺母的支承面平整，并与螺栓轴线相垂直以避免引起偏心载荷，如图 10-24 所示。一般将被联接件的支承表面制成凸台或沉头座，或采用斜面垫圈，如图 10-25、图 10-26 所示。

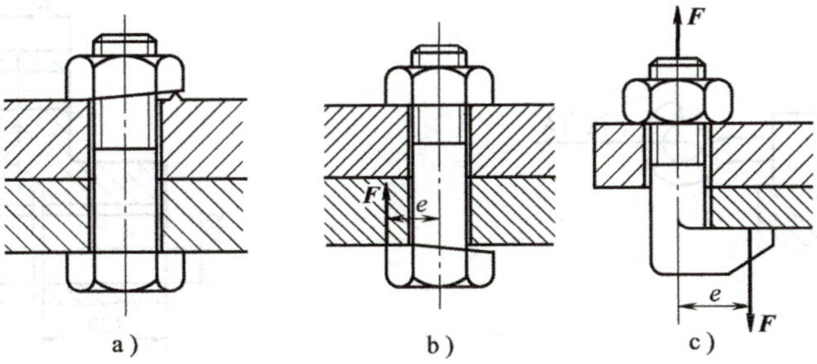

图 10-24 螺栓承受偏心载荷

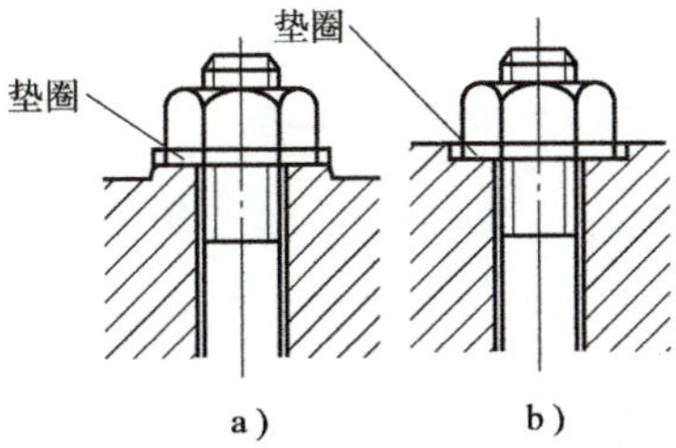

图 10-25 凸台与沉头座的应用

a）凸台 b）沉头座

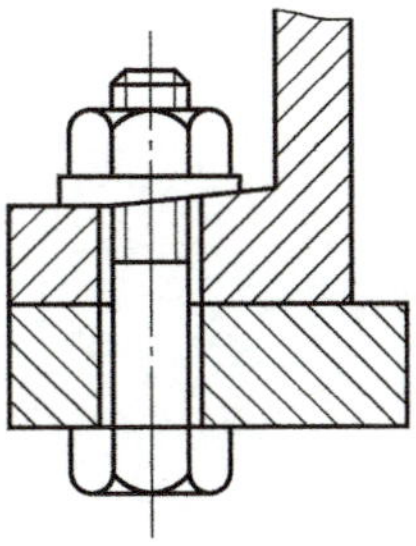

图 10-26 斜面垫圈的应用

进行螺栓组结构设计时，在综合考虑以上各因素的同时，还要根据螺栓联接的工作条件合理地选择防松装置，见表 10-5。

5）通常，只有仅受轴向载荷的受拉螺栓不需要将被联接件铰孔外，其余受力状态下的被联接件的螺栓孔均需铰孔，铰孔精度等级与选用的螺栓精度等级应相匹配。

6）同一螺栓组紧固件形状、尺寸、材料应尽量一致。

习 题 10

10-1 螺纹的主要参数有哪些？螺距与导程有什么不同？

10-2 螺栓、双头螺柱和螺钉在应用上有什么不同？紧定螺钉呢？

10-3 受拉、受剪和受拉受剪螺栓各是怎样受力的？

10-4 螺栓联接预紧力的大小怎样选择，怎样控制？为什么在重要的受拉螺栓紧联接中不宜选用小于 M12~M16 的螺栓？

10-5 平键联接的工作原理和主要失效形式是什么？

10-6 如图 10-27 所示，用两个 M10 的螺钉固定一牵拽钩，若螺钉材料为 Q235 钢，装配时控制预紧力，接合面摩擦因数 $f=0.15$，可靠系数 $K_s=1.2$，安全系数 $S=1.4$，求其允许的牵拽力。

10-7 如图 10-28 所示一凸缘联轴器，设计允许传递的最大静转矩为 $T=1500\text{N}\cdot\text{m}$，材料为 HT250。联轴器用四个材料为 45 钢的 M16 铰制孔螺栓联成一体，试选取合适的螺栓长度，并校核其抗剪强度和挤压强度。

10-8 如图 10-28 所示一凸缘联轴器，设计允许传递的最大静转矩为 $T=1500\text{N}\cdot\text{m}$，材料为 HT250，若采用 M16 螺栓将其联成一体，以摩擦力来传递转矩，螺栓材料为 45 钢，接合面摩擦因数 $f=0.15$，安装时不控制预紧力，试确定螺栓数（螺栓数常取偶数）。

10-9 选择并校核齿轮与轴的键联接。该齿轮传递的功率 $P=7.2\text{kW}$，轴的转速为 110r/min，轴径 $d=65\text{mm}$，齿轮轮毂长 $L=100\text{mm}$，轮毂材料为铸铁，轴的材料为 45 钢，该齿轮轴工作有轻微冲击。分别画出轴和轮毂的断面图，在图上标注出键槽的宽度和深度尺寸及极限偏差。

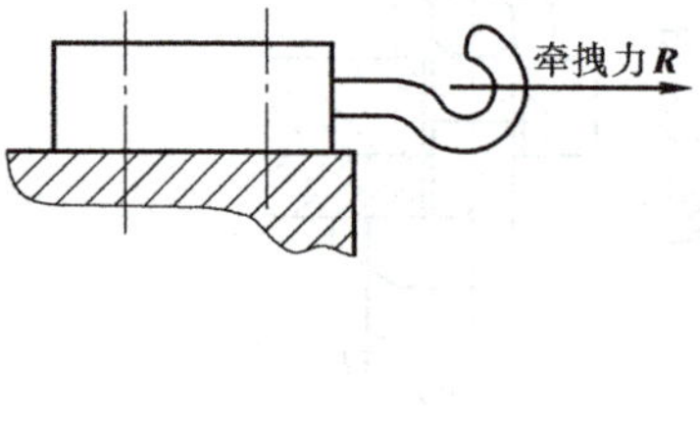

图 10-27 题 10-6 图

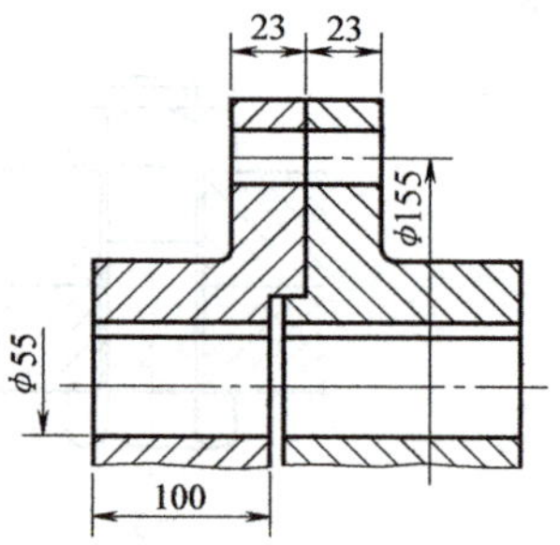

图 10-28 凸缘联轴器示意图

第11章 带传动和链传动

基本要求

1）了解带传动的组成、工作原理、特点、类型和应用，V 带的构造和标准，V 带轮的常用材料和结构，带传动的弹性滑动及其传动比。

2）掌握带传动的失效形式和计算准则，V 带传动的参数选择和设计计算方法，带传动的安装、张紧和维护。

3）理解链传动工作原理及类型，滚子链结构和标准链传动的运动特性和受力与失效分析。

重点

带传动的主要类型及特点、工作能力分析及传动计算。

难点

带传动的弹性滑动和打滑。

11.1 带传动概述

带传动属于挠性运动，是一种应用较广的机械传动。带传动一般是由主动轮、从动轮、紧套在两轮上的传动带及机架组成。它是通过中间的挠性件传动带，把主动轴的运动和动力传递给从动轴的。通常，带传动用于减速装置，一般安装在传动系统的高速级。

11.1.1 带传动的类型

带传动按照传动原理分为摩擦带传动和啮合带传动两种。摩擦带传动是靠带与带轮间的摩擦力传递运动和动力的，如图 11-1 所示。啮合带传动是靠带齿与轮齿的啮合传递运动和动力的。本章主要是讨论摩擦带传动。

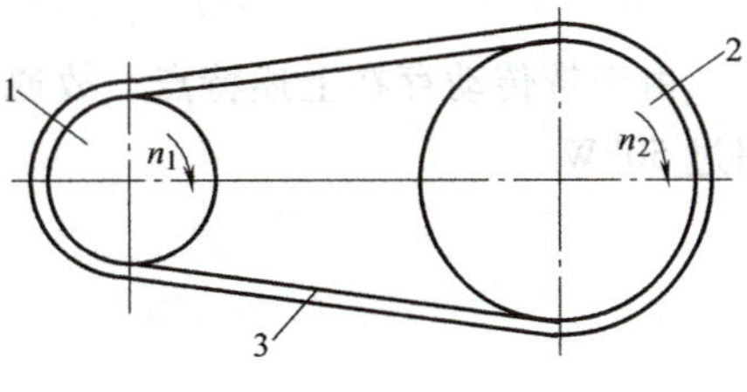

图 11-1 带传动简图

摩擦带传动通常由主动轮、从动轮和传动带组成。传动带以一定的初拉力 F_0 紧套在带轮上，在 F_0 的作用下，带与带轮的接触面间产生正压力，但主动轮 1 回转时，接触面间产生摩擦力，主动轮靠摩擦力使传动带 3 与其一起运动。同时，传动带靠摩擦力驱使从动轮 2 与其一起转动，从而主动轴上的运动和动力通过传动带传递给从动轴。

摩擦带传动根据带的横截面形状不同可分为平带传动（矩形截面）、V 带传动（梯形截面）等。各种平带规格可查阅有关标准。平带截面形状为矩形，如图 11-2a 所示。平带传动结构最简单，挠曲性好，传动效率较高，易于加工，在传动中心距较大场合应用较多。所以带传动通常也使用平带。

目前，在一般传动机械中应用最广的是V带传动，V带截面形状为等腰梯形，如图11-2b所示。传动时，V带只和轮槽的两个侧面相接触，即以两个侧面为工作面，根据槽面摩擦原理，在同样的张紧力下，V带传动较平带传动能产生更大摩擦力，这是V带传动最主要的优点。此外，V带传动传递的功率较大，结构更紧凑。

V带有普通V带、窄V带、宽V带、联组V带等类型，其中普通V带应用最为广泛。本章主要讨论普通V带的结构、类型和设计。

窄V带传动能力更强，应用越来越多。

圆带的横截面为圆形，传递功率小，常用于仪器和家用机械中，如图11-2c所示。

目前，一些新型带传动，如多楔带传动，如图11-2d所示，使用日益广泛。

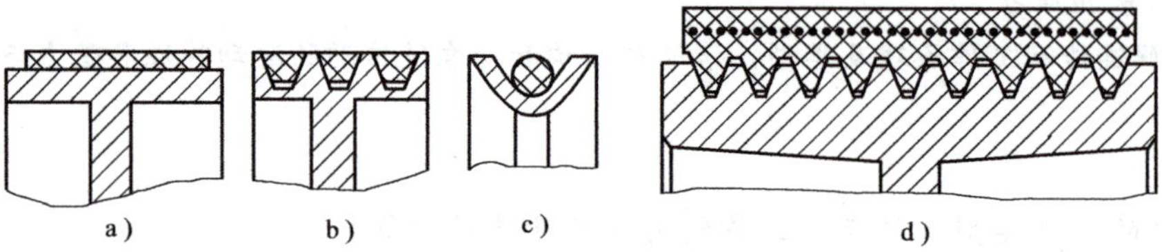

图 11-2 带的截面形状

11.1.2 带传动的特点

带传动一般有以下特点：

1）带有良好的挠性，能吸收振动，缓和冲击，传动平稳，噪声小。

2）当带传动过载时，带在带轮上打滑，可防止其他机件损坏，起到过载保护作用。

3）结构简单，制造、安装和维护方便。

4）带与带轮之间存在一定的弹性滑动，故不能保证恒定的传动比，传动精度和传动效率较低。

5）由于带工作时需要张紧，带对带轮轴有很大的压轴力。

6）带传动装置外廓尺寸大，结构不够紧凑。

7）带的寿命较短，需经常更换。

由于带传动存在上述特点，故通常用于中心距较大的两轴之间的传动，传递功率一般不超过50kW。

11.2 V带的结构和标准

普通V带的截面结构包括顶胶（拉伸层）、抗拉体（强力层）、底胶（压缩层）和包布层，如图11-3所示。当带绕过带轮时，顶胶层受拉而伸长，故称为拉伸层；底胶层受压缩短，故称为压缩层。包布层用橡胶帆布制成，用于保护V带；拉伸层和压缩层均由橡胶制成；强力层又分为帘

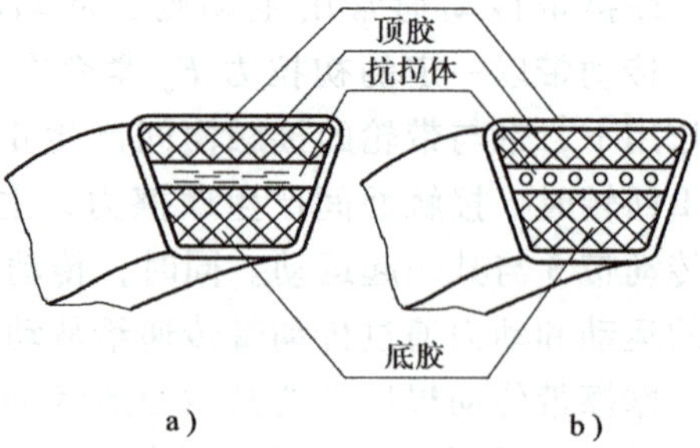

图 11-3 V带的结构

布芯结构（图 11-3a）和绳芯结构（图 11-3b）两种。其中帘布芯结构的 V 带，制造方便、抗拉强度好；而绳芯结构的 V 带，柔韧性好、抗弯强度高，适用于带轮直径小、转速较高的场合。

按截面尺寸的不同，我国的普通 V 带分为 Y、Z、A、B、C、D、E 七种型号，其截面公称尺寸见表 11-1。

表 11-1　普通 V 带截面公称尺寸

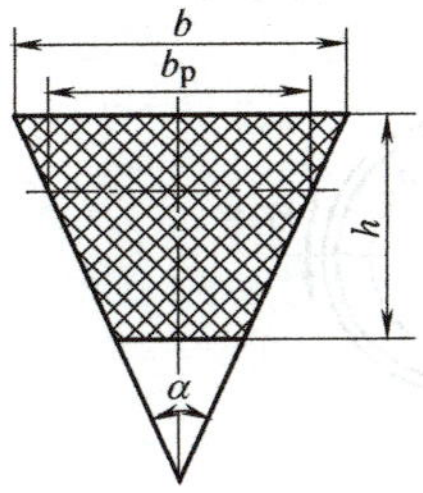

带型	Y	Z	A	B	C	D	E
顶宽 b/mm	6	10	13	17	22	32	38
节宽 b_p/mm	5.3	8.5	11	14	19	27	32
高度 h/mm	4	6	8	11	14	19	23
楔角 $\alpha=40°$							
单位长度质量 m/(kg/m)	0.023	0.060	0.105	0.170	0.300	0.630	0.970

国家标准规定，普通 V 带的长度用基准长度 L_d 表示。普通 V 带的基准长度见表 11-2。

表 11-2　普通 V 带的基准长度系列（摘自 GB/T 11544—2012）　（单位：mm）

型号						
Y	Z	A	B	C	D	E
200	405	630	930	1565	2740	4660
224	475	700	1000	1760	3100	5040
250	530	790	1100	1950	3330	5420
280	625	890	1210	2195	3730	6100
315	700	990	1370	2420	4080	6850
355	780	1100	1560	2715	4620	7650
400	920	1250	1760	2880	5400	9150
450	1080	1430	1950	3080	6100	12230
500	1330	1550	2180	3520	6840	13750
	1420	1640	2300	4060	7620	15280
	1540	1750	2500	4600	9140	16800
		1940	2700	5380	10700	
		2050	2870	6100	12200	
		2200	3200	6815	13700	
		2300	3600	7600	15200	
		2480	4060	9100		
		2700	4430	10700		
			4820			
			5370			
			6070			

11.3 带传动的工作情况分析和设计计算

11.3.1 带传动中的力分析

在安装带传动时，传动带即以一定的初拉力 F_0 紧套在两个带轮上，由于初拉力 F_0 的作用，带和带轮的接触面上就产生了正压力。

带传动不工作时传动带两边的拉力相等，都等于初拉力 F_0，如图 11-4a 所示。

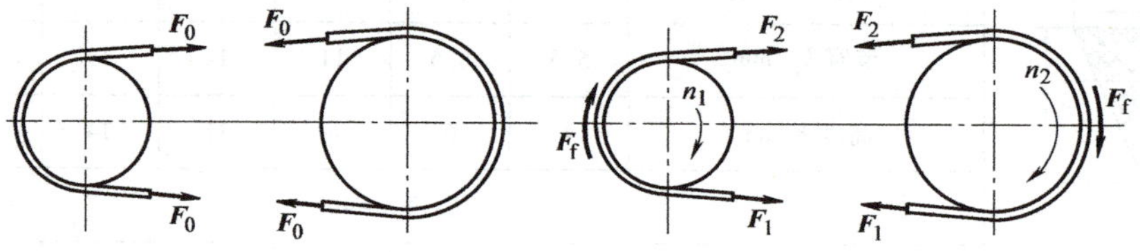

图 11-4 带传动的受力分析

带传动在工作时，如图 11-4b 所示，设主动轮以转速 n_1 转动，带与带轮的接触面间便产生摩擦力，主动轮作用在带上的摩擦力 F_f 的方向和主动轮的圆周速度方向相同，主动轮即靠此摩擦力驱动带运动；带作用在从动轮上的摩擦力的方向，显然与带的运动方向相同，带同样靠摩擦力 F_f 驱动从动轮以转速 n_2 转动。这时传动带两边的拉力也相应地产生了变化：带绕上主动轮的一边被拉紧，称为紧边，紧边拉力由 F_0 增加到 F_1；带绕上从动轮的一边被放松，称为松边，松边拉力由 F_0 减小到 F_2。可以认为，带工作时的总长度不变，则带的紧边拉力的增加量应等于松边拉力的减小量，即 $F_1-F_0=F_0-F_2$，也即

$$F_1+F_2=2F_0$$

若以从动轮一端为分离体，则有总摩擦力 F_f 和两边拉力（松边拉力、紧边拉力）对轴心力矩的代数和为零，从而可得出 $F_f=F_1-F_2$。两边拉力之差称为带的有效拉力 F_e，也就是带所能传递的圆周力。故整个面上的总摩擦力 F_f 即等于带所传递的有效拉力，即

$$F_e=F_f=F_1-F_2$$

带传动所传递的功率 P 为

$$P=\frac{F_e v}{1000}$$

式中，v 为带速，单位为 m/s。

由上式可知，若带速 v 一定，则带所传递的功率 P 与带轮之间的总摩擦力 F_f 成正比。但总摩擦力 F_f 存在一极限值，超过此值带在带轮上会发生显著的、全面的滑动——打滑。打滑使传动失效，必须避免。带处于即将打滑、尚未打滑的临界状态时，总摩擦力达到最大值，即带的有效拉力 F_e 也达到最大值，此时，紧边拉力 F_1 和松边拉力 F_2 的关系可用柔韧

体摩擦的欧拉公式表示，即

$$\frac{F_1}{F_2}=e^{f\alpha}$$

式中，e 为自然对数的底数，e≈2.718；f 为带与带轮的摩擦因数；α 为带在带轮上的包角，单位为 rad。

联立求解以上几式可得有效拉力 F_e 的最大值，即

$$F_{emax}=2F_0\frac{e^{f\alpha}-1}{e^{f\alpha}+1}$$

由上式可知，带与带轮的包角、摩擦因数及初拉力是影响带传动传递能力的重要因素。

11.3.2　带传动中的应力分析

1. 带工作时各剖面的应力分布情况

带传动工作时，带内将产生下列几种应力：

1）拉应力

紧边拉应力　　$\sigma_1=F_1/A$

松边拉应力　　$\sigma_2=F_2/A$

式中，A 为带的横截面面积，单位为 mm²；F_1、F_2 分别为紧边拉力和松边拉力。

2）离心拉应力。当带沿带轮轮缘做圆周运动时，带上每一质点都受离心力作用，离心力所引起的带的拉力总和为 F_c，此力作用于整个传动带，因此，它产生的离心拉应力 σ_c 在带的所有横剖面上都是相等的。离心力所引起的拉力 $F_c=qv^2$，则离心拉应力为

$$\sigma_c=\frac{F_c}{A}=\frac{mv^2}{A}$$

式中，m 为传动带单位长度的质量（kg/m），v 为带速（m/s）。

3）弯曲应力。带绕在带轮上时，由于弯曲而产生弯曲应力 σ_b，根据力学公式有

$$\sigma_b=\frac{2Ey}{d_d}$$

式中，E 为带的弹性模量，单位为 MPa，d_d 为带轮的基准直径，单位为 mm；y 为带的中性层到最外层的距离，单位为 mm。

2. 带中应力情况分析

由带的应力分布图（图 11-5）可得出以下结论：

1）带中的最大应力产生在带的紧边开始绕进小带轮处，此时最大应力值为

$$\sigma_{max}=\sigma_1+\sigma_c+\sigma_{b1}$$

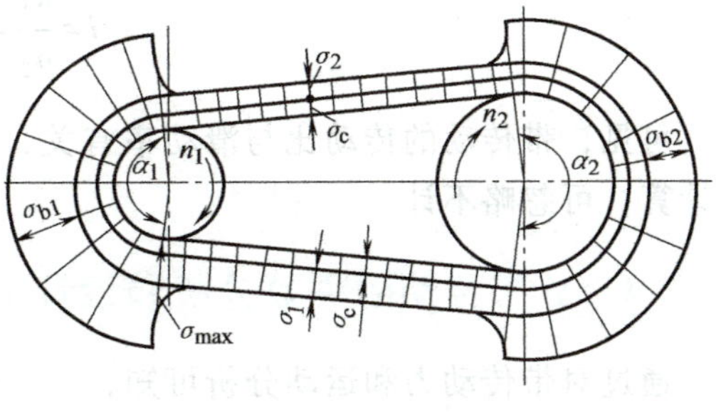

图 11-5　带的应力分布图

2）带某一截面上的应力随带所运动的位置而周期性变化，带每绕两带轮循环一

周，某截面上的应力就显著变化 4 次。当应力循环次数达到一定值后，带将产生疲劳破坏。

3）带的弯曲应力影响最大，所以，为防止过大的弯曲应力，对每种型号的 V 带，都规定了相应的最小带轮基准直径。

11.3.3 带传动的运动分析

1. 弹性滑动的概念

带在工作时会产生弹性变形，由于紧边和松边两边拉力不等，因而弹性变形量也不等。带绕上主动带轮到离开的过程中，所受拉力不断下，使带向后收缩，带在带轮接触面上出现局部微量的向后滑动，造成带的速度滞后于主动轮的速度；带绕上从动轮到离开的过程中，带所受的拉力不断加大，使带向前伸长，带在带轮接触面上出现局部微量的向前滑动，造成带的速度超前于从动轮的速度。在带与带轮接触过程中，这种微量的滑动现象称为弹性滑动。

带传动的弹性滑动会造成功率损失，会增加带的磨损，使从动轮的圆周速度下降，使传动不准确。

2. 弹性滑动和打滑的区别

（1）从现象上看　弹性滑动是局部带在带轮的局部接触弧面上发生的微量相对滑动；打滑则是整个带在带轮的全部接触面上发生的显著相对滑动。

（2）从本质上看　弹性滑动是由带本身的弹性和带传动两边的拉力差（未超过极限值）引起的，带传动只要传递动力，两边就必然出现拉力差，所以弹性滑动是带传动的固有特性，是不可避免的。而打滑则是带传动载荷过大使两边拉力差超过极限摩擦力而引起的，因此打滑是可以避免的。

3. 弹性滑动率 ε

弹性滑动使得从动轮的圆周速度 v_2 低于主动轮的圆周速度 v_1，其速度降低率用弹性滑动率 ε 表示，即

$$\varepsilon=\frac{v_1-v_2}{v_1}\times100\%$$

则带的传动比为

$$i=\frac{n_1}{n_2}=\frac{d_{d2}}{d_{d1}(1-\varepsilon)}$$

可见，带传动的传动比与滑动率有关，故不能保持一个准确值。由于 $\varepsilon\approx1\%\sim2\%$，粗略计算，可忽略不计。

11.3.4 V 带传动的失效分析和设计准则

通过对带传动力和运动分析可知，V 带传动的主要失效形式是打滑和疲劳破裂。所以 V 带传动的设计准则是保证带传动在不打滑的前提下具有一定的疲劳寿命。

11.3.5 单根普通 V 带的基本额定功率

在包角 $\alpha=180°$、特定带长、工作平稳的条件下，单根普通 V 带的基本额定功率 P_1 见表 11-3。当实际工作条件与上述特定条件不同时，应对 P_1 值加以修正，修正后的值称为许用功率 $[P_1]$。

$$[P_1]=(P_1+\Delta P_1)K_\alpha K_L$$

式中，ΔP_1 为功率增量，考虑传动比 $i\neq1$ 时，带在大带轮上弯曲应力较小，故在寿命相同条件下，可增大传动的功率，ΔP_1 的值见表 11-4；K_α 为包角修正系数，考虑 $\alpha_1\neq180°$时对传动能力的影响，见表 11-5。K_L 为带长修正系数，考虑带长不为特定长度时对传动能力的影响，见表 11-6。

表 11-3 单根普通 V 带的基本额定功率 P_1 （单位：kW）

带型	小带轮基准直径 d_{d1}/mm	小带轮转速 n_1/(r/min)										
		400	700	800	950	1200	1450	1600	2000	2400	2800	3200
Z	50	0.06	0.09	0.10	0.12	0.14	0.16	0.17	0.20	0.22	0.26	0.28
	56	0.06	0.11	0.12	0.14	0.17	0.19	0.20	0.25	0.30	0.33	0.35
	63	0.08	0.13	0.15	0.18	0.22	0.25	0.27	0.32	0.37	0.41	0.45
	71	0.09	0.17	0.20	0.23	0.27	0.30	0.33	0.39	0.46	0.50	0.54
	80	0.14	0.20	0.22	0.26	0.30	0.35	0.39	0.44	0.50	0.56	0.61
A	75	0.26	0.40	0.45	0.51	0.60	0.68	0.73	0.84	0.92	1.00	1.04
	90	0.39	0.61	0.68	0.77	0.93	1.07	1.15	1.34	1.50	1.64	1.75
	100	0.47	0.74	0.83	0.97	1.14	1.32	1.42	1.66	1.87	2.05	2.19
	112	0.56	0.90	1.00	1.15	1.39	1.61	1.74	2.04	2.30	2.51	2.68
	125	0.67	1.07	1.19	1.37	1.66	1.92	2.07	2.44	2.74	2.98	3.16
	140	0.78	1.26	1.41	1.66	1.96	2.28	2.45	2.87	3.22	3.48	3.65
B	125	0.84	1.30	1.44	1.64	1.93	2.19	2.33	2.64	2.85	2.96	2.94
	140	1.05	1.64	1.82	2.08	2.47	2.82	3.00	3.42	3.70	3.85	3.83
	160	1.32	2.09	2.32	2.66	3.17	3.62	3.86	4.40	4.75	4.89	4.80
	180	1.59	2.53	2.81	3.22	3.85	4.39	4.68	5.30	5.67	5.76	5.52
	200	1.85	2.96	3.30	3.77	4.50	5.13	5.46	6.13	6.47	6.43	5.95
C	200	2.41	3.69	4.07	4.58	5.29	5.84	6.07	6.34	6.02	5.01	3.23
	224	2.99	4.64	5.12	5.78	6.71	7.45	7.75	8.06	7.57	6.08	3.57
	250	3.62	5.64	6.23	7.04	8.21	9.04	9.38	9.62	8.75	6.56	2.93
	280	4.32	6.76	7.52	8.49	9.81	10.72	11.06	11.04	9.50	6.13	—
	315	5.14	8.09	8.92	10.05	11.53	12.46	12.72	12.14	9.43	4.16	—
	400	7.06	11.02	12.10	13.48	15.04	15.53	15.24	11.95	4.34	—	—

表 11-4 单根普通 V 带额定功率的增量 ΔP_1 （单位：kW）

带型	小带轮转速 n_1/(r/min)	传动比 I									
		1.00~1.01	1.02~1.04	1.05~1.08	1.09~1.12	1.13~1.18	1.19~1.24	1.25~1.34	1.35~1.50	1.51~1.99	≥2.0
Z	400	0.00	0.00	0.00	0.00	0.00	0.00	0.00	0.00	0.01	0.01
	700	0.00	0.00	0.00	0.00	0.00	0.00	0.01	0.01	0.01	0.02
	800	0.00	0.00	0.00	0.00	0.01	0.01	0.01	0.01	0.02	0.02
	950	0.00	0.00	0.00	0.00	0.01	0.01	0.01	0.02	0.02	0.02
	1200	0.00	0.00	0.01	0.01	0.01	0.01	0.02	0.02	0.02	0.03
	1450	0.00	0.00	0.01	0.01	0.01	0.02	0.02	0.02	0.02	0.03
	1600	0.00	0.01	0.01	0.01	0.01	0.02	0.02	0.02	0.03	0.03
	2800	0.00	0.01	0.02	0.02	0.03	0.03	0.03	0.04	0.04	0.04
A	400	0.00	0.01	0.01	0.02	0.02	0.03	0.03	0.04	0.04	0.05
	700	0.00	0.01	0.02	0.03	0.04	0.05	0.06	0.07	0.08	0.09
	800	0.00	0.01	0.02	0.03	0.04	0.05	0.06	0.08	0.09	0.10
	950	0.00	0.01	0.03	0.04	0.05	0.06	0.07	0.08	0.10	0.11
	1200	0.00	0.02	0.03	0.05	0.07	0.08	0.10	0.11	0.13	0.15
	1450	0.00	0.02	0.04	0.06	0.08	0.09	0.11	0.13	0.15	0.17
	1600	0.00	0.02	0.04	0.06	0.09	0.11	0.13	0.13	0.17	0.19
	2800	0.00	0.04	0.08	0.11	0.15	0.19	0.23	0.26	0.30	0.34
B	400	0.00	0.01	0.03	0.04	0.06	0.07	0.08	0.10	0.11	0.13
	700	0.00	0.02	0.05	0.07	0.10	0.12	0.15	0.17	0.20	0.22
	800	0.00	0.03	0.06	0.08	0.11	0.14	0.17	0.20	0.23	0.25
	950	0.00	0.03	0.07	0.10	0.13	0.17	0.20	0.23	0.26	0.30
	1200	0.00	0.04	0.08	0.13	0.17	0.21	0.25	0.30	0.34	0.38
	1450	0.00	0.05	0.10	0.15	0.20	0.25	0.31	0.36	0.40	0.46
	1600	0.00	0.06	0.11	0.17	0.23	0.28	0.34	0.39	0.45	0.51
	2800	0.00	0.10	0.20	0.29	0.39	0.49	0.59	0.69	0.79	0.89
C	400	0.00	0.04	0.08	0.12	0.16	0.20	0.23	0.27	0.31	0.35
	700	0.00	0.07	0.14	0.21	0.27	0.34	0.41	0.48	0.55	0.62
	800	0.00	0.08	0.16	0.23	0.31	0.39	0.47	0.55	0.63	0.71
	950	0.00	0.09	0.19	0.27	0.37	0.47	0.56	0.65	0.74	0.83
	1200	0.00	0.12	0.24	0.35	0.47	0.59	0.70	0.82	0.94	1.06
	1450	0.00	0.14	0.28	0.42	0.58	0.71	0.85	0.99	1.14	1.27
	1600	0.00	0.16	0.31	0.47	0.63	0.78	0.94	1.10	1.25	1.41
	2800	0.00	0.27	0.55	0.82	1.10	1.37	1.64	1.92	2.19	2.47

表 11-5 包角修正系数 K_α

包角 α_1	180°	175°	170°	165	160°	155°	150°	145°	140°	135	130°	125°	120°
K_α	1.00	0.99	0.98	0.96	0.95	0.93	0.92	0.91	0.89	0.88	0.86	0.84	0.82

表 11-6　带长修正系数 K_L

Y	K_L	Z	K_L	A	K_L	B	K_L	C	K_L	D	K_L
L_d/mm		L_d/mm		L_d/mm		L_d/mm		L_d/mm		L_d/mm	
200	0.81	405	0.87	630	0.81	930	0.83	1565	0.82	2740	0.82
224	0.82	475	0.90	700	0.83	1000	0.84	1760	0.85	3100	0.86
250	0.84	530	0.93	790	0.85	1100	0.86	1950	0.87	3330	0.87
280	0.87	625	0.96	890	0.87	1210	0.87	2195	0.90	3730	0.90
315	0.89	700	0.99	990	0.89	1370	0.90	2420	0.92	4080	0.91
355	0.92	780	1.00	1100	0.91	1560	0.92	2715	0.94	4620	0.94
400	0.96	920	1.04	1250	0.93	1760	0.94	2880	0.95	5400	0.97
450	1.00	1080	1.07	1430	0.96	1950	0.97	3080	0.97	6100	0.99
500	1.02	1300	1.13	1550	0.98	2180	0.99	3520	0.99	6840	1.02
		1420	1.14	1640	0.99	2300	1.01	4060	1.02	7620	1.05
		1540	1.54	1750	1.00	2500	1.03	4600	1.05	9140	1.08
				1940	1.02	2700	1.04	5380	1.08	10700	1.13
				2050	1.04	2870	1.05	6100	1.11	12200	1.16
				2200	1.06	3200	1.07	6815	1.14	13700	1.19
				2300	1.07	3600	1.09	7600	1.17	15200	1.21
				2480	1.09	4060	1.13	9100	1.21		
				2700	1.10	4430	1.15	10700	1.24		
						4820	1.17				

11.3.6　主要参数选择

设计 V 带传动时，通常已知传动的用途、工作条件、传递功率、带轮的转速及外廓尺寸要求等。

设计计算的主要内容是：确定 V 带的型号、长度、根数，中心距，带轮直径、材料、结构以及作用在轴上的压力等。

设计计算的一般步骤如下：

1. 确定计算功率 P_d、选择 V 带型号

计算功率

$$P_d = K_A P \tag{11-1}$$

式中，P 为传递的名义功率，单位为 kW；K_A 为工作情况系数，见表 11-7。

表 11-7　工作情况系数 K_A

载荷性质	工　作　机	原　动　机					
		Ⅰ类			Ⅱ类		
		每天工作时间/h					
		<10	10~16	>16	<10	10~16	>16
载荷平稳	离心式水泵、通风机（≤7.5kW）、轻型输送机、离心式压缩机	1.0	1.1	1.2	1.1	1.2	1.3
载荷变动小	带式运输机、通风机（>7.5kW）、发电机、旋转式水泵、机床、剪床、压力机、印刷机、振动筛	1.1	1.2	1.3	1.2	1.3	1.4

（续）

载荷性质	工 作 机	原 动 机					
		Ⅰ类			Ⅱ类		
		每天工作时间/h					
		<10	10~16	>16	<10	10~16	>16
载荷变动较大	螺旋式输送机、斗式提升机、往复式水泵和压缩机、锻锤、磨粉机、锯木机、纺织机械	1.2	1.3	1.4	1.4	1.5	1.6
载荷变动很大	破碎机（旋转式、颚式等）、球磨机、起重机、挖掘机、辊压机	1.3	1.4	1.5	1.5	1.6	1.8

注：Ⅰ类——普通笼型交流电动机、同步电动机、直流电动机（并激），$n \geqslant 600$r/min 内燃机。

Ⅱ类——交流电动机（双笼型、滑环式、单相、大转差率）、直流电动机，$n \leqslant 600$r/min 内燃机。

V 带的型号常根据 P_d 和小带轮的转速 n_1，由图 11-6 选取。

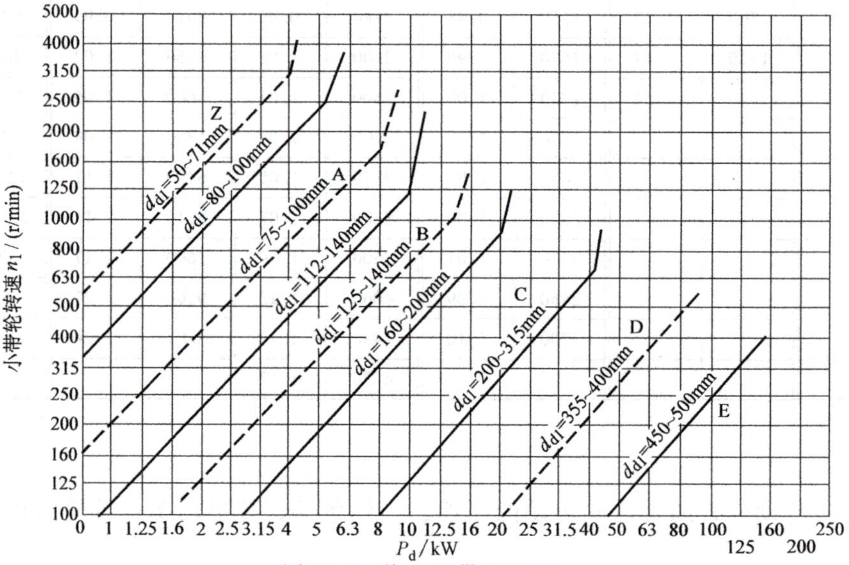

图 11-6 普通 V 带选型图

2. 确定带轮直径 d_{d1}、d_{d2}，校核带速 v

表 11-8 列出了 V 带轮的最小基准直径和带轮的基准直径系列，选择小带轮基准直径时，应使 $d_{d1} \geqslant d_{min}$，以减小带内的弯曲应力。大带轮的基准直径 d_{d2} 按下式计算

$$d_{d2}=\frac{n_1}{n_2}d_{d1}(1-\varepsilon)$$

并按表 11-8 进行圆整。

表 11-8 普通 V 带轮基准直径（摘自 GB/T 13575.1—2008） （单位：mm）

槽型	基准直径 d_d
Y	20* 22.4 25 28 31.5 35.5 40 45 50 56 80 90 100 112 125
Z	50* 56 63 71 75 80 90 100 112 125 132 140 150 160 180 200 224 250 280 315 355 400 500 630
A	75* 80 85 90 95 100 106 112 118 125 132 140 150 160 180 200 224 250 280 315 355 400 450 500 560 630 710 800

（续）

槽型	基准直径 d_d
B	125* 132 140 150 160 170 180 200 224 250 280 315 355 400 450 500 560 600 630 710 750 800 900 1000 1120
C	200* 212 224 236 250 265 280 300 315 335 355 400 450 500 560 600 630 710 750 800 900 1000 1120 1250 1400 1600 2000
D	355* 375 400 425 450 475 500 560 600 630 710 750 800 900 1000 1060 1120 1250 1400 1500 1600 1800 2000
E	500* 530 560 600 710 800 900 1000 1120 1250 1400 1500 1600 1800 2000 2240 2500

注：带 * 的数字为对应槽型的最小基准直径。

带速
$$v=\frac{\pi d_{d1}n_1}{60\times1000} \tag{11-2}$$

带速 v 一般应在 5~30m/s 的范围内，其中以 10~20m/s 为最佳。若 $v>25$m/s，则因带绕过带轮时离心力过大，使带与带轮之间的压紧力减小，摩擦力降低而使传动能力下降，而且离心力过大降低了带的疲劳强度和寿命。而当 $v<5$m/s 时，在传递相同功率时带所传递的圆周力增大，使带的根数增加。

3. 确定中心距 a、带长 L_d 和核算包角 α

传动比和带速一定时，中心距增大，将有利于增大包角和减少单位时间内的应力循环次数，但中心距太大则使结构外廓尺寸大，还会因载荷变化引起带的颤动，从而降低其工作能力。若已知条件未对中心距提出具体的要求，一般可按下式初选中心距 a_0。

$$0.7(d_{d1}+d_{d2})<a_0<2(d_{d1}+d_{d2}) \tag{11-3}$$

初选中心距 a_0 后再由下式求得基准长度

$$L_0=2a_0+\frac{\pi}{2}(d_{d1}+d_{d2})+\frac{(d_{d2}-d_{d1})^2}{4a_0} \tag{11-4}$$

并由表 11-2 圆整到标准长度 L_d，实际中心距 a 可由下式近似计算

$$a=A+\sqrt{A^2-B} \tag{11-5}$$

式中，$A=\frac{L_d}{4}-\frac{\pi(d_{d1}+d_{d2})}{8}$，单位为 mm；$B=\frac{(d_{d2}-d_{d1})^2}{8}$，单位为 mm^2。

考虑安装、调整的需要，中心距变动范围为

$$(a-0.015L_d)\sim(a+0.03L_d)$$

包角 α 的大小影响传动能力，α 过小，会使传动能力降低，并且易打滑，故对包角 α 有一定的要求，即

$$\alpha_1=180°-\frac{d_{d2}-d_{d1}}{a}\times57.3°\geqslant120° \tag{11-6}$$

若不满足，应增大中心距 a 或降低传动比，也可加张紧轮。

4. 确定 V 带的根数 Z

$$Z\geqslant\frac{P_d}{(P_1+\Delta P_1)K_\alpha K_L} \tag{11-7}$$

式中，Z 应取整数，且为使带受力均匀，一般应使 $Z<10$。

5. 作用在带轮轴上的压力 F_Q

为了设计带轮轴和轴承，必须计算出带轮对轴的压力，如图 11-7 所示，可按下式近似计算。

$$F_Q = 2F_0 Z\sin\frac{\alpha_1}{2} \qquad (11\text{-}8)$$

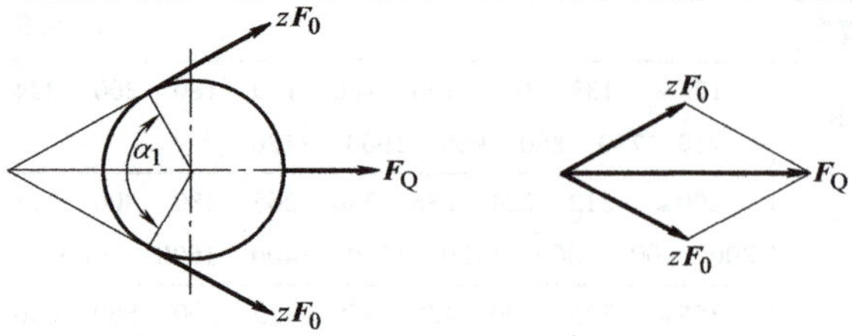

图 11-7　带传动作用在轴上的压力

F_0 为带的初拉力，保持适当的初拉力是带传动工作的首要条件。初拉力不足，极限摩擦力小，传动能力下降；初拉力过大，将增大作用在轴上的压力并降低带的寿命。单根普通 V 带合适的初拉力 F_0 可按下式计算，即

$$F_0 = \frac{500P_d}{Zv}\left(\frac{2.5}{K_\alpha} - 1\right) + mv^2 \qquad (11\text{-}9)$$

6. 带轮结构设计

带轮结构设计见本章 11.4 节。

例　设计一带式输送机的普通 V 带传动，已知电动机功率 $P=5.5\text{kW}$，转速 $n_1=960\text{r/min}$，工作机的转速 $n_2=350\text{r/min}$，根据空间尺寸，要求中心距约为 500mm。带传动每天工作 16h，试设计该 V 带传动。

解　(1) 确定计算功率 P_d

根据 V 带传动工作条件。查表 11-7，可得工作情况系数 $K_A=1.2$，所以

$$P_d=K_AP=1.2\times5.5\text{kW}=6.6\text{kW}$$

(2) 选取 V 带型号

根据 P_d、n_1，由图 11-6 选用 A 型 V 带。

(3) 确定带轮基准直径 d_{d1}、d_{d2}

由表 11-8、图 11-6 选 $d_{d1}=140\text{mm}$。

从动轮的基准直径为

$$d_{d2} = \frac{n_1}{n_2}d_{d1}(1-\varepsilon) = \frac{960}{350}\times140\times(1-0.02)\text{mm} \approx 376.42\text{mm}$$

根据表 11-8，选 $d_{d2}=400\text{mm}$。

(4) 验算带速 v

$$v = \frac{\pi d_{d1}n_1}{60\times1000} = \frac{3.14\times140\times960}{60\times1000}\text{m/s} \approx 7.03\text{m/s}$$

v 在 5~15m/s 范围内，故带的速度合适。

(5) 确定 V 带的基准长度和传动中心距

因题目要求中心距约为 500mm，故初选中心距 $a_0=500\text{mm}$。

根据式 (11-4) 计算带所需的基准长度

$$L_0=2a_0+\frac{\pi}{2}(d_{d1}+d_{d2})+\frac{(d_{d2}-d_{d1})^2}{4a_0}$$

$$=2\times500\text{mm}+\frac{\pi}{2}(140+400)\text{mm}+\frac{(400-140)^2}{4\times500}\text{mm}\approx1882\text{mm}$$

由表 11-2，选取带的基准长度 $L_d=1940\text{mm}$。

按式（11-5）计算实际中心距

$$a=A+\sqrt{A^2-B}=(273+\sqrt{273^2-8450})\text{mm}=530\text{mm}$$

（6）验算主动轮上的包角 α_1

由式（11-6）得

$$\alpha_1=180°-\frac{d_{d2}-d_{d1}}{a}\times 57.3°=180°-\frac{400-140}{530}\times 57.3°=151.89°>120°$$

故主动轮上的包角合适。

（7）计算 V 带的根数 Z

由式（11-7）得

$$Z=\frac{P_d}{(P_1+\Delta P_1)K_\alpha K_L}$$

由 $n_1=960\text{r/min}$，$d_{d1}=140\text{mm}$，查表 11-3 得 $P_1=1.66\text{kW}$（用内插法求），查表 11-4 得 $\Delta P_1=0.11\text{kW}$。

查表 11-5 得 $K_\alpha=0.92$，查表 11-6 查得 $K_L=1.02$，所以

$$Z=\frac{6.6}{(1.66+0.11)\times 0.92\times 1.02}=3.97(\text{根})$$

取 $Z=4$ 根。

（8）计算 V 带合适的初拉力 F_0

由式（11-9）得

$$F_0=\frac{500P_d}{Zv}\left(\frac{2.5}{K_\alpha}-1\right)+mv^2$$

查表 11-1 得 $m=0.105\text{kg/m}$，所以

$$F_0=\frac{500\times 6.6}{4\times 7.03}\left(\frac{2.5}{0.92}-1\right)\text{N}+0.105\times 7.03^2\text{N}=206.7\text{N}$$

（9）计算作用在带轮轴上的压力 F_Q

由式（11-8）得

$$F_Q=2F_0Z\sin\frac{\alpha_1}{2}=2\times 4\times 206.7\times\sin\frac{151.89}{2}\text{N}=1604.1\text{N}$$

（10）带轮结构设计（略）

（11）V 带标记示例　A1940　GB/T 1171—2017

11.4　V 带轮的材料和结构

V 带轮的常用材料为铸铁，常用材料的牌号为 HT150 和 HT200；带轮的圆周速度在 30m/s 以下用 HT150，大于 30m/s 用 HT200。转速再高时可采用铸铁或采用钢板焊接件；当功率较小时，可采用铸铝或塑料。

带轮通常是由三部分组成：轮缘（用于安装传动带）、轮毂（与轴联接）、轮辐或腹板

（联接轮缘和轮毂）。

带轮的典型形式有如下几种：带轮直径较小时可采用实心式，如图 11-8a 所示；中等直径的带轮可采用腹板式，如图 11-8b 所示；直径大于 350mm 时可采用轮辐式，如图 11-8c 所示。图中列有经验公式可供带轮结构设计时参考。各种型号 V 带轮的轮缘宽 B、轮毂孔径 d_s 和轮毂长 L 的尺寸，可查阅相关标准。

普通 V 带轮轮缘的截面图及轮槽尺寸见表 11-9，V 带两侧面的夹角均为 40°，但在带轮弯曲时，由于截面变形将使两侧面夹角变小。为了使胶带仍能紧贴轮槽两侧，将 V 带轮槽角规定为 32°、34°、36°和 38°。

表 11-9 普通 V 带轮的轮槽尺寸（摘自 GB/T 13575.1—2008） （单位：mm）

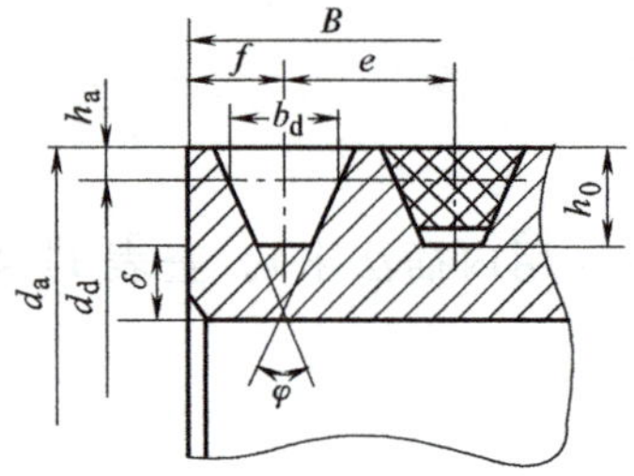

		槽型	Y	Z	A	B	C	D	E
		b_d	5.3	8.5	11	14	19	27	32
		h_0	6.3	9.5	12	15	20	28	33
		h_{amin}	1.6	2.0	2.75	3.5	4.8	8.1	9.6
		e	8	12	15	19	25.5	37	44.5
		f_{min}	6	7	9	11.5	16	23	28
		δ_{min}	5	5.5	6	7.5	10	12	15
		$B=(z-1)e+2f$，z 为轮槽数							
φ	32°	基准直径 d_d	≤60						
	34°			≤80	≤118	≤190	≤315		
	36°		>60					≤475	≤600
	38°			>80	>118	>190	>315	>475	>600

注：δ_{min} 是轮缘最小壁厚推荐值。

11.5 V 带传动的张紧、安装和维护

11.5.1 带传动的张紧方法

带的初拉力对其传动能力、寿命和压轴力都有很大影响，适当的初拉力是保证带传动正常工作的重要因素。新安装的带在套张后需张紧；带运行一段时间后，会产生磨损和塑性变形，使带松弛而初拉力减小，需将带重新张紧。常用张紧方法有：

1. 调节中心距

当中心距可调时，加大中心距，使带张紧。调节中心距的张紧装置有以下两类：

（1）定期张紧装置　定期张紧装置是利用定期改变中心距的方法来进行张紧的，如图 11-9a、图 11-9b 所示。其中图 11-9a 适用于水平或倾斜度不大的带传动装置，图 11-9b 适用于垂直或接近垂直的带传动装置。

（2）自动张紧装置　如图 11-9c 所示，利用重力和带轮上的制动力矩，使带轮随浮动架绕固定轴摆动而改变中心距的自动张紧装置。自动张紧方法常用于小功率传动。

2. 采用张紧轮

张紧轮张紧装置一般适用于中心距不可调的带传动装置。如图 11-9d 所示，张紧轮压在松边的内侧，并尽量靠近大带轮，以免对小带轮的包角影响过大。

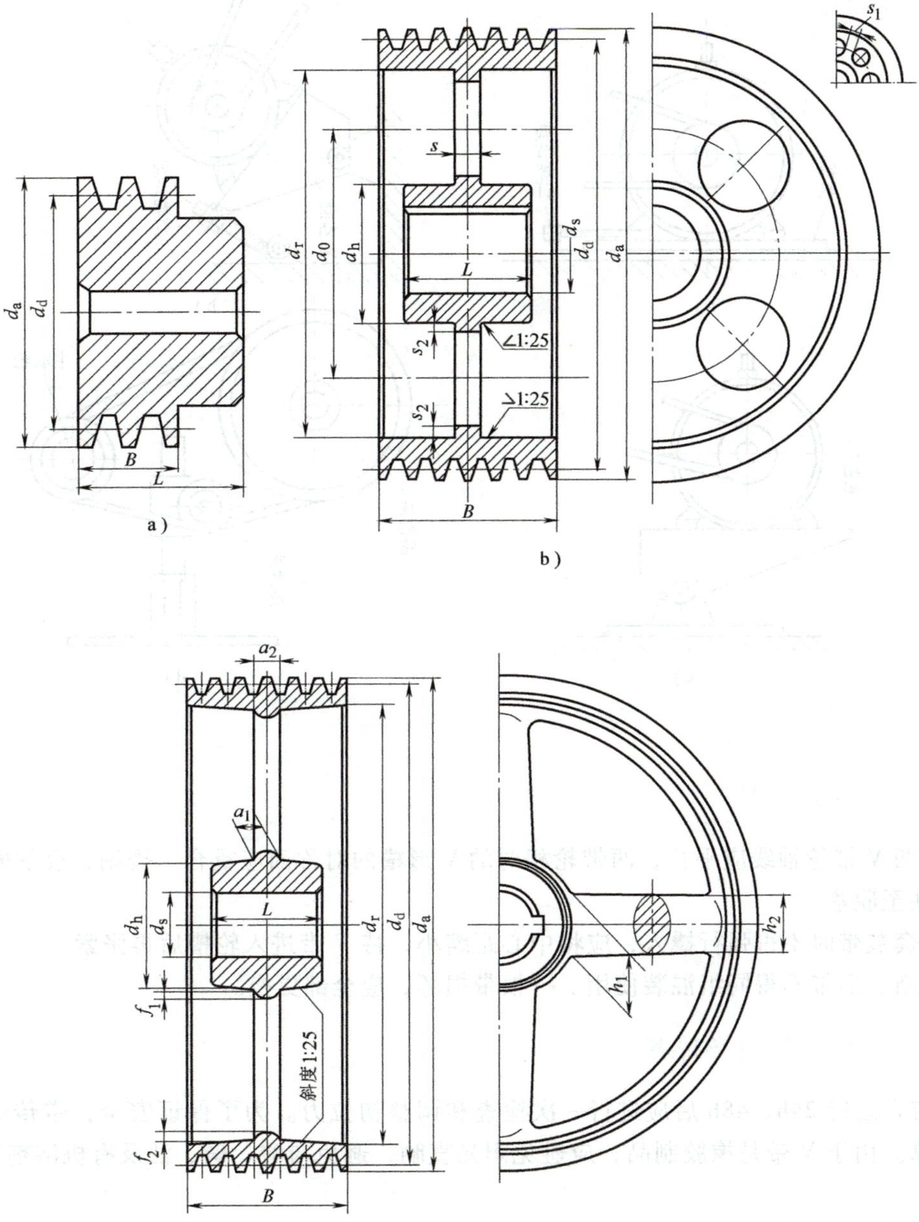

c)

$$d_h=(1.8\sim2)d_s \quad d_0=\frac{d_h+d_r}{2} \quad d_r=d_a-2(h_0+\delta),$$

h_0、δ 见表 11-9，$s=(0.2\sim0.3)B$，$s_1\geqslant1.5s$，$s_2\geqslant0.5s$，$L=(1.5\sim2)d_s$

$h_1=290\sqrt[3]{\dfrac{P}{nA}}$，$P$ 为传递功率（kW），n 为带轮转速（r/min），A 为轮辐数

$$h_2=0.8h_1,\ a_1=0.4h_1,\ a_2=0.8a_1,\ f_1=0.2h_1,\ f_2=0.2h_2$$

图 11-8　带轮的典型形式

a）实心式　b）腹板式　c）轮辐式

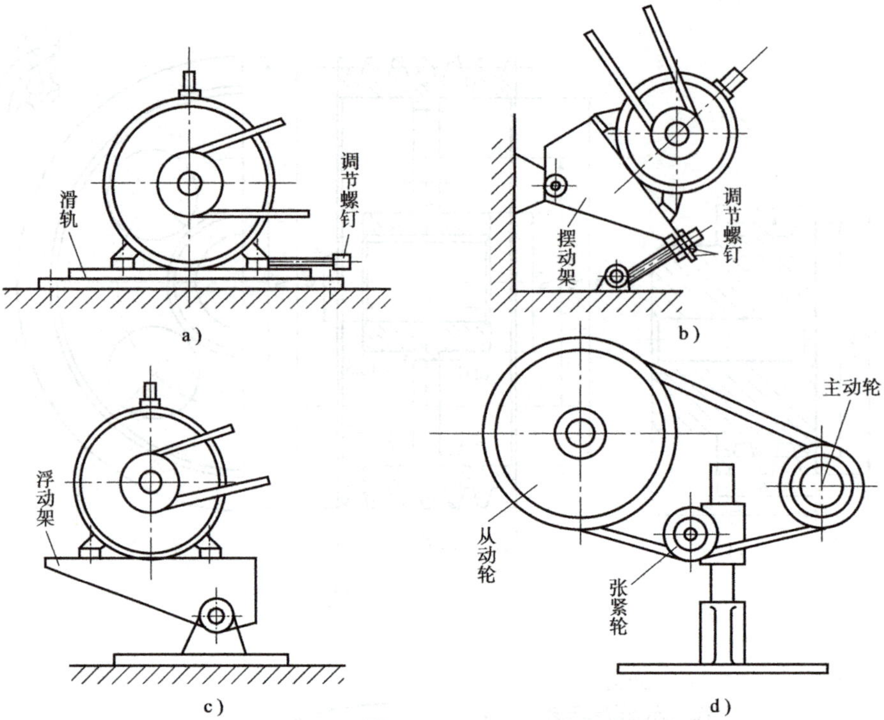

图 11-9 V 带传动的张紧装置

11.5.2 V 带的安装

1）两 V 带轮轴线应平行，两带轮相对的 V 形槽的对称面应重合，否则，会加剧 V 带的磨损，甚至脱落。

2）套装带时不得强行撬入，应将中心距缩小，待 V 带进入轮槽后再张紧。

3）新、旧带不得同组混装使用。一根带损坏，应全部更换。

11.5.3 V 带的使用和维护

新带在运行 24h、48h 后应进行一次检查和调整初拉力。为了保证安全，带传动装置应加防护罩。由于 V 带是橡胶制品，应避免阳光直晒，避免与酸、碱、油及有机溶剂等接触。

11.6 链传动概述

链传动是在装于平行轴上的链轮之间，以链条作为挠性拽引元件的一种啮合传动，如图 11-10 所示。链传动能在较大的轴距间进行传动，结构简单、耐用，易维护，在工程领域中得到广泛应用。

链传动和带传动比较，链传动的特点是：能保持准确的平均传动比；传动尺寸相同时，传动能力较大；传动效率较高；张紧力小，压轴力较小；可在温度较高、湿度较大、有油污、腐蚀等恶劣条件下工作；工作中冲击、噪声较大，不如带传动平稳；只能用于平行轴间的传动。

链传动与齿轮传动比较，链传动的特点是：容易安装，成本低廉，能实现远距离传动，而且结构比较轻便；但瞬时速度不均匀，瞬时传动比不恒定；传动效率较低。

链传动的应用范围很广，用于一般机械传动时，其传动功率 $P \leqslant 100\text{kW}$，传动效率 $\eta = 0.92 \sim 0.96$，工作速度 $v \leqslant 15\text{m/s}$，传动比 $i \leqslant 8$。

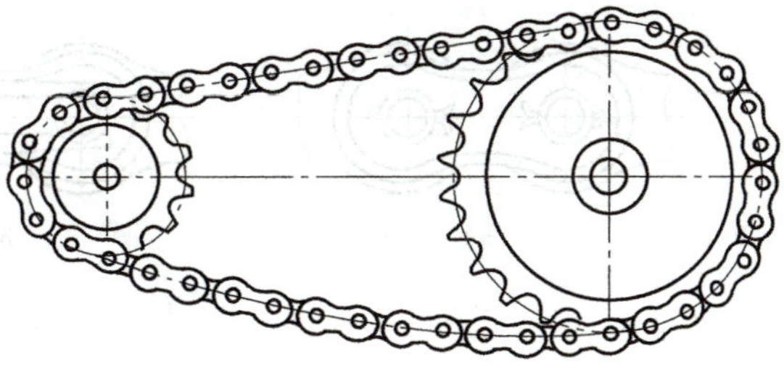

图 11-10　链传动简图

11.7　链传动的类型和套筒滚子链的结构与规格

按照用途不同，链条可分为传动链、起重链和输送链。机械中传递运动和动力的传动链按所用链条分为滚子链传动、套筒链传动、板式链传动、齿形链传动等。

如图 11-11 所示，滚子链由内链板 1、套筒 2、销轴 3、外链板 4 和滚子 5 组成；内链板与套筒之间、外链板与销轴之间为过盈联接；滚子与套筒之间、套筒与销轴之间均为间隙配合。这样使内、外链节间做相对转动，并减少链条与链轮间的摩擦与磨损。为减轻重量和使链板各截面强度接近相等，链板制成 8 字形。滚子链有单排链（图 11-11）、双排链（图 11-12）、多排链。多排链的承载能力与排数成正比，但由于精度的影响，各排的载荷不易均匀，故排数不宜过多，一般不超过 4 排。链条上相邻销轴的中心距称为节距，以 p 表示，它是链传动最重要的参数。

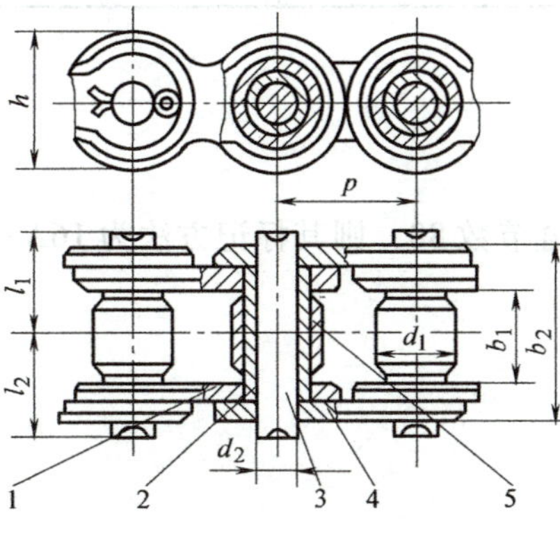

图 11-11　滚子链

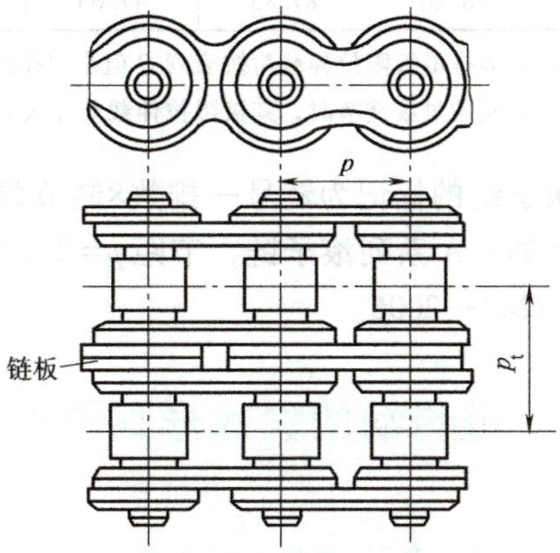

图 11-12　双排滚子链

滚子链使用时为封闭环形，当链节数为偶数时，链条一端的外链板正好与另一端的内链板相联，接头处可用开口销或弹簧夹将销轴进行轴向固定，如图 11-13a、b 所示，前者用大节距链，后者用小节距链，该链节又称连接链节。若链节数为奇数时，则采用过渡链节，如图 11-13c 所示。链条受拉时，过渡链节的弯链板承受附加的弯矩作用，强度约降低 20%，因此，设计时应避免采用奇数链节数。

滚子链已标准化，分为 A、B 两个系列，常用的 A 系列滚子链的主要参数和尺寸见表 11-10（表中的链号数乘以 1.5875 即为节距 p 值）。后缀 A、B 为系列代号。从表中可知链号

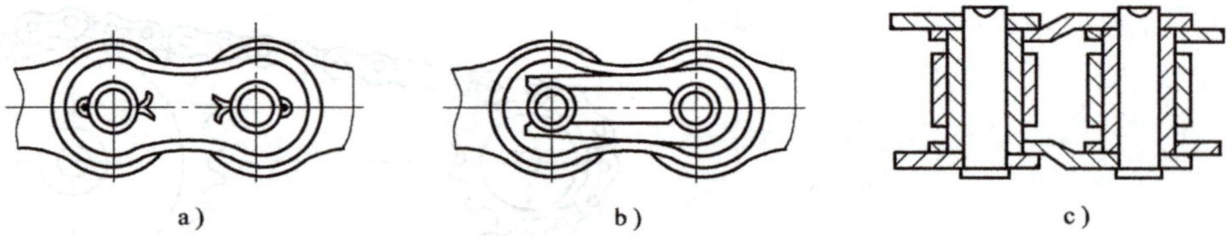

图 11-13 滚子链接头链节

数越大，链的尺寸就越大，其承载能力也就越高。

表 11-10 A 系列滚子链的基本参数和尺寸

链号	节距 p/mm	排距 p_t /mm	滚子外径 d_1/mm	内链节内宽 b_1/mm	销轴直径 d_2/mm	内链板高度 h_2/mm	极限拉伸载荷(单排) Q/N	单排质量 q/(kg/m)
08A	12.70	14.38	7.95	7.85	3.96	12.07	13800	0.60
10A	15.875	18.11	10.16	9.40	5.08	15.09	21800	1.00
12A	19.05	22.78	11.91	12.57	5.94	18.08	31100	1.50
16A	25.40	29.29	15.88	15.75	7.92	24.13	55600	2.60
20A	31.75	35.76	19.05	18.90	9.53	30.18	86700	3.80
24A	38.10	45.44	22.23	25.22	11.10	36.20	124600	5.60
28A	44.45	48.87	25.40	25.22	12.70	42.24	169000	7.50
32A	50.80	58.55	28.58	31.55	14.27	48.26	222400	10.10
40A	63.50	71.55	39.68	37.85	19.84	60.33	347000	16.10
48A	76.20	87.83	47.63	47.35	23.80	72.39	500400	22.60

注：1. 多排链极限拉伸载荷按表列 Q 值乘以排数计算。

2. 使用过渡链节时，其极限拉伸载荷按表列数值 80%计算。

滚子链的标记为链号—排数×链节数 标准代号

例如：A 系列滚子链，节距 $p=25.4$mm，双排，链节数 88，则其标记方法为 16A—2×88 GB/T 1243—2006。

11.8 链传动的失效形式与许用功率

11.8.1 链传动的失效形式

实践证明，链传动的失效一般是因链条的失效而引起的，其主要失效形式有以下几种：

（1）链板疲劳破坏 链条反复经受变载荷作用，经过一定的循环次数后，链板会发生疲劳破坏。正常润滑条件下，疲劳强度是限定链传动承载能力的主要因素。

（2）套筒、滚子冲击疲劳破坏 链节和链轮轮齿在啮合时，滚子与链轮间会产生冲击。高速时，冲击载荷较大，套筒与滚子表面发生冲击疲劳破坏。

（3）销轴与套筒的胶合 当润滑不良或速度过高时，销轴与套筒的工作表面摩擦发热较大，易使两表面发生粘附磨损，严重时则产生胶合。

（4）链条铰链磨损　销轴和套筒既要承受较大的压力，又要产生相对转动，必然引起磨损，使节距 p 增大，容易跳齿或脱链。对于开式传动，如果环境恶劣或润滑不良，则因铰链磨损会急剧降低链条的使用寿命。

（5）过载拉断　在低速（$v \leqslant 6\mathrm{m/s}$）重载或短期过载作用下，链条所受的拉力超过了链条的静强度时，链条将被拉断。

11.8.2　链传动的许用功率

链传动的承受能力受到多种失效形式的限制，在确定某一链传动所能传递的功率时，必须全面考虑各种失效形式对传动的影响。

图 11-14 所示是 A 系列单排滚子链的额定功率曲线。它是在特定条件下制定的，即：①两轮共面；②小轮齿数 $z_1=19$；③链长 $L_p=100$ 节；④载荷平稳；⑤按推荐的方式润滑（图 11-15）；⑥工作寿命为 15000h；⑦链条因磨损而引起的相对伸长量不超过 3%。当链传动不能按推荐的方式润滑时，图中规定的功率 P_0 应降低取下列数值：

$v \leqslant 1.5\mathrm{m/s}$ 时，取 $(0.3 \sim 0.6)P_0$；

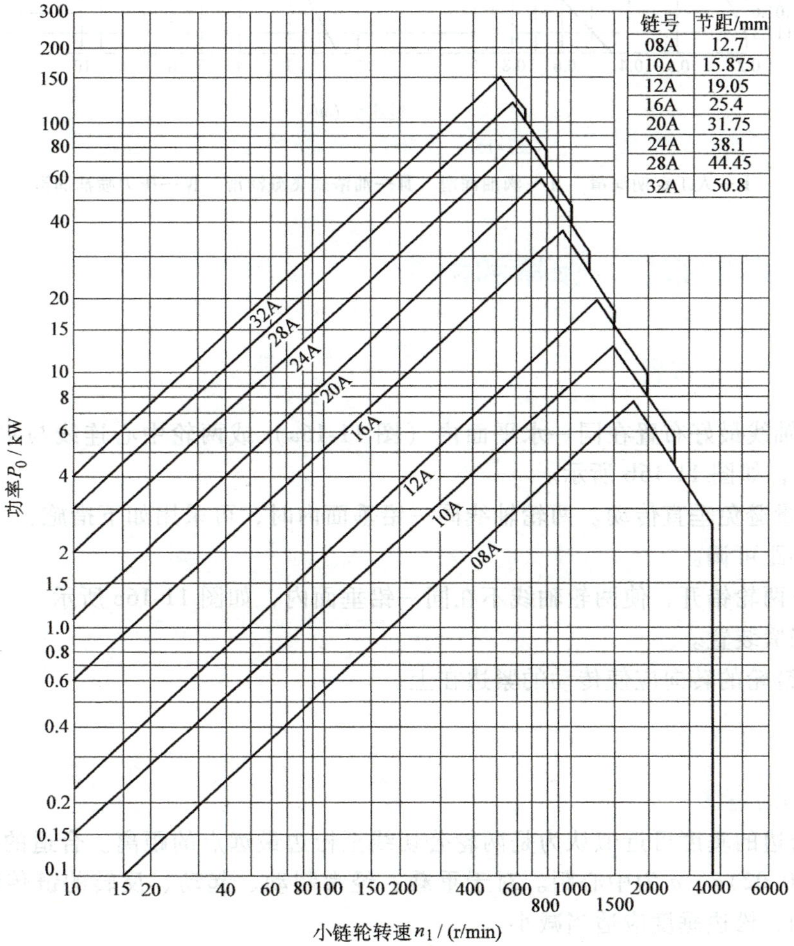

图 11-14　A 系列单排滚子链额定功率曲线

5m/s<v<7m/s 时，取 $(0.15\sim0.3)P_0$；

v>7m/s 润滑不良时传动不可靠，不宜采用。

当要求实际工作寿命低于15000h时，可按有限寿命设计，此时允许传递的功率高些。

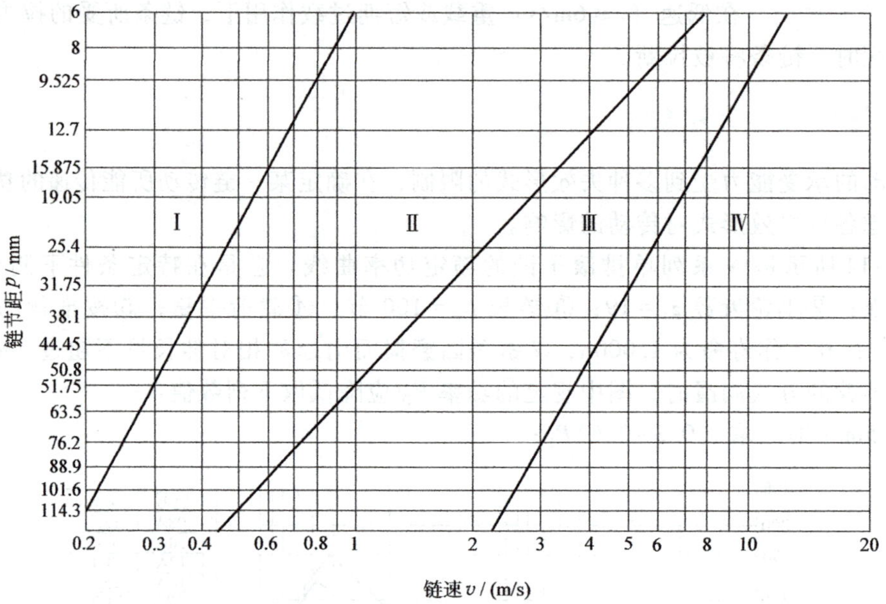

图 11-15 推荐使用的润滑方式

Ⅰ—人工定期润滑 Ⅱ—滴油润滑 Ⅲ—油浴式飞溅润滑 Ⅳ—压力喷油润滑

11.9 链传动的布置、张紧和润滑

11.9.1 链传动的布置

1）两轮轴线最好布置在同一水平面内（图11-16a）或两轮中心连线与水平面成45°以下的倾斜角 α，如图11-16b所示。

2）应尽量避免垂直传动。两轮轴线同一铅垂面内时，可采用如下措施：

① 中心距可调。

② 上下两轮错开，使两轮轴线不在同一铅垂面内，如图11-16c所示。

③ 设张紧装置。

3）主动链轮的转向应使传动的紧边在上。

11.9.2 链传动的张紧

1. 链传动的垂度

链传动松边的垂度可近似认为是两轮公切线至松边最远点的距离。合适的松边垂度推荐为 $f=(0.01\sim0.02)a$，a 为中心距。对于重载、经常制动、起动、反转的链传动，以及接近垂直的链传动，松边垂度应适当减小。

2. 链传动的张紧

张紧的目的主要是避免链条垂度过大而引起啮合不良和链条的振动。链传动的张紧可采

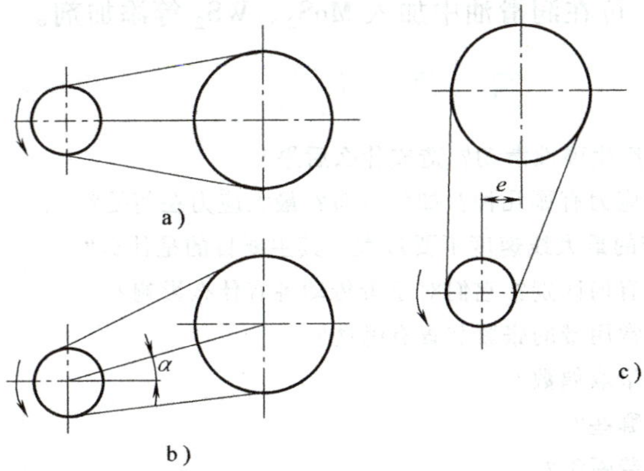

图 11-16　链传动的布置

用下列方法：

1）调整中心距，增大中心距使链张紧。对于滚子链传动，中心距的可调整量为 $2p$。

2）缩短链长，当中心距不可调整而又无张紧装置时，对于因磨损而变长的链条，可拆去 1~2 个链节。

3）采用张紧装置，例如图 11-17a、b 中采用了张紧轮。张紧轮一般置于松边靠近小链轮处外侧。图 11-17c 采用托板，适宜于中心距较大的链传动。

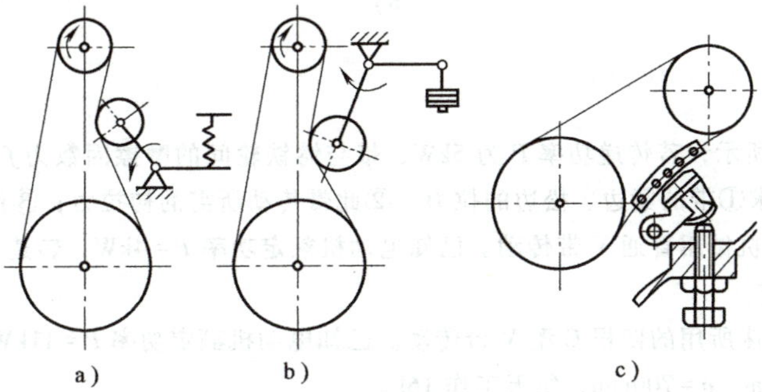

图 11-17　链传动的张紧

11.9.3　链传动的润滑

链传动良好的润滑将会减少磨损、缓和冲击，提高承载能力，延长使用寿命，因此，链传动应合理地确定润滑方式和润滑剂种类。

1. 润滑方式

链传动的润滑方式一般根据链速和链号确定，如图 11-15 所示。人工润滑时，用刷子或油壶定期在链条松边内外链板间隙处注油，每班（8h）一次；滴油润滑时，链条和链轮的一部分浸入油中，浸油深度 6~12mm；飞溅润滑时，在链轮侧边安装甩油盘，飞溅润滑。甩油盘浸油深度 12~15mm，其圆周速度大于 3m/s；喷油润滑用于链速 v>8m/s 的场合，强制润滑并起冷却作用。

2. 润滑油的选择

润滑油推荐用全损耗系统用油，牌号为 L-AN32、L-AN46、L-AN68，温度较低时用前者。对于开式及重载低速传动，可在润滑油中加入 MoS_2、WS_2 等添加剂。

习　题　11

11-1　V带在工作时，为什么会产生弹性滑动？造成什么后果？

11-2　带传动工作时，带上所受应力有哪几种？如何分布？最大应力在何处？

11-3　设计V带传动时，控制带的最大线速度不要过大，其主要目的是什么？

11-4　带传动中弹性滑动与打滑有何区别？它们对于带传动各有什么影响？

11-5　带传动为什么必须张紧？常用带的张紧装置有哪些？

11-6　为何滚子链的链节数要尽量取偶数？

11-7　滚子链传动的失效形式有哪些？

11-8　链传动中，链条为什么疲劳断裂？

11-9　如何确定链传动的润滑方式？

11-10　如图11-18所示，若a、b两图安装的张紧轮都可保证V带传动正常工作。问从带的寿命来看，哪种张紧轮的用法更好？为什么？

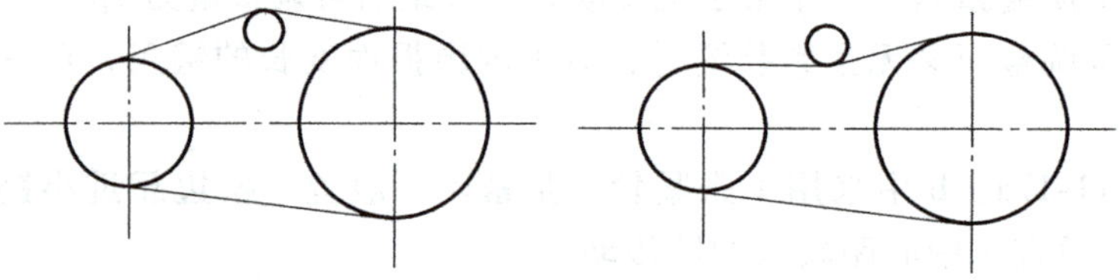

a)　　　b)

图11-18　题11-10图

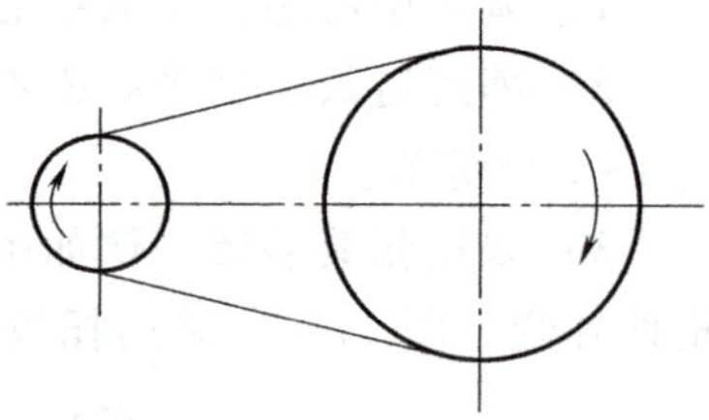

图11-19　题11-11图

11-11　如图11-19所示，若传递功率 P 为5kW，带与铸铁轮间的摩擦因数为 $f=0.3$，所用平带每米的质量 $m=0.35$kg/m，试求①带的紧边、松边的拉力；②此带传动所需的初拉力；③作用在轴上的压力。

11-12　设计某木工机械用普通V带传动。已知电动机额定功率 $P=4$kW，转速 $n_1=1450$r/min，传动比 $i=2.7$，每天两班制工作。

11-13　试校核某车床所用的四根C型V带传动。已知电动机额定功率 $P=11$kW，转速 $n_1=1440$r/min，$d_{d1}=140$mm，$d_{d2}=300$mm，$a=700$mm，每天工作16h。

第12章 齿轮传动

基本要求

1）了解齿轮机构的组成、特点、分类和应用，渐开线的形成及其性质。

2）掌握渐开线标准直齿圆柱齿轮传动：渐开线齿轮各部分名称、主要参数，标准直齿圆柱齿轮的几何尺寸计算，齿轮常用材料及热处理方式。

3）掌握渐开线标准直齿圆柱齿轮传动的强度计算：轮齿失效形式、传动受力分析、接触（弯曲）疲劳强度计算、参数选择、设计步骤。

4）掌握渐开线斜齿圆柱齿轮传动：斜齿圆柱齿轮的主要参数、几何尺寸和当量齿数，斜齿圆柱齿轮传动的正确啮合条件和主要优缺点，斜齿圆柱齿轮传动的受力分析、强度计算和主要参数选择。

5）了解渐开线齿轮的切齿原理，根切现象和最少齿数，渐开线变位齿轮的概念。

重点

渐开线标准直齿圆柱齿轮的啮合原理、几何尺寸计算和设计方法，齿轮传动的受力分析。

难点

当量齿轮的概念，齿轮传动的受力分析，合理确定设计准则及设计参数的选择。

12.1 齿轮传动的类型及基本要求

12.1.1 齿轮传动的类型

齿轮传动的类型，按照一对齿轮轴线的相互位置和轮齿的齿向，可分类如下（图 12-1）。

1. 两轴平行的齿轮机构（平面齿轮机构）

两齿轮的轴线相互平行，两轮的相对运动为平面运动，它可分为：

1）直齿圆柱齿轮机构，如图 12-1a、b、c 所示。

2）斜齿圆柱齿轮机构，如图 12-1d 所示。

3）人字齿圆柱齿轮机构，如图 12-1e 所示。

2. 两轴不平行的齿轮机构（空间齿轮机构）

两齿轮的轴线不平行，两轮的相对运动为空间运动，又可分为：

1）锥齿轮机构，两齿轮的轴线相交，如图 12-1f、g 所示。

2）交错轴斜齿轮机构，两齿轮的轴线互相交错，如图 12-1h 所示。

3）蜗杆机构，蜗杆轴线与蜗轮轴线互相垂直交错，如图 12-1i 所示。

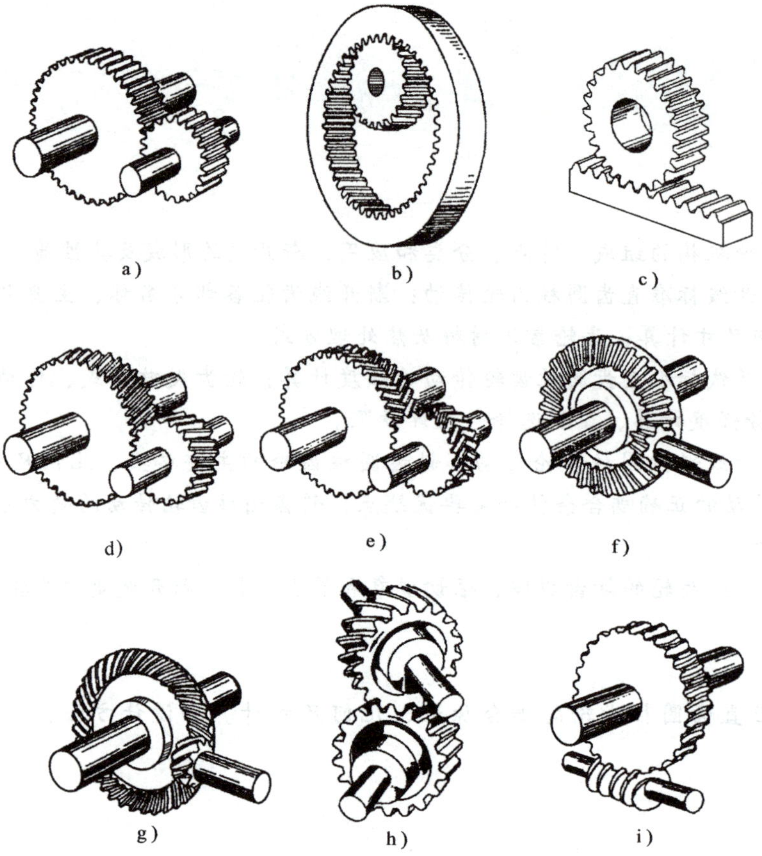

图 12-1 齿轮传动的主要类型

12.1.2 对齿轮传动的基本要求

在传递运动和动力的工作过程中，对齿轮传动提出两个基本要求：

1. 传动准确、平稳

即要求齿轮在传动过程中的瞬时角速度比恒定不变，以免发生振动、冲击和噪声。

2. 承载能力强

即要求齿轮在传动过程中有足够的强度、刚度，能传递较大的动力，并在使用寿命内不发生断齿、点蚀和过度磨损等现象。

12.2 齿廓啮合基本定律

图 12-2 所示为一对互相啮合的齿轮，设主、从动轮分别绕 O_1、O_2 转动，角速度分别为 ω_1、ω_2，两齿轮在 K 点接触，它们在 K 处的线速度分别为 v_{K1}、v_{K2}，则

$$\left.\begin{aligned} v_{K1} &= \omega_1 \overline{O_1K} \\ v_{K2} &= \omega_2 \overline{O_2K} \end{aligned}\right\} \tag{a}$$

且 v_{K1} 和 v_{K2} 在法线 nn 上的分速度应相等，否则两齿廓将会压坏或分离，即

$$v_{K1}\cos\alpha_{K1} = v_{K2}\cos\alpha_{K2} \tag{b}$$

由式（a）、（b）得

$$\frac{\omega_1}{\omega_2} = \frac{\overline{O_2K}\cos\alpha_{K2}}{\overline{O_1K}\cos\alpha_{K1}} \tag{c}$$

过 O_1、O_2 分别作 nn 的垂线 O_1N_1 和 O_2N_2，得 $\angle KO_1N_1=\alpha_{K1}$、$\angle KO_2N_2=\alpha_{K2}$，故式（c）可写成

$$\frac{\omega_1}{\omega_2} = \frac{\overline{O_2K}\cos\alpha_{K2}}{\overline{O_1K}\cos\alpha_{K1}} = \frac{\overline{O_2N_2}}{\overline{O_1N_1}} \tag{d}$$

又因 $\triangle CO_1N_1 \backsim \triangle CO_2N_2$，则式（d）又可写成

$$\frac{\omega_1}{\omega_2} = \frac{\overline{O_2N_2}}{\overline{O_1N_1}} = \frac{\overline{O_2C}}{\overline{O_1C}} \tag{12-1}$$

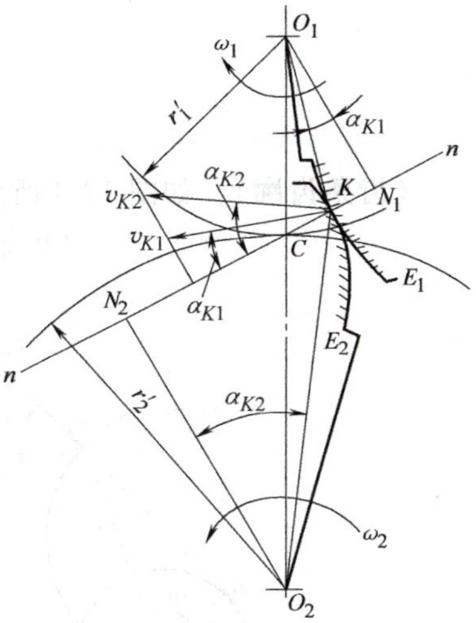

图 12-2 齿廓实现定角速度比的条件

上式说明互相啮合传动的一对齿轮，在任一位置时的传动比都与其连心线 O_1O_2 被齿廓接触点处公法线所分割的两线段成反比。这一规律称为齿廓啮合的基本定律。

由式（12-1）可知，要保证传动比为定值，则比值 $\dfrac{\overline{O_2C}}{\overline{O_1C}}$ 应为常数。现因两轮轴心连线 $\overline{O_1O_2}$ 为定长，故欲满足上述要求，C 点应为连心线上的定点，这个定点 C 称为节点。或者说，欲使齿轮保持定角速度比，不论齿廓在任何位置接触，过接触点所作的齿廓公法线都必须与连心线交于一定点。

凡能实现预期运动规律的一对齿廓称为共轭齿廓。传动齿轮的齿廓曲线除要求满足定角速度比之外，还必须考虑制造、设计、安装、使用和强度等要求。在机械中，常用的齿廓有渐开线齿廓、摆线齿廓和圆弧齿廓，其中以渐开线齿廓应用最广。过 O_1、O_2 分别以 O_1C_1、O_2C_2 为半径所作的圆称为轮 1 和轮 2 的节圆，以 r_1'、r_2'表示两个节圆的半径，由上述可知两节圆必相切于 C，且 C 点处两轮的线速度是相等的，即 $\omega_1\overline{O_1C}=\omega_2\overline{O_2C}$，故两齿轮的啮合传动可以视为两轮的节圆作纯滚动。又由图 12-2 可知，一对外啮合齿轮的中心距恒等于其节圆半径之和。

12.3 渐开线齿轮

12.3.1 渐开线的形成及其性质

如图 12-3 所示，当直线 BK 沿一圆周作纯滚动时，直线上一点 K 的轨迹 AK 就是该圆的

渐开线。该圆称为渐开线的基圆，其半径用 r_b 表示；该直线 BK 称为渐开线的发生线。

由渐开线的形成可知，渐开线具有下述特性：

1）发生线在基圆上滚过的一段长度等于基圆上被滚过的一段弧长，即 $BK=AB$。

2）渐开线上任意一点 K 的法线 BK 恒切于基圆，该点的曲率半径等于 BK，切点 B 为曲率中心。

3）渐开线的形状取决于基圆，基圆越大渐开线越平坦。直线是基圆半径为无穷大的渐开线（齿条齿廓），如图 12-4 所示。

4）基圆以内无渐开线（因渐开线是从基圆开始向外展开）。

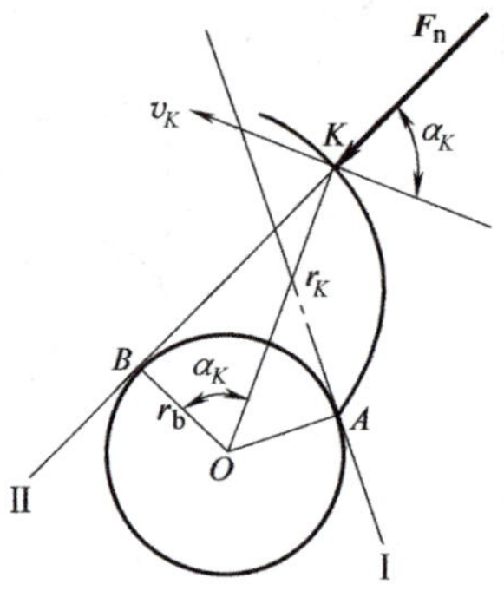

图 12-3 渐开线的形成

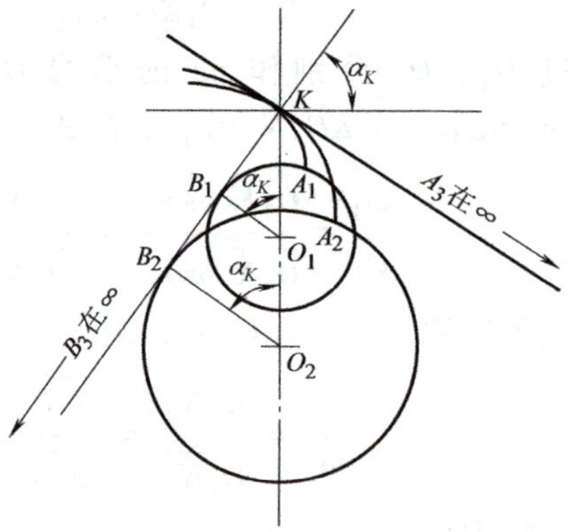

图 12-4 基圆大小对渐开线的影响

5）渐开线齿廓上 K 点的法线与齿廓上该点速度方向线的夹角（锐角）α_K 称为渐开线齿廓在该点的压力角（图 12-3），故

$$\cos\alpha_K=\frac{OB}{OK}=\frac{r_b}{r_K} \tag{12-2}$$

式中，r_b 为渐开线的基圆半径；r_K 为渐开线上 K 点的向径。

由式（12-2）可知，渐开线上各点压力角的大小是不同的，r_K 越大（即 K 点离基圆圆心越远）则该点的压力角也越大，当 $r_b=r_K$ 时，则 $\alpha_K=0°$，即渐开线在基圆上的压力角等于零度。

12.3.2 渐开线齿廓的啮合特性

1. 渐开线齿廓能保证定传动比传动

图 12-5 所示为两轮上互相啮合的一对渐开线齿廓 E_1、E_2，它们的基圆半径分别为 r_{b1}、r_{b2}。当 E_1、E_2 在任意点 K 啮合时，过 K 点作齿廓公法线 N_1N_2，交连心线于 P 点，根据渐开线的特性可知公法线 N_1N_2 还同时与基圆相切，因而 N_1N_2 为两基圆的一条内公切线。当两齿廓转到 K'点啮合时，过 K'点的公法线仍同时与两基圆相切，即仍为两基圆的一条内公切线。由于两基圆为定圆，在同一方向的内公切线只有一条，因此两齿廓不论在哪一位置接触，过接触点的齿廓公法线必与 N_1N_2 重合，与连心线的交点必为一定点 P，从而有

$$i_{12}=\frac{\omega_1}{\omega_2}=\frac{\overline{O_2P}}{\overline{O_1P}}=\text{常数}$$

所以说，渐开线齿廓能保证定传动比传动。

2. 渐开线齿廓之间的正压力方向不变

齿廓传动时，其齿廓啮合点的轨迹称为啮合线。对于渐开线齿廓，无论在哪一点接触，接触齿廓的公法线总是两基圆的内公切线 N_1N_2，因此，直线 N_1N_2 就是渐开线齿廓的啮合线。另外，公法线为一条定直线 N_1N_2 也说明，在渐开线齿廓传动过程中，齿廓间的正压力方向始终不变，这有利于齿廓传动的平稳性，是渐开线齿廓传动的一大优点。

3. 渐开线齿廓具有可分性

由图 12-5 可知，$\triangle O_1N_1P \backsim \triangle O_2N_2P$，故两齿轮的传动比可写成

$$i_{12}=\frac{\omega_1}{\omega_2}=\frac{\overline{O_2P}}{\overline{O_1P}}=\frac{r_{b2}}{r_{b1}} \tag{12-3}$$

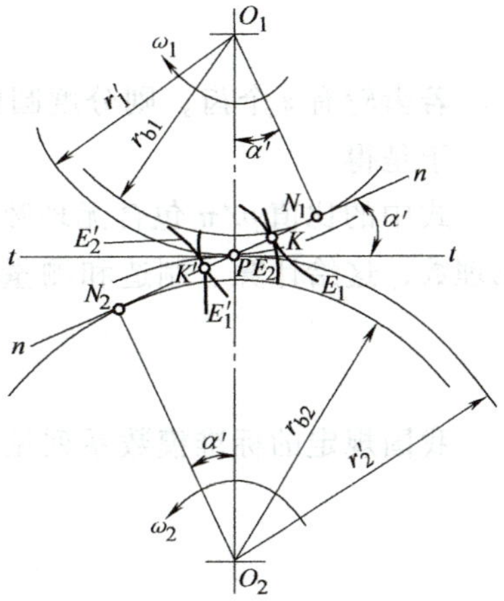

图 12-5　渐开线齿轮的啮合

式（12-3）表明，渐开线齿廓的传动比取决于两轮基圆半径之比。对于已加工好的两个齿轮，它们基圆大小已完全确定，所以它们的传动比也已确定。在实际工作中，即使两轮的中心距与设计中心距有偏差，也不会影响两轮的传动比。这一特性称为传动的可分性（或中心距可分性）。传动的可分性对于渐开线齿廓加工和装配十分有利。

12.4　齿轮各部分名称及渐开线标准齿轮的基本尺寸

本节介绍齿轮各部分的名称、符号以及标准齿轮几何尺寸的计算。

12.4.1　齿轮各部分的名称

图 12-6 所示为直齿圆柱齿轮的一部分，在齿轮整个圆周上均匀分布的轮齿总数称为齿数，用 z 表示。过各齿顶端部的圆称为齿顶圆，其直径和半径分别用 d_a 及 r_a 表示，相邻两点左右齿廓的空间称齿槽，过各齿槽底部的圆称为齿根圆，其直径和半径分别用 d_f 及 r_f 表示，在任一圆周上，一个轮齿左右两齿廓间的弧长称为该圆的齿厚；两轮齿齿槽间的弧长称为该圆的齿槽宽，分度圆上的齿厚和齿槽宽分别用 s 和 e 表示。

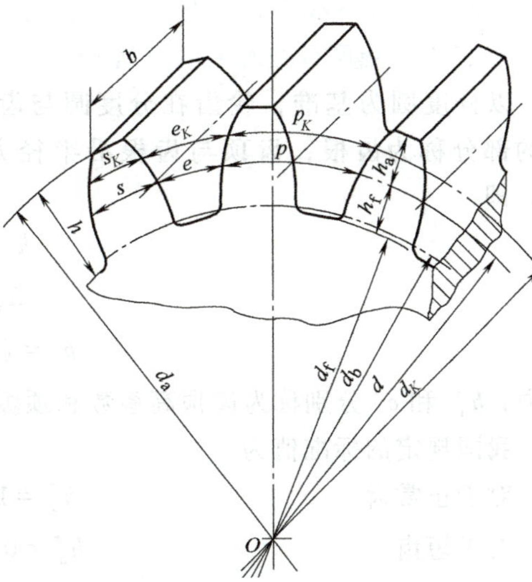

图 12-6　齿轮各部分的名称

在任一圆周上，相邻两齿对应点间的弧长称为该圆的齿距，分度圆上的齿距用 p 表示，

显然 $p=s+e$，齿宽 b 沿轮轴方向测量，把轮齿分为齿顶与齿根两部分的点画线圆表示分度圆，直径用 d 表示。

12.4.2 齿轮的基本参数和几何尺寸

1. 模数 m

若齿轮有 z 个齿，则分度圆的周长 $=\pi d=zp$

于是得

$$d=zp/\pi$$

式中的比值 p/π 包含无理数 π，在不同直径的圆周上，比值 p/π 也不相同，于是 d 也成无理数，这给计算、制造和测量带来不便。因此，人为地把齿轮某一圆周上的比值 p/π 规定为标准值，并把这个比值称为模数，用 m 表示，单位为 mm，即

$$m=p/\pi \tag{12-4}$$

我国规定的标准模数系列见表 12-1，则分度圆直径为

$$d=mz \tag{12-5}$$

表 12-1 标准模数系列（GB/T 1357—2008） （单位：mm）

第一系列	1	1.25	1.5	2	2.5	3	4	5	6	8	10	12	16	20	25	32	40	50
第二系列	1.125	1.375	1.75	2.25	2.75	3.5	4.5	5.5	(6.5)	7	9	11	14	18	22	28	36	45

注：1. 本表适用于渐开线圆柱齿轮，对斜齿轮是指法向模数。
2. 优先采用第一系列，括号内的模数尽可能不用。

2. 压力角 α

通常所说的压力角是指分度圆上的压力角，以 α 表示。由式 $\cos\alpha_K=\dfrac{r_b}{r_K}$ 可知

$$\alpha=\arccos r_b/r \text{ 或 } r_b=r\cos\alpha \tag{12-6}$$

国家规定的标准压力角 $\alpha=20°$。

至此，我们给分度圆下一个完整的定义：分度圆是齿轮上具有标准模数和标准压力角的圆，任何一个渐开线齿轮都有一个确定的分度圆。

3. 标准直齿圆柱齿轮几何尺寸计算

以分度圆为基准，轮齿在分度圆与齿顶圆之间的部分称为齿顶。分度圆与齿根圆之间的部分称为齿根，齿顶与齿根沿半径方向的高度分别称为齿顶高与齿根高，用 h 表示。即

$$h=h_a+h_f \tag{12-7}$$

$$h_a=h_a^* m \tag{12-8}$$

$$h_f=(h_a^*+c^*)m \tag{12-9}$$

式中，h_a^* 和 c^* 分别称为齿顶高系数和顶隙系数。

我国规定的标准值为

对于正常齿 $h_a^*=1$，$c^*=0.25$

对于短齿 $h_a^*=0.8$，$c^*=0.3$

顶隙 $c=c^* m$

齿顶圆直径 d_a 和齿根圆直径 d_f 的计算式

$$d_a = d + 2h_a = (z + 2h_a^*)m \tag{12-10}$$

$$d_f = d - 2h_f = (z - 2h_a^* - 2c^*)m \tag{12-11}$$

分度圆上齿厚与齿槽宽相等，且齿顶高和齿根高为标准值的齿轮称为标准齿轮，因此，对于标准齿轮

$$s = e = \frac{p}{2} = \frac{\pi m}{2} \tag{12-12}$$

12.5 渐开线标准齿轮的啮合

12.5.1 渐开线齿轮正确啮合条件

前面我们已经知道渐开线齿廓能实现定传动比传动，但这并不是说任何两个渐开线齿轮都能装配起来正确传动，因为很明显，大模数齿轮的轮齿无法与小模数齿轮的齿槽相匹配。那一对渐开线齿轮要正确的啮合传动，应该具备什么条件呢？我们来对图 12-7 所示的一对齿轮进行分析。

如前所述，一对渐开线齿轮在传动时，它们的齿廓啮合点都应在啮合线上。因此，如图 12-7 所示，要使处于啮合线上的各对轮齿都能正确进行啮合，两齿轮的相邻两齿同侧齿廓间的法线距离应相等，即

$$\overline{K_1K_1'} = \overline{K_2K_2'}$$

可推得 $p_{b1} = p_{b2}$

因 $p_b = \pi m\cos\alpha$ 代入上式可得

$$m_1\cos\alpha_1 = m_2\cos\alpha_2$$

式中，m_1、m_2、α_1、α_2 分别为两轮的模数和压力角，由于 m 和 α 都已经标准化了，若需满足上式，则应使

$$\left.\begin{aligned} m_1 = m_2 = m \\ \alpha_1 = \alpha_2 = \alpha \end{aligned}\right\} \tag{12-13}$$

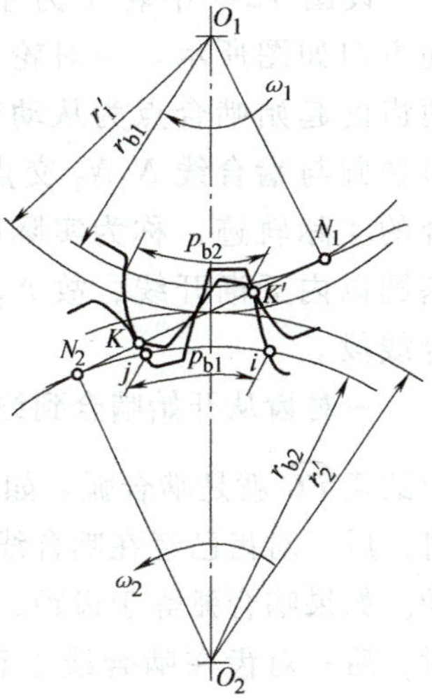

图 12-7 渐开线齿轮正确啮合

式 (12-13) 表明，渐开线齿轮正确啮合条件是：两轮的模数 m 和压力角 α 必须分别相等。

12.5.2 标准中心距

一对齿轮传动时，一轮节圆上的齿槽宽与另一轮节圆上的齿厚之差称为齿侧间隙。在齿轮传动中，为消除反向传动空程和减小撞击，要求齿侧间隙为零，但考虑轮齿热膨胀、润滑和安装的需要，传动齿轮的轮齿间存在微小的侧隙，其值由制造公差来保证，在设计计算时，认为齿侧间隙为零。

由前述可知，标准齿轮的分度圆齿厚与齿槽宽相等，又知正确啮合的一对渐开线齿轮的

模数相等，故 $s_1=e_1=s_2=e_2=\dfrac{\pi m}{2}$。若令分度圆与节圆重合，即两轮分度圆相切，如图 12-8 所示，则 $e_1'-s_2'=e_1-s_2=0$，即齿侧间隙为零。一对标准齿轮分度圆相切时的中心距称为标准中心距，以 a 表示，即

$$a=r_1'+r_2'=r_1+r_2=\frac{m}{2}(z_1+z_2) \quad (12\text{-}14)$$

因两轮分度圆相切，故顶隙 $c=c^*m=h_f-h_a$

应当指出，分度圆和压力角是单个齿轮本身所具有的，而节圆和啮合角是两个齿轮相互啮合时才出现。标准齿轮传动只有在分度圆与节圆重合时，压力角和啮合角才相等。

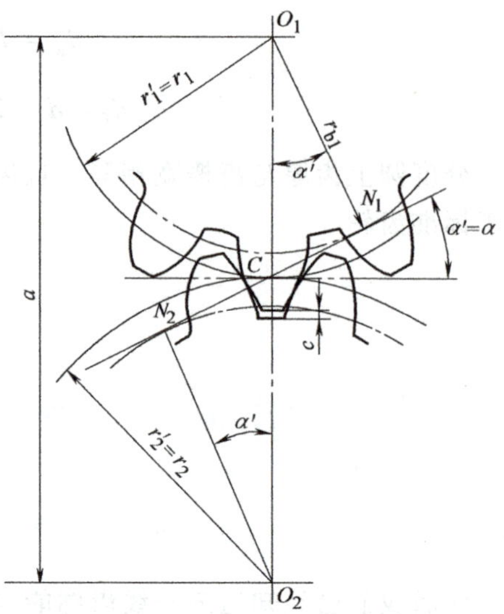

图 12-8 标准齿轮标准安装

12.5.3 渐开线齿轮连续传动的条件

设图 12-9 中轮 1 为主动，轮 2 为从动，转动方向如图所示。一对轮齿的啮合必定从主动轮的齿根推动从动轮的齿顶开始。因此，两齿的起始啮合点为从动轮齿的齿顶圆与啮合线 N_1N_2 的交点 A，当啮合进行至主动轮齿顶圆与啮合线 N_1N_2 交点 E 时，两点就开始分离，故 E 为啮合终止点，线段 AE 为啮合的实际轨迹，称为实际啮合线段。显然，随着齿高增大，A、E 点向两端延伸，由于基圆以内无渐开线，故 N_1 与 N_2 点分别为 A、E 的极限点，故线段 N_1N_2 又称为理论啮合线段。

一对齿从开始啮合到终止啮合，分度圆上任一点所经过的弧线距离称为啮合弧。图 12-9 中圆弧 $\overset{\frown}{FG}$ 就是啮合弧。如果啮合弧 $\overset{\frown}{FG}$ 大于齿距 p，当前一对齿正要在终止啮合点 E 分离时，后一对齿已经在啮合线上 K 点啮合，故能保证连续正确传动。如果啮合弧等于齿距，则当前一对齿在啮合线上正要分离时，后一对齿在啮合线上正要进入啮合；如果啮合弧小于齿距，则当前一对齿在啮合线上的 E 点终止啮合时，后一对齿还未进入啮合。

理论上，$\overset{\frown}{FG}=p$ 就能保证齿轮的连续传动，但实际上由于存在制造和安装误差，$\overset{\frown}{FG}$ 应大于 p，才能确保传动的连续性。

啮合弧与齿距之比称为重合度，用 ε 表示，因此，齿轮连续传动的条件是

$$\varepsilon=\text{啮合弧/齿距}=\overset{\frown}{FG}/p>1$$

一对齿轮传动时，其重合度的大小实质上表明同时参与啮合的轮齿对数的多少。ε 越大，则传动越平稳，每一齿所受的载荷也越小。

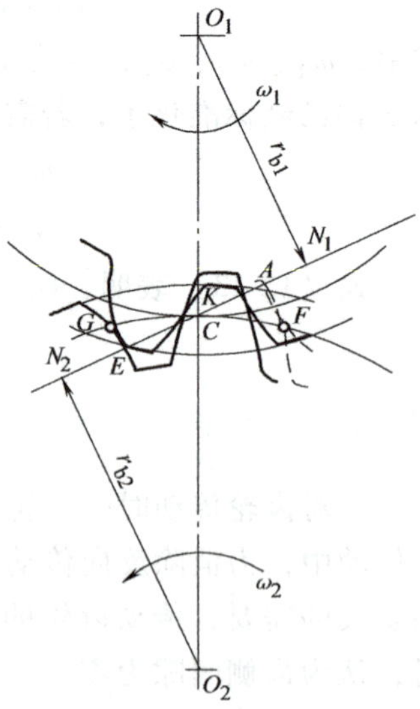

图 12-9 齿轮连续传动的条件

12.6 渐开线齿轮的切齿原理

12.6.1 齿轮轮齿的加工方法

轮齿的加工方法很多，有铸造法、热轧法、模锻法、冲压法和切削加工法等，最常用的是切削加工法。轮齿的切削加工方法按其原理可分为成形法和展成法两类。

1. 成形法

成形法是用与齿轮齿槽形状相同的圆盘铣刀或指状铣刀在铣床上进行加工，如图12-10所示。加工时铣刀绕本身的轴线旋转，同时齿坯沿轴线方向移动，铣完一个齿槽后，齿坯退回到原位，分度头将轮坯转过 $2\pi/z$，再铣下一个齿槽，其余依此类推，直到铣出所有的齿槽。成形法切齿方法简单，不需要专用机床，但精度差，而且是逐个齿切削，切削不连续，故生产率低，仅适用于精度要求不高的单件或小批量的齿轮加工。

2. 展成法

图 12-10 成形法加工齿轮

展成法是利用一对齿轮（或齿轮与齿条）互相啮合时其共轭齿廓互为包络线的原理来切齿的，如图12-11所示。如果把其中一个齿轮（或齿条）做成刀具，就可以切出与它共轭的渐开线齿廓。

展成法种类很多，有插齿、滚齿、剃齿、磨齿等，其中最常用的是插齿和滚齿，剃齿和磨齿用于精度和表面质量要求较高的场合。

（1）插齿　图12-12所示为用齿轮插刀加工齿轮时的情形。齿轮插刀是一个具有渐开线齿形，其模数和压力角与被加工齿轮相同的刀具。在切齿过程中，齿轮插刀在专用机床强制性的驱动下，与轮坯之间按一对齿轮啮合传动关系相对转动，同时插齿刀沿轮坯轴线方向做上下往复的切削运动，在转动过程中将轮齿逐渐切削出来。齿轮插刀刀具顶部比正常齿高出 $c^{*}m$，以便切出顶隙部分。

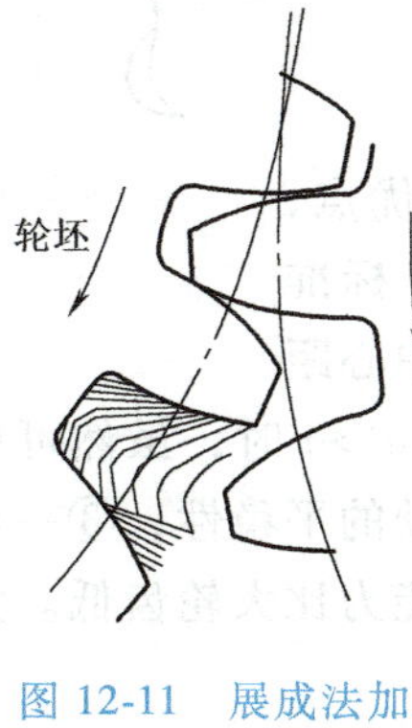

图 12-11 展成法加工齿轮

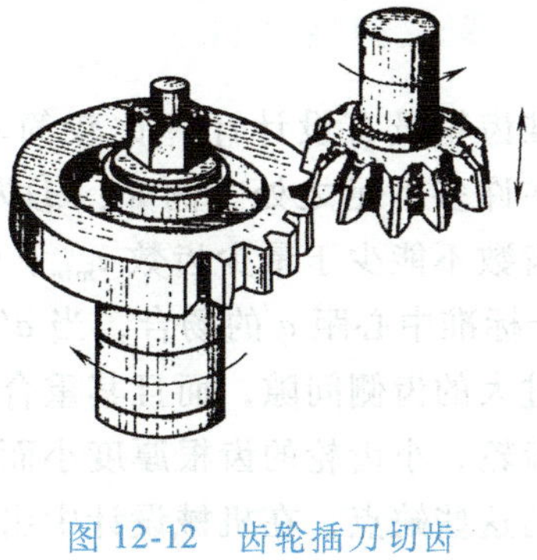

图 12-12 齿轮插刀切齿

当齿轮插刀的齿数增加到无穷多时，其基圆半径变为无穷大，插刀的齿廓变成直线齿廓，齿轮插刀就变成齿条插刀，图 12-13 所示为齿条插刀加工轮齿的情形。

（2）滚齿 齿轮插刀和齿条插刀加工齿轮时都只能间断地切削，切削是不连续的，生产率低。目前广泛采用齿轮滚刀在滚齿机上进行轮齿的加工。

滚齿加工方法基于齿轮与齿条相啮合的原理。图 12-14 为滚刀加工轮齿的情形。滚刀的外形类似沿纵向开了沟槽的螺旋，其轴向剖面齿形与齿条相同。当滚刀转动时，相当于这个假想的齿条连续地向一个方向移动，轮坯又相当于与齿条相啮合的齿轮，从而滚刀能按照展成原理在轮坯上加工渐开线齿廓。滚刀除旋转外，还沿轮坯的轴向逐渐移动，以便切出整个齿宽。

加工直齿轮时，应使滚刀的轴线与轮坯端面的夹角等于滚刀的导程角。这样一来，滚刀螺旋的切线方向正好与轮坯的齿向相同。

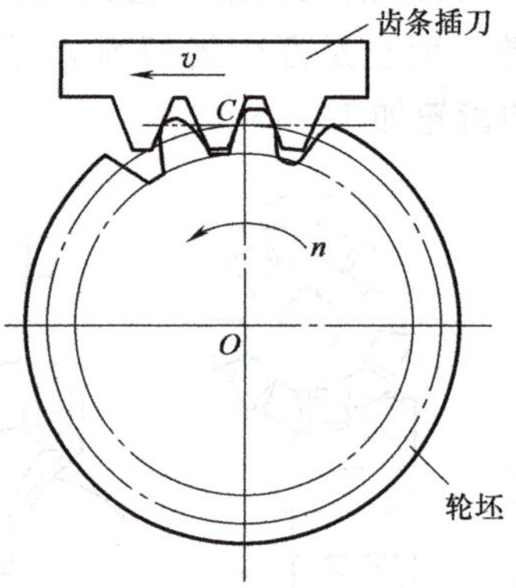

图 12-13 齿条插刀加工轮齿

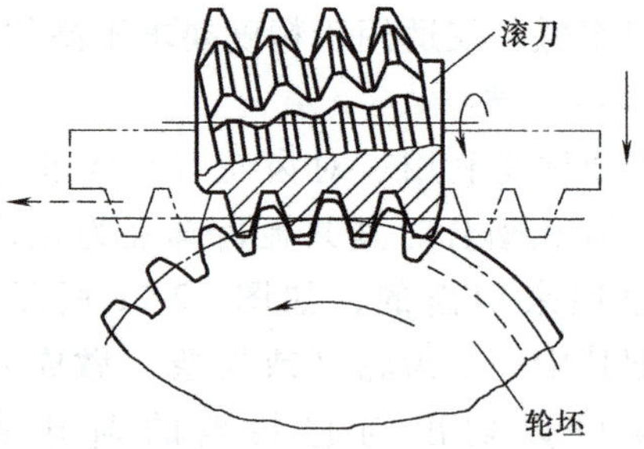

图 12-14 滚刀加工轮齿

12.6.2 轮齿的根切现象，齿轮的最小齿数

用展成法加工齿数较少的齿轮时，常会将轮齿根部的渐开线齿廓切去一部分，如图 12-15 所示。这种现象称为根切。轮齿的根切将大大削弱轮齿的抗弯强度，降低齿轮传动的平稳性和重合度，故应设法避免。

用展成法加工压力角为 20°的正常齿制标准直齿圆柱齿轮时，根据计算，可得出不发生根切的最少齿数 $z_{min}=17$。

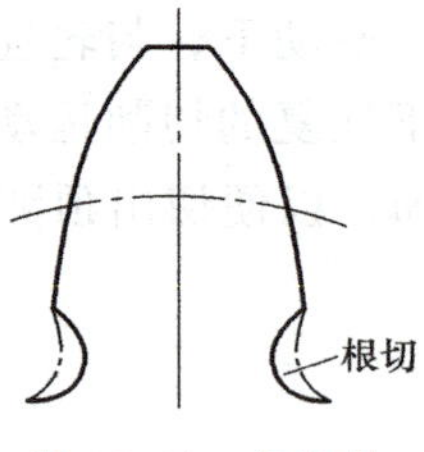

图 12-15 轮齿的根切现象

12.6.3 变位齿轮简介

标准齿轮虽有设计计算比较简单、互换性较好等一系列优点，但也存在许多不足之处。例如：①为了避免加工时发生根切，标准齿轮的齿数不能少于最少齿数 z_{min}；②标准齿轮不适用于实际中心距 a' 不等于标准中心距 a 的场合，当 $a'<a$ 时，根本无法安装；当 $a'>a$ 时，虽然可以安装，但将产生过大的齿侧间隙，而且其重合度也将随之降低，影响传动的平稳性；③一对互相啮合的标准齿轮，小齿轮的齿根厚度小而啮合次数又较多，故抗弯能力比大轮齿低。为了改善标准齿轮的这些缺点，在机械设计中出现了变位齿轮。

图 12-16 所示为齿条刀具，其顶部比传动用的齿条高出 c（顶隙值），以便切出传动时的顶隙。齿条刀具上与刀具顶线平行而其齿厚等于齿槽宽的直线 nn，称为刀具的中线。中线以及与中线平行的任一直线，称为分度线。除中线外，其他分度线上的齿厚与齿槽宽不相等。

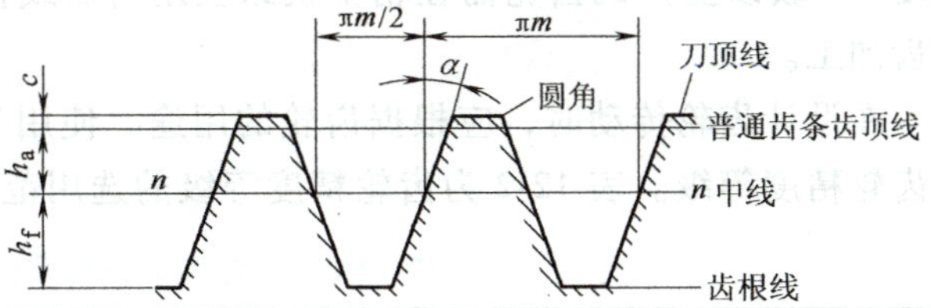

图 12-16 齿条刀具

加工齿轮时，若齿条刀具的中线与轮坯的分度圆相切并作纯滚动，由于刀具中线上的齿厚与齿槽宽相等，则被加工齿轮分度圆上的齿厚与齿槽距相等，其值为$\frac{\pi m}{2}$，因此，被加工出来的齿轮为标准齿轮，如图 12-17a 所示。

若刀具与轮坯的相对运动关系不变，但刀具相对轮坯中心离开或靠近一段距离 xm，如图 12-17b、c 所示，则轮坯的分度圆不再与刀具中线相切，而是与中线以上或以下的某一分度线相切。这时与轮坯分度圆相切并作纯滚动的刀具分度线上的齿厚与齿槽宽不相等，因此被加工的齿轮在分度圆上的齿厚与齿槽宽也不相等。当刀具远离轮坯中心移动时，被加工齿轮的分度圆齿厚增大。当刀具向轮坯中心靠近时，被加工齿轮的分度圆齿厚减小。这种由于刀具相对于轮坯位置发生变化而加工的齿轮，称为变位齿轮。齿条刀具中线相对于被加工齿轮分度圆所移动的距离，称为变位量，用 xm 表示，m 为模数，x 为变位系数。刀具中线远离轮坯中心称为正变位，这时的变位系数为正数，所切出的齿轮称为正变位齿轮。刀具靠近轮坯中心称为负变位，这时的变位系数为负数，所加工的齿轮称为负变位齿轮。

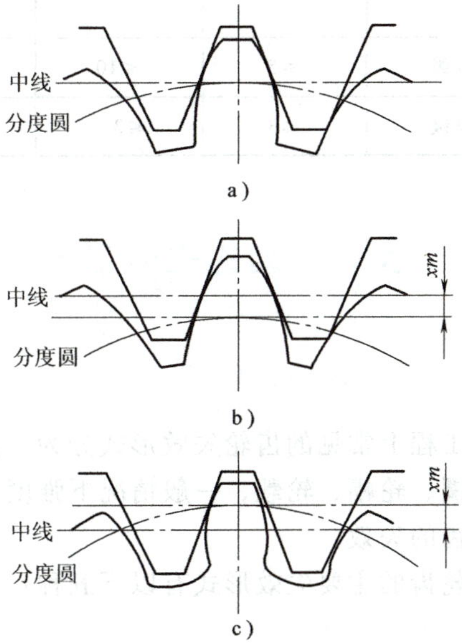

图 12-17 变位齿轮的切削原理

采用变位齿轮可以制成齿数少于 z_{min} 而不发生根切的齿轮，可以实现非标准中心距的无侧隙传动，可以使大小齿轮的抗弯能力接近相等。

12.6.4 齿轮精度等级的选择

渐开线圆柱齿轮精度等级的国家标准为 GB/T 10095.1—2008、GB/T 10095.2—2008，规定了 13 个精度等级，其中 0 级最高，12 级的精度最低，0~2 级为超精度级，用得很少；3~5 级为高精度级；6~9 级为中等精度级，也是常用的精度等级；10~12 级为低精度级。一般机械中的齿轮，当圆周速度小于 5m/s、采用插齿或滚齿加工、轮齿为直齿时，多采用 8 级精度。中、高速重载齿轮，当 $v \leqslant 10$m/s 时可采用 7 级精度。低速（$v \leqslant 3$m/s）、轻载、不重要的齿轮可采用 9 级精度。展成法粗滚、成形铣等都属于低精度齿轮的加工方法，而较高精度（7级以上）的齿轮需在精密机床上用精插或精滚方法加工，对淬火齿轮需进行磨齿或研齿加工。

在设计齿轮传动时，应根据齿轮的用途、使用条件、传递的圆周速度和功率大小等，选择齿轮精度等级。表12-2为齿轮精度等级的选用范围，设计时可参考。

表12-2 齿轮传动精度等级的选择及应用

精度等级	圆周速度 v/(m/s)			应　用
	直齿圆柱齿轮	斜齿圆柱齿轮	直齿锥齿轮	
6级	≤15	≤25	≤9	高速重载的齿轮传动，如飞机、汽车和机床中的重要齿轮；分度机构的齿轮传动
7级	≤10	≤17	≤6	高速中载或中速重载的齿轮传动，如标准系列减速器中的齿轮、汽车和机床中的齿轮
8级	≤5	≤10	≤3	机械制造中对精度无特殊要求的齿轮
9级	≤3	≤3.5	≤2.5	低速及对精度要求低的齿轮传动

12.7 齿轮传动的失效形式及设计准则

12.7.1 轮齿的失效形式

工程上常见的齿轮失效形式分为：齿体损伤和齿面损伤两大类。至于齿轮的其他部分，如齿圈、轮幅、轮毂，一般情况下强度和刚度较为宽裕，很少失效。因此，我们在这里只介绍轮齿的失效。

轮齿的主要失效形式有以下五种：

1. 轮齿折断

齿轮工作时，若轮齿危险剖面的应力超过材料所允许的极限值，轮齿将发生折断，如图12-18所示。

轮齿折断有三种形式：

（1）疲劳折断　在载荷的多次重复作用下，当齿根处的弯曲应力做周期性的循环变化，应力超过材料的疲劳极限时，轮齿受拉的一侧将产生疲劳裂纹，并逐渐扩展，最后发生疲劳折断。

（2）过载折断　在严重的短时过载或冲击载荷作用下，弯曲应力超过材料的强度极限时，会造成轮齿过载折断。特点：通常有多个轮齿折断。

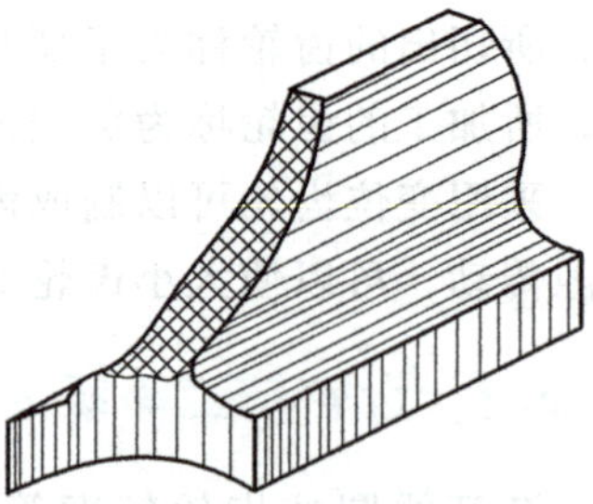
图12-18 轮齿折断

（3）局部折断　齿宽较大的直齿轮或斜齿轮，裂纹由齿根扩展到齿顶后，发生局部折断。

增大齿根过渡圆角，降低齿根表面粗糙度，进行轮齿表面强化，都可以提高轮齿抗疲劳折断的能力。提高齿轮制造精度，提高轴、支承的刚度，尽可能消除载荷分布的不均，可缓解或避免轮齿局部折断。

2. 齿面点蚀

轮齿工作时，表面承受着脉动循环接触应力的作用。若接触应力超过接触疲劳极限，则在载荷的多次重复作用下，齿面首先在表层产生若干细微的疲劳裂纹，随着裂纹的蔓延、扩展，表面金属将逐渐脱落，在轮齿工作表面上会产生一些细小的凹坑，称为齿面点蚀。通常，齿面点蚀首先发生在节线附近的齿根表面处，如图 12-19 所示。点蚀使齿面有效承载面积减小，点蚀的扩展将会严重损坏齿廓表面，引起冲击和噪声，造成传动的不平稳。齿面抗点蚀能力主要与齿面硬度有关，齿面硬度越高，抗点蚀能力越强。点蚀是闭式软齿面（硬度≤350HBW）齿轮传动的主要失效形式。

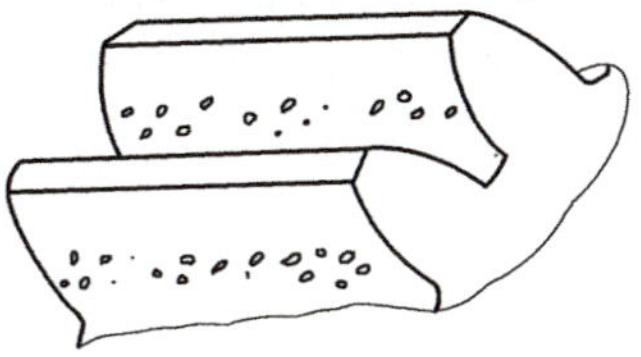

图 12-19　齿面点蚀

在开式齿轮传动中，由于齿面磨损速度较快，即使轮齿表层产生疲劳裂纹，但还未扩展到金属剥落时就已被磨掉，所以一般看不到点蚀现象。

提高表面硬度，降低表面粗糙度，合理地变位，进行良好的润滑，均可提高轮齿抗点蚀能力。

3. 齿面胶合

在高速重载的齿轮传动中，由于齿面间压力大、温度高引起润滑油膜破裂，润滑失效，造成齿面金属直接接触，两表面的金属会瞬时粘合在一起。当两齿面相对运动时，较软的齿面金属被撕下，在轮齿工作表面形成与滑动方向一致的沟痕（图 12-20），这种现象称为齿面胶合。

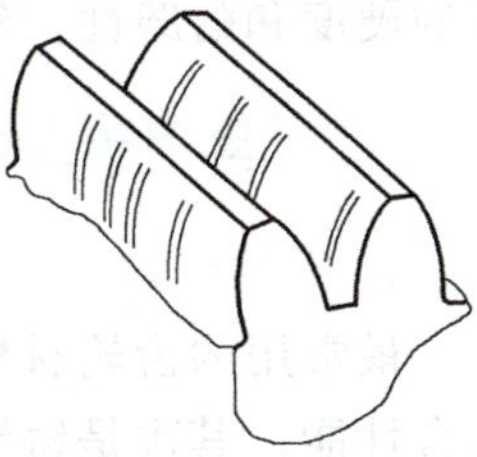

图 12-20　齿面胶合

采用提高齿面硬度，降低齿面的表面粗糙度，选用抗胶合性能好的齿轮材料，采用抗胶合性能强的润滑油等，均可减缓或防止齿面胶合。

4. 齿面磨损

互相啮合的两齿廓表面间有相对滑动，在载荷作用下会引起齿面的摩擦损伤。如果有金属屑、灰尘和砂粒等硬物进入齿面间，将引起磨粒磨损。齿面严重磨损后，轮齿将失去正确的齿形，会导致严重噪声和振动，影响齿轮正常工作，最终使传动失效。

磨损是开式齿轮传动的主要失效形式，采用闭式传动、减小齿面的表面粗糙度和保持良好的润滑等措施可以减少齿面磨损。

5. 齿面塑性变形

当齿面材料较软而载荷及摩擦力又很大时，表层材料将沿着摩擦力的方向产生塑性流动。主动轮上出现“下凹”，从动轮上出现“上凸”现象，齿廓失去正确的齿形。在起动和过载频繁的传动中较易产生这种失效形式。

可适当提高齿面硬度和润滑油的黏度，尽量避免频繁起动和过载。

12.7.2　设计准则

由上述分析可知，齿轮在具体的工作情况下，必须具有足够的、相应的工作能力，以保证在整个工作寿命期间不发生失效。因此，齿轮传动的设计准则应根据齿轮可能出现的失效形式来建立。但是，对于齿面磨损、塑性变形等，尚未形成相应的设计准则，所以目前在齿轮传动设计中，通常只按保证齿根弯曲疲劳强度和齿面接触疲劳强度两准则进行计算。

由实践得知，在闭式齿轮传动中，对于软齿面（硬度≤350HBW）齿轮，齿面点蚀是主要失效形式，应先按接触疲劳强度进行设计，再按弯曲疲劳强度校核；而对于硬齿面（硬度>350HBW）齿轮，常因轮齿折断而失效，故先按弯曲疲劳强度进行设计，再按接触疲劳强度校核。开式（半开式）齿轮传动，齿面磨损是主要失效形式，故通常按弯曲疲劳强度进行设计，算得的模数增大10%~15%，考虑磨损量的影响，而无须校核齿面接触疲劳强度。

12.8 齿轮的常用材料及热处理

12.8.1 齿轮材料的要求

由齿轮传动的失效形式可知，设计齿轮传动时，应使齿面具有较高的抗磨损、抗点蚀、抗胶合能力，而齿根则要有较高的抗折断能力。因此，对齿轮材料性能的要求为：齿面有足够的硬度和耐磨性，轮齿心部有较强韧性，以承受冲击载荷和变载荷。

12.8.2 常用齿轮材料及热处理

1. 常用齿轮材料

最常用的齿轮材料是钢。钢的品种很多，且可通过各种热处理方式获得适合工作要求的综合性能。其次是铸铁和非金属材料。

（1）锻钢　除尺寸过大或者是结构形式复杂的齿轮外，一般都用锻钢制造齿轮，常用的是w_C=0.15%~0.6%的碳钢或合金钢。锻钢按照齿面硬度可分为两种：

1）软齿面齿轮。齿面硬度≤350HBW的齿轮为软齿面齿轮。这种齿轮一般是先进行热处理（热处理方法是调质或正火），然后进行切削加工，切制后即为成品。一般用于强度、速度要求不高，精度为8级，精切时可达7级精度的齿轮。这类齿轮制造简单、生产率高。当大小齿轮都是软齿面时，考虑到小齿轮齿根较薄，抗弯强度较低，且受载次数较多，因此应使小齿轮齿面硬度比大齿轮高20~50HBW。

2）硬齿面齿轮。齿面硬度>350HBW的齿轮为硬齿面齿轮。这种齿轮一般是先车削毛坯和粗切轮齿，然后进行热处理或化学处理（热处理方法是淬火、表面淬火、渗碳、渗氮及碳氮共渗等）。由于热处理必然会产生变形，因此最后须经磨齿或其他方式的精加工，这种齿轮承载能力和耐磨性比软齿面齿轮有显著的提高，适用于重载高速和要求结构紧凑的机械设备中。现今我国生产的ZDY、ZLY和ZSY渐开线圆柱齿轮标准减速器系列均采用硬齿面齿轮。

（2）铸钢　铸钢的耐磨性及强度均较好。但因铸造时收缩性大、内应力大，故应进行正火或回火，以消除内应力。常用于尺寸较大（齿轮直径大于400mm）和结构复杂的齿轮。

（3）铸铁　铸铁具有较好的耐磨、抗胶合和减振性能，但抗弯强度和抗冲击性能较差。灰铸铁一般用于工作平稳、速度较低、功率不大的场合。另一种是球墨铸铁，它的力学性能和抗冲击性能远高于灰铸铁，可替代某些钢制大齿轮材料。

（4）非金属材料　为了降低高速运转时齿轮的噪声，可用非金属材料制造齿轮。所用非金属材料有夹布塑胶、尼龙等。这种齿轮多与锻钢或铸铁制造的齿轮配对使用。常用于高速、轻载及精度要求不高的齿轮传动中。

表 12-3 列出了常用齿轮材料的力学性能及应用范围。

表 12-3　常用的齿轮材料

材料牌号	热处理方法	力学性能/MPa		硬　度	应用范围
		σ_b	σ_s		
45	正火	580	290	169~217HBW	低速轻载
	调质	650	360	217~255HBW	低速中载
	表面淬火	750	450	48~55HRC	高速中载或低速重载、冲击很小
40Cr	调质	700	550	240~285HBW	中速中载
	表面淬火	900	650	48~55HRC	高速中载，无剧烈冲击
35SiMn	调质	750	450	217~269HBW	高速中载，无剧烈冲击
20Cr	渗碳淬火	650	400	56~62HRC	高速中载，承受冲击
20CrMnTi	渗碳淬火	1100	850	56~62HRC	
40MnB	调质	735	490	241~286HBW	高速中载，中等冲击
ZG310-570	正火	580	320	160~200HBW	中速、中载、大直径
ZG340-640	正火	650	350	170~230HBW	
	调质	700	380	240~270HBW	
HT200	人工时效	200		170~230HBW	低速轻载，冲击很小
HT300		300		187~255HBW	
QT500-5	正火	500		147~241HBW	低、中速轻载，有小的冲击
QT600-2	正火	600		229~302HBW	

2. 齿轮的热处理

齿轮常用的热处理方法有以下几种：

（1）表面淬火　表面淬火一般用于中碳钢和中碳合金钢。表面淬火处理后齿面硬度可达 52~56HRC，耐磨性好，齿面接触强度高。表面淬火的方法有高频淬火和火焰淬火等。

（2）渗碳淬火　渗碳淬火用于处理低碳钢和低碳合金钢，渗碳淬火后齿面硬度可达 56~62HRC，齿面接触强度高，耐磨性好，而轮齿心部仍保持有较高的韧性，常用于受冲击载荷的重要齿轮传动。

（3）调质　调质处理一般用于处理中碳钢和中碳合金钢。调质处理后齿面硬度一般为 220~260HBW。

（4）正火　正火能消除内应力、细化晶粒、改善材料力学性能和切削性能。机械强度要求不高的齿轮可用中碳钢正火处理。

12.9　渐开线标准直齿圆柱齿轮的强度计算

如前所述，齿轮的失效主要是轮齿的失效。因此，齿轮的强度计算主要是针对轮齿的。

12.9.1 轮齿的受力分析

为了计算轮齿的强度以及设计轴和轴承等轴系零件，需首先确定作用在轮齿上的力。

图 12-21a 所示为一对直齿圆柱齿轮传动时的受力情况。若忽略齿面间的摩擦力，则轮齿之间的法向力 F_n 将沿着轮齿啮合点的公法线 N_1N_2 方向。作用在主动轮上的法向力 F_{n1} 可分解为两个互相垂直的分力，即圆周力 F_{t1} 和径向力 F_{r1}（图 12-21b）。

$$\left.\begin{aligned}&\text{圆周力}\quad F_{t1}=\frac{2T_1}{d_1}\\&\text{径向力}\quad F_{r1}=F_{t1}\tan\alpha\\&\text{法向力}\quad F_{n1}=\frac{F_{t1}}{\cos\alpha}\end{aligned}\right\}\qquad(12\text{-}15)$$

式中，T_1 为主动轮上的转矩，$T_1=9.55\times10^6\dfrac{P_1}{n_1}$，单位为 N · mm；$P_1$ 为主动轮传递的功率，单位为 kW；d_1 为主动轮的分度圆直径，单位为 mm；α 为分度圆压力角，$\alpha=20°$。

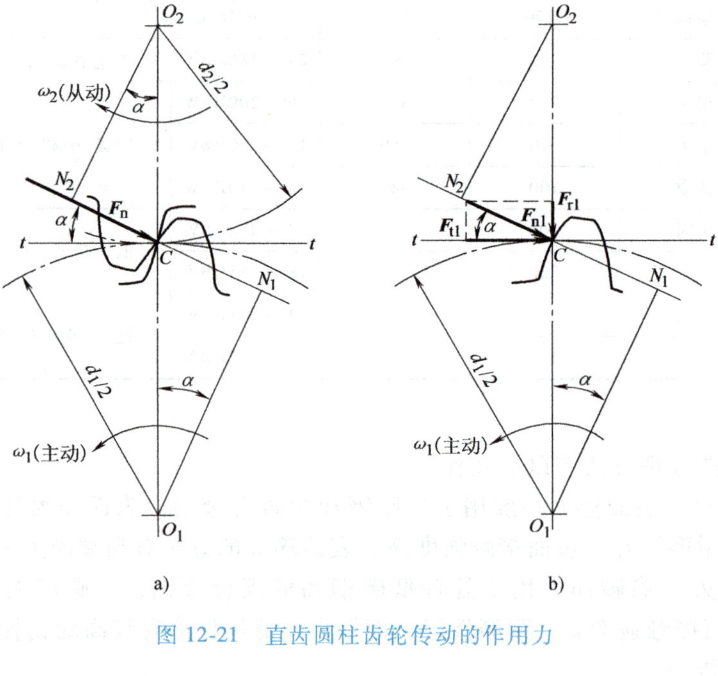

图 12-21 直齿圆柱齿轮传动的作用力

各力的方向是：圆周力 F_t 的方向，在主动轮上与啮合点的圆周速度方向相反，在从动轮上与啮合点的圆周速度方向相同。径向力 F_r 的方向对两轮都是由作用点指向各自的轮心。

12.9.2 轮齿的计算载荷

在实际传动中，由于原动机和工作机性能的不同，会产生附加动载荷。齿轮、轴、轴承等存在制造、安装误差，以及受载时变形等，使载荷沿齿宽不是均匀分布，造成载荷局部集中，会使载荷增大。因此，在齿轮强度计算时，通常用计算载荷 F_nK 代替名义载荷 F_n，K

为载荷系数，其值由表12-4查取。

表12-4 载荷系数 K

原动机	工作机特性		
	工作平稳	中等冲击	较大冲击
电动机	1~1.2	1.2~1.6	1.6~1.8
多缸内燃机	1.2~1.6	1.6~1.8	1.9~2.1
单缸内燃机	1.6~1.8	1.8~2.0	2.1~2.4

注：斜齿圆柱齿轮，圆周速度低、精度高、齿宽系数小时取小值；直齿圆柱齿轮，圆周速度高、精度低、齿宽系数大时取大值。齿轮在两轴承之间对称布置时取小值，不对称布置及悬臂布置时取较大值。

12.9.3 齿面接触强度计算

计算接触强度的目的是防止齿轮可能产生的疲劳点蚀。引起点蚀的主要原因是齿面接触应力。因此，在强度计算时首先要确定齿面最大接触应力。

图12-22所示的两圆柱体，在载荷作用下接触区产生的最大接触应力可根据弹性力学的赫兹公式导出

$$\sigma_H = \sqrt{\frac{F_n}{\pi b} \times \frac{\dfrac{1}{\rho_1} \pm \dfrac{1}{\rho_2}}{\dfrac{1-\mu_1^2}{E_1} + \dfrac{1-\mu_2^2}{E_2}}} \qquad (12\text{-}16)$$

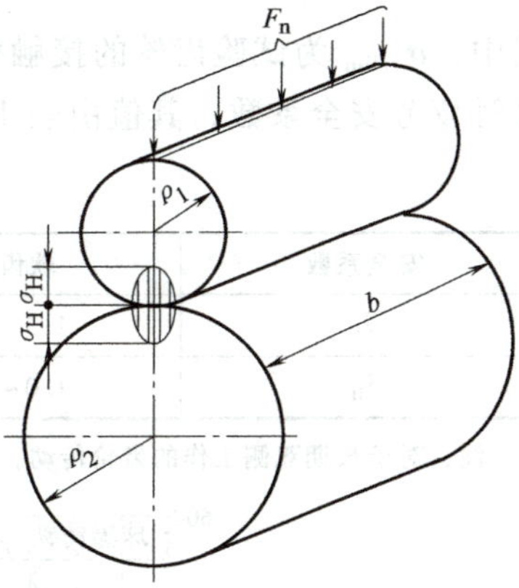

图12-22 两圆柱体接触时的接触应力

式中，F_n 为作用在圆柱体上的载荷，单位为N；b 为接触长度，单位为mm；ρ_1、ρ_2 为两圆柱体接触处的半径，单位为mm；式中“+”号用于外接触，“-”号用于内接触；μ_1、μ_2 为两圆柱体材料的泊松比；E_1、E_2 为两圆柱体材料的弹性模量，单位为MPa。

实践表明，齿根靠近节线处最易发生点蚀，抗胶合能力最低，故通常以节点啮合为代表计算齿面的接触疲劳强度。

由图12-21a可知，节点处的齿廓曲率半径分别为

$$\rho_1 = N_1C = \frac{d_1}{2}\sin\alpha \qquad \rho_2 = N_2C = \frac{d_2}{2}\sin\alpha$$

在式（12-15）中，引入载荷系数 K，令 $u=\dfrac{z_2}{z_1}$，则中心距 $a=\dfrac{1}{2}(d_2 \pm d_1)=\dfrac{d_1}{2}(u \pm 1)$，或表示为 $d_1=\dfrac{2a}{u \pm 1}$

因为

$$F_n = \frac{F_t}{\cos\alpha} = \frac{2T_1}{d_1\cos\alpha}$$

对于一对钢制齿轮，$E_1=E_2=2.06\times10^5$MPa，$\mu_1=\mu_2=0.3$，标准齿轮压力角 $\alpha=20°$，可得钢制标准齿轮传动的齿面接触强度校核公式

$$\sigma_H = 335\sqrt{\frac{(u\pm1)^3KT_1}{uba^2}} \leqslant [\sigma_H] \quad (12\text{-}17)$$

取齿宽系数 $\psi_a=\frac{b}{a}$，则导出设计公式

$$a \geqslant (u\pm1)\sqrt[3]{\left(\frac{335}{[\sigma_H]}\right)^2\frac{KT_1}{\psi_a u}} \quad (12\text{-}18)$$

式中，σ_H 为齿面接触应力，单位为 MPa；$[\sigma_H]$ 为齿轮材料的许用接触应力，单位为 MPa；其他参数意义同前面公式所述。

式（12-17）和式（12-18）仅适用于一对钢制齿轮，若配对齿轮材料为钢对铸铁或铸铁对铸铁，则应将公式中的系数 335 分别改为 285 和 250。

许用接触应力 $[\sigma_H]$ 按下式计算

$$[\sigma_H] = \frac{\sigma_{Hlim}}{S_H} \quad (12\text{-}19)$$

式中，σ_{Hlim} 为试验齿轮的接触疲劳极限，单位为 MPa，其值可由图 12-23 查出；S_H 为齿面接触疲劳安全系数，其值由表 12-5 查出。

表 12-5 安全系数 S_F 和 S_H

安全系数	软齿面	硬齿面	重要的传动、渗碳淬火齿轮或铸造齿轮
S_F	1.3~1.4	1.4~1.6	1.6~2.2
S_H	1.0~1.1	1.1~1.2	1.3

注：对于长期双侧工作的齿轮传动，因齿根弯曲应力为对称循环变应力，故应将表中数据乘以 0.7。

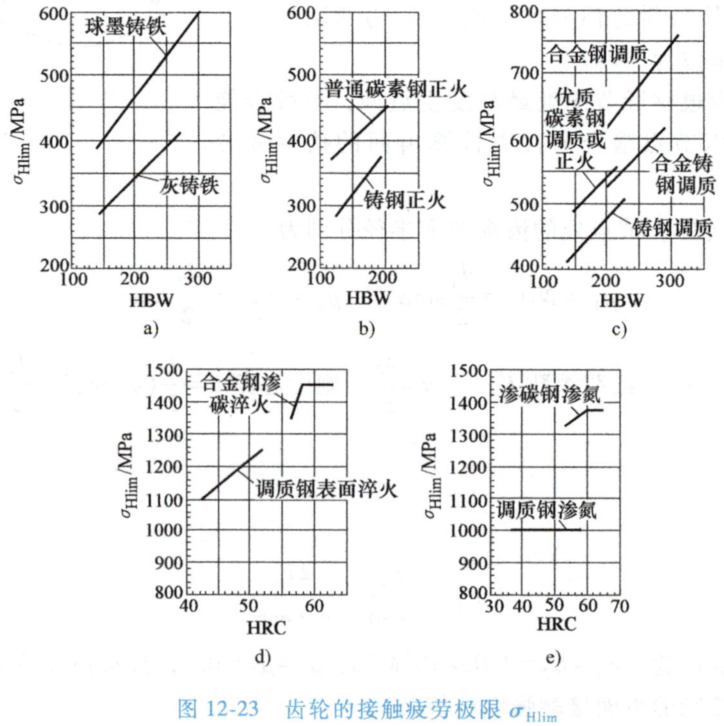

图 12-23 齿轮的接触疲劳极限 σ_{Hlim}

12.9.4　轮齿的弯曲疲劳强度计算

为了防止齿轮在工作时发生轮齿折断，在进行齿轮设计时要计算齿根弯曲疲劳强度。轮齿的疲劳折断主要和齿根弯曲应力的大小有关。为简化计算，假定全部载荷由一对轮齿承受且作用于齿顶处，这时齿根所受的弯曲力矩最大。计算时，将轮齿看作宽度为 b 的悬臂梁。其危险截面可用 30°切线法确定，即作与轮齿对称中心线成 30°夹角并与齿根圆角相切的斜线，连接两切点的截面即是齿根的危险截面，如图 12-24 所示。

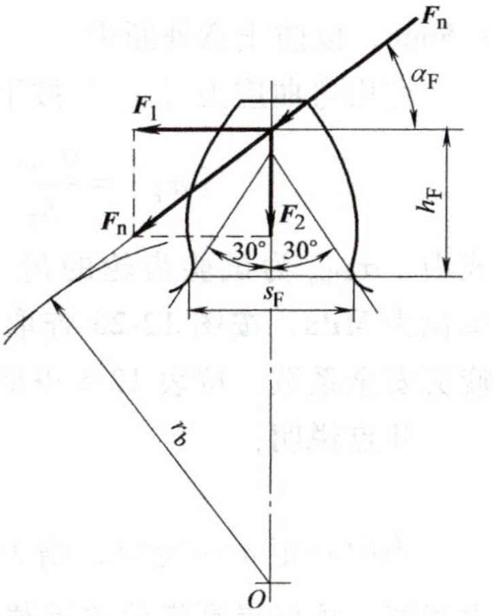

图 12-24　轮齿受力分析

设法向力 F_n 移至轮齿中线并分解成相互垂直的两个分力，即 $F_1=F_n\cos\alpha_F$，$F_2=F_n\sin\alpha_F$，其中 F_1 使齿根产生弯曲应力，F_2 则产生压应力。因压应力数值较小，在计算轮齿抗弯强度时只考虑弯曲应力。危险截面的弯曲应力为

$$\sigma_F=\frac{M}{W}$$

式中，M 为齿根的最大弯矩，单位为 N · mm；$M=KF_n\cos\alpha_F\cdot h_F=\dfrac{KF_t}{\cos\alpha}\cos\alpha_F\cdot h_F$；$W$ 为危险截面的弯曲截面系数，单位为 mm^3，$W=\dfrac{bs_F^2}{6}$，代入上式可得出

$$\sigma_F=\frac{M}{W}=\frac{KF_nh_F\cos\alpha_F}{\dfrac{bS_F^2}{6}}=\frac{6KF_nh_F\cos\alpha_F}{bS_F^2}=\frac{6KF_th_F\cos\alpha_F}{bS_F^2\cos\alpha}=\frac{kF_t}{bm}\frac{\left(6\dfrac{h_F}{m}\right)\cos\alpha_F}{\left(\dfrac{S_F}{m}\right)^2\cos\alpha}$$

令

$$Y_F=\frac{6\dfrac{h_F}{m}\cos\alpha_F}{\left(\dfrac{S_F}{m}\right)^2\cos\alpha}$$

可得轮齿抗弯强度的校核公式

$$\sigma_F=\frac{2KT_1Y_F}{bm^2z_1}\leqslant[\sigma_F]\tag{12-20}$$

式中，K 为载荷系数；T_1 为小轮传递转矩，单位为 N · mm；b 为齿宽，单位为 mm；m 为模数，单位为 mm；z_1 为小齿轮齿数；Y_F 为齿形系数。对标准齿轮，Y_F 只与齿数有关。正常齿制标准齿轮的 Y_F 值可参考图 12-25。

应注意：通常 Y_{F1}、Y_{F2} 并不相等，两齿轮的许用弯曲应力 $[\sigma_F]_1$、$[\sigma_F]_2$ 也不同，因此应分别验算两齿轮的抗弯强度。

引入齿宽系数 $\psi_a=\dfrac{b}{a}$，代入式（12-20）中，则得轮齿抗弯强度设计公式为

$$m \geqslant \sqrt[3]{\frac{4KT_1 Y_F}{\psi_a(u \pm 1) z_1^2 [\sigma_F]}} \quad (12\text{-}21)$$

式（12-21）中的$\frac{Y_F}{[\sigma_F]}$应代入$\frac{Y_{F1}}{[\sigma_F]_1}$和$\frac{Y_{F2}}{[\sigma_F]_2}$中的较大者，算得的模数应按表 12-1 圆整为标准值。对于传递动力的齿轮，其模数应大于 1.5mm，以防止意外断齿。

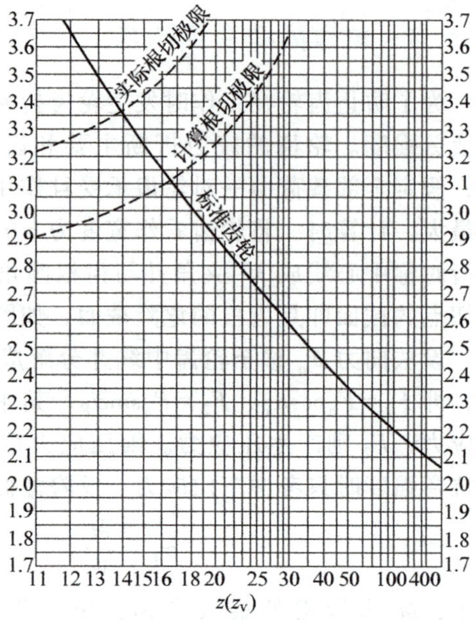

图 12-25 齿形系数 Y_F

许用弯曲应力 $[\sigma_F]$ 按下式计算

$$[\sigma_F] = \frac{\sigma_{Flim}}{S_F} \quad (12\text{-}22)$$

式中，σ_{Flim} 为试验齿轮的齿根弯曲疲劳极限，单位为 MPa，按图 12-26 查取；S_F 为轮齿弯曲疲劳安全系数，按表 12-5 查取。

几点说明：

1. 齿宽系数 ψ_a

当中心距 a 一定时，增大齿宽系数必然增大齿宽，可以提高齿轮的承载能力。但齿宽越大，载荷沿齿宽分布越不均匀，造成偏载而降低了传动能力。因此，设计齿轮传动时应合理选择 ψ_a。轻型减速机，$\psi_a = 0.2 \sim 0.4$；中型减

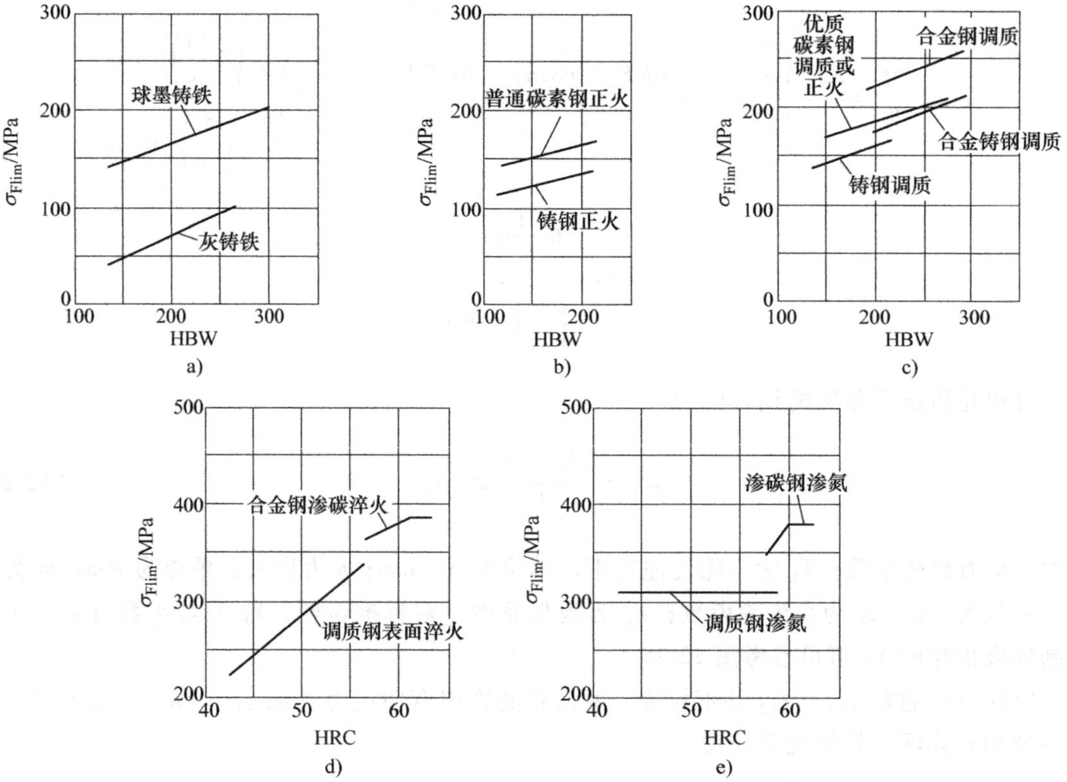

图 12-26 齿轮的弯曲疲劳极限 σ_{Flim}

速机，$\psi_a=0.4\sim0.6$；重型减速机，$\psi_a=0.8$；当 $\psi_a>0.4$ 时，常采用斜齿轮或人字齿轮传动。

2. 小齿轮齿数 z_1

对于闭式软齿面齿轮传动：传动能力主要取决于接触强度，而最大接触应力只与齿数比 u 和小齿轮的分度圆直径 d_1 有关，与模数 m 无关，因此，选择齿数时，在满足抗弯强度的前提下，尽可能多选一些，使传动的重合度增大，传动更平稳。另外，齿数增加则模数减小，齿顶高和齿根高都随之减小，能节约材料和减少金属切削量。常取 $z_1=24\sim40$。

对于闭式硬齿面齿轮和开式齿轮传动，传动能力主要取决于抗弯强度，弯曲应力与模数 m 有关。因此，在满足接触疲劳强度的前提下，小齿轮齿数尽可能取少一些，常取 $z_1=17\sim20$。

例 12-1　设计带式运输机上由电动机驱动的单级直齿圆柱齿轮减速器中的齿轮传动。已知：小齿轮转速 $n_1=960\text{r/min}$，传递功率 $P=9\text{kW}$，传动比 $i=4$，单向运转，载荷平稳。

解　(1) 选择齿轮材料及精度等级

小齿轮选用 45 钢调质，硬度为 220～250HBW；大齿轮选用 45 钢正火，硬度为 170～210HBW。因为是普通减速器，由表 12-2 选 8 级精度。

(2) 按齿面接触疲劳强度设计

因两齿轮均为钢质齿轮，可应用式 (12-18) 求出 a 值。确定有关参数和系数如下：

转距 T_1　　$T_1=9.55\times10^6\times\dfrac{9}{960}\text{N}\cdot\text{mm}=8.95\times10^4\text{N}\cdot\text{mm}$

载荷系数 K，查表 12-4 取 $K=1.1$

齿数 z_1 和齿宽系数 ψ_a，小齿轮的齿数 z_1 取为 25，则大齿轮齿数 $z_2=100$，选取 $\psi_a=0.4$；许用接触应力 $[\sigma_H]$，由图 12-23 查得 $\sigma_{\text{Hlim1}}=560\text{MPa}$，$\sigma_{\text{Hlim2}}=530\text{MPa}$。由表 12-5 查得 $S_H=1$。

故
$$[\sigma_H]_1=\frac{\sigma_{\text{Hlim1}}}{S_H}=\frac{560}{1}\text{MPa}=560\text{MPa}$$

$$[\sigma_H]_2=\frac{\sigma_{\text{Hlim2}}}{S_H}=\frac{530}{1}\text{MPa}=530\text{MPa}$$

故
$$a\geqslant(u+1)\sqrt[3]{\left(\frac{335}{[\sigma_H]}\right)^2\frac{KT_1}{\psi_a u}}=5\times\sqrt[3]{\left(\frac{335}{530}\right)^2\frac{1.1\times8.95\times10^4}{0.4\times4}}\text{mm}=145.4\text{mm}$$

$$m=\frac{2a}{z_1+z_2}\approx2.33\text{mm}$$

由表 12-1 取 $m=2.5\text{mm}$

确定中心距　　$a=\dfrac{m}{2}(z_1+z_2)=\dfrac{2.5}{2}\times(25+100)\text{mm}=156.25\text{mm}$

齿宽　　$b=\psi_a a=0.4\times156.25\text{mm}=62.5\text{mm}$

经圆整后取 $b_2=65\text{mm}$，$b_1=70\text{mm}$（为了补偿安装误差，通常使小齿轮齿宽略大一些）。

(3) 验算轮齿抗弯强度

1) 齿形系数　$Y_{F1}=2.72$，$Y_{F2}=2.2$（图 12-25）。

2) 许用弯曲应力 $[\sigma_F]$：

由图 12-26 查得 $\sigma_{Flim1}=190MPa$，$\sigma_{Flim2}=170MPa$。

由表 12-5 查得 $S_F=1.3$。

故

$$[\sigma_F]_1=\frac{\sigma_{Flim1}}{S_F}=\frac{190}{1.3}MPa\approx 146MPa$$

$$[\sigma_F]_2=\frac{\sigma_{Flim2}}{S_F}=\frac{170}{1.3}MPa\approx 131MPa$$

故

$$\sigma_{F1}=\frac{2KT_1Y_{F1}}{bm^2z_1}=\frac{2\times1.1\times8.95\times10^4\times2.72}{65\times2.5^2\times25}MPa\approx 52.7MPa<[\sigma_F]_1=146MPa$$

$\sigma_{F2}=\sigma_{F1}\frac{Y_{F2}}{Y_{F1}}=52.7\times\frac{2.2}{2.72}MPa\approx 42.63MPa<[\sigma_F]_2=131MPa$，因此安全。

（4）齿轮的圆周速度

$$v=\frac{\pi d_1n_1}{60\times1000}=\frac{\pi\times2.5\times25\times960}{60\times1000}m/s=3.14m/s$$

由表 12-2 可知，选 8 级精度是合适的。

12.10 平行轴斜齿轮机构

平行轴斜齿轮又称斜齿圆柱齿轮，简称斜齿轮。

12.10.1 斜齿轮齿廓曲面的形成及其啮合特点

前面论述的直齿圆柱齿轮的齿廓形成，都是就其端面，即垂直于齿轮轴线的平面来谈论的。实际上，如图 12-27a 所示，齿轮具有一定的宽度，其齿廓曲面是发生面 S 在基圆柱上作纯滚动时，发生面与基圆柱母线 NN 平行的任一直线 KK 的轨迹，该轨迹即为直齿圆柱齿轮的渐开线齿廓曲面。两齿轮啮合时，齿面的接触线均为平行于齿轮轴线的直线；也就是说，两个直齿轮在啮合时，其轮齿是沿整个齿宽同时进入接触或同时分离的，载荷皆沿整个齿宽突然加上或卸去。因此，直齿圆柱齿轮传动的平稳性较差，噪声和冲击也较大，一般不适用于高速重载传动。

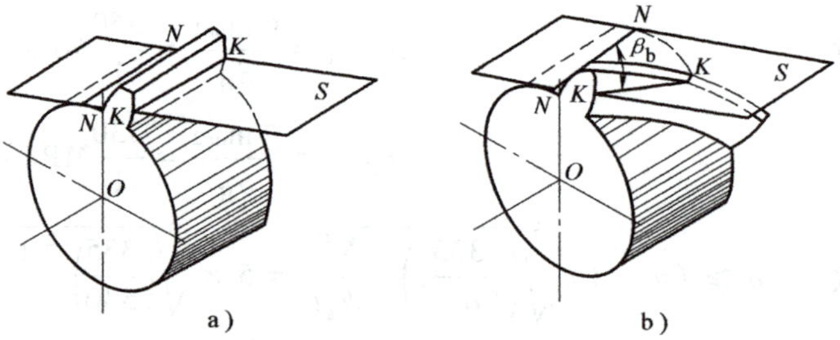

图 12-27 渐开线曲面的形成

斜齿轮齿廓的形成原理与直齿圆柱齿轮相似，只是发生面上的直线 KK 不再与基圆柱母线 NN 平行，而是与之成一角度 β_b，如图 12-27b 所示。当发生面在基圆上作纯滚动时，该直线 KK 的轨迹为渐开线螺旋面，该曲面即为斜齿轮的齿廓曲面，直线 KK 与基圆柱母线 NN 之夹角 β_b 称为基圆柱上的螺旋角。两啮合齿面啮合过程中，齿廓接触线的长度由零逐渐增长，到某一位置后又逐渐缩短，直至脱离接触。这样的啮合方式不但延长了轮齿的啮合时间，增加了重合度，而且两轮轮齿是逐渐进入和退出啮合的，不像直齿轮传动那样，两轮齿是突然沿整个齿宽接触，又突然沿整个齿宽离开，因而减小了传动时的冲击、振动和噪声，从而提高了传动的平稳性。

由斜齿轮齿廓曲面的形成可见，其端面的齿廓曲线为渐开线，从端面看，一对渐开线斜齿轮传动就相当于一对渐开线直齿轮传动，所以它满足定角速比的要求。

斜齿轮的正确啮合条件 $\begin{cases} m_1 = m_2 = m \\ \alpha_1 = \alpha_2 = \alpha \\ \beta_1 = -\beta_2 \end{cases}$

12.10.2　斜齿轮各部分名称和几何尺寸计算

1. 螺旋角 β

设想将斜齿轮沿分度圆柱面展开，这时，分度圆柱面与轮齿相贯螺旋线便展成一条斜直线，其与轴线的夹角 β，称为斜齿轮分度圆柱面上的螺旋角，简称为斜齿轮的螺旋角，用 β 表示，一般取 $\beta = 8° \sim 20°$。

斜齿轮按其轮齿的旋向可分为右旋和左旋两种。

2. 模数

由于轮齿的倾斜，轮齿在端面上的齿形（渐开线）和垂直于轮齿方向的法向齿形不同，设 p_n 为法向齿距，p_t 为端面齿距，则由图 12-28 得

$$p_n = p_t \cos\beta \tag{12-23}$$

以 m_n 和 m_t 分别表示法向模数和端面模数，则 $m_n = \dfrac{p_n}{\pi}$，$m_t = \dfrac{p_t}{\pi}$，故

$$m_n = m_t \cos\beta \tag{12-24}$$

3. 压力角

以 α_t 和 α_n 分别表示端面压力角和法向压力角，它们之间有如下关系（图 12-29）

$$\tan\alpha_n = \frac{\overline{OC}}{\overline{OA}},\quad \tan\alpha_t = \frac{\overline{OB}}{\overline{OA}},\quad \overline{OC} = \overline{OB}\cos\beta$$

故

$$\tan\alpha_n = \tan\alpha_t \cos\beta \tag{12-25}$$

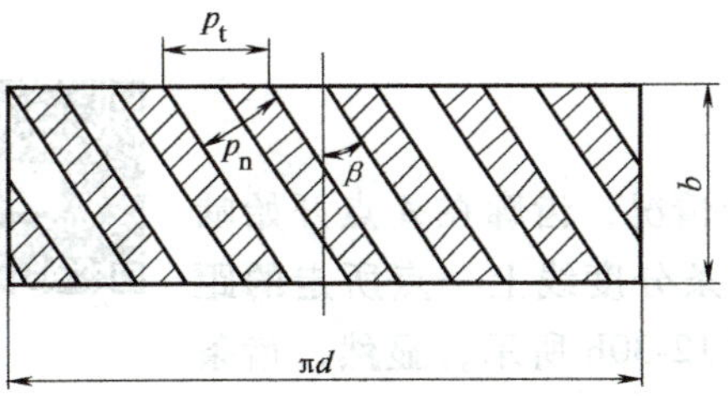

图 12-28　法向齿距和端面齿距

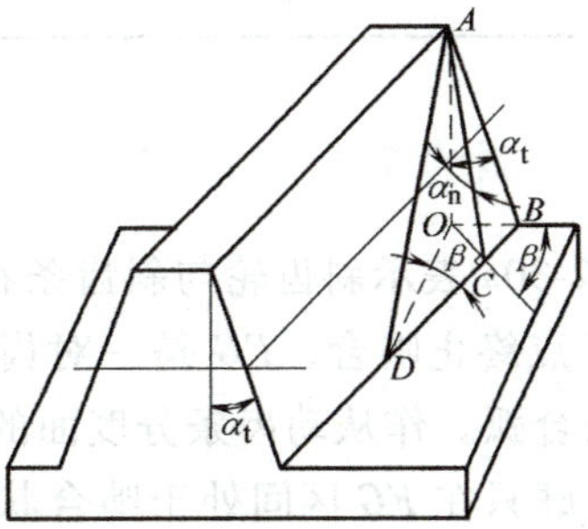

图 12-29　端面压力角和法向压力角

4. 齿顶高系数及顶隙系数

法向齿顶高系数 h_{an}^{*} 及端面齿顶高系数 h_{at}^{*}。

法向顶隙系数 c_{n}^{*} 及端面顶隙系数 c_{t}^{*}。

切削加工斜齿轮时，刀具是顺着螺旋齿槽方向进刀，因此，必须按斜齿轮的法向参数来选择刀具，故规定斜齿轮法向上的参数为标准值（模数、压力角、h_{an}^{*}、c_{n}^{*}）。

5. 斜齿轮的几何尺寸计算

由于一对斜齿轮的啮合，在端面相当于一对直齿轮的啮合，故可将直齿轮的几何计算公式应用于斜齿轮端面的计算，见表 12-6。

表 12-6　标准斜齿圆柱齿轮传动的参数和几何尺寸计算

名　　称	代　　号	计算公式
端面模数	m_t	$m_t=\dfrac{m_n}{\cos\beta}$，$m_n$ 为标准值
螺　旋　角	β	$\beta=8°\sim20°$
端面压力角	α_t	$\alpha_t=\arctan\dfrac{\tan\alpha_n}{\cos\beta}$，$\alpha_n$ 为标准值
分度圆直径	d_1,d_2	$d_1=m_tz_1=\dfrac{m_nz_1}{\cos\beta},d_2=m_tz_2=\dfrac{m_nz_2}{\cos\beta}$
齿顶高	h_a	$h_a=m_n$
齿根高	h_f	$h_f=1.25m_n$
全齿高	h	$h=h_a+h_f=2.25m_n$
顶　隙	c	$c=h_f-h_a=0.25m_n$
齿顶圆直径	d_{a1}、d_{a2}	$d_{a1}=d_1+2h_a,d_{a2}=d_2+2h_a$
齿根圆直径	d_{f1}、d_{f2}	$d_{f1}=d_1-2h_f,d_{f2}=d_2-2h_f$
中　心　距	a	$a=\dfrac{d_1+d_2}{2}=\dfrac{m_t}{2}(z_1+z_2)=\dfrac{m_n(z_1+z_2)}{2\cos\beta}$

12.10.3　斜齿轮传动的重合度

图 12-30a 表示斜齿轮与斜齿条在前端面的啮合情况，齿廓在 A 点开始啮合，在 E 点终止啮合，FG 是一对齿啮合过程中齿条分度线上一点所走的距离，即啮合弧。作从动齿条分度面的俯视图，如图 12-30b 所示，显然，齿条的工作齿廓只在 FG 区间处于啮合状态，FG 区间之外都不可能啮合。由图可见，当轮齿到达虚线所示位置时，其前端面虽已开始脱离啮合，但轮齿后端面仍处于啮合区内，整个轮齿

尚未终止啮合。只有当轮齿后端面走出啮合区，该点才终止啮合，也就是说，斜齿传动的啮合弧比端面齿廓完全相同的直齿轮长 GH，故斜齿轮传动的重合度

$$\varepsilon=\frac{FH}{P_t}=\frac{FG+GH}{P_t}=\varepsilon_t+\frac{b\tan\beta}{p_t} \tag{12-26}$$

式中，ε_t 为端面重合度，即与斜齿轮端面齿廓相同的直齿轮传动的重合度；$b\tan\beta/p_t$ 为轮齿倾斜而产生的附加重合度。由式（12-26）可见，斜齿轮传动的重合度随齿宽 b 和 β 的增大而增大，可达到很大数值，这是斜齿轮传动运转平稳，承载能力较高的主要原因之一。

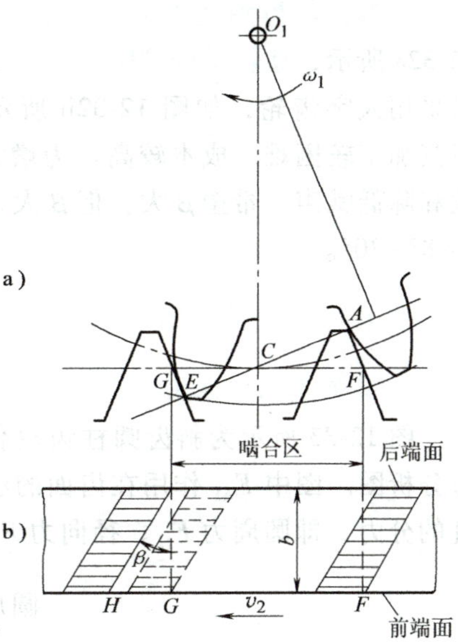

图 12-30　斜齿轮传动的重合度

12.10.4　斜齿轮的当量齿数

在进行强度计算和用仿形法加工选择铣刀时，必须知道斜齿轮的法向齿形。

图 12-31 所示，对斜齿圆柱齿轮任一轮作垂直于分度圆柱螺旋线的法面 n-n，此法面与分度圆柱的交线为一椭圆，其长半轴 $a=\dfrac{d}{2\cos\beta}$，短半轴 $b=d/2$，根据数学知识，可求得此椭圆在 C 点的曲率半径为

$$\rho=\frac{a^2}{b}=\frac{d}{2\cos^2\beta}$$

以 ρ 为分度圆半径，取斜齿轮的法向模数 m_n 为标准模数，按标准压力角 α 作一个直齿圆柱齿轮，则该齿轮的齿形近似于斜齿轮的法向齿形，这个假想的直齿圆柱齿轮称为斜齿轮的当量齿轮，其齿数 z_v 称为当量齿轮的当量齿数，$z_v=\dfrac{2\rho}{m_n}$，将上式代入则

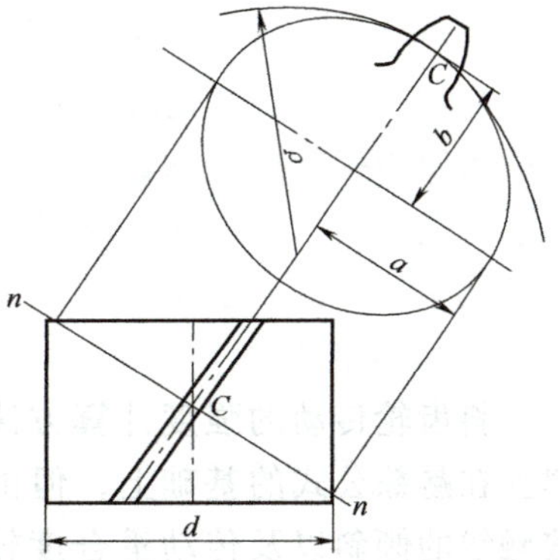

图 12-31　斜齿轮的当量齿数

$$z_v=\frac{d}{\cos^2\beta m_n}=\frac{m_t z}{m_n\cos^2\beta}=\frac{m_n z}{m_n\cos^3\beta}=\frac{z}{\cos^3\beta} \tag{12-27}$$

式中，z 为斜齿轮的实际齿数。

12.10.5　斜齿轮的优缺点

与直齿轮相比，斜齿轮具有以下优点：

1）齿廓接触线是斜线，一对齿是逐渐进入啮合和逐渐退出啮合的，故运转平稳，振动、噪声小。

2）ε 大，并随齿宽和 β 的增大而增大，故承载能力较高，运转平稳，适用于高速、重载传动。

缺点：斜齿轮受力 F 时会产生轴向分力 F_a，如图 12-32a 所示，使轴承受到轴向力。为克服这一缺点，可以采用人字齿轮，如图 12-32b 所示，使 F_a 相互抵消，但其加工较困难，成本较高。为增大 ε 增加传动的平稳性和降低噪声，希望 β 大，但 β 大，F_a 也大，故一般取 $\beta=8°\sim20°$。

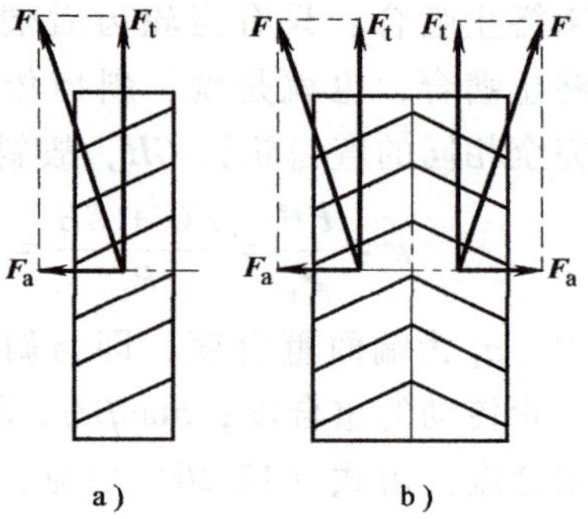

图 12-32　斜齿轮的轴向分力

12.10.6　斜齿圆柱齿轮强度计算

1. 轮齿上的作用力

图 12-33 所示为斜齿圆柱齿轮传动中主动轮上的受力分析图。图中 F_{n1} 作用在齿面的法向内，忽略摩擦力的影响，F_{n1} 可以分解为三个互相垂直的分力，即圆周力 F_{t1}、径向力 F_{r1} 和轴向力 F_{a1}。三个分力的计算公式可由图 12-33 导出。

$$\left.\begin{aligned}&\text{圆周力}\quad F_{t1}=\frac{2T_1}{d_1}\\&\text{径向力}\quad F_{r1}=\frac{F_{t1}\tan\alpha_n}{\cos\beta}\\&\text{轴向力}\quad F_{a1}=F_{t1}\tan\beta\end{aligned}\right\}\tag{12-28}$$

各力的方向是：主动轮上圆周力和径向力的方向与直齿圆柱齿轮相同，轴向力的方向可利用左、右手法则判定，即右旋齿轮用右手、左旋齿轮用左手判定，弯曲的四指指向齿轮的转动方向，则大拇指的指向表示它所受轴向力的方向。从动轮上所受各力的方向与主动轮相反，但大小相等。

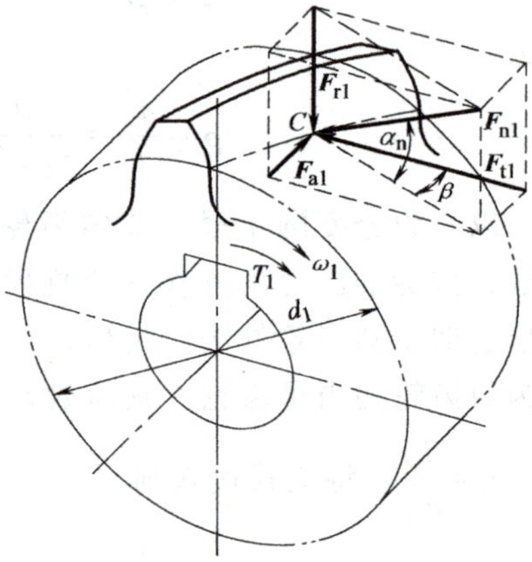

图 12-33　轮齿上的作用力

2. 强度计算

斜齿轮传动的强度计算方法与直齿轮相似，仍然建立在赫兹公式的基础上，但由于斜齿轮啮合时齿面接触线的倾斜以及传动重合度较大等因素的影响，而使斜齿轮的齿面接触应力和弯曲应力有所降低。其强度计算公式可表示为

（1）齿面接触强度计算

校核公式
$$\sigma_H=305\sqrt{\frac{(u\pm1)^3KT_1}{uba^2}}\leqslant[\sigma_H]\tag{12-29}$$

设计公式
$$a\geqslant(u\pm1)\sqrt[3]{\left(\frac{305}{[\sigma_H]}\right)^2\frac{KT_1}{\psi_a u}}\tag{12-30}$$

式中各参数的意义和单位同前述。

若配对齿轮材料改变时，以上两式中的系数 305 应加以修正。钢对铸铁应将 305 乘以 $\frac{285}{335}$，铸铁对铸铁应将 305 乘以 $\frac{250}{335}$。

按式（12-30）求出中心距 a 后，根据已选定的 z_1、z_2 和螺旋角 β（或模数 m_n），由下式计算模数 m_n（或螺旋角 β）

$$m_n = \frac{2a\cos\beta}{z_1 + z_2} \tag{12-31}$$

$$\beta = \arccos\frac{m_n(z_1 + z_2)}{2a} \tag{12-32}$$

求得的 m_n 应按表 12-1 取为标准值，$\beta = 8° \sim 20°$。

（2）轮齿抗弯强度计算

斜齿轮轮齿的弯曲应力是在轮齿的法向内进行分析的，方法与直齿圆柱齿轮中所述的方法相似。

因为斜齿轮啮合时重合度较大，同时啮合的轮齿对数较多，而且轮齿的接触线是倾斜的，有利于降低斜齿轮的弯曲应力，因此斜齿轮轮齿的抗弯能力比直齿轮高。考虑到斜齿轮的上述特点，可得斜齿轮轮齿抗弯强度的校核公式和设计公式

$$\sigma_F = \frac{1.6KT_1Y_F}{bm_nd_1} = \frac{1.6KT_1Y_F\cos\beta}{bm_n^2z_1} \leqslant [\sigma_F] \tag{12-33}$$

$$m_n \geqslant \sqrt[3]{\frac{3.2KT_1Y_F\cos^2\beta}{\psi_a(u \pm 1)z_1^2[\sigma_F]}} \tag{12-34}$$

式中，m_n 为斜齿轮的法向模数，计算出的数值应按表 12-1 选取标准值；齿形系数 Y_F 应根据当量齿数 z_v 由图 12-25 查得；齿轮许用弯曲应力［σ_F］的确定方法与直齿轮相同，其余各参数的意义和单位同前述。

例 12-2 设计带式运输机上由电动机驱动的单级斜齿圆柱齿轮减速器中的齿轮传动。已知：小齿轮转速 $n_1 = 960\text{r/min}$，传递功率 $P = 40\text{kW}$，传动比 $i = 3$，单向运转，载荷有中等冲击。

解 （1）选择齿轮材料及精度等级

因传递功率较大，选用硬齿面齿轮组合。小齿轮选用 20CrMnTi，渗碳淬火，硬度为 56～62HRC；大齿轮选用 40Cr，表面淬火，硬度为 52～56HRC（见表 12-3）。由表 12-2 选 8 级精度。

（2）按轮齿抗弯强度设计

确定有关参数与系数：

1）转矩 T_1

$$T_1 = 9.55 \times 10^6 \times \frac{40}{960}\text{N} \cdot \text{mm} = 3.98 \times 10^5\text{N} \cdot \text{mm}$$

2）载荷系数 K。查表 12-4 取　$K = 1.3$

3）齿数 z_1、螺旋角 β 和齿宽系数 ψ_a。小齿轮的齿数 z_1 取为 20，则大齿轮齿数 $z_2 = 60$，初选螺旋角 $\beta = 15°$。则

$$z_{v1} = \frac{z_1}{\cos^2\beta} = \frac{20}{\cos^2 15°} = 22.19，\quad z_{v2} = \frac{z_2}{\cos^2\beta} = \frac{60}{\cos^2 15°} = 66.58$$

由图 12-25 查得齿形系数为　$Y_{F1} = 2.82$，$Y_{F2} = 2.27$

取 $\psi_a = 0.4$

4）许用弯曲应力 $[\sigma_F]$。由图 12-26 查得

$$\sigma_{Flim1}=370MPa,\ \sigma_{Flim2}=320MPa$$

由表 12-5 查得 $S_F=1.5$

故
$$[\sigma_F]_1=\frac{\sigma_{Flim1}}{S_F}=\frac{370}{1.5}MPa\approx 246.66MPa$$

$$[\sigma_F]_2=\frac{\sigma_{Flim2}}{S_F}=\frac{320}{1.5}MPa\approx 213.33MPa$$

因
$$\frac{Y_{F1}}{[\sigma_F]_1}=\frac{2.82}{246.66}\approx 0.0114,\quad \frac{Y_{F2}}{[\sigma_F]_2}=\frac{2.27}{213.33}\approx 0.0107$$

且
$$\frac{Y_{F1}}{[\sigma_F]_1}>\frac{Y_{F2}}{[\sigma_F]_2}$$

故应将 $\frac{Y_{F1}}{[\sigma_F]_1}$ 代入式（12-34）计算

$$m_n\geqslant\sqrt[3]{\frac{3.2KT_1Y_{F1}\cos^2\beta}{\psi_a(u+1)z_1^2[\sigma_F]_1}}=\sqrt[3]{\frac{3.2\times 1.3\times 3.98\times 10^5\times 0.0114\times\cos^2 15°}{0.4\times(3+1)\times 20^2}}mm\approx 3.02mm$$

由表 12-1 取 $m_n=3.5mm$。

5）确定中心距及螺旋角 β。

中心距
$$a=\frac{m_n(z_1+z_2)}{2\cos\beta}=\frac{3.5\times(20+60)}{2\cos 15°}mm=144.94mm$$

取
$$a=145mm$$

螺旋角
$$\beta=\arccos\frac{m_n(z_1+z_2)}{2a}=\arccos\frac{3.5(20+60)}{2\times 145}=15°5'24''$$

齿宽
$$b=\psi_a a=0.4\times 145mm=58mm$$

经圆整后取 $b_2=60mm$，$b_1=65mm$（为了补偿安装误差，通常使小齿轮齿宽略大一些）。

（3）验算齿面接触强度

由图 12-23 查得 $\sigma_{Hlim1}=1440MPa$，$\sigma_{Hlim1}=1220MPa$

由表 12-5 查得 $S_H=1.2$

故
$$[\sigma_H]_1=\frac{\sigma_{Hlim1}}{S_H}=\frac{1440}{1.2}MPa=1200MPa$$

$$[\sigma_H]_2=\frac{\sigma_{Hlim2}}{S_H}=\frac{1220}{1.2}MPa=1017MPa$$

将各参数代入式（12-29）可得

$$\sigma_H=305\sqrt{\frac{(u+1)^3KT_1}{uba^2}}=305\times\sqrt{\frac{(3+1)^3 1.3\times 3.98\times 10^5}{3\times 60\times 145^2}}MPa$$

$$=902MPa<[\sigma_H]_2,因此安全。$$

（4）齿轮的圆周速度

$$v=\frac{\pi d_1n_1}{60\times 1000}=\frac{\pi\times 3.5\times 20\times 960}{60\times 1000\times\cos 15°5'24''}m/s=3.64m/s$$

由表 12-2 可知，选 8 级精度是合适的。

12.11 直齿锥齿轮机构

12.11.1 锥齿轮传动的应用、特点和分类

图 12-34a 所示为一对直齿锥齿轮传动，它用于传递相交轴之间的运动和动力，两轴间的夹角 Σ 可根据传动的要求来决定，在一般的机械中，多采用 $\Sigma=\delta_1+\delta_2=90°$ 的传动，锥齿轮的轮齿分布在截面锥体上，其齿形沿齿的大端向小端逐渐收缩，这是锥齿轮区别于圆柱齿轮的特点之一。正是由于这个特点，所以相应于圆柱齿轮中的各有关“圆柱”，在这里都为“圆锥”，如齿顶圆锥、齿根圆锥、分度圆锥等。

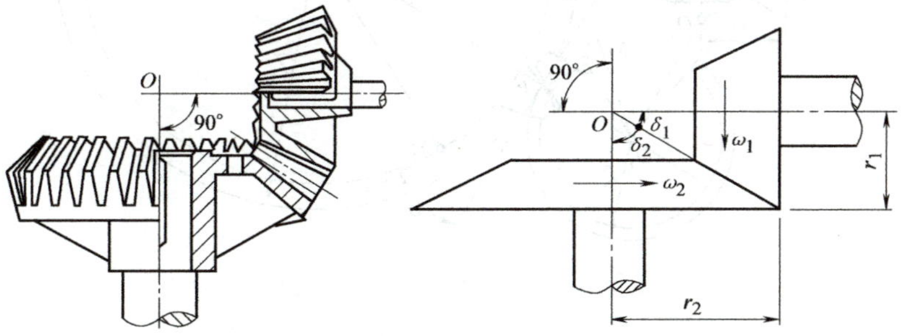

图 12-34　直齿锥齿轮传动

锥齿轮的轮齿有直齿和曲齿两种类型。直齿锥齿轮设计、制造较为简单，适用于低速、轻载的场合，应用最广。而曲齿锥齿轮传动平稳，承载力高，常用于高速、重载的场合，如汽车、飞机等。

12.11.2 直齿锥齿轮的背锥及当量齿轮

如图 12-35 所示，一圆平面 S 与一基圆锥相切于 ON，当圆平面 S（发生面）在基圆锥上作纯滚动时，该平面任一点 B 在空间展出一条渐开线 AB。如该图中 AB 就是直齿锥齿轮大端的理论齿廓曲线，显然，该渐开线 AB 是在以锥顶 O 为中心，锥距 RON 为半径的球面上，即该渐开线为球面渐开线。由于球面无法展成平面，致使锥齿轮的设计计算产生了很多困难。因此，不得不采用以下近似方法：如图 12-36 所示为一对锥齿轮在其轴平面上的投影，$\triangle OCA$ 和 $\triangle OCB$ 分别代表两轮的分度圆锥，线段 OC 称为锥距，现过大端上点 A 作球面的切线 O_1C 与轴线相交于 O_1，并设想以 OO_1 为轴，O_1A 为母线作一圆锥，与锥齿轮大端的球面相切，则 $\triangle AO_1C$ 即可代表该圆锥，我们把这个大圆锥称为该锥齿轮的背锥。若在背锥上将齿廓进行投影，由图可见，它们非常接近。故可把锥齿轮的球面渐开线齿廓在其背锥面上投影，近似地作为锥齿轮的齿廓。如图 12-36 下部所示，将背锥展成一平面，则为一扇形，扇形的半径即为

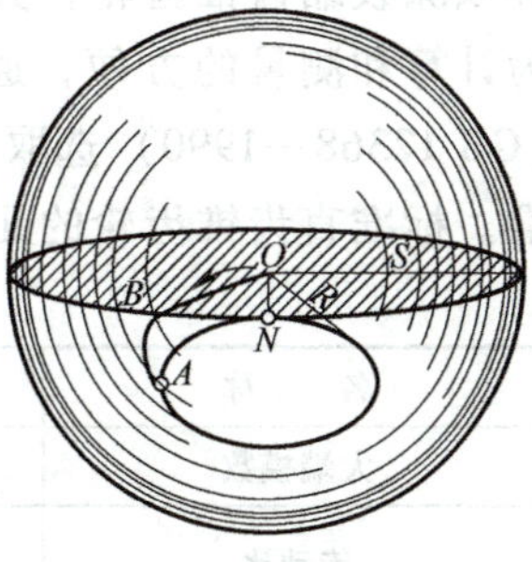

图 12-35　球面渐开线的形成

背锥的锥距 r_v。现以 r_v 为分度圆半径，以锥齿轮大端的模数为模数，并取标准压力角，画出扇形齿轮的齿形，则此齿形即可近似地视为锥齿轮大端的齿形。扇形齿轮上的齿数 z 就是锥齿轮的实际齿数。如将扇形齿轮的缺口补足为完整的圆柱齿轮，此时其齿数将增至为 z_v，该虚拟的圆柱齿轮称为锥齿轮的当量齿轮，当量齿轮的齿数 z_v 则称为锥齿轮的当量齿数。

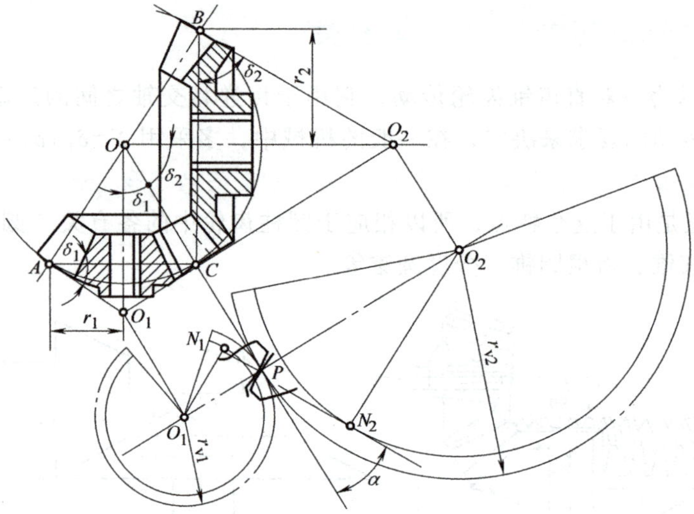

图 12-36 锥齿轮的背锥和当量齿轮

由图可见

$$r_{v1} = \frac{r_1}{\cos\delta_1} = \frac{mz_1}{2\cos\delta_1}$$

而

$$r_{v1} = mz_{v1}/2$$

故

$$z_{v1} = \frac{z_1}{\cos\delta_1} \tag{12-35}$$

式中，δ_1 为锥齿轮的分度圆锥角。

直齿锥齿轮的正确啮合条件可以从当量圆柱齿轮得到，即两轮大端模数必须相等，压力角必须相等。此外，二轮的锥距也必须相等。

12.11.3 直齿锥齿轮的几何尺寸计算

图 12-37 表示一对标准直齿锥齿轮传动，轴的交角 $\Sigma=\delta_1+\delta_2=90°$，图 12-37a 所示为不等顶隙收缩齿锥齿轮，其节圆锥与分度圆锥重合。图 12-37b 所示为等顶隙收缩齿锥齿轮。为计算和测量的方便，通常取锥齿轮大端的参数为标准值，即大端模数按《锥齿轮模数》（GB 12368—1990）选取，α 一般为 20°，在计算锥齿轮的几何尺寸时，以其大端参数为基准。标准直齿锥齿轮的几何尺寸计算公式见表 12-7。

表 12-7 $\Sigma=90°$ 标准直齿锥齿轮的几何尺寸计算

名　称	符　号	计算公式及说明
大端模数	m_e	按 GB 12368—1990 取标准值
传动比	i	$i=\frac{z_2}{z_1}=\tan\delta_2=\cot\delta_1$，单级 $i<6\sim7$

（续）

名　　称	符　　号	计算公式及说明
分度圆锥角	δ_1、δ_2	$\delta_1=90°-\delta_2,\delta_2=\arctan\dfrac{z_2}{z_1}$
分度圆直径	d_1、d_2	$d_1=m_e z_1,d_2=m_e z_2$
齿顶高	h_a	$h_a=m_e$
齿根高	h_f	$h_f=1.2m_e$
全齿高	h	$h=2.2m_e$
顶隙	c	$c=0.2m_e$
齿顶圆直径	d_{a1},d_{a2}	$d_{a1}=d_1+2m_e\cos\delta_1,d_{a2}=d_2+2m_e\cos\delta_2$
齿根圆直径	d_{f1},d_{f2}	$d_{f1}=d_1-2.4m_e\cos\delta_1,d_{f2}=d_2-2.4m_e\cos\delta_2$
外锥距	R_e	$R_e=\dfrac{1}{2}\sqrt{d_1^2+d_2^2}$
齿宽	b	$b\leqslant\dfrac{R_e}{3},b\leqslant 10m_e$
齿顶角	θ_a	$\theta_a=\arctan\dfrac{h_f}{R_e}$（不等顶隙齿）；$\theta_a=\theta_f$（等顶隙齿）
齿根角	θ_f	$\theta_f=\arctan\dfrac{h_f}{R_e}$
根锥角	δ_{f1}、δ_{f2}	$\delta_{f1}=\delta_1-\theta_f$、$\delta_{f2}=\delta_2-\theta_f$
顶锥角	δ_{a1},δ_{a2}	$\delta_{a1}=\delta_1+\theta_a$、$\delta_{a2}=\delta_2+\theta_a$

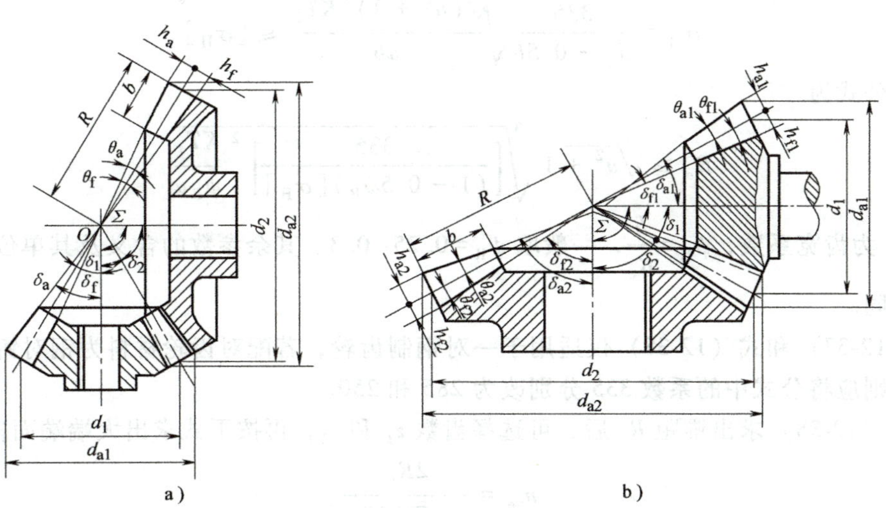

图 12-37　锥齿轮的几何尺寸

12.11.4 直齿锥齿轮强度计算

1. 受力分析

图 12-38 所示为直齿锥齿轮主动轮轮齿受力情况。为简化起见，忽略摩擦力的影响，并假定载荷集中作用在齿宽中部的节点上。法向力 F_{n1} 可以分解为三个互相垂直的分力，即圆周力 F_{t1}、径向力 F_{r1} 和轴向力 F_{a1}。三个分力的计算公式可由图 12-38 导出。

$$\left.\begin{aligned}&\text{圆周力}\quad F_{t1}=\frac{2T_1}{d_{m1}}\\&\text{径向力}\quad F_{r1}=F_{t1}\tan\alpha\cos\delta\\&\text{轴向力}\quad F_{a1}=F_{t1}\tan\alpha\sin\delta\end{aligned}\right\}\tag{12-36}$$

式中，d_{m1} 为小齿轮齿宽中点的分度圆直径，$d_{m1}=d_1-b\sin\delta_1$。

各力的方向是：圆周力和径向力的方向的确定方法与直齿圆柱齿轮相同，两齿轮轴向力的方向都是沿着各自的轴线方向并指向轮齿的大端。从动轮上所受各力可根据作用力与反作用力的关系确定：$F_{r1}=-F_{a2}$，$F_{a1}=-F_{r2}$，$F_{t1}=-F_{t2}$。

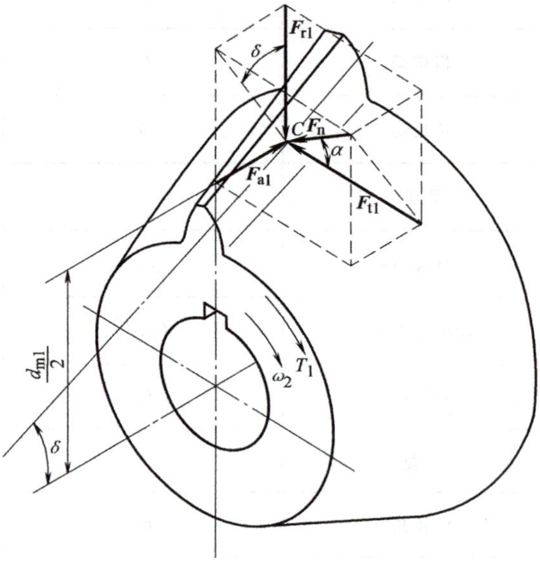

图 12-38 直齿锥齿轮受力分析

2. 直齿锥齿轮强度计算

直齿锥齿轮传动的强度计算，按齿宽中部处的当量直齿圆柱齿轮的参数与公式进行近似计算。

（1）齿面接触强度计算

校核公式为

$$\sigma_H=\frac{335}{R_e-0.5b}\sqrt{\frac{\sqrt{(u^2+1)^3}KT_1}{ub}}\leqslant[\sigma_H]\tag{12-37}$$

设计公式为

$$R_e\geqslant\sqrt{u^2+1}\sqrt[3]{\left[\frac{335}{(1-0.5\psi_R)[\sigma_H]}\right]^2\frac{KT_1}{\psi_R u}}\tag{12-38}$$

式中，ψ_R 为齿宽系数，$\psi_R=\frac{b}{R_e}$，一般取 $\psi_R=0.25\sim0.3$。其余参数的含义及其单位与直齿圆柱齿轮相同。

式（12-37）和式（12-38）仅适用于一对钢制齿轮，若配对齿轮材料为钢对铸铁或铸铁对铸铁，则应将公式中的系数 335 分别改为 285 和 250。

由式（12-38）求出锥距 R_e 后，可选择齿数 z_1 和 z_2，再按下式求出大端端面模数

$$m_e=\frac{2R_e}{z_1\sqrt{u^2+1}}\tag{12-39}$$

并按《锥齿轮模数》（GB 12368—1990）圆整为标准值。

(2) 齿根抗弯强度计算

校核公式为

$$\sigma_F = \frac{2KT_1 Y_F}{bm_m^2 z_1} \leqslant [\sigma_F] \tag{12-40}$$

设计公式为

$$m_m \geqslant \sqrt[3]{\frac{4KT_1 Y_F(1-0.5\psi_R)}{\sqrt{u^2+1}\psi_R z_1^2[\sigma_F]}} \tag{12-41}$$

式中，m_m 为平均模数，$m_m=m_e$（$1-0.5\psi_R$）；Y_F 为齿形系数，按当量齿数 z_v 由图 12-25 查取。由 m_m 可求出 m_e，并圆整为标准值。

12.12 齿轮的结构设计及齿轮传动的润滑

12.12.1 齿轮的结构设计

齿轮的结构设计主要是确定齿轮的结构形式，根据工艺要求及经验公式确定轮缘、轮辐和轮毂等结构尺寸。

常用的齿轮结构形式有以下几种：

1. 齿轮轴

当圆柱齿轮的齿根圆到键槽底的距离 $e \leqslant (2\sim2.5)m_n$；锥齿轮小端的齿根圆到键槽底的距离 $e \leqslant$（$1.6\sim2$）m 时，应将齿轮与轴做成一体，称为齿轮轴，如图 12-39 所示。

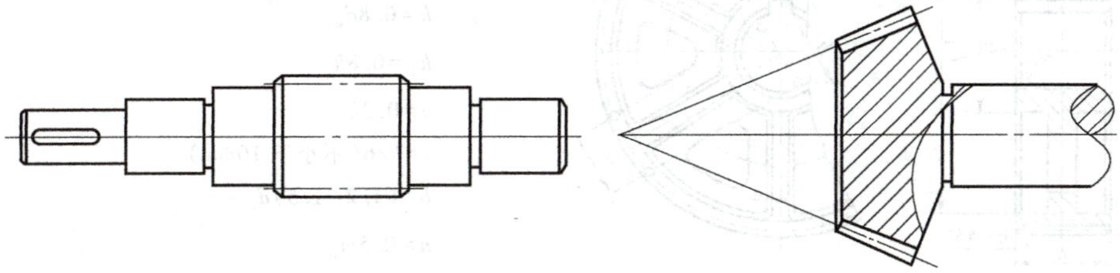

图 12-39 齿轮轴

2. 实心式齿轮

当齿顶圆直径 $d_a \leqslant 200$mm 时，可用锻造方法做成实心齿轮，如图 12-40 所示。当齿顶圆直径 $d_a<100$mm，单件或小批量生产时，可直接用轧制圆钢作齿轮毛坯。

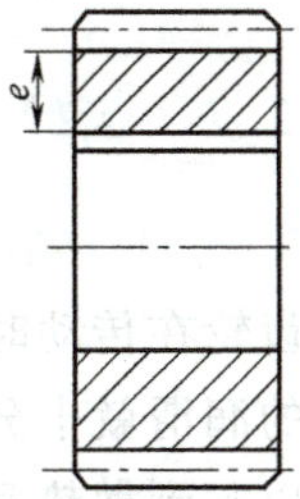

图 12-40 实心式齿轮

3. 腹板式齿轮

当齿轮齿顶圆直径 $d_a=200\sim500$mm 时，一般用锻造方法做成腹板式结构，如图 12-41 所示。有些不重要的铸造齿轮也可以做成腹板结构。有关结构尺寸可以参考图中经验公式确定。

4. 轮辐式齿轮

当齿顶圆直径 $d_a>500$mm 时，齿轮毛坯因受锻压设备限制而常用铸造方法做成轮辐式结构，如图 12-42 所示。根据不同的强度要求，可用铸钢或铸铁制作。有关结构尺寸参考图中经验公式确定。

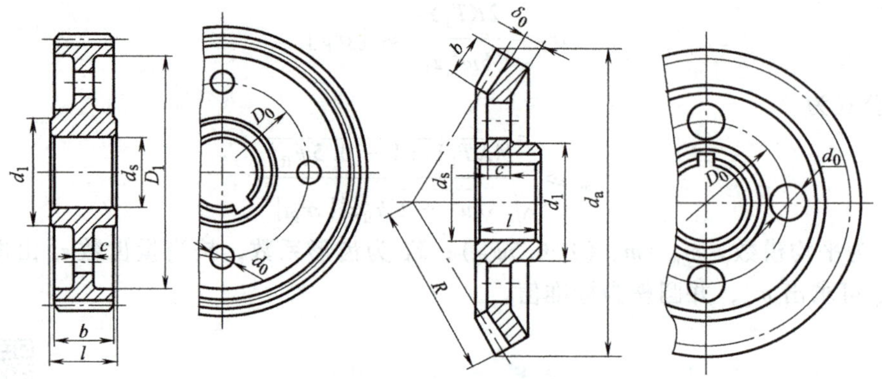

$d_1=1.6d_s$（d_s 为轴径）

$D_0=0.5\ (D_1+d_1)$

$D_1=d_a-\ (10\sim12)\ m_n$

$d_0=0.25\ (D_1-d_1)$

$c=0.3b$

$l=\ (1.2\sim1.3)\ d_s\geqslant b$

$d_1=1.6d_s$（铸钢）

$d_1=1.8d_s$（铸铁）

$l=\ (1\sim1.2)\ d_s$

$c=\ (0.1\sim0.17)\ l$（不小于 10mm）

$\delta_0=\ (3\sim4)\ m$（不小于 10mm）

图 12-41 腹板式齿轮

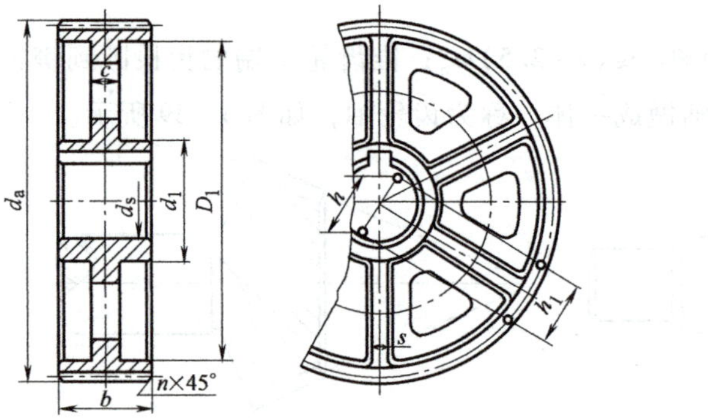

$d_1=1.6d_s$(铸钢)

$d_1=1.8d_s$(铸铁)

$D_1=d_a-(10\sim12)m_n$

$h=0.8d_s$

$h_1=0.8h$

$c=0.2h$

$s=h/6$(不小于 10mm)

$b=(1.2\sim1.5)d_s$

$n=0.5m_n$

图 12-42 轮辐式齿轮

12.12.2 齿轮传动的润滑和效率

1. 齿轮传动的润滑

齿轮在传动时将产生摩擦和磨损，因此造成能量损耗，而使传动效率降低。所以，齿轮传动的润滑就十分重要。润滑可以减小齿轮啮合处的摩擦损失、减少磨损、降低噪声、同时还可以起到散热和防锈等作用。

齿轮传动的润滑方式，主要由齿轮圆周速度的大小和工作条件决定。

对于半开式或开式齿轮传动，因为速度较低，通常采用人工定期添加润滑油或润滑脂进行润滑。

闭式齿轮传动通常采用油润滑，其润滑方式根据齿轮的圆周速度 v 而定，当 $v\leqslant12\text{m/s}$

时可用油池润滑，如图 12-43a 所示，大齿轮浸入油池一定的深度，齿轮转动时把润滑油带到啮合区。对圆柱齿轮浸入油池的深度一般不应小于 10mm，转速低时可浸深一些。对锥齿轮应浸入全齿宽，至少应浸入齿宽的一半。在多级齿轮传动中，当几个大齿轮直径不相等时，可采用惰轮的油池润滑，如图 12-43b 所示。当齿轮的圆周速度 $v>12\text{m/s}$ 时，应采用喷油润滑，如图 12-43c 所示，用油泵以一定的压力供油，借喷嘴将润滑油喷到齿面上。

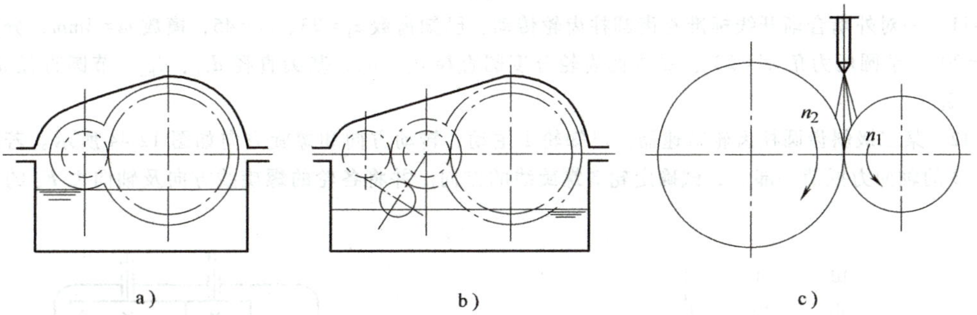

图 12-43　齿轮润滑

2. 齿轮传动的效率

齿轮传动中的功率损失主要包括：①啮合中的摩擦损失；②轴承中的摩擦损失；③搅动润滑油的功率损失。进行计算时通常使用的是齿轮传动的平均效率。

当齿轮轴上装有滚动轴承，并在满载状态下运转时，计入上述三种损失后的平均总效率 η 见表 12-8。

表 12-8　采用滚动轴承时齿轮传动的平均总效率

传动形式	圆柱齿轮传动	锥齿轮传动
6 级或 7 级精度的闭式传动	0.98	0.97
8 级精度的闭式传动	0.97	0.96
开式传动	0.95	0.94

习　题　12

12-1　渐开线的形状因何而异？一对啮合的渐开线齿轮，若其齿数不同，其齿廓渐开线形状是否相同？又如两个齿轮，其分度圆及压力角相同，但模数不同，试问其齿廓渐开线形状是否相同？又若两个齿轮的模数和齿数均相同，但压力角不同，其齿廓渐开线形状是否相同？

12-2　何谓齿轮中的分度圆？何谓节圆？二者的直径是否一定相等或一定不相等？

12-3　对齿轮传动的基本要求是什么？

12-4　何谓齿廓的根切现象？在什么情况下会产生根切现象？是否基圆半径越小就越容易产生根切？齿廓的根切有什么危害？根切与被切齿轮的齿数有什么关系？如何避免根切？

12-5　斜齿轮的螺旋角 β 对传动有什么影响？它的常用范围是多少？是如何考虑的？

12-6　何为斜齿轮的当量齿轮和锥齿轮的当量齿轮，计算当量齿数的目的何在？

12-7　在设计软齿面齿轮传动时，为什么常使小齿轮的齿面硬度高于大齿轮的齿面硬度 30~50HBW？

12-8　一对圆柱齿轮传动，大、小齿轮的齿面接触应力是否相等，大、小齿轮的齿面接触强度是否相等？在什么条件下两齿轮的接触强度相等？

12-9 一渐开线标准直齿圆柱齿轮的齿数 $z=30$，模数 $m=4\text{mm}$，齿顶高系数 $h_a^*=1$，压力角 $\alpha=20°$。求其齿廓在分度圆及齿顶圆上的压力角和曲率半径。

12-10 有一渐开线标准直齿圆柱齿轮，基圆半径 $r_b=56.382\text{mm}$，分度圆压力角 $\alpha=20°$。试求：

1）在 $r_K=65\text{mm}$ 的圆上，渐开线 K 点的压力角 α_K 及曲率半径 ρ_K。

2）分度圆半径 r 及渐开线分度圆处的曲率半径 ρ。

3）基圆上渐开线起始点的压力角 α_b 及曲率半径 ρ_b。

12-11 一对外啮合渐开线标准直齿圆柱齿轮传动，已知齿数 $z_1=23$、$z_2=45$，模数 $m=4\text{mm}$，分度圆压力角 $\alpha=20°$，节圆压力角 $\alpha'=23°$。试求两齿轮分度圆直径 d_1、d_2，基圆直径 d_{b1}、d_{b2}，节圆直径 d_1'、d_2'，实际中心距 a'。

12-12 某二级斜齿圆柱齿轮减速器。已知轮1主动，转动方向和螺旋方向如图12-44所示。若使轴Ⅱ上轮2、3的轴向力抵消一部分，试确定轮3螺旋线的方向。并将各轮的螺旋线方向及轴向力 F_a 的方向标在图中。

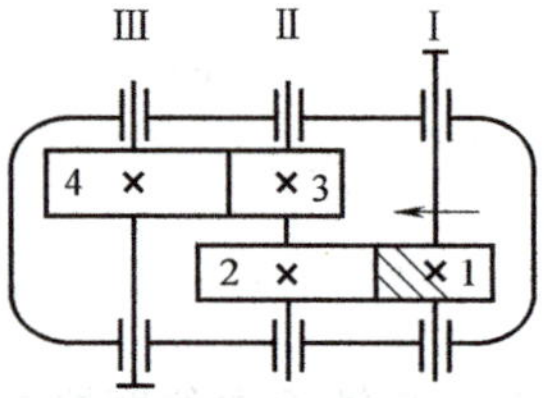

图12-44 题12-12图

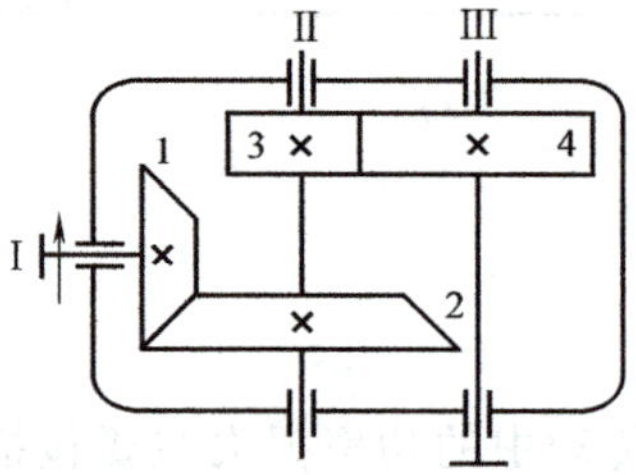

图12-45 题12-13图

12-13 某二级直锥齿-斜齿圆柱齿轮传动，已知轮1主动，转向如图12-45所示，为使轴Ⅱ上轴承所受轴向力抵消一部分，试确定轮3的螺旋方向，并将轮3、4螺旋方向、各轮轴向力 F_a 方向及转动方向标在图中。

12-14 单级闭式直齿圆柱齿轮传动中，小齿轮的材料为45钢调质处理，大齿轮的材料为ZG 270—500正火，$P=4\text{kW}$，$n_1=720\text{r/min}$，$m=4\text{mm}$，$z_1=25$，$z_2=75$，$b_1=86\text{mm}$，$b_2=80\text{mm}$，单向转动，载荷有中等冲击，用电动机驱动，试验算此单级传动的强度。

12-15 已知单级斜齿圆柱齿轮传动的 $P=22\text{kW}$，$n_1=1450\text{r/min}$，双向转动，电动机驱动，载荷平稳，$z_1=22$，$z_2=109$，$m_n=3\text{mm}$，$\beta=16°15'$，$b_1=86\text{mm}$，$b_2=81\text{mm}$，小齿轮的材料为40MnB调质，大齿轮的材料为35SiMn调质，试校核此闭式传动的强度。

12-16 设计一单级直齿圆柱齿轮减速器，已知传递的功率为4kW，小齿轮转速为 $n_1=1450\text{r/min}$，传动比 $i=3.5$，载荷平稳。

12-17 已知一对斜齿圆柱齿轮传动"1"轮主动，"2"轮螺旋线方向为左旋，其转向如图12-46所示。试在图中标出"1""2"轮的螺旋线方向及圆周力 F_{t1}、F_{t2}、轴向力 F_{a1}、F_{a2} 的方向。

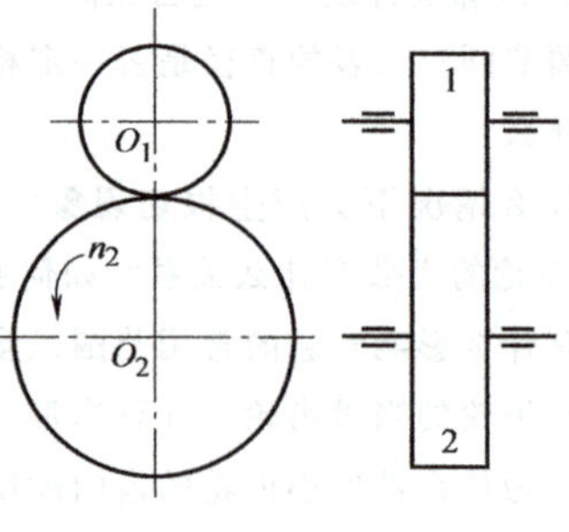

图12-46 题12-17图

第13章

蜗杆传动

基本要求

1）理解蜗杆传动的失效形式和设计准则。

2）掌握蜗杆传动的强度计算。

3）了解热平衡计算的目的和计算方法。

4）了解蜗杆蜗轮的常用材料和结构。

重点

蜗杆的受力分析，阿基米德蜗杆的几何参数计算及其选择，蜗杆传动的失效形式。

难点

蜗杆直径系数的概念，蜗杆传动的受力分析。

13.1 蜗杆传动的特点和类型

蜗杆传动由蜗杆、蜗轮和机架组成，如图13-1所示。通常两轴交错角为90°，蜗杆为主动件。

13.1.1 蜗杆传动的特点

（1）传动比大，结构紧凑　单级传动比一般为10~40（<80），只传递运动时（如分度机构）传动比可达1000。

（2）传动平稳，噪声小　蜗杆上的齿是连续的螺旋齿，蜗轮轮齿和蜗杆是逐渐进入啮合又逐渐退出啮合的。

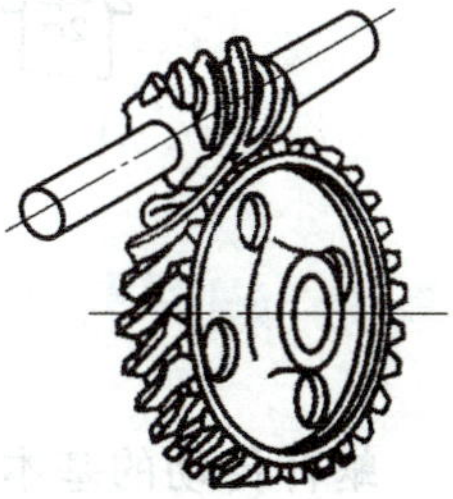
图13-1　蜗杆传动

（3）有自锁性　当蜗杆导程角小于当量摩擦角时，蜗轮不能带动蜗杆转动，呈自锁状态。起重机械常采用蜗杆传动获得防止负载反转。

（4）摩擦剧烈、发热量大，传动效率低　蜗杆蜗轮啮合处有较大的相对滑动。一般蜗杆传动的总效率 $\eta=0.7\sim0.9$，具有自锁性能的蜗杆传动总效率仅0.4。

（5）蜗轮造价较高　为了减摩和耐磨，蜗轮常用青铜制造，材料成本高。

由上述特点可知：蜗杆传动适用于传动比大，传递功率不大，两轴空间交错的场合。

13.1.2 蜗杆传动的类型

如图13-2所示，根据蜗杆的形状，蜗杆传动可分为圆柱蜗杆传动（图13-2a），环面蜗杆传动（图13-2b）和锥面蜗杆传动（图13-2c）。圆柱蜗杆传动，按蜗杆轴面齿型又可分为普通蜗杆传动和圆弧齿圆柱蜗杆传动。

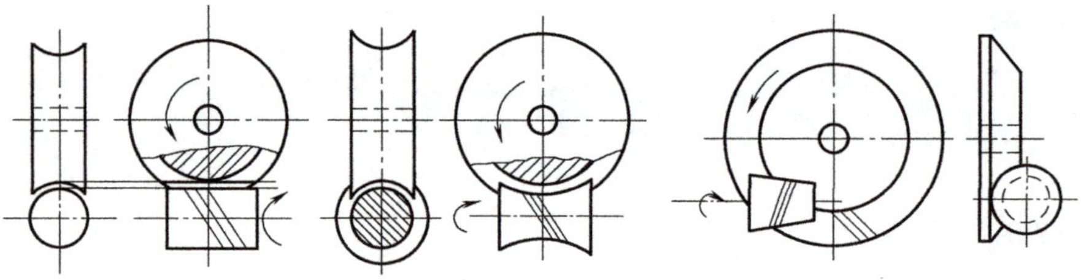

图 13-2 蜗杆传动的类型

普通蜗杆传动多用直母线切削刃车刀在车床上切制，可分为阿基米德蜗杆（ZA 型）、渐开线蜗杆（ZI 型）和法向直齿廓蜗杆（ZH 型）等几种。

如图 13-3 所示，车制阿基米德蜗杆时采用梯形车刀，切削刃顶平面与蜗杆轴线在同一水平面上。车出的蜗杆轴向齿廓为直线，端面齿廓为阿基米德螺旋线。阿基米德蜗杆易车制，由于它耐磨、性能好，因此广泛用于转速较低的场合，因为此时精车即可。

如图 13-4 所示，车制渐开线蜗杆时，刀刃顶平面与基圆柱相切，两把刀具分别切出左、右侧螺旋面。车出的蜗杆轴向齿廓为外凸曲线，端面齿廓为渐开线。渐开线蜗杆可在专用机床上磨削，制造精度较高，可用于转速较高、功率较大的传动。

蜗杆传动类型很多，本章仅讨论目前应用最为广泛的阿基米德蜗杆传动。

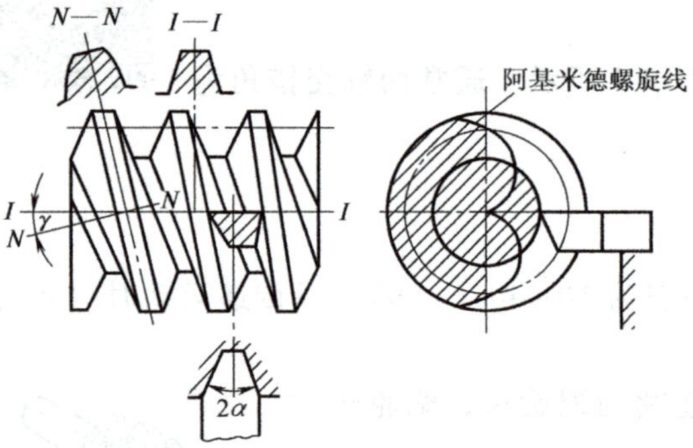

图 13-3 阿基米德蜗杆

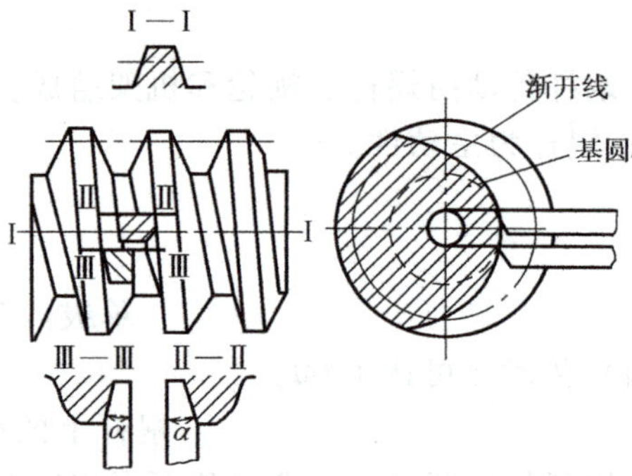

图 13-4 渐开线蜗杆

13.2 蜗杆传动的基本参数和几何尺寸计算

蜗杆传动的基本参数包括模数 m、压力角 α、蜗杆头数 z_1、蜗轮齿数 z_2、传动比 i、蜗杆分度圆直径 d_1、导程角 γ 和中心距 a。

13.2.1 蜗杆传动的基本参数

1. 模数 m 和压力角 α

图 13-5 所示阿基米德蜗杆传动，通过蜗杆轴线并垂直于蜗轮轴线的平面称为主平面（或中间平面）。在主平面上蜗轮与蜗杆的啮合相当于渐开线齿轮与齿条的啮合。为了加工方便，规定主平面的几何参数为标准值。标准压力角 $\alpha=20°$，标准模数 m 见表 13-1。与齿

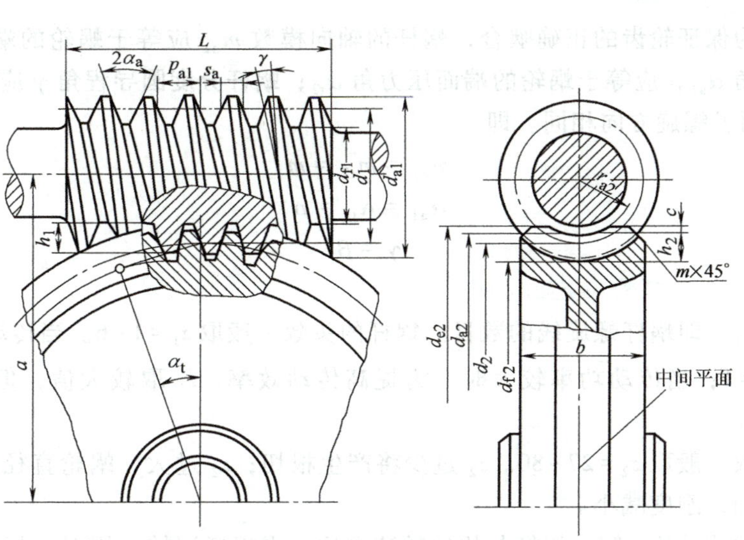

图 13-5　阿基米德蜗杆传动的几何尺寸

表 13-1　普通圆柱蜗杆传动的参数匹配（摘自 GB/T 10085—2018）

模数 m /mm	分度圆直径 d_1/mm	蜗杆头数 z_1	直径系数 q	m^2d_1 /mm^3	模数 m /mm	分度圆直径 d_1/mm	蜗杆头数 z_1	直径系数 q	m^2d_1 /mm^3
1	18	1	18.000	18	6.3	(80)	1,2,4	12.698	3175
1.25	20	1	16.000	31.25		112	1	17.778	4445
	22.4	1	17.920	35		(63)	1,2,4	7.875	4032
1.6	20	1,2,4	12.500	51.2	8	80	1,2,4,6	10.000	5376
	28	1	17.500	71.68		(100)	1,2,4	12.500	6400
2	(18)	1,2,4	9.000	72		140	1	17.500	8960
	22.4	1,2,4,6	11.200	89.6	10	(71)	1,2,4	7.100	7100
	(28)	1,2,4	14.000	112		90	1,2,4,6	9.000	9000
	35.5	1	17.750	142		(112)	1,2,4	11.200	11200
2.5	(22.4)	1,2,4	8.960	140		160	1	16.000	16000
	28	1,2,4,6	11.200	175	12.5	(90)	1,2,4	7.200	14062
	(35.5)	1,2,4	14.200	221.9		112	1,2,4	8.960	17500
	45	1	18.000	281		(140)	1,2,4	11.200	21875
3.15	(28)	1,2,4	8.889	278		200	1	16.000	31250
	35.5	1,2,4,6	11.27	352	16	(112)	1,2,4	7.000	28672
	45	1,2,4	14.286	447.5		140	1,2,4	8.750	35840
	56	1	17.778	556		(180)	1,2,4	11.250	46080
4	(31.5)	1,2,4	7.875	504		250	1	15.625	64000
	40	1,2,4,6	10.000	640	20	(140)	1,2,4	7.000	56000
	(50)	1,2,4	12.500	800		160	1,2,4	8.000	64000
	71	1	17.750	1136		(224)	1,2,4	11.200	89600
5	(40)	1,2,4	8.000	1000		315	1	15.750	126000
	50	1,2,4,6	10.000	1250	25	(180)	1,2,4	7.200	112500
	(63)	1,2,4	12.600	1575		200	1,2,4	8.000	125000
	90	1	18.000	2250		(280)	1,2,4	11.200	175000
6.3	(50)	1,2,4	7.936	1985		400	1	16.000	250000
	63	1,2,4,6	10.000	2500					

注：1. 表中模数和分度圆直径仅列出了第一系列的较常用数据。
2. 括号内的数字尽可能不用。

轮传动相同，为保证轮齿的正确啮合，蜗杆的轴向模数 m_{a1} 应等于蜗轮的端面模数 m_{t2}；蜗杆的轴向压力角 α_{a1}，应等于蜗轮的端面压力角 α_{t2}；蜗杆分度圆导程角 γ 应等于蜗轮分度圆螺旋角 β，且两者螺旋方向相同。即

$$m_{a1} = m_{t2} = m$$
$$\alpha_{a1} = \alpha_{t2} = \alpha$$
$$\gamma = \beta$$

2. 蜗杆头数 z_1、蜗轮齿数 z_2 和传动比 i

蜗杆头数 z_1，即蜗杆螺旋线的数目。蜗杆的头数一般取 $z_1=1\sim6$。当传动比大于40或要求自锁时取 $z_1=1$；当传动功率较大时，为提高传动效率，z_1 取较大值，但蜗杆头数过多，加工精度难保证。

蜗轮的齿数一般取 $z_2=27\sim80$。z_2 过少将产生根切；z_2 过大，蜗轮直径增大，与之相应的蜗杆长度增加，刚度减小。

蜗杆传动的传动比 i 等于蜗杆与蜗轮转速之比。当蜗杆回转一周时，蜗轮被蜗杆推动转过 z_1 个齿（或 z_1/z_2 周），因此传动比为

$$i = \frac{n_1}{n_2} = \frac{z_2}{z_1} \tag{13-1}$$

式中，n_1、n_2 分别为蜗杆和蜗轮的转速，单位为 r/min。

在蜗杆传动设计中，首先是根据需要选定传动比 i（见表13-2，其中10、20、40、80为基本传动比应优先选用），再根据传动比 i 按表13-2选取 z_1、z_2。

表13-2 z_1 和 z_2 的推荐值

传动比公称值 i	5、7.5、10、12.5、15、20、25、30、40、50、60、70、80					
i	7~8	9~13	14~24	25~27	28~40	>40
z_1	4	3~4	2~3	2~3	1~2	1
z_2	28~32	27~52	28~72	50~81	28~80	>40

3. 蜗杆的分度圆直径 d_1 和导程角 γ、蜗杆的直径系数 q

如图13-6所示，将蜗杆分度圆柱展开，其螺旋线与端平面的夹角 γ 称为蜗杆导程角。可得

$$\tan\gamma = \frac{z_1 p_{a1}}{\pi d_1} = \frac{z_1 m}{d_1} \tag{13-2}$$

式中，p_{a1} 为蜗杆轴向齿距，单位为mm；d_1 为蜗杆分度圆直径，单位为mm。

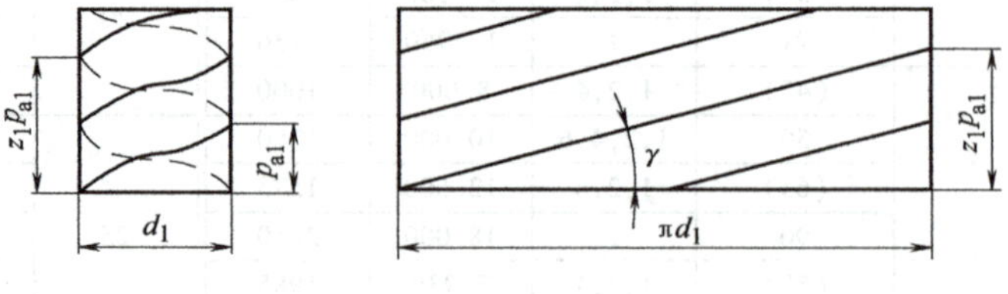

图13-6 分度圆柱展开图

蜗杆的螺旋线与螺纹相似，也分左旋和右旋，一般多为右旋。对要求动力传动，为提高效率应采用较大的 γ 值，即采用多头蜗杆；对要求具有自锁性能的传动，应采用 $\gamma<30°30'$ 的蜗杆传动，此时蜗杆的头数为1。由

式（13-2）得

$$d_1 = m\frac{z_1}{\tan\gamma} = mq \tag{13-3}$$

式中，$q=\frac{z_1}{\tan\gamma}$称为蜗杆的直径系数，当 m 一定时，q 值增大，则蜗杆直径 d_1 增大，蜗杆的刚度提高。小模数蜗杆一般有较大的 q 值，以使蜗杆有足够的刚度。蜗杆与蜗轮正确啮合，加工蜗轮的滚刀直径和齿形参数必须与相应的蜗杆相同，为限制蜗轮滚刀的数量，d_1 也标准化。d_1 与 m 的匹配见表 13-1。

4. 中心距 a

蜗杆传动中，当蜗杆节圆与蜗轮分度圆重合时称为标准传动，其中心距为

$$a = \frac{1}{2}(d_1 + d_2) = \frac{d_1 + mz_2}{2} \tag{13-4}$$

规定标准中心距的值为 40mm、50mm、63mm、80mm、100mm、125mm、160mm、（180mm）、200mm、（225mm）、250mm、（280mm）、315mm、（355mm）、400mm、（450mm）、500mm。在蜗杆传动设计时中心距应按上述标准值圆整。

13.2.2 蜗杆传动的几何尺寸计算

标准阿基米德蜗杆传动主要几何尺寸计算公式见表 13-3。

表 13-3 阿基米德蜗杆传动的几何尺寸计算

名称	计算公式	
	蜗杆	蜗轮
齿顶高和齿根高	$h_{a1}=h_{a2}=m$，$h_{f1}=h_{f2}=1.2m$	
分度圆直径	$d_1=mq$	$d_2=mz_2$
齿顶圆直径	$d_{a1}=m(q+2)$	$d_{a2}=m(z_2+2)$
齿根圆直径	$d_{f1}=m(q-2.4)$	$d_{f2}=m(z_2-2.4)$
顶隙	$c=0.2m$	
蜗杆轴向齿距　蜗轮端面齿距	$p_{a1}=p_{t2}=\pi m$	
蜗杆分度圆导程角 γ 蜗轮分度圆螺旋角 β	$\gamma=\arctan(z_1/q)$	$\beta=\gamma$
中心距	$a=\frac{m}{2}(q+z_2)$	
蜗杆螺纹部分长度 蜗轮齿顶圆弧半径	$z_1=1、2$，$L\geqslant(11+0.06z_2)m$ $z_1=3、4$，$L\geqslant(12.5+0.09z_2)m$	$r_{a2}=a-\frac{1}{2}d_{a2}$
蜗轮外圆直径		$z_1=1$，$d_{e2}\leqslant d_{a2}+2m$ $z_1=2、3$，$d_{e2}\leqslant d_{a2}+1.5m$ $z_1=4\sim6$，$d_{e2}\leqslant d_{a2}+m$
蜗轮轮缘宽度		$z_1=1、2$　$b\leqslant0.75d_{a1}$ $z_1=4\sim6$，$b\leqslant0.67d_{a1}$

13.3 蜗杆传动的失效形式和设计准则

通过学习本节内容，了解蜗杆传动的齿面相对滑动速度和失效形式，掌握蜗杆传动的设计准则，熟悉蜗杆、蜗轮的结构和材料选择及其热处理。

1. 齿面相对滑动速度 v_s

蜗杆传动中蜗杆的螺旋面和蜗轮齿面之间有较大的相对滑动。滑动速度 v_s 沿蜗杆螺旋线的切线方向。如图 13-7 所示，v_1 为蜗杆的圆周速度，v_2 为蜗轮的圆周速度，作速度三角形得：

$$v_{s1}=\sqrt{v_1^2+v_2^2}=\frac{v_1}{\cos\gamma}=\frac{\pi d_1 n_1}{60\times 1000\cos\gamma} \tag{13-5}$$

式中，v_1 为蜗杆分度圆圆周速度，单位为 m/s；n_1 为蜗杆转速，单位为 r/min；d_1 为蜗杆分度圆直径，单位为 mm；γ 为蜗杆分度圆柱上的导程角，单位为°。

滑动速度的大小，对齿面的润滑情况、齿面失效形式、发热以及传动效率等都有很大影响。其概略值如图 13-8 所示。

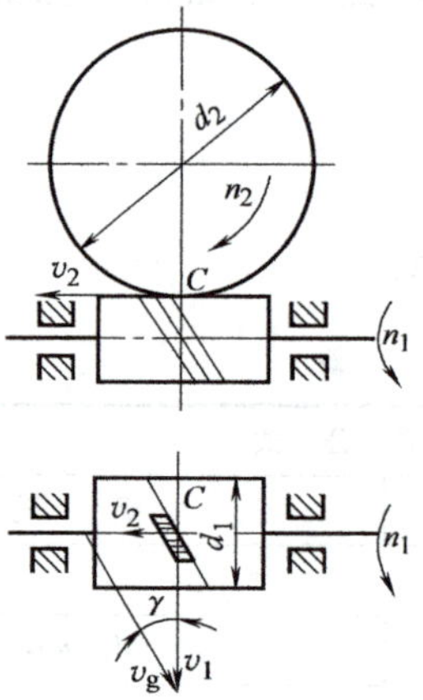

图 13-7 蜗杆传动滑动速度

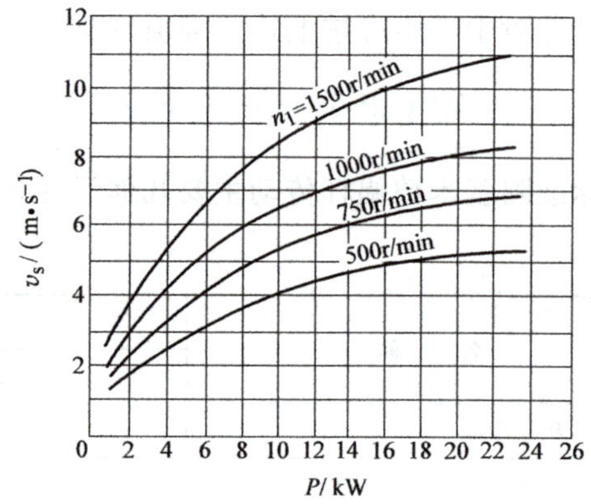

图 13-8 滑动速度 v_s 的概略值

2. 轮齿的失效形式和设计准则

蜗杆传动的失效形式与齿轮传动的相似，有轮齿折断、齿面点蚀、齿面磨损和胶合等，但由于蜗杆、蜗轮的齿廓间相对滑动速度较大、发热量大，因此传动的主要失效形式为胶合、磨损和点蚀。由于蜗杆的齿是连续的螺旋线，且蜗杆的强度高于蜗轮，因此失效多发生在蜗轮轮齿上。在闭式传动中，蜗轮的主要失效形式是胶合与点蚀；在开式传动中，主要失效形式是磨损。

综上所述，蜗杆传动的设计准则为：闭式蜗杆传动按齿面接触疲劳强度设计，并校核齿根弯曲疲劳强度和作热平衡计算；对开式蜗杆传动只需按齿根弯曲疲劳强度设计即可。实践证明，闭式蜗杆传动当载荷平稳无冲击时，蜗轮轮齿因抗弯强度不足而失效的情况多发生于齿数 z_2>80～100 的情况，所以在齿数少于以上数值时，抗弯强度校核可不考虑。

13.4 蜗杆、蜗轮的材料和结构

1. 蜗杆、蜗轮的材料选择

根据蜗杆传动的主要失效形式可知，蜗杆和蜗轮材料不仅要求有足够的强度，更重要的是要具有良好的减摩性、耐磨性和抗胶合能力。蜗杆、蜗轮的材料可根据具体工况由表 13-4 选择。

表 13-4 蜗杆、蜗轮的材料选择

零件	工 况	常用材料	备 注
蜗杆	高速重载传动	15Cr、20Cr、20CrMnTi	渗碳淬火，表面硬度 56~62HRC，须磨削
	中速中载传动	45、40Cr、35SiMn	表面淬火，表面硬度 45~55HRC，须磨削
	速度不高，载荷不大	45	调质或正火处理，调质硬度 220~270HBW
蜗轮	$v_s \leqslant 25m/s$	ZCuSn10P1	抗胶合性、耐磨性好，易加工；强度较低，价格较贵
	$v_s < 12m/s$	ZCuSn5Pb5Zn5	
	$v_s \leqslant 4m/s$	ZCuAl10Fe3	减磨性和抗胶合性比锡青铜差；价格便宜强度高
	$v_s \leqslant 2m/s$	HT150、HT200	机械强度低、抗冲击能力差、成本低

2. 蜗杆、蜗轮的结构

蜗杆常和轴做成一体，称为蜗杆轴，只有 $d_f/d \geqslant 1.7$ 时才采用蜗杆齿圈套装在轴上的形式。蜗轮结构分为整体式和组合式两种。常见蜗杆、蜗轮的结构及特点详见表 13-5。

表 13-5 蜗杆、蜗轮的结构

序号	名 称		图 例	特 点
1	车制蜗杆		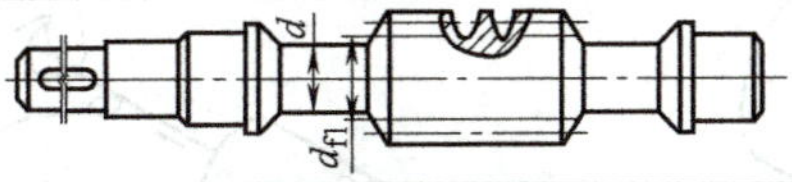	需有退刀槽 $d = d_{f1} - (2 \sim 4)$ mm 故刚度较差
2	铣削蜗杆		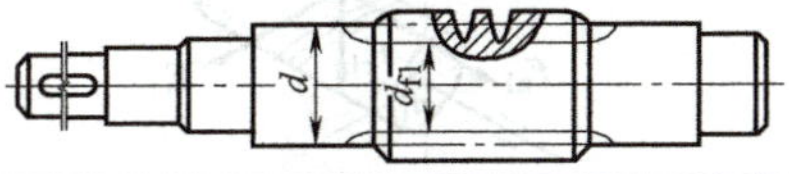	无退刀槽时 d 可大于 d_{f1}，刚度较好
3	整体式蜗轮		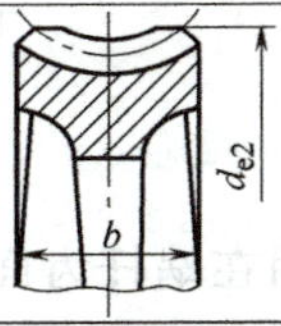	用于铸铁蜗轮及直径小于 100mm 的青铜蜗轮
4	组合式蜗轮	齿圈式蜗轮	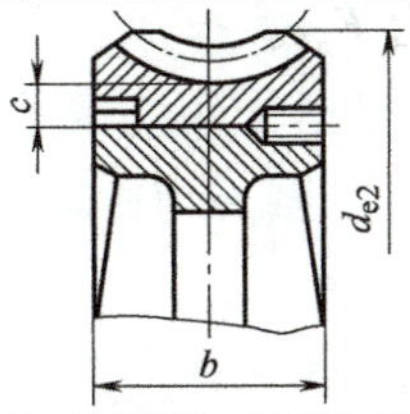	轮心用铸铁或铸钢制造，齿圈用青铜材料，两者采用过盈配合（H7/s6 或 H7/r6），并沿配合面安装 4~6 个紧定螺钉，该结构用于中等尺寸而且工作温度变化较小的场合
5		螺栓式蜗轮	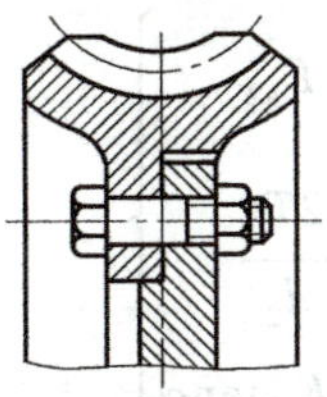	齿圈和轮芯用普通螺栓或铰制孔螺栓联接，常用于尺寸较大的蜗轮
6		镶铸式蜗轮	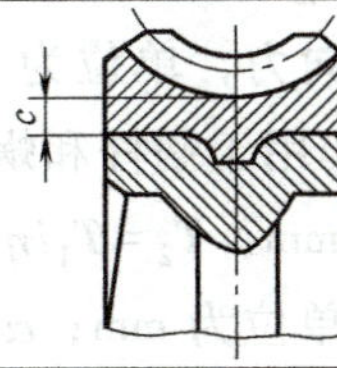	将青铜轮缘铸在铸铁轮芯上然后切齿，适用于中等尺寸批量生产的蜗轮

13.5 蜗杆传动的强度计算

蜗杆传动不仅传递运动，而且还传递动力。因此，这就要求蜗杆和蜗轮能够承受一定的载荷，轮齿具有足够的强度和刚度。

本节详细分析了蜗杆传动的受力情况，介绍了蜗轮齿面接触疲劳强度和弯曲疲劳强度的校核计算方法。

13.5.1 蜗杆传动的受力分析

蜗杆传动的受力分析与斜齿圆柱齿轮传动相似。图 13-9 所示为一下置蜗杆传动，蜗杆为主动件，蜗杆齿的螺旋方向为右旋，按图示方向转动。

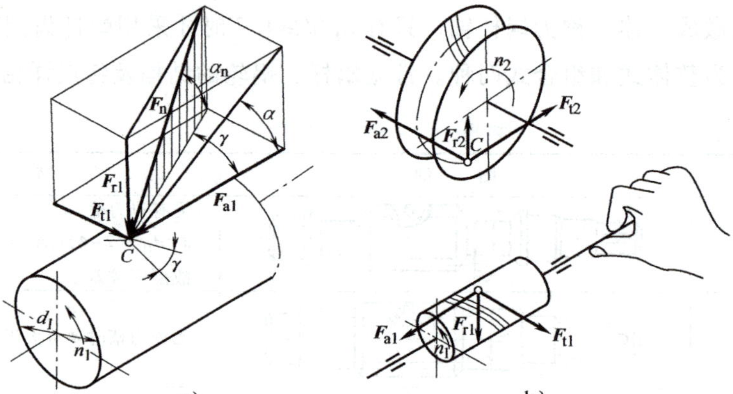

图 13-9 蜗杆传动受力分析

如图 13-9 所示，当略去轮齿间的摩擦，作用在蜗杆齿面的法向力 F_n 可分解为 3 个互相垂直的分力：圆周力 F_{t1}、径向力 F_{r1} 和轴向力 F_{a1}。

由于蜗杆与蜗轮轴在空间交错成 90°角，根据作用与反作用的原理，蜗杆的圆周力 F_{t1} 与蜗轮的轴向力 F_{a2}、蜗杆的轴向力 F_{a1} 与蜗轮的圆周力 F_{t2}、蜗杆的径向力 F_{r1} 与蜗轮的径向力 F_{r2} 分别存在着大小相等、方向相反的关系。

各分力的大小可按下式计算

$$\left.\begin{aligned} F_{t1} &= \frac{2T_1}{d_1} = F_{a2} \\ F_{a1} &= F_{t2} = \frac{2T_2}{d_2} \\ F_{r1} &= F_{r2} = F_{t2}\tan\alpha \end{aligned}\right\} \tag{13-6}$$

式中，F_{a1}、F_{a2} 分别为作用于蜗杆和蜗轮上的轴向力，单位为 N；F_{t1}、F_{t2} 分别为作用于蜗杆和蜗轮上的圆周力，单位为 N；F_{r1}、F_{r2} 分别为作用于蜗杆和蜗轮上的径向力，单位为 N；T_1、T_2 分别作用在蜗杆和蜗轮上的转矩，单位为 N · mm；$T_2=T_1i\eta$，η 为蜗杆传动的效率；i 为传动比；d_1、d_2 分别为蜗杆和蜗轮的分度圆直径，单位为 mm；α 为压力角（$\alpha=20°$）。

蜗杆蜗轮受力方向的判别方法与斜齿轮相同。在确定蜗杆和蜗轮受力方向时，应首先判明主动件和从动件（一般蜗杆为主动件）；螺旋线是左旋还是右旋；蜗杆的转向及其位置。

当蜗杆是主动件时，作用在蜗杆上的圆周力 F_{t1} 的方向与其转向相反，径向力 F_{r1} 的方向由啮合点指向蜗杆的轴心线。轴向力 F_{a1} 的方向取决于螺旋线的旋向和蜗杆的转向，用前面提到的“左右手法则”来确定。

如图 13-9a 所示的右旋蜗杆，则用右手来判断。使四指沿着蜗杆转动方向弯曲，则拇指所指方向即为蜗杆轴向力 F_{a1} 的方向。同样，左旋蜗杆则用左手来判断。

作用在蜗轮上的力可根据作用力与反作用力原理确定。

13.5.2 蜗轮齿面接触疲劳强度计算

蜗轮齿面的接触强度计算以赫兹公式为基础。将蜗杆蜗轮在节点处啮合的相应参数代入赫兹公式，并经整理得钢制蜗杆与青铜蜗轮或铸铁蜗轮齿面接触疲劳强度的验算公式为

$$\sigma_H = 500\sqrt{\frac{KT_2}{d_1 d_2^2}} = 500\sqrt{\frac{KT_2}{m^2 d_1 z_2^2}} \leqslant [\sigma_H] \tag{13-7}$$

设计公式为

$$m^2 d_1 \geqslant KT_2\left(\frac{500}{z_2[\sigma_H]}\right)^2 \tag{13-8}$$

式中，T_2 为蜗轮轴的转矩，单位为 N · mm；K 为载荷系数 $K=1.1\sim1.5$，当载荷平稳相对滑动速度较小时（$v_s<3\text{m/s}$）取较小值，反之取较大值，严重冲击时取 $K=1.5$；$[\sigma_H]$ 为蜗轮材料的许用接触应力，单位为 MPa，见表 13-6 和表 13-7。

表 13-6 灰铸铁及铸铝青铜蜗轮的许用接触应力

材料		相对滑动速度 v_s/(m/s)						
蜗杆	蜗轮	<0.25	0.25	0.5	1	2	3	4
20 或 20Cr 渗碳、淬火、45 钢淬火，齿面硬度大于 45HRC	灰铸铁 HT150	206	166	150	127	95	—	—
	灰铸铁 HT200	250	202	182	154	115	—	—
	铸铝青铜 ZCuAl10Fe3	—	—	250	230	210	180	160
45 钢或 Q275	灰铸铁 HT150	172	139	125	106	79	—	—
	灰铸铁 HT200	208	168	152	128	96	—	—

表 13-7 铸锡青铜蜗轮的许用接触应力

蜗轮材料	铸造方法	蜗杆螺旋面硬度	
		≤45HRC	>45HRC
铸锡磷青铜 ZCuSn10P1	砂模铸造	180	200
	金属模铸造	200	220
铸锡锌铅青铜 ZCuSn5Pb5Zn5	砂模铸造	110	125
	金属模铸造	135	150

13.5.3 蜗轮轮齿的齿根弯曲疲劳强度计算

由于蜗轮轮齿的齿形比较复杂，要精确计算轮齿的弯曲应力比较困难，通常近似地将蜗

轮看作斜齿轮按圆柱齿轮弯曲强度公式来计算，化简后齿根弯曲强度的校核公式为：

$$\sigma_F = \frac{2.2KT_2}{d_1 d_2 m\cos\gamma} Y_{F2} \leqslant [\sigma_F] \tag{13-9}$$

设计公式为

$$m^2 d_1 \geqslant \frac{2.2KT_2}{z_2 [\sigma_F] \cos\gamma} Y_{F2} \tag{13-10}$$

式中，Y_{F2} 为蜗轮的齿形系数，按蜗轮的实有齿数 z_2 查表 13-8；$[\sigma_F]$ 为蜗轮材料的许用弯曲应力，$[\sigma_F] = Y_N [\sigma_{0F}]$。$[\sigma_{0F}]$ 为蜗轮材料的基本许用弯曲应力，见表 13-9。Y_N 为寿命系数 $Y_N = \sqrt[9]{10^6/N}$，$N = 60n_2 jL_h$。n_2 为蜗轮转速，L_h 为工作寿命，单位为 h，j 为蜗轮每转一周单个轮齿参与啮合的次数。当 $N > 25\times10^7$ 时，取 $N = 25\times10^7$，当 $N < 10^5$ 时，取 $N = 10^5$。

表 13-8 蜗轮的齿形系数 Y_{F2}（$\alpha = 20°$，$h_a^* = 1$）

Z	10	11	12	13	14	15	16	17	18	19	20	22	24	26
Y_{F2}	4.55	4.14	3.70	3.55	3.34	3.22	3.07	2.96	2.89	2.82	2.76	2.66	2.57	2.51
Z	28	30	35	40	45	50	60	70	80	90	100	150	200	300
Y_{F2}	2.48	2.44	2.36	2.32	2.27	2.24	2.20	2.17	2.14	2.12	2.10	2.07	2.04	2.04

表 13-9 蜗轮材料的基本许用弯曲应力 $[\sigma_{0F}]$（$N = 10^6$） （单位：MPa）

材 料	铸造方法	σ_b	σ_s	蜗杆硬度≤45HRC		蜗杆硬度>45HRC	
				单向受载	双向受载	单向受载	双向受载
ZCuSn10P1	砂型	200	140	51	32	64	40
	金属型	250	150	58	40	73	50
ZCuSn5Pb5Zn5	砂型	180	90	37	29	46	36
	金属型	200	90	39	32	49	40
ZCuAl10Fe3	金属型	500	200	90	80	113	100
HT150	砂型	150		38	24	48	30
HT200	砂型	200		48	30	60	38

13.6 蜗杆传动的效率、润滑和热平衡计算

与齿轮不同，蜗杆传动效率较低，发热量大，因此还需进行效率的分析、润滑方式的选择和热平衡的计算。

13.6.1 蜗杆传动的效率

在闭式蜗杆传动中，功率损失一般包括3个部分：轮齿啮合摩擦损失、轴承摩擦损失和箱体内搅油损失，其中主要是轮齿啮合摩擦损失。所以，蜗杆传动的总效率为

$$\eta = \eta_1 \eta_2 \eta_3 \tag{13-11}$$

式中，η_1、η_2、η_3 分别为蜗杆传动的啮合效率、轴承效率和搅油效率。

1. 啮合效率 η_1

啮合效率是决定蜗杆传动总效率的主要因素，当蜗杆为主动件时，可近似按螺旋副的效率计算。

2. 轴承效率 η_2

当采用滚动轴承时，轴承效率孕 $\eta_2=0.99$；采用滑动轴承时，$\eta_2=0.98\sim0.99$。

3. 搅油效率 η_3

可近似取 $\eta_3=0.98\sim0.99$。

当蜗杆主动时

$$\eta_1=\frac{\tan\gamma}{\tan(\gamma+\varphi_v)} \tag{13-12}$$

式中，γ 为蜗杆分度圆柱上的螺旋线升角；φ_v 为当量摩擦角，根据滑动速度 v_s 按表 13-10 选取。

表 13-10　蜗杆传动的当量摩擦因数 f' 和当量摩擦角 φ_v

蜗轮材料	锡青铜				无锡青铜	
蜗杆齿面硬度	HRC≥45		HRC<45		HRC≥45	
滑动速度 v_s/(m/s)	f'	φ_v(°)	f'	φ_v(°)	f'	φ_v(°)
0.01	0.11	6.28	0.12	6.84	0.18	10.2
0.10	0.08	4.57	0.09	5.14	0.13	7.4
0.50	0.055	3.15	0.065	3.72	0.09	5.14
1.00	0.045	2.58	0.055	3.15	0.07	4
2.00	0.035	2	0.045	2.58	0.055	3.15
3.00	0.028	1.6	0.035	2	0.045	2.58
4.00	0.024	1.37	0.031	1.78	0.04	2.29
5.00	0.022	1.26	0.029	1.66	0.035	2
8.00	0.018	1.03	0.026	1.49	0.03	1.72
10.00	0.016	0.92	0.024	1.37		
15.00	0.014	0.8	0.020	1.15		
24.00	0.013	0.74				

$$v_s=\frac{v_1}{\cos\gamma}=\frac{\pi d_1 n_1}{60\times1000\times\cos\gamma} \tag{13-13}$$

式中，v_1 为蜗杆分度圆的圆周速度，单位为 m/s；d_1 为蜗杆分度圆直径，单位为 mm；n_1 为蜗杆的转速，单位为 r/min。由于轴承摩擦及溅油功率损耗不大，一般取 $\eta_2\eta_3=0.95\sim0.96$，则总效率

$$\eta=(0.95\sim0.96)\frac{\tan\gamma}{\tan(\gamma+\varphi_v)} \tag{13-14}$$

在传动尺寸未设计出来之前，蜗杆传动的总效率 η 一般可根据蜗杆头数 z_1 近似按表 13-11 选取。

表 13-11　蜗杆传动的总效率

传动形式	蜗杆头数 z_1	总效率 η
闭式	1	0.70~0.75
	2	0.75~0.82
	4	0.82~0.92
开式	1,2	0.60~0.70

13.6.2 蜗杆传动的润滑

润滑对于蜗杆传动来说，具有特别重要的意义。由于摩擦产生的热量大，所以要求工作时有良好的润滑条件，以提高蜗杆传动的效率，防止胶合及减少磨损。

闭式蜗杆传动所用的润滑油的黏度和润滑方法，主要根据相对滑动速度和载荷类型进行选择，可参见表 13-12。

表 13-12 蜗杆传动的润滑油黏度推荐值和润滑方法

滑动速度/(m/s)	工作条件	运动黏度 $v_{40℃}$/(mm^2/s)	润滑方法
<1	重载	900	油池润滑
<2.5	重载	500	
<5	中载	350	
5~10	—	220	油池润滑或喷油润滑
10~15	—	150	喷油润滑
15~25	—	100	
>25	—	80	

应当指出，对于青铜蜗轮不允许采用抗胶合能力强的活性润滑油，以免腐蚀青铜齿面。对于开式传动，则采用黏度较高的齿轮油或润滑脂进行润滑。

13.6.3 蜗杆传动的热平衡计算

由于蜗杆传动的效率较低，在工作时会产生大量热量，对于闭式传动的蜗杆来说，如果不及时散热，会使工作温度过高，润滑油的黏度降低，造成润滑失效，加剧轮齿磨损，甚至出现胶合而导致传动失效。因此，对于连续工作的闭式蜗杆传动，需要考虑它的散热。热平衡计算就是保证蜗杆传动在单位时间内的发热量 ϕ_1 等于同时间散热量 ϕ_2，以保证油温处于规定的范围内。

由于摩擦损耗功率 $P_f=P(1-\eta)$，故产生的热量可表示为

$$\phi_1 = 1000P(1-\eta) \tag{13-15}$$

式中，P 为蜗杆传递的功率，单位为 kW；η 为蜗杆传动的总效率。

以自然方式冷却时，从箱体外壁散发到空气中去的热量为

$$\phi_2 = a_d S(t_0 - t_a) \tag{13-16}$$

式中，a_d 为箱体表面传热因数，一般取 $a_d=(10\sim17)$，单位为 W/(m^2 · ℃)；S 为内表面能被润滑油所飞溅到，且外表面又可为周围空气所冷却的箱体表面积，单位为 m^2；t_0 为油的工作温度，一般限制在 60~70℃，最高不应超过 80℃；t_a 为周围空气的温度，常温时可取 20℃。

按热平衡条件 $\phi_1=\phi_2$ 可得在既定工作条件下的油温

$$t_0 = t_a + \frac{1000P(1-\eta)}{a_d S} \tag{13-17}$$

也可根据既定条件计算在保持正常工作温度所需的散热面积

$$S=\frac{1000(1-\eta)}{a_d(t_0-t_a)} \tag{13-18}$$

若 t_0>80℃或有效散热面积不足，则需采取措施提高散热能力。常用的散热措施有：在箱壳外面增设散热片以增加散热面积；在蜗杆轴上装风扇进行吹风冷却，如图 13-10a 所示；在箱体内油池中安装蛇形冷却水管用循环水冷却，如图 13-10b 所示；利用循环油冷却，如图 13-10c 所示。采取这些散热措施后的热平衡计算方法可查阅相关手册。

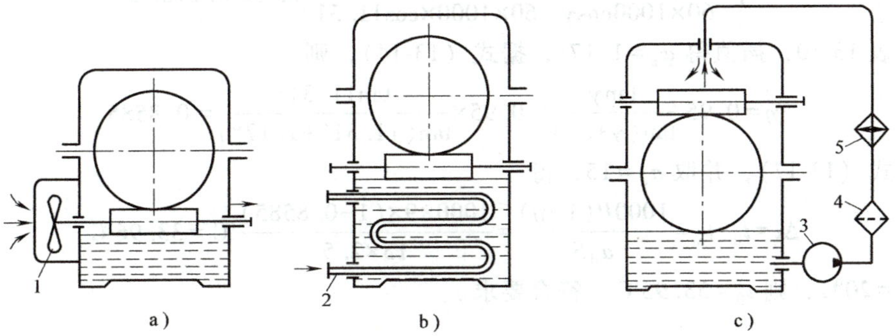

图 13-10　蜗杆传动的散热方法

1—风扇　2—冷却水管　3—油泵　4—过滤器　5—冷却器

例　设计一搅拌机用的闭式蜗杆减速器中的普通圆柱蜗杆传动。已知：输入功率 $P=9\text{kW}$，蜗杆转速 $n=1450\text{r/min}$，传动比 $i_{12}=20$，搅拌机为大批量生产，传动不反向，工作载荷较平稳，但有不大的冲击。取散热面积 $S=2.5\text{m}^2$。

解　(1) 选择蜗杆、蜗轮材料，确定许用应力

参考表 13-4，估计滑动速度 $v_s\leqslant 25\text{m/s}$，考虑到蜗杆传动传递的功率不大，速度中等，故蜗杆用 45 钢；淬火，硬度为 45～55HRC。蜗齿圈用铸锡磷青铜 ZCuSn10P1，金属模铸造，轮心用灰铸铁 HT100 制造。查表 13-7 得 $[\sigma_H]=220\text{MPa}$。

(2) 按齿面接触疲劳强度进行设计

1) 确定公式中的各参数值

① 选择蜗杆齿数，计算蜗轮齿数。按表 13-2 选择蜗杆头数 $z_1=2$

蜗轮齿数　$z_2=i\times z_1=2\times 20=40$

② 确定作用在蜗轮上的转矩 T_2。按 $z_1=2$，由表 13-11 估取效率 $\eta=0.8$，则

$$T_2=9.55\times10^6\times\frac{P_2}{n_2}=9.55\times10^6\times\frac{P\eta}{n_1/i}$$

$$=9.55\times10^6\times\frac{9\times0.8}{1450/20}\text{N}\cdot\text{mm}=948414\text{N}\cdot\text{mm}$$

③ 确定载荷系数 K。取载荷系数 $K=1.3$

2) 齿面接触疲劳强度计算

$$m^2d_1\geqslant KT_2\left(\frac{500}{z_2[\sigma_H]}\right)^2=1.3\times948414\times\left(\frac{500}{40\times220}\right)^2\text{mm}^3=3980\text{mm}^3$$

(3) 确定传动的基本参数，计算蜗杆传动尺寸

1) 由表 13-1 取标准值 $m^2d_1=5120\text{mm}^3$，则模数 $m=8\text{mm}$、蜗杆直径系数 $q=10$、蜗杆分度圆直径 $d_1=80\text{mm}$。

2）中心距

$$a=\frac{1}{2}(d_1+d_2)=\frac{d_1+mz_2}{2}=\frac{80+8\times40}{2}\text{mm}=200\text{mm}$$

（4）热平衡计算

根据式（13-5）

$$v_s=\frac{\pi d_1n_1}{60\times1000\cos\gamma}=\frac{3.14\times80\times1450}{60\times1000\times\cos11.31°}\text{m/s}=6.19\text{m/s}$$

根据表13-10，插值得 $\varphi_v=1.17°$，据式（13-14），则

$$\eta=0.95\frac{\tan\gamma}{\tan(\gamma+\varphi_v)}=0.95\times\frac{\tan11.31°}{\tan(11.31°+1.17°)}=0.8585$$

根据式（13-17），并取 $a_d=15$，得

$$\Delta t=t_0-t_a=\frac{1000P(1-\eta)}{a_dS}=\frac{1000\times9\times(1-0.8585)}{15\times2.5}℃=33.96℃$$

取 $t_a=20℃$，则 $t_0=53.95℃$，符合要求。

习　题　13

13-1　阿基米德蜗杆传动的正确啮合条件是什么？

13-2　蜗杆传动有何特点，适用于什么场合？

13-3　闭式蜗杆传动的设计准则是什么？

13-4　蜗杆、蜗轮常用的材料有哪些，选择材料的主要依据是什么？

13-5　蜗杆传动的啮合效率与哪些因素有关？对于动力用蜗杆传动，为提高其效率常采用什么措施？

13-6　为什么蜗杆传动常采用青铜蜗轮而不采用钢制蜗轮？为什么青铜蜗轮常采用组合结构？

13-7　蜗杆传动中，蜗杆为什么通常与轴做成一体？

13-8　蜗杆传动时，若油温过高，常用散热措施有哪些？

13-9　有一标准圆柱蜗杆传动，已知模数 $m=8$mm，传动比 $i=20$，蜗杆分度圆直径 $d_1=80$mm，蜗杆头数 $z_1=2$。试计算该蜗杆传动的主要几何尺寸（d_{a1}、d_{f1}、d_2、d_{a2}、d_{f2}、a）。

13-10　图13-11所示的蜗杆传动中，蜗杆为主动件，蜗轮螺旋线为左旋，其转向如图所示。试在图中画出蜗杆的螺旋线方向，蜗杆蜗轮在啮合点处的圆周力 F_{t1}、F_{t2} 及轴向力 F_{a1}、F_{a2}。

13-11　图13-12所示为一蜗杆斜齿圆柱齿轮传动，蜗杆由电动机驱动，转动方向如图所示。已知蜗轮轮齿的螺旋线方向为右旋，试选择斜齿轮的螺旋方向，使两轴所受轴向力为最小。

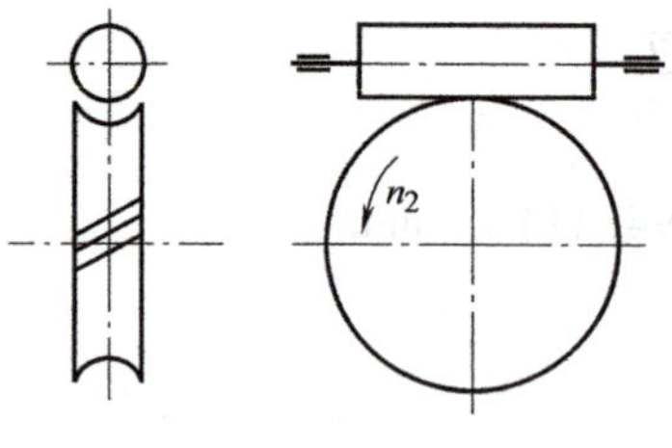

图13-11　题13-10图

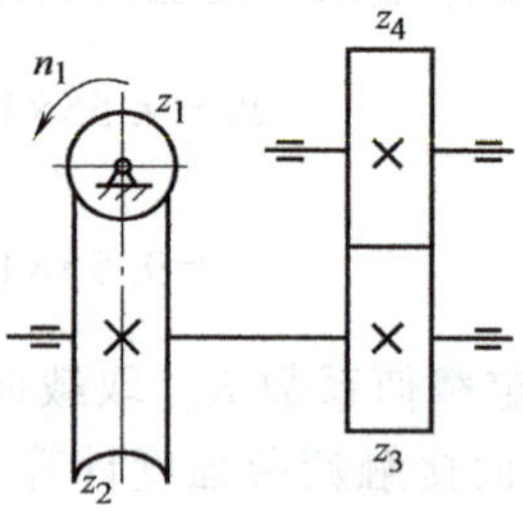

图13-12　题13-11图

13-12　已知一蜗杆减速器中蜗杆的参数为 $z_1=2$（右旋）、$d_{a1}=48$mm、$p_{a1}=12.56$mm、中心距 $a=100$mm，试计算蜗轮的几何尺寸（d_2、z_2、d_{a2}、d_{f2}、β）。

13-13　试设计一混料机的闭式蜗杆传动。已知驱动蜗杆的电动机功率 $P_1=7.5$kW，转速 $n_1=970$r/min，传动比 $i=20$，工作载荷平稳，单向连续运转。

第14章 轮系

基本要求

1）理解轮系的概念及其分类。

2）掌握定轴轮系的有关计算，掌握周转轮系的有关计算，理解混合轮系传动比的计算及轮系的功用。

重点

定轴轮系和行星轮系传动比的计算。

难点

混合轮系传动比的计算。

14.1 轮系的分类

根据轮系在传动时各轮几何轴线在空间的相对位置是否固定，轮系可分为定轴轮系和行星轮系两大类。

1. 定轴轮系

轮系传动时，如果各齿轮的几何轴线位置都是固定的，这种轮系称为定轴轮系，如图 14-1 所示。

2. 行星轮系

在轮系传动中，组成轮系中的齿轮中至少有一个齿轮的几何轴线是不固定的，而是绕其他定轴齿轮的轴线回转，则这种轮系称为行星轮系，如图 14-2 所示。

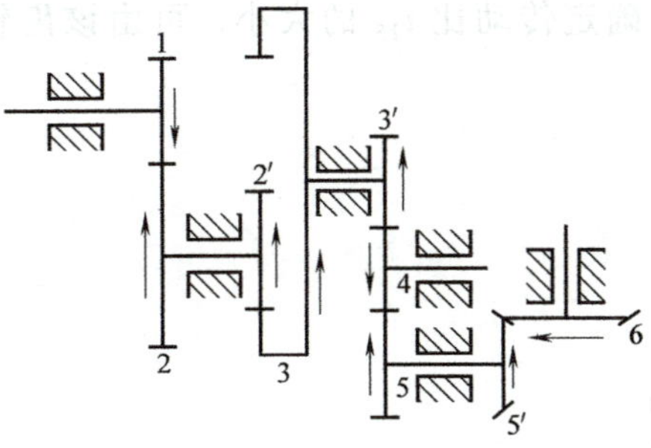

图 14-1 定轴轮系

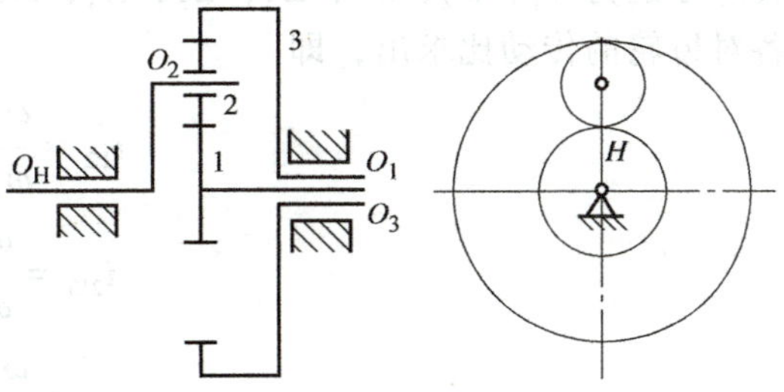

图 14-2 行星轮系

14.2 定轴轮系及其传动比

14.2.1 齿轮系的传动比

在齿轮系中，首齿轮和末齿轮角速度（或转速）之比称为轮系的传动比。常用字母

“i”表示传动比，并在其右下角用下标表明其对应的齿轮。例如，i_{16} 表示齿轮 1 与齿轮 6 的角速度之比。确定轮系的传动比包含以下两方面：

1）计算传动比 i 的大小。

2）确定输出轴（轮）的转动方向。

有了此两点内容才能全面表达首齿轮和末齿轮角速度（或转速）之间的关系。

14.2.2 定轴轮系传动比的计算公式

图 14-3a 所示为一对外啮合圆柱齿轮，两轮转向相反，其传动比规定为负，可表示为

$$i_{12}=\frac{\omega_1}{\omega_2}=-\frac{z_2}{z_1}$$

如图 14-3b 所示为一对内啮合圆柱齿轮，两轮转向相同，其传动比规定为正，可表示为

$$i_{12}=\frac{\omega_1}{\omega_2}=\frac{z_2}{z_1}$$

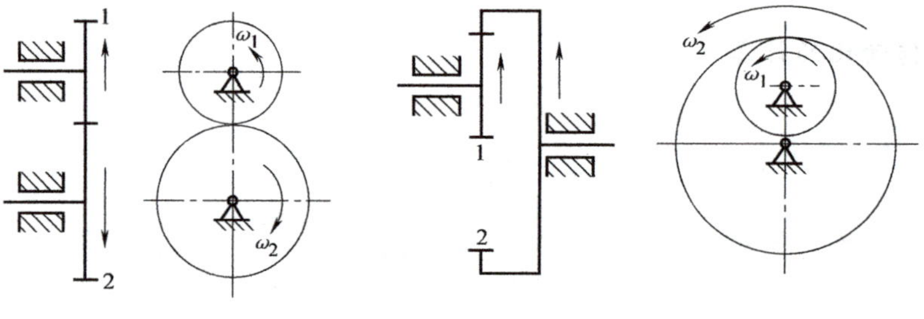

图 14-3 一对齿轮传动的转动方向

转向的确定除用正、负号表示外，也可以用画箭头的方法。对外啮合齿轮可用反方向箭头表示，如图 14-3a 所示。内啮合时，则用同方向箭头表示，如图 14-3b 所示。

图 14-1 所示定轴齿轮系（不含虚线齿轮），各轮齿数为 z_1，z_2，z_2'，z_3，z_3'，z_4，z_5，各轴转速分别为 ω_1，ω_2，ω_2'，ω_3，ω_3'，ω_4，ω_5，为了确定传动比 i_{15} 的大小，可由该齿轮系中各对齿轮的传动比求出，即

$$i_{12}=\frac{\omega_1}{\omega_2}=-\frac{z_2}{z_1}$$

$$i_{2'3}=\frac{\omega_2'}{\omega_3}=\frac{z_3}{z_2'}$$

$$i_{3'4}=\frac{\omega_3'}{\omega_4}=-\frac{z_4}{z_3'}$$

$$i_{45}=\frac{\omega_4}{\omega_5}=-\frac{z_5}{z_4}$$

将以上各式两边分别连乘后得

$$i_{12}i_{2'3}i_{3'4}i_{45}=\frac{\omega_1}{\omega_2}\frac{\omega_2'}{\omega_3}\frac{\omega_3'}{\omega_4}\frac{\omega_4}{\omega_5}=\left(-\frac{z_2}{z_1}\right)\left(\frac{z_3}{z_2'}\right)\left(-\frac{z_4}{z_3'}\right)\left(-\frac{z_5}{z_4}\right)$$

因 $\omega_2'=\omega_2$，$\omega_3'=\omega_3$

故
$$i_{15}=i_{12}i_{2'3}i_{3'4}i_{45}=(-1)^3\frac{z_2z_3z_5}{z_1z_2'z_3'}$$

上式表明，该定轴轮系的传动比等于组成该轮系的各对齿轮的传动比的连乘积，其大小也等于各对齿轮中的从动轮齿数的乘积与主动轮齿数的乘积之比。其正负号取决于外啮合齿轮的对数，外啮合为奇数时为负号，偶数时为正号。图 14-1 中有三对外啮合齿轮（不含虚线齿轮），故取负号，说明轮 1 和末轮 5 转向相反，也可直接在图上用画箭头的方法来判定首末两轮的转向关系。

根据以上分析，推广到一般情况，由圆柱齿轮组成的定轴轮系，其首轮 1 与末轮 K 的传动比为

$$i_{1k}=\frac{\omega_1}{\omega_k}=(-1)^m\frac{\text{所有各对齿轮的从动轮齿数之积}}{\text{所有各对齿轮的主动轮齿数之积}} \tag{14-1}$$

式中，m 为轮系中所有齿轮外啮合的次数。

但应注意，如在定轴轮系中，不仅包含有圆柱齿轮，而且包含有锥齿轮或蜗杆蜗轮时，则只能用画箭头的方法确定转向，而不能用 $(-1)^m$ 来确定转向关系，而传动比的大小仍可用式（14-1）计算。

在图 14-1 中，齿轮 4 同时与齿轮 3′、5 相啮合。它既是前一轮的从动轮，又是后一轮的主动轮，因而它的齿数不影响传动比的大小，但却增加了外啮合的次数，起改变传动比符号（从动轮的转向）和中间过渡的作用。这种不影响传动比大小，但影响传动比符号，即改变从动轮转向的齿轮称为惰轮或过桥齿轮。

例 14-1 图 14-1 所示轮系中（含虚线齿轮），已知各轮齿数为 $z_1=20$，$z_2=36$，$z_2'=20$，$z_3=80$，$z_3'=18$，$z_4=20$，$z_5=30$，$z_5'=15$，$z_6=30$，$n_1=1500\text{r/min}$，其转向如图示。求传动比 i_{16}、齿轮 6 的转速和转向。

解 （1）齿轮 6 的转速 n_6

由式（14-1）得

$$i_{16}=\frac{n_1}{n_6}=\frac{z_2z_3z_4z_5z_6}{z_1z_2'z_3'z_4z_5'}=\frac{36\times80\times20\times30\times30}{20\times20\times18\times20\times15}=24$$

所以

$$n_6=\frac{n_1}{i_{16}}=62.5\text{r/min}$$

（2）齿轮 6 的转向

用画箭头的方法确定齿轮 n_6 方向如图 14-1 所示。

14.3 行星轮系及其传动比

14.3.1 行星轮系的组成

在图 14-2 所示的轮系中，齿轮 1 和 3 以及构件 H 各绕固定的几何轴线转动，齿轮 2 空套在构件 H 的小轴上。当构件 H 转动时，齿轮 2 一方面绕自己的几何轴线 O_2 转动（自转），同时又随构件 H 绕固定的几何轴线 O_H 转动（公转）。从前述轮系的定义可知，这是行星轮系。在行星轮系中，轴线位置变动的齿轮，即既作自转又作公转的齿轮，称为行星轮；支持行星轮作自转和公转的构件称为行星架或转臂；轴线位置固定的齿轮则称为太阳轮（轮 1、3）。

14.3.2 行星轮系传动比的计算

因为行星轮系中行星轮的运动不是绕固定轴线的简单转动，所以其传动比不能直接用求解定轴轮系传动比的方法来计算。但是，如果能使行星架变为固定不动，并保持行星轮系中各个构件之间的相对运动不变，则行星轮系就转化为一个假想的定轴轮系，便可由式（14-1）列出该假想定轴轮系传动比的计算式，从而求出行星轮系的传动比。

在图 14-4a 所示的行星轮系中，设齿轮 1、2、3 及行星架 H 的角速度分别为 ω_1、ω_2、ω_3 及 ω_H，根据相对运动原理，当给整个行星轮系加上一个绕轴线 O_1O_H 的大小为 ω_H，而方向与 ω_H 相反的公共转速（$-\omega_H$）后，行星架 H 便静止不动了，而各构件间的相对运动并不改变。这样所有齿轮的几何轴线的位置全部固定，原来的行星轮系便成了定轴轮系（图 14-4b），这样经转化而得到的假想的定轴轮系称为原来行星轮系的转化轮系。各构件转化前后的转速见表 14-1。

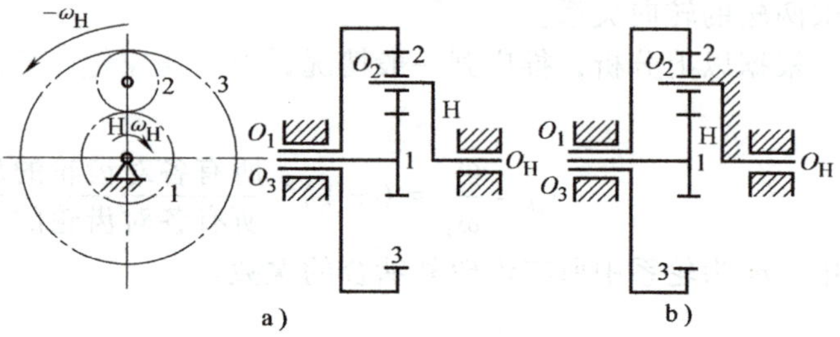

图 14-4 行星轮系传动比分析

表 14-1 各构件转化前后的转速

构件	原来的转速	转化轮系中的转速
1	ω_1	$\omega_1^H=\omega_1-\omega_H$
2	ω_2	$\omega_2^H=\omega_2-\omega_H$
3	ω_3	$\omega_3^H=\omega_3-\omega_H$
H	ω_H	$\omega_H^H=\omega_H-\omega_H$

转化轮系中各构件的转速 ω_1^H、ω_2^H、ω_3^H 及 ω_H^H 的右上方都带有角标 H，表示这些转速是各构件对行星架 H 的相对转速。

既然行星轮系的转化轮系是一个定轴轮系，就可应用求解定轴轮系传动比的方法，求出其中任意两个齿轮的传动比来。

根据传动比定义，转化轮系中齿轮 1 与 3 的传动比 i_{13}^H 为

$$i_{13}^H=\frac{\omega_1^H}{\omega_3^H}=\frac{\omega_1-\omega_H}{\omega_3-\omega_H}$$

应注意区别 i_{13} 和 i_{13}^H，前者是两轮真实的传动比；而后者是假想的转化轮系中两轮的传动比。

由定轴轮系传动比的计算式（14-1）又可知

$$i_{13}^H=(-1)^1\frac{z_2z_3}{z_1z_2}=-\frac{z_3}{z_1}$$

故

$$\frac{\omega_1-\omega_H}{\omega_3-\omega_H}=-\frac{z_3}{z_1}$$

等式右边的“-”号表示轮 1 和轮 3 在转化轮系中的转向相反。从上式可知，在已知各轮齿数的条件下，当 ω_1，ω_3 和 ω_H 中任意两个角速度已知，则另一个角速度即可确定，于是即可求出行星轮系中任意两构件间的传动比，但要注意，在计算时应考虑各构件的转向，即如

果给定的任意两个转速相反时，则其中的一个用正号，而另一个用负号代入该式，这样求得的第三个转速就可按其正、负号来确定其转向。

由上所述，行星轮系中任意两轮 A、B（它们可以都是太阳轮，也可以一个是太阳轮，而另一个是行星轮）及行星架 H 的角速度与齿数的关系为

$$i_{AB}^{H}=\frac{\omega_A^H}{\omega_B^H}=\frac{\omega_A-\omega_H}{\omega_B-\omega_H}=(-1)^m\frac{\text{齿轮 A、B 间所有从动轮齿数积}}{\text{齿轮 A、B 间所有主动轮齿数积}} \tag{14-2}$$

式中，m 为 A、B 两轮间所有齿轮外啮合的次数。A 为主动轮，B 为从动轮，中间各轮的主从地位也应按此假定判定。

应当指出，只有两轴平行时，两轴转速才能代数相加减。因此，上式只适用于齿轮 A、B 和行星架 H 的轴线互相平行的场合。如图 14-5 所示，由于其行星轮轴线和太阳轮轴线不平行，因而它的角速度不能按代数量进行加减，即

$$\omega_2^H\neq\omega_2-\omega_H,\quad i_{12}^H\neq\frac{\omega_1-\omega_H}{\omega_2-\omega_H}$$

所以不能用上式来计算由锥齿轮所组成的行星轮系中的行星轮的角速度，只可用来计算其基本构件的角速度，即

$$i_{13}^H=\frac{\omega_1-\omega_H}{\omega_3-\omega_H}=-\frac{z_3z_2}{z_1z_2'}$$

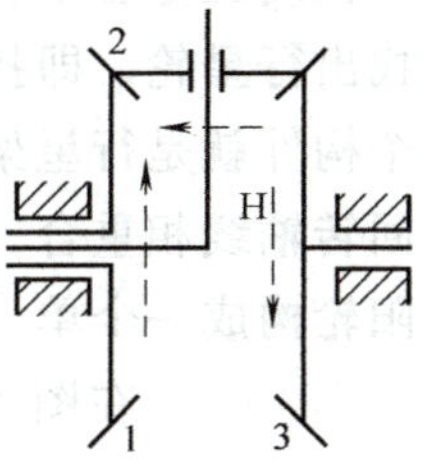

图 14-5　行星轮系

且其转化轮系传动比的正负号必须用画箭头的方法来决定。

例 14-2　在图 14-5 所示的行星轮系中，设各轮的齿数为 $z_1=z_3=30$，$z_2=20$。求齿轮 3 固定时的传动比 i_{1H}。

解　由式（14-2）得

$$i_{13}^H=\frac{\omega_1-\omega_H}{\omega_3-\omega_H}=-\frac{z_2z_3}{z_1z_2}=-\frac{z_3}{z_1}=-1$$

齿轮 3 固定，$\omega_3=0$，代入上式得 $\dfrac{\omega_1-\omega_H}{0-\omega_H}=-1$

解得　$i_{1H}=\dfrac{\omega_1}{\omega_H}=2$（传动比为正号，说明齿轮 1 与行星架转向相同）

例 14-3　在图 14-2 所示的行星轮系中，设各轮的齿数为 $z_1=30$、$z_2=20$、$z_3=60$，求下列两种情况下齿轮 3 的转速 n_3 及其转向。①$n_1=30\text{r/min}$，$n_H=20\text{r/min}$，转向相同；② $n_1=30\text{r/min}$，$n_H=20\text{r/min}$，转向相反。

解　由式（14-2）得

$$i_{13}^H=\frac{n_1-n_H}{n_3-n_H}=-\frac{z_2z_3}{z_1z_2}=-\frac{z_3}{z_1}=-\frac{60}{30}=-2 \tag{a}$$

整理后得

$$n_3=\frac{3n_H-n_1}{2} \tag{b}$$

1）因 n_1、n_H 转向相同，则在式（b）中均代入正号（也可均为负号），得 $n_3=\dfrac{3n_H-n_1}{2}=\dfrac{3\times20-30}{2}\text{r/min}=15\text{r/min}$（$n_3$ 为正号，说明与 n_1、n_H 转向相同）。

2）因 n_1、n_H 转向相反，则在式（b）中代入相反的符号，设 n_1 为正，得 $n_3=\frac{3n_H-n_1}{2}=\frac{3\times(-20)-30}{2}\text{r/min}=-45\text{r/min}$（$n_3$ 为负号，说明与 n_1 转向相反）。

14.4 混合轮系及其传动比

在实际机械中，经常用到定轴轮系和行星轮系或几个单一的行星轮系组合而成的混合轮系，所以不能只用一个公式求解。计算混合轮系时，首先必须将各个单一的行星轮系和定轴轮系正确区分开来，然后分别列出这些轮系的方程式，最后联立解出所要求的传动比。

正确区分各个轮系的关键在于找出各个单一行星轮系。找单一行星轮系的一般方法是：先找出行星轮，即找出那些几何轴线绕另一齿轮的几何轴线转动的齿轮；支持行星轮运动的那个构件就是行星架（注意，行星架的形状不一定就是简单的杆状）；而几何轴线与行星架的回转轴线相重合，且直接与行星轮相啮合的定轴齿轮就是太阳轮，这组行星轮、行星架、太阳轮构成一个单一行星轮系，区分出各个单一行星轮系以后，剩下的就是定轴轮系。

例 14-4 在图 14-6 所示的电动卷扬机减速器轮系中，已知各轮齿数为 $z_1=24$，$z_2=48$，$z_2'=30$，$z_3=90$，$z_3'=20$，$z_4=30$，$z_5=80$，试求传动比 i_{1H}。

解 该复合轮系是由两个基本轮系组成。齿轮 1、2、2′、3、行星架 H 组成行星齿轮系；齿轮 3′、4、5、组成定轴轮系，其中 $\omega_H=\omega_5$，$\omega_3=\omega_3'$。

对于定轴轮系，$i_{3'5}=\frac{\omega_3'}{\omega_5}=-\frac{z_5}{z_3'}=-\frac{80}{20}=-4$ (a)

对于行星轮系，根据式（14-2）得

$$i_{13}^{H}=\frac{\omega_1-\omega_H}{\omega_3-\omega_H}=(-1)^1\frac{z_2z_3}{z_1z_2'}=-\frac{48\times90}{24\times30}=-6 \quad (b)$$

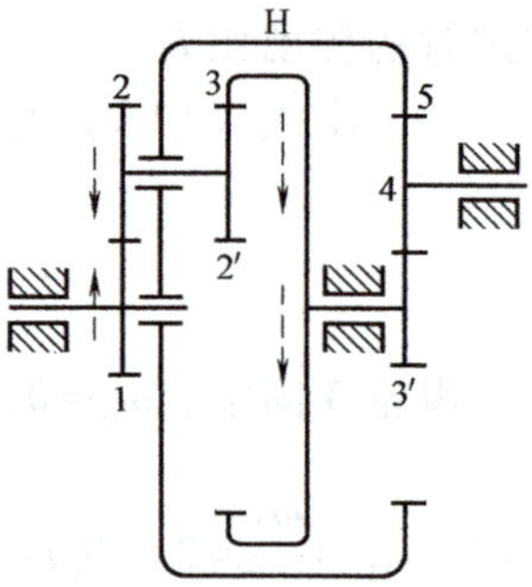

图 14-6 电动卷扬机减速器

联立方程式（a）、（b）和 $\omega_H=\omega_5$，$\omega_3=\omega_3'$得

$$i_{1H}=\frac{\omega_1}{\omega_H}=31$$

i_{1H} 为正值，说明齿轮 1 与行星架 H 转向相同。

14.5 轮系的应用

轮系广泛应用于各种机械中，它的主要功用是：

1. 传递相距较远的两轴间的运动和动力

当两轴间距离 a 较大时，若仅用一对齿轮来传动，则齿轮尺寸过大，既占空间，又浪费材料，且制造安装都不方便。若改用齿轮系传动，就可以克服上述缺点，如图 14-7 所示。

2. 实现变速、变向传动

在主动轴转速不变的情况下，应用齿轮系可使从动轴获得多种转速，此种传动则称为变速传动。

图 14-8 所示为汽车的变速器，图中轴 Ⅰ 为动力输入轴，Ⅱ 为输出轴，4，6 为滑移齿轮，A-B 为离合器，该变速器可使输出轴得到四种转速。

第一挡　齿轮 5，6 相啮合，而 3，4 和离合器 A，B 均脱离。

第二挡　齿轮 3，4 相啮合，而 5，6 和离合器 A，B 均脱离。

第三挡　离合器 A，B 相啮合，而齿轮 3，4 和 5，6 均脱离。

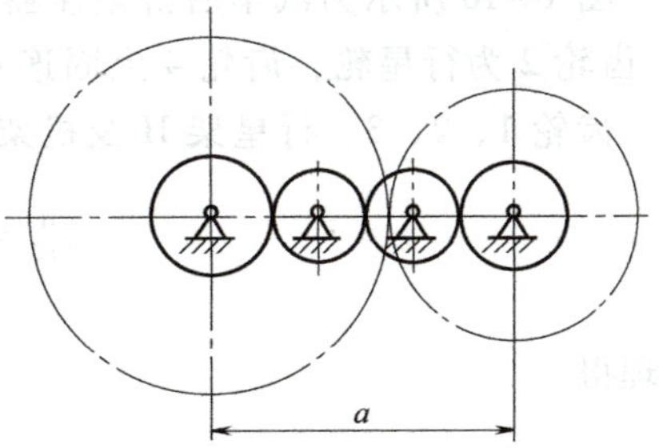

图 14-7　相距较远的两轴传动

倒退挡　齿轮 6，8 相啮合，而 3，4 和 5，6 以及离合器 A，B 均脱离，此时，由于惰轮 8 的作用，转出轴 Ⅱ 反转。

3. 可获得大的传动比

当两轴之间需要大的传动比时，虽然可以用多级齿轮组成的定轴轮系来实现，但由于齿轮的增多，会导致结构复杂。若采用行星轮系，则只需很少几个齿轮就可获得很大的传动比。如图 14-9 所示，当 $z_1=100$，$z_2=101$，$z_2'=100$，$z_3=99$ 时，其传动比 i_{H1} 可达 10000，其计算如下：

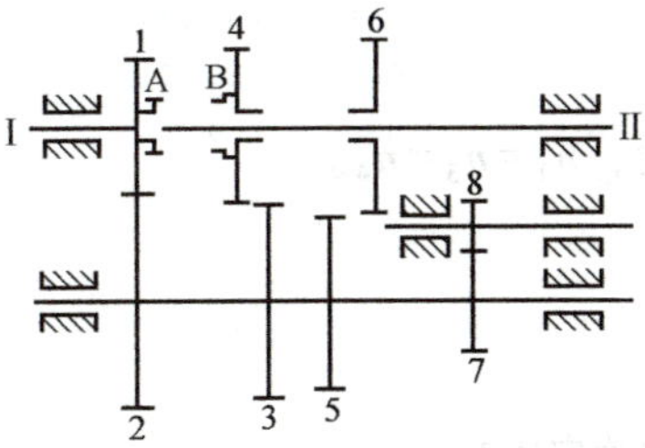

图 14-8　汽车变速器

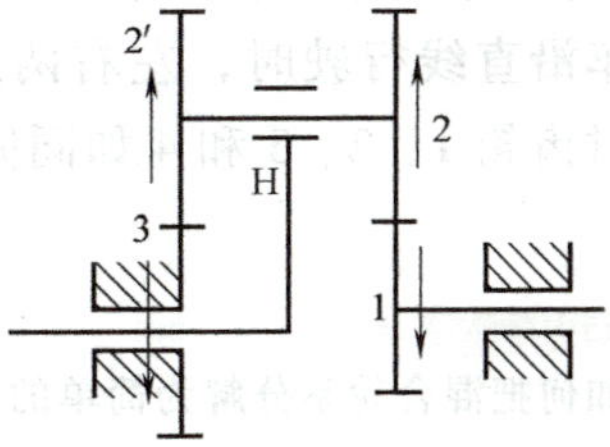

图 14-9　大传动比行星轮系

由式（14-2）得

$$i_{13}^{H}=\frac{n_1-n_H}{n_3-n_H}=\frac{z_2z_3}{z_1z_2'}$$

代入已知数据

$$\frac{n_1-n_H}{0-n_H}=\frac{101\times99}{100\times100}$$

解得　$i_{1H}=\dfrac{1}{10000}$ 或 $i_{H1}=10000$（说明齿轮 1 与行星架 H 转向相同）

4. 用于运动的合成或分解

图 14-5 所示为一差动轮系，其中 $z_1=z_3$，这种轮系可作运动的合成。如以齿轮 1 和齿轮 3 为原动件时，则行星架 H 的转速是齿轮 1 和齿轮 3 转速的和。可计算得

$$\frac{n_1-n_H}{n_3-n_H}=-\frac{z_3}{z_1}=-1$$

则

$$2n_H=n_1+n_3$$

差动轮系不仅能将两个独立的转动合成为一个转动，而且还可以将一个构件的转动分解为两个构件的转动。

图 14-10 所示为汽车后桥差速器，即为分解运动的齿轮系。发动机通过传动轴驱动齿轮 5。齿轮 2 为行星轮，齿轮 4 上固连着行星架 H，左、右车轮固连的齿轮 1 和齿轮 3 为太阳轮。齿轮 1、2、3、行星架 H 及机架组成一差动轮系，因 $z_1=z_2=z_3$，有

$$i_{13}^{H}=\frac{n_1-n_H}{n_3-n_H}=-\frac{z_2z_3}{z_1z_2}=-1$$

整理得

$$n_4=n_H=\frac{n_1+n_3}{2} \tag{a}$$

当汽车向左转弯时，为了保证左右车轮与地面间仍为纯滚动，以减少轮胎的磨损，就要求右轮的转速比左轮的转速高。当齿轮 5 为主动时其转速比为

$$\frac{n_1}{n_3}=\frac{r-L}{r+L} \tag{b}$$

联立求解（a）、（b）两式得

$$n_1=\frac{r-L}{r}n_4$$

$$n_3=\frac{r+L}{r}n_4$$

式中，r 为弯道平均半径；$2L$ 为轮距。

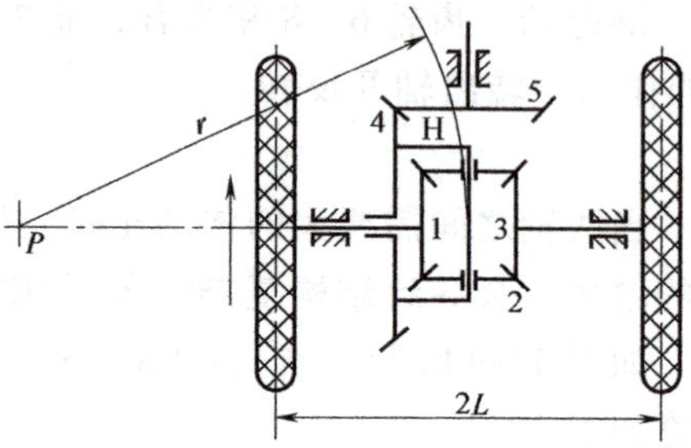

图 14-10 汽车后桥差速器

当汽车沿直线行驶时，左右两后轮所走的路程相同，这时齿轮 1、2、3 和 4 如同固连的整体一起转动，$n_1=n_3=n_4$。

习 题 14

14-1 如何把混合轮系分解为简单的轮系？

14-2 在定轴轮系和行星轮系中其从动件的转向分别是如何确定的？

14-3 在图 14-11 所示的滚齿机工作台传动装置中，已知各轮的齿数为 $z_1=15$，$z_2=28$，$z_3=15$，$z_4=35$，$z_9=40$，若被切齿轮的齿数为 64，求传动比 i_{75}。

14-4 在图 14-12 所示的钟表传动示意图中，E 为操纵轮，N 为发条盘，S、M 及 H 分别为秒针、分针和时针。设 $z_1=72$，$z_2=12$，$z_3=64$，$z_4=8$，$z_5=60$，$z_6=8$，$z_7=60$，$z_8=6$，$z_9=8$，$z_{10}=24$，$z_{11}=6$，$z_{12}=24$，求秒针与分针的传动比 i_{SM} 及分针与时针的传动比 i_{MH}。

14-5 如图 14-13 所示，已知 $z_1=20$，$z_2=40$，$z_2'=20$，$z_3=30$，$z_4=80$，试求传动比 $i_{1H}=$？

14-6 如图 14-14 所示的轮系中，已知各轮的齿数 $z_1=20$，$z_2=40$，$z_2'=50$，$z_3=30$，$z_3'=20$，$z_4=30$，当齿轮 1 的转速 $n_1=2400\text{r/min}$ 时，求行星架 H 的转速 n_H。

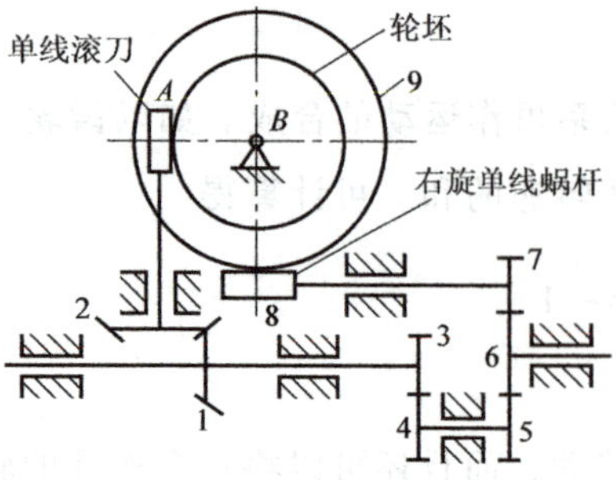

图 14-11 题 14-3 图

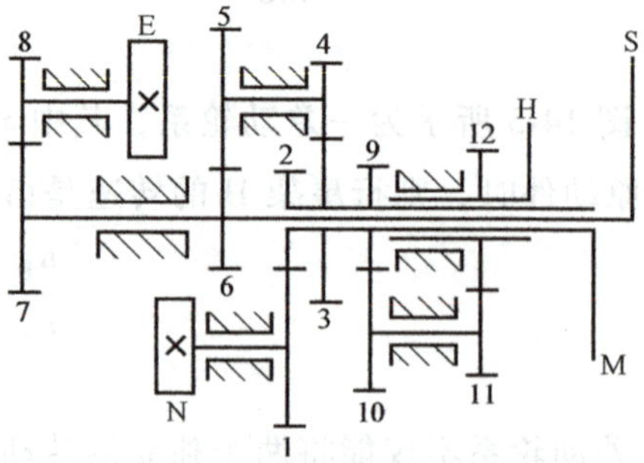

图 14-12 题 14-4 图

14-7　如图 14-15 所示的轮系中，已知各轮的齿数 $z_2=37$，$z_2'=15$，$z_3=25$，$z_3'=20$，$z_4=60$，单头右旋蜗杆 1 的转速 $n_1=1450\text{r/min}$，方向如图。试求构件 H 的转速 n_H 的大小和方向。

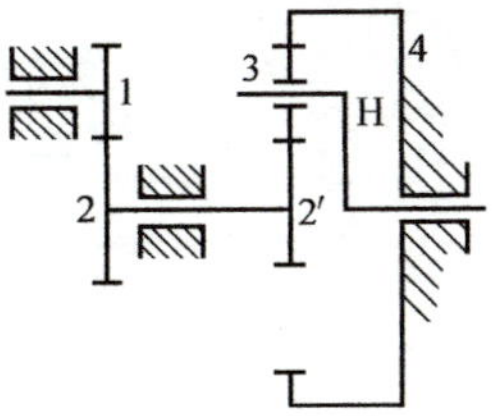

图 14-13　题 14-5 图

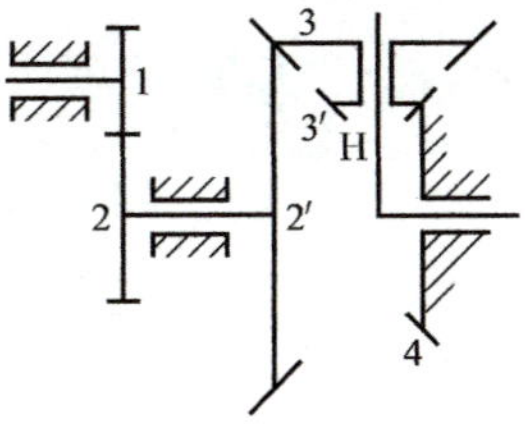

图 14-14　题 14-6 图

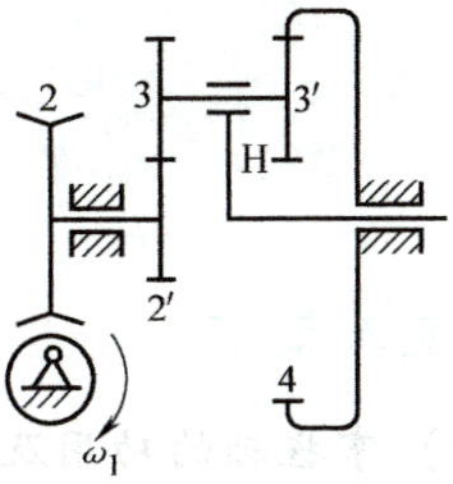

图 14-15　题 14-7 图

第15章 轴

基本要求

1）掌握轴的功用及分类。
2）了解轴的常用材料及热处理。
3）掌握轴的结构设计和强度设计方法。

重点

轴的结构设计。

难点

轴的强度设计。

轴是机器中的重要零件之一，其主要功用是支持旋转零件（如齿轮、带轮等），以传递运动和动力。本章将主要介绍轴的结构设计、轴的强度计算及轴的常用材料。

15.1 轴的分类

根据承受的载荷，轴可分为转轴、传动轴和心轴三种。转轴既承受转矩又承受弯矩，是机器中最常见的轴，如图15-1所示的减速器中的轴。传动轴主要承受转矩，不承受或承受很小的弯矩，如图15-2所示。心轴只承受弯矩而不传递转矩。心轴又可分为固定心轴（图15-3）和转动心轴（图15-4）两种。

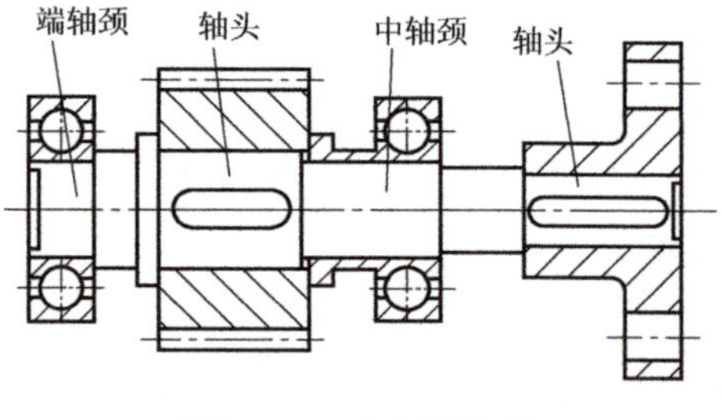

图15-1 减速器转轴

按轴线的形状，轴又可分为直轴（图15-1～图15-4）、曲轴（图15-5）和挠性钢丝轴（图15-6）。有时，为减轻轴的重量，还可以将轴制成空心轴，如图15-7所示。

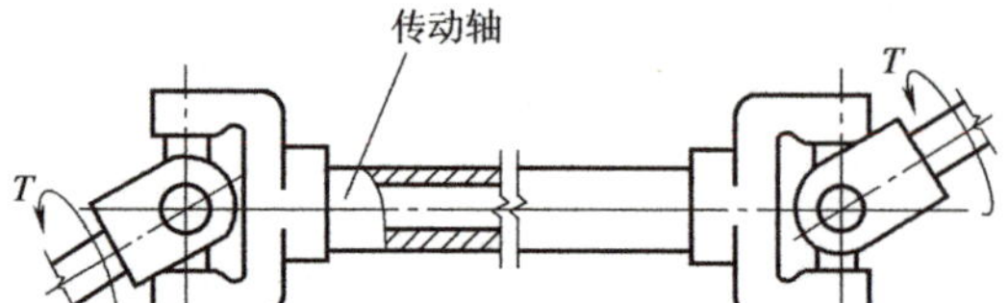

图15-2 汽车传动轴

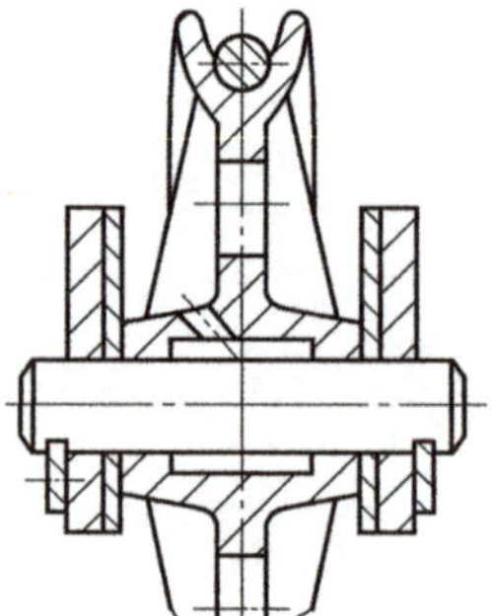
图15-3 固定心轴

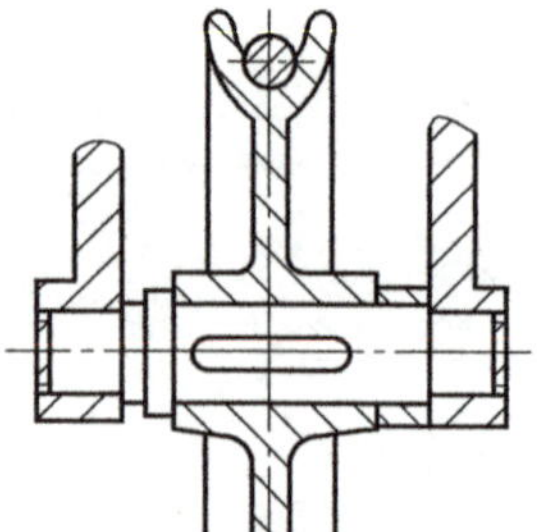
图15-4 转动心轴

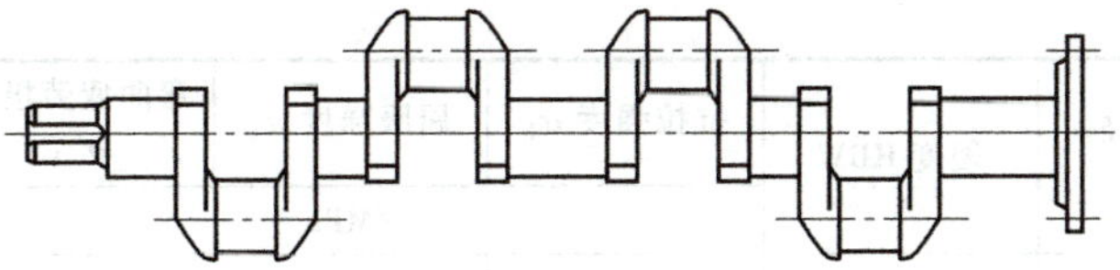

图 15-5　曲轴

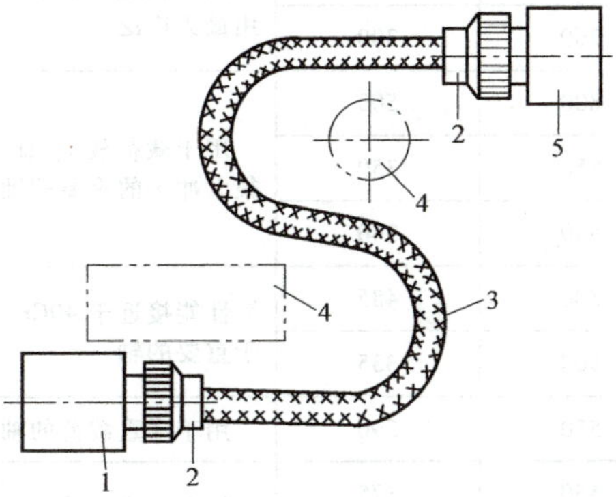

图 15-6　挠性钢丝轴

1—动力装置　2—接头　3—加有外层保护套的挠性轴　4—其他设备　5—被驱动装置

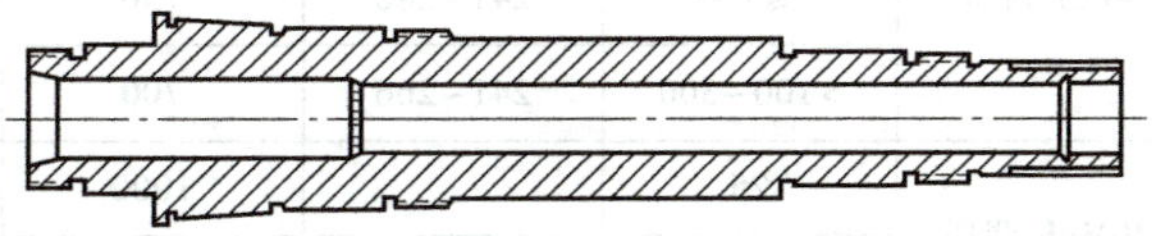

图 15-7　空心轴

15.2　轴的材料

轴的主要失效形式为疲劳破坏。因此，轴的材料应具有足够的抗疲劳强度，同时满足刚度、耐磨性及韧性要求，并应具有良好的加工工艺性和热处理性能。

轴的材料常采用碳素钢和合金钢。由于碳素钢比合金钢的成本低，对应力集中的敏感性小，因此应用较多。常用的有 35、40、45 等优质中碳钢，特别是 45 钢应用最为广泛。为了改善碳素钢的力学性能，应进行正火或调质处理。不重要或受力较小的轴，可采用 Q235，Q275 等普通碳素钢。

合金钢具有较高的力学性能，可淬火性也较好，但价格较贵，可以在传递大功率、要求减轻轴的重量和提高轴颈的耐磨性等有特殊要求的场合采用，如 20Cr、40Cr 等。

轴的毛坯一般用圆钢或锻件，有时也可采用铸钢或球墨铸铁。例如，用球墨铸铁制造曲轴、凸轮轴，具有成本低廉、吸振性较好、对应力集中的敏感性较低、强度较好等优点。适合制造结构形状复杂的轴。

轴的常用材料及其主要力学性能见表 15-1。

表 15-1　轴的常用材料及其主要力学性能

材料及热处理	毛坯直径 /mm	硬度 HBW	抗拉强度 σ_b	屈服强度 σ_s	弯曲疲劳极限 σ_{-1}	应用说明
			/MPa			
Q235			440	240	200	用于不重要或载荷不大的轴
Q275			580	280	230	

（续）

材料及热处理	毛坯直径/mm	硬度 HBW	抗拉强度 σ_b	屈服强度 σ_s	弯曲疲劳极限 σ_{-1}	应用说明
			/MPa			
35 正火	≤100	149～187	520	270	250	用于一般轴
45 正火	≤100	170～217	600	300	275	用于较重要的轴，应用最为广泛
45 调质	≤200	217～255	650	360	300	
40Cr 调质	25		1000	800	500	用于载荷较大，而无很大冲击的重要的轴
	≤100	241～286	750	550	350	
	>100～300	241～266	700	550	340	
40MnB 调质	25		1000	800	485	性能接近于 40Cr，用于重要的轴
	≤200	241～286	750	500	335	
35CrMo 调质	≤100	207～269	750	550	390	用于受重载荷的轴
20Cr 渗碳淬火回火	15	表面 56～62HRC	850	550	375	用于要求强度、韧性及耐磨性均较高的轴
	≤60		650	400	280	
QT400-100	—	156～197	400	300	145	结构复杂的轴

15.3　轴的结构设计

图 15-8 所示为单级齿轮减速器的高速轴，主要由轴颈、轴头和轴身三部分组成。轴上被支承的部分称为轴颈，安装轮毂的部分称为轴头，联接轴颈和轴头的非配合部分称为轴身。

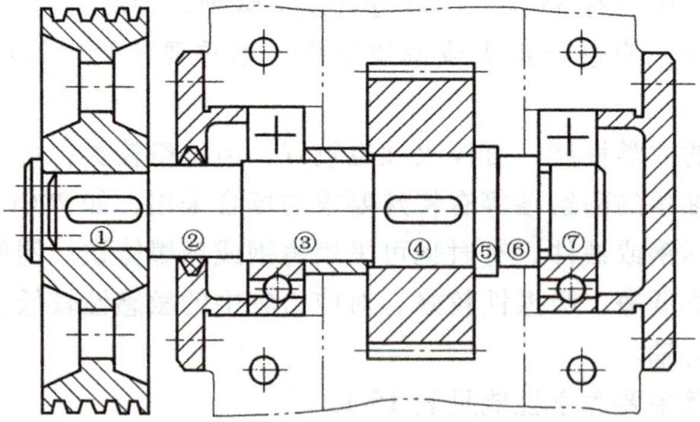

图 15-8　轴的结构

轴的结构设计就是使轴的各部分具有合理的形状和尺寸。其主要要求是：轴应便于加工，具有良好的工艺性；轴上零件位置合理并易于装拆和调整；轴和轴上零件有准确的工作位置，各零件要牢固而可靠地相对固定；尽量减少应力集中，有利于提高轴的强度和刚度。

15.3.1　轴上零件的装配方案

轴的结构形式取决于轴上零件的装配方案，如图 15-8 所示。为了方便轴上零件的装拆，常将轴做成阶梯形。对于一般剖分式箱体中的轴，它的直径从轴端逐渐向中间增大。可依次将齿轮、套筒、左端滚动轴承、轴承盖和带轮从轴的左端装拆，另一滚动轴承从右端装拆。为使轴上零件易于安装，轴端及各轴段的端部应有倒角。在满足使用要求的情况下，轴的形状和尺寸应力求简单，以便于加工。

15.3.2　轴上零件的轴向和周向定位

1. 轴上零件的轴向定位和固定

为了防止轴上零件的轴向移动，需对轴上零件进行轴向定位。常用轴向定位和固定方法有轴肩、轴环定位、套筒定位、螺母定位及轴端挡圈定位等。

利用轴肩进行轴向定位，其结构简单、可靠，并能承受较大轴向力。在图 15-8 中，①、②间的轴肩使带轮在轴上定位；轴环⑤使齿轮在轴上定位；⑥、⑦间的轴肩使右端滚动轴承定位。

在图 15-8 中左端滚动轴承采用套筒③定位。套筒定位结构简单、可靠，但不适合高转速情况。

无法采用套筒定位或套筒太长时，可采用圆螺母加以固定，如图 15-9 所示。圆螺母固定可靠、并能承受较大轴向力。

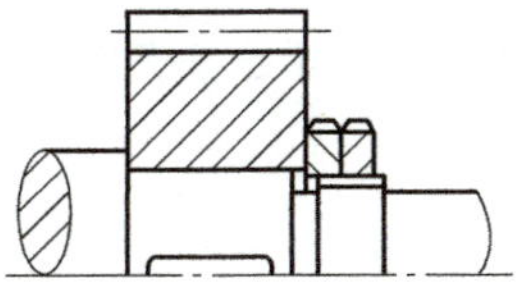

图 15-9　圆螺母定位

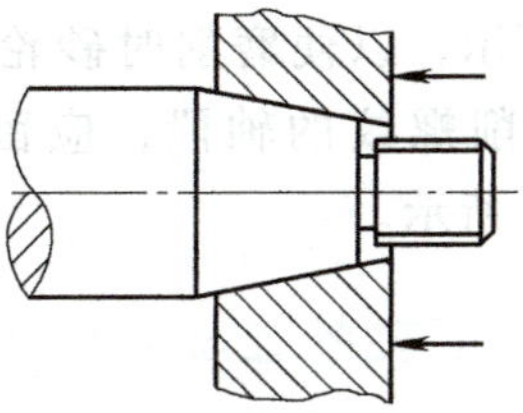

图 15-10　圆锥面定位

在轴端部可以用圆锥面定位，如图 15-10 所示，圆锥面定位的轴和轮毂之间无径向间隙、装拆方便，能承受冲击，但锥面的加工较为困难。

图 15-11 和图 15-12 中的紧定螺钉和弹性挡圈定位结构简单、紧凑，能承受较小的轴向力。图 15-13 是轴端挡圈定位，它适用于轴端，可承受剧烈的振动和冲击载荷。在图 15-8 中，带轮的轴向固定是靠轴端挡圈。

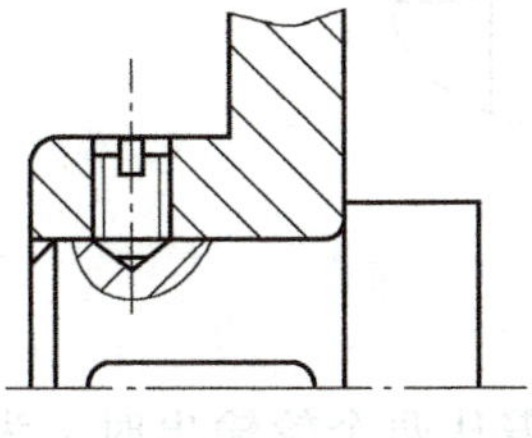

图 15-11　紧定螺钉

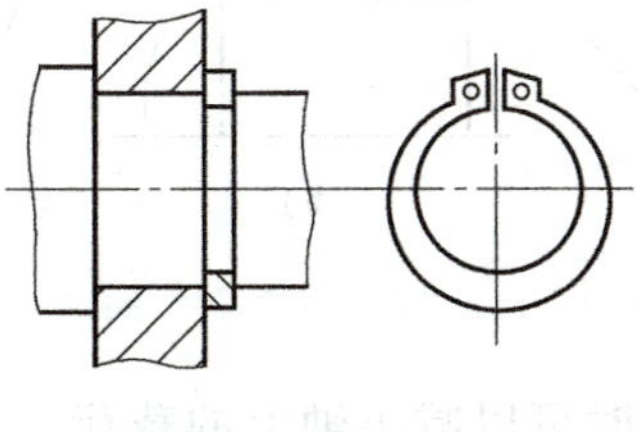

图 15-12　弹性挡圈

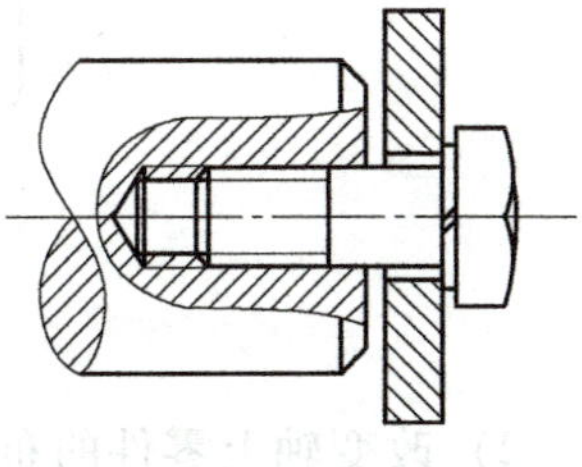

图 15-13　轴端挡圈定位

2. 轴上零件的周向固定

轴上零件周向固定的目的是限制轴上零件相对于轴的转动，并传递运动和转矩。轴上零件的周向固定，大多采用键、花键、销、过盈配合及成形联接等形式。在传力不大时，也可采用紧定螺钉对轴上零件作周向兼轴向固定。

15.3.3 轴的结构工艺性

轴的形状，从满足强度和节省材料考虑，最好采用等强度的抛物线回转体。但这种形状的轴既不便于加工，也不便于轴上零件的固定；从加工的角度考虑，最好采用光轴，但光轴不利于轴上零件的装拆和定位。由于阶梯轴接近于等强度，而且便于加工和轴上零件的定位和装拆，所以实际上轴的形状多为阶梯形。

从轴的结构工艺性考虑，设计中应注意以下几点：

1）轴的形状应力求简单，阶梯数尽可能少，这样可以减少加工次数及应力集中。

2）为了便于装配，轴端应加工出倒角（一般为45°）；过盈配合零件装入端常加工出导向锥面，以使零件能较顺利地压入。

3）一根轴上各键槽应开在轴的同一母线上，若开有键槽的轴段直径相差不大时，尽可能采用相同宽度的键槽，如图15-8所示。

4）为了便于切削加工，一根轴上的圆角应尽可能取相同的半径，退刀槽取相同的宽度，倒角尺寸相同，以减少换刀的次数。

5）需要磨削的轴段，应留有砂轮越程槽，如图15-14a所示，以便磨削时砂轮可以磨到轴肩的端部；需切削螺纹的轴段，应留有螺纹退刀槽，如图15-14b所示。

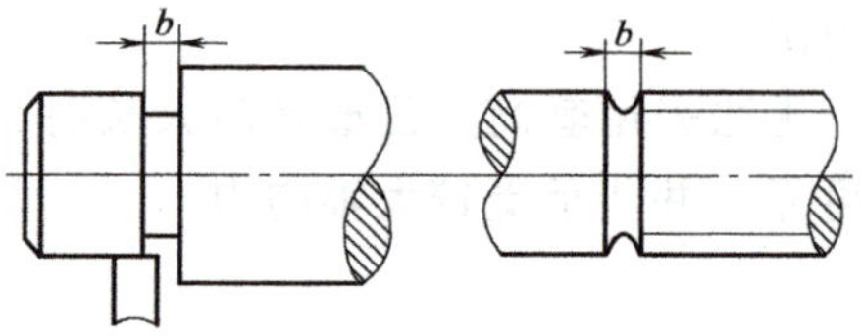

图15-14 砂轮越程槽及螺纹退刀槽

15.3.4 提高轴的强度和刚度的措施

1）减小应力集中，提高轴的强度。在零件截面发生变化处会产生应力集中现象，从而削弱材料的强度。因此，进行结构设计时，应尽量减小应力集中。在阶梯轴的截面尺寸变化处应采用圆角过渡，且圆角半径不宜过小。在圆角半径受到限制时，可采用卸载槽（图15-15a）、过渡肩环（图15-15b）或凹切圆角（图15-15c）的结构形式。另外，设计时尽量不要在轴上开横孔、切口或凹槽，必须开横孔时必须将边倒圆。

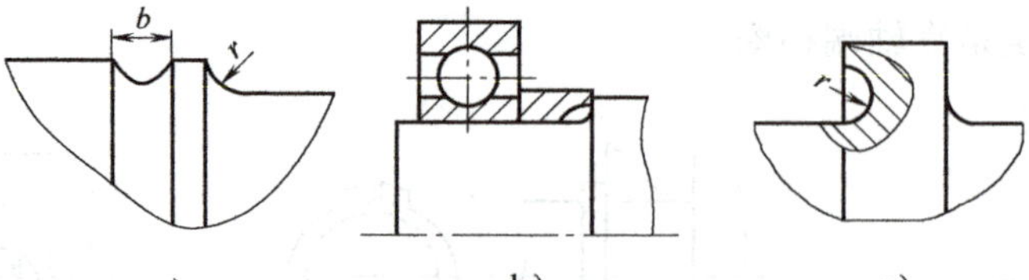

图15-15 减小应力集中的结构

2）改变轴上零件的布置，有时可以减小轴上的载荷。当动力需从两个轮输出时，为了减小轴上的载荷，尽量将输入轮置在中间。如图15-16a所示的轴，轴上作用的最大转矩为

T_1+T_2；而在图 15-16b 中，轴的最大转矩为 T_1 或 T_2。

3）改进轴上零件的结构可以减小轴上的载荷。如图 15-17a 所示，卷筒的轮毂很长，若把轴毂配合面分为两段，如图 15-17b 所示，可以减小轴的弯矩，从而提高其强度和刚度；把转动的心轴，如图 15-17a 所示，改成不转动的心轴，如图 15-17b 所示，可使轴不承受交变应力。

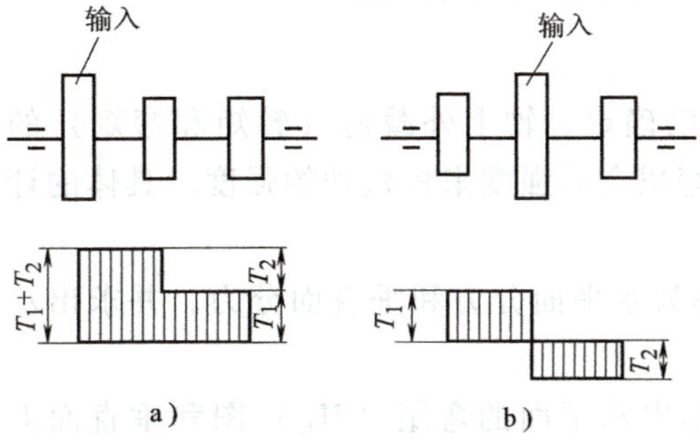

图 15-16 轴上零件的合理布置

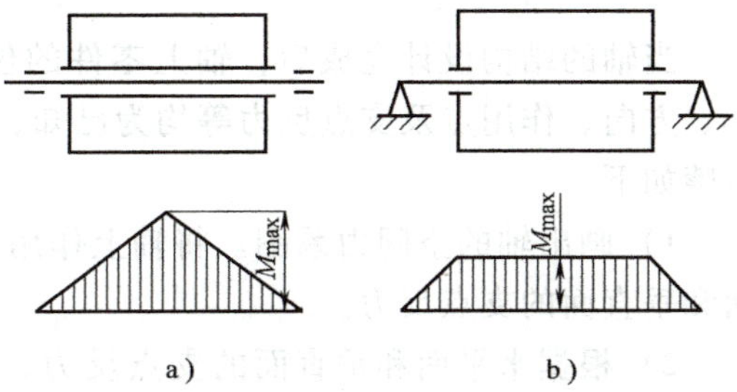

图 15-17 两种不同结构产生的轴弯矩

4）改善轴的表面质量，提高轴的疲劳强度。可采用碾压、喷丸、渗碳淬火、氮化处理、高频感应淬火等表面强化方法，避免产生疲劳裂纹，提高轴的疲劳强度。

15.4 轴的强度计算

轴的强度计算应根据轴的承载情况，采用相应的计算方法。常见的轴的强度计算有以下两种。

1. 按抗扭强度估算轴的直径

在进行轴的结构设计之前，先对所设计的轴按抗扭强度条件初步估算轴的最小直径。待轴的结构设计基本完成之后，再对轴进行全面的受力分析及强度、刚度核算。

对于传递转矩的圆截面轴，其强度条件为

$$\tau=\frac{T}{W_P}=\frac{9.55\times10^6 P}{0.2d^3 n}\leqslant[\tau] \tag{15-1}$$

式中，τ 为转矩 T(N · mm) 在轴上产生的切应力，单位为 MPa；$[\tau]$ 为材料的许用切应力，单位为 MPa；W_P 为轴的抗扭截面系数，单位为 mm^3，对圆截轴 $W_P=\frac{\pi d^3}{16}\approx0.2d^3$；$P$ 为轴所传递的功率，单位为 kW；n 为轴的转速，单位为 r/min；d 为轴的直径，单位为 mm。

将许用应力代入式（15-1），可得设计公式为

$$d\geqslant\sqrt[3]{\frac{9.55\times10^6}{0.2[\tau]}}\sqrt[3]{\frac{P}{n}}\geqslant C\sqrt[3]{\frac{P}{n}} \tag{15-2}$$

式中，C 是由轴的材料和承载情况确定的常数，其值见表 15-2。

应用式（15-2）求出的 d 值作为轴的最小直径。若轴段上有键槽时，应把算得的直径增大，有一个键槽，轴径增大 3%，有两个键槽，轴径增大 7%，然后圆整到标准直径。

表 15-2 常用材料的 [τ] 值和 C 值

轴的材料	Q235,20	Q275,35	45	40Cr,35SiMn
[τ]/MPa	12~20	20~30	30~40	40~52
C	160~135	135~118	118~107	107~98

注：当作用在轴上的弯矩比传递的转矩小或只传递转矩时，C 取较小值；否则取较大值。

2. 按弯扭合成强度计算

当轴的结构设计完成后，轴上零件的位置均已确定，轴上外载荷（转矩和弯矩）的大小、方向、作用点及支点反力等均为已知，可按弯扭合成强度来校核轴的强度。具体的计算步骤如下：

1）画出轴的空间力系图。将轴上作用力分解为水平面分力和垂直面分力，并求出水平面和垂直面的支点反力。

2）根据水平面和垂直面的支点反力，分别作出水平面的弯矩（M_H）图和垂直面上的弯矩（M_V）图。

3）计算出合成弯矩 $M=\sqrt{M_H^2+M_V^2}$，绘出合成弯矩图。

4）作出转矩（T）图。

5）计算危险截面的当量弯矩 $M_e=\sqrt{M^2+(\alpha T)^2}$，绘出当量弯矩图。式中 α 为根据转矩性质而定的校正系数。对不变的转矩 $\alpha\approx0.3$；当转矩脉动变化时，$\alpha\approx0.6$；对于频繁正反转的轴，可按对称循环转矩处理，取 $\alpha=1$。若转矩的变化规律不清楚，则一般也按脉动循环处理。$[\sigma_{-1b}]$、$[\sigma_{0b}]$ 和 $[\sigma_{+1b}]$ 分别为对称循环应力、脉动循环应力及静应力状态下的许用弯曲应力，见表 15-3。

6）校核危险截面的强度。根据当量弯矩图找出危险截面，进行轴的强度校核，其公式如下

$$\sigma_e=\frac{M_e}{W}=\frac{\sqrt{M^2+(\alpha T)^2}}{0.1d^3}\leqslant[\sigma_{-1b}] \tag{15-3}$$

式中，σ_e 为危险截面的当量应力，单位为 MPa；W 为轴的抗弯截面系数，单位为 mm^3。

表 15-3 轴的许用弯曲应力

材　料	$[\sigma_b]$	$[\sigma_{+1b}]$	$[\sigma_{0b}]$	$[\sigma_{-1b}]$
	/MPa			
碳素钢	400	130	70	40
	500	170	75	45
	600	200	95	55
	700	230	110	65
合金钢	800	270	130	75
	900	300	140	80
	1000	330	150	90
铸钢	400	100	50	30
	500	120	70	40

若该截面有键槽，可将计算出的轴径加大 3%～5%。当校核轴的强度不够时，应重新进行设计。

对于一般用途的轴，按上述方法设计计算即可。对于重要的轴，尚需作进一步的强度校核，其计算方法可查阅有关参考书。

例 设计图 15-18 所示的斜齿圆柱齿轮减速器的输出轴，已知传递功率 $P=7.5\text{kW}$，从动轮转速 $n=300\text{r/min}$，分度圆直径 $d=260\text{mm}$，从动轮的压力角 $\alpha_n=20°$，螺旋角 $\beta=14°$，$L=200\text{mm}$，载荷平稳，单向运转。

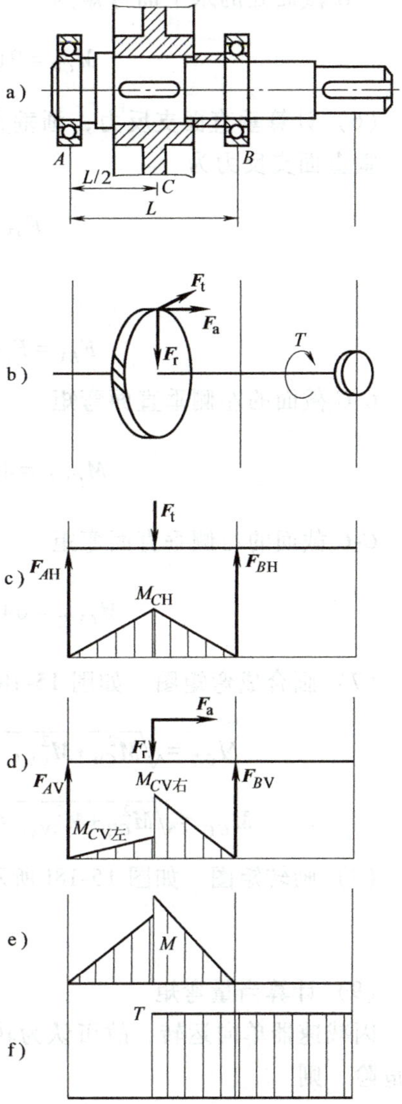

图 15-18 轴系受力及弯矩、转矩图

解 （1）选择轴的材料，确定许用应力

由已知条件知减速器传递的功率属中小功率，对材料无特殊要求，故选用 45 钢，调质处理。由表 15-1 查得 $\sigma_b=650\text{MPa}$，由表 15-3 查得许用弯曲应力 $[\sigma_{-1b}]=60\text{MPa}$

（2）按抗扭强度估算轴的直径

由表 15-2 查得 $C=118\sim107$，则由式（15-2）得输出轴的最小直径为

$$d_D \geqslant C\sqrt[3]{\frac{P}{n}}=(107\sim118)\sqrt[3]{\frac{7.5}{300}}\text{mm}$$
$$=(31.3\sim34.5)\text{mm}$$

考虑到键槽对轴的削弱，将直径增大 3%～5%，取为（32.2～36.2）mm。由设计手册取 $d_D=35\text{mm}$（需同时考虑联轴器的孔径），根据轴系结构确定轴 C 处的直径 $d_C=45\text{mm}$。

（3）齿轮上作用力的计算

齿轮所受的转矩为

$$T=9.55\times10^6\frac{P}{n}=9.55\times10^6\frac{7.5}{300}\text{N}\cdot\text{mm}=238750\text{N}\cdot\text{mm}$$

圆周力 $F_t=\dfrac{2T}{d}=\dfrac{2\times238750}{260}\text{N}=1837\text{N}$

径向力 $F_r=\dfrac{F_t\tan\alpha_n}{\cos\beta}=\dfrac{1837\times\tan20°}{\cos14°}\text{N}=689\text{N}$

轴向力 $F_a=F_t\tan\beta=1837\text{N}\times\tan14°=458\text{N}$

（4）画出轴的受力图　如图 15-18b 所示。

（5）计算水平面支反力，画水平面弯矩图　如图 15-18c 所示。

水平面支反力为

$$F_{AH}=F_{BH}=\frac{F_t}{2}=\frac{1837}{2}\text{N}=919\text{N}$$

$C\text{-}C$ 截面处的水平面弯矩为

$$M_{CH}=919\times\frac{200}{2}\text{N}\cdot\text{mm}=91900\text{N}\cdot\text{mm}$$

(6) 计算垂直面支反力，画垂直面弯矩图　如图 15-18d 所示。

垂直面支反力为

$$F_{AV}\times200-F_r\times100+F_a\times\frac{d}{2}=0$$

$$F_{AV}=46.8\text{N}$$

$$F_{BV}=F_r-F_{AV}=689\text{N}-46.8\text{N}=642.2\text{N}$$

$C\text{-}C$ 截面的左侧垂直面弯矩

$$M_{CV左}=46.8\times\frac{200}{2}\text{N}\cdot\text{mm}=4680\text{N}\cdot\text{mm}$$

$C\text{-}C$ 截面的右侧垂直面弯矩

$$M_{CV右}=642.2\times\frac{200}{2}\text{N}\cdot\text{mm}=64220\text{N}\cdot\text{mm}$$

(7) 画合成弯矩图　如图 15-18e 所示。

$$M_{C左}=\sqrt{M_{CH}^2+M_{CV左}^2}=\sqrt{91900^2+4680^2}\text{N}\cdot\text{mm}\approx92019\text{N}\cdot\text{mm}$$

$$M_{C右}=\sqrt{M_{CH}^2+M_{CV右}^2}=\sqrt{91900^2+64220^2}\text{N}\cdot\text{mm}\approx112115\text{N}\cdot\text{mm}$$

(8) 画转矩图　如图 15-18f 所示。

$$T=238750\text{N}\cdot\text{mm}$$

(9) 计算当量弯矩

因减速器单向运转，故可认为转矩脉动循环变化，取系数 $\alpha=0.6$。由图可知，$C\text{-}C$ 截面最危险，则

$$M_{eC}=\sqrt{M_{C右}^2+(\alpha T)^2}=\sqrt{112115^2+(0.6\times238750)^2}\text{N}\cdot\text{mm}\approx181907\text{N}\cdot\text{mm}$$

(10) 校核强度

$$\sigma_e=\frac{M_{eC}}{W_z}=\frac{181907}{0.1d_C^3}=\frac{181907}{0.1\times45^3}\text{MPa}=19.96\text{MPa}<[\sigma_{-1b}]=60\text{MPa}$$

故轴的强度足够。

(11) 绘制轴的零件图

略。

15.5 轴的刚度计算

轴受载荷作用后，会产生弯曲，如图 15-19 所示；扭转变形，如图 15-20 所示。如果变

形过大会影响轴的正常工作。例如，电动机转子轴的挠曲，会改变转子与定子的间隙而影响电动机的性能。又如机床主轴的刚度不够，将影响加工精度。

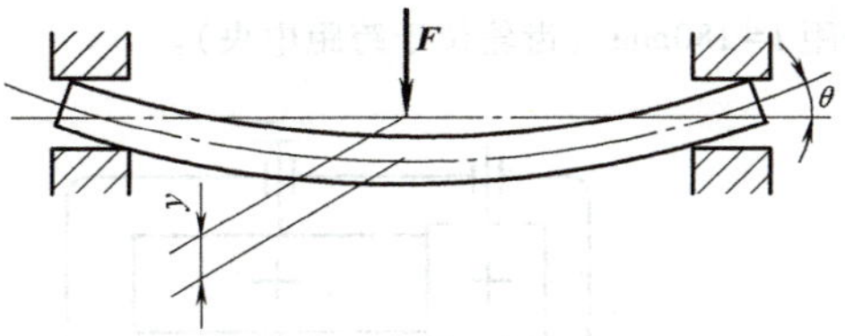

图 15-19 轴的挠度和弯角

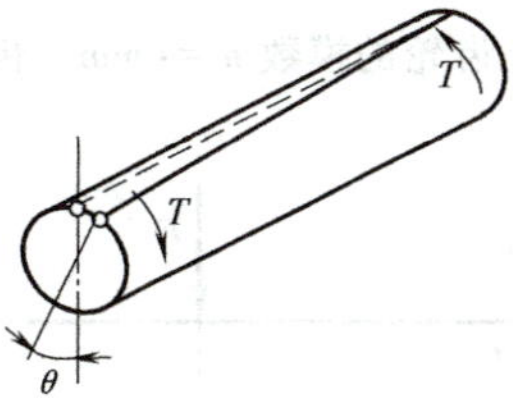

图 15-20 轴的扭转角

因此，为了使轴不致因刚度不够而失效，设计时必须根据轴的工作条件限制其变形量，即

$$挠度\ y \leqslant [y] \tag{15-4}$$

$$偏转角\ \theta \leqslant [\theta] \tag{15-5}$$

$$扭转角\ \varphi \leqslant [\varphi] \tag{15-6}$$

式中，$[y]$、$[\theta]$ 和 $[\varphi]$ 分别为许用挠度、许用偏转角和许用扭转角，其值见表 15-4。

表 15-4 轴的许用挠度 $[y]$、许用偏转角 $[\theta]$ 和许用扭转角 $[\varphi]$

变形种类	适用场合	许用值	变形种类	适用场合	许用值
挠度/mm	一般用途的轴	$(0.0003\sim0.0005)l$	偏转角/rad	滑动轴承	0.001
	刚度要求较高的轴	$\leqslant 0.0002l$		径向球轴承	0.05
	感应电动机轴	$\leqslant 0.1\Delta$		调心球轴承	0.05
	安装齿轮的轴	$(0.01\sim0.05)m_n$		圆柱滚子轴承	0.0025
	安装蜗轮的轴	$(0.02\sim0.05)m_t$		圆锥滚子轴承	0.0016
	l—支承间跨距； Δ—电动机定子与转子间的气隙； m_n—齿轮法向模数； m_t—蜗轮端面模数			安装齿轮处的截面	0.001
			每米长的扭转角/[(°)/m]	一般传动	0.5~1
				较精密的传动	0.25~0.5
				重要传动	<0.25

习 题 15

15-1 轴上零件的周向和轴向定位方式有哪些？各适用什么场合？

15-2 轴有哪些类型？各有何特点？请各举 2~3 个实例？

15-3 轴的常用材料有那些？应如何选用？

15-4 在齿轮减速器中，为什么低速轴的直径要比高速轴粗得多？

15-5 转轴设计时为什么不能先按弯扭合成强度计算，然后再进行结构设计，而必须按初估直径、结构设计、弯扭合成强度验算三个步骤来进行？

15-6 已知一传动轴传递的功率为 38kW，转速 $n=960\text{r/min}$，如果轴上的切应力不许超过 40MPa，则求该轴的直径？

15-7 已知一转轴在直径 $d=55\text{mm}$ 处受不变的转矩 $T=15\times10^3\text{N}\cdot\text{m}$ 和弯矩 $M=7\times10^3\text{N}\cdot\text{m}$，轴的材料为 45 钢调质处理，问该轴能否满足强度要求？

15-8 如图 15-21 所示的转轴，直径 $d=60\text{mm}$，传递不变的转矩 $T=2300\text{N}\cdot\text{m}$，$F=9000\text{N}$，$a=300\text{mm}$。若轴的许用弯曲应力 $[\sigma_{-1b}]=80\text{MPa}$，求 $x=?$

15-9 试设计直齿圆柱齿轮减速器，如图 15-22 所示的低速轴。已知轴的转速 $n=150\text{r/min}$，传递功率 $P=5\text{kW}$，齿轮的模数 $m=4\text{mm}$，齿数 $z=60$，支承间跨距 $l=180\text{mm}$（齿轮位于跨距中央）。

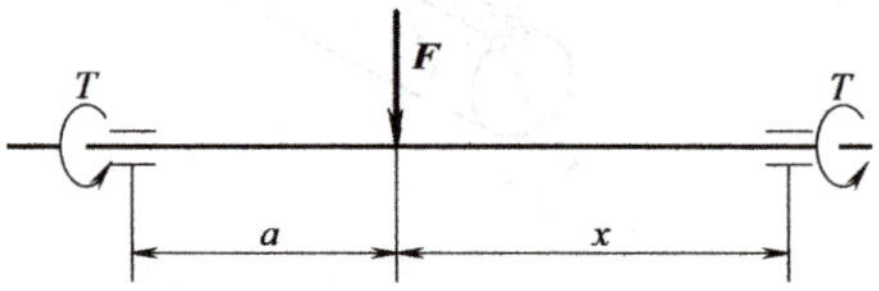

图 15-21 题 15-8 图

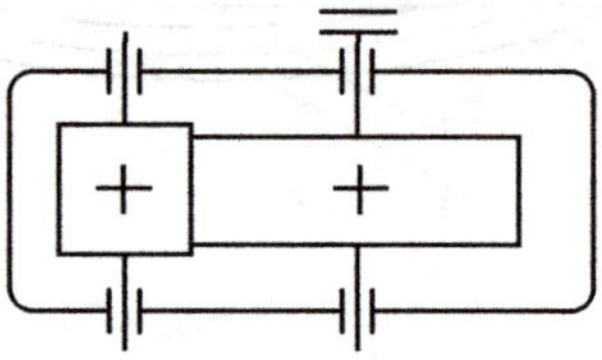

图 15-22 题 15-9 图

第16章 轴 承

基本要求

1）了解滑动轴承的结构形式，掌握轴瓦及轴承衬材料的选用。

2）了解滑动常用的润滑剂和润滑装置。

3）掌握滚动轴承的类型、特点及代号，了解滚动轴承类型的选择。

4）掌握滚动轴承的寿命计算，理解基本额定寿命与基本额定动载荷，能够进行轴承的组合设计。

重点

滚动轴承的类型、特点、代号和型号选择，轴承的基本额定寿命与基本额定动载荷，滚动轴承的寿命计算，轴承的轴向固定。

难点

角接触向心轴承轴向载荷的计算，滚动轴承的组合设计。

16.1 轴承的功用和分类

轴承是各类机器中广泛应用的重要机械部件，它主要的功用是支承轴及轴上零件，保持轴的旋转精度，减少转轴与支承之间的摩擦和磨损。根据轴承支承处相对于构件运动表面的摩擦性质，轴承可分为滑动摩擦轴承和滚动摩擦轴承，分别简称为滑动轴承和滚动轴承。滑动轴承和滚动轴承的结构简图分别如图 16-1 和图 16-2 所示。

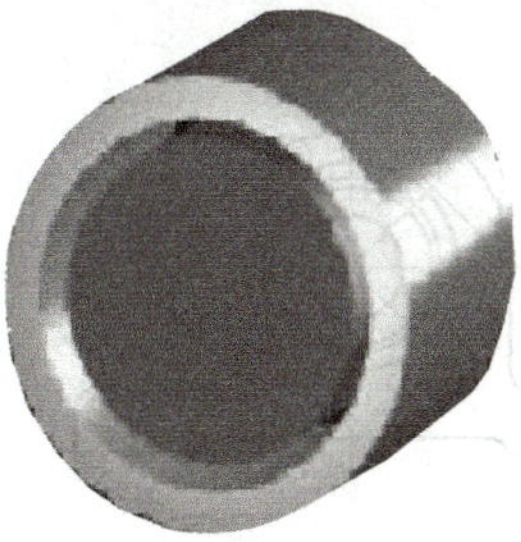

图 16-1　滑动轴承

图 16-2　滚动轴承

16.1.1 滚动轴承的构造

滚动轴承结构如图 16-3 所示，由内圈 1、外圈 2、滚动体 3 和保持架 4 组成。轴承的内圈装在轴颈上，起支承轴的作用；外圈则装在机座或零件的轴承孔内，起支承零件或轴系的作用。在多数的工作条件下，轴承的外圈固定不转动，内圈和轴一起转动。内外圈发生相对转动时，滚动体沿内外圈上的滚道滚动。保持架使滚动体在滚道上均匀分布，有减小滚动体之间的碰撞和磨损的作用。

常见的滚动体有六种形状，一种是球形，其他是滚子，如图 16-4 所示。滚动轴承的内外圈材料和滚动体应具有较高的硬度和接触疲劳强度、优良的耐磨性能和冲击韧性。所以一般使用含 Cr 的合金钢如 GCr15、GCr15SiMn、GCr6 和 GCr9 等制造，经热处理后硬度可达 60~65HRC。为提高滚动轴承的接触疲劳强度，其工作表面必须进行磨削抛光。保持架采用低碳钢制造，对于高速轴承则可以使用有色金属和塑料制造。

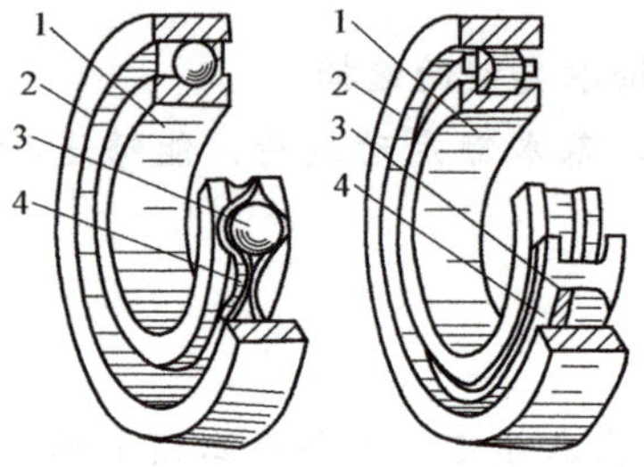

图 16-3 滚动轴承

1—内圈 2—外圈 3—滚动体 4—保持架

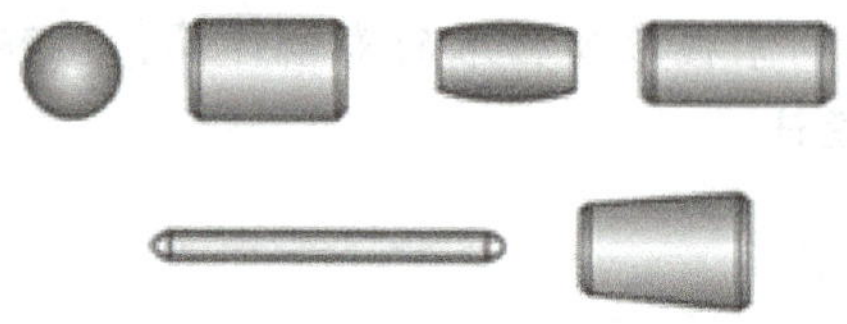

图 16-4 滚动体的种类

滚动轴承的优点在于摩擦阻力小、起动灵敏、效率高、润滑简便和易于互换等；缺点是抗冲击能力差、高速时出现噪声。

16.1.2 轴承的分类

滑动轴承按照承载类型可以分为向心轴承（径向轴承）和推力轴承（止推轴承），按照润滑状态可以分为流体润滑轴承、非流体润滑轴承和无润滑轴承。向心轴承在生产中较为常见，它又可以分为整体式滑动轴承、斜剖分式滑动轴承和剖分式滑动轴承，其结构如图 16-5 所示。

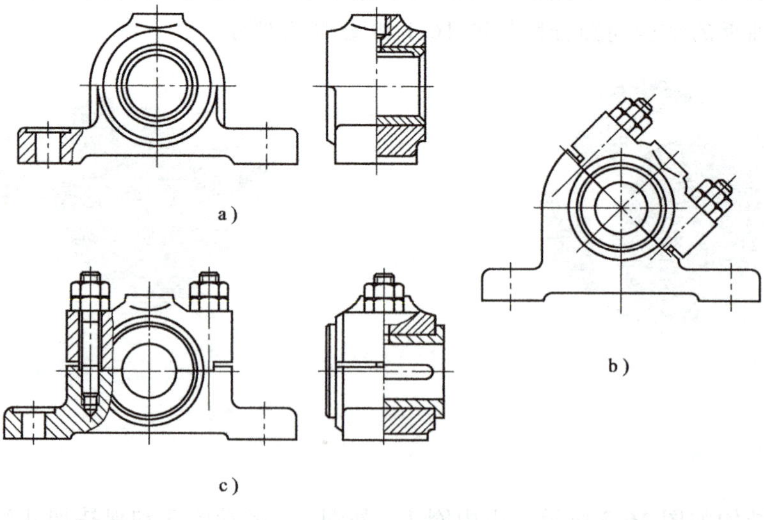

图 16-5 滑动轴承的基本结构

a）整体式滑动轴承结构 b）斜剖分式滑动轴承结构 c）剖分式滑动轴承结构

滚动轴承按照结构特点的不同有多种分类方法，不同的轴承设计是为了满足不同载荷、转速及特殊需要。

滚动轴承中套圈和滚动体接触处的法线和垂直于轴承轴线的平面间的夹角 α 称为公称接触角。按照滚动轴承所能承受的载荷方向和公称接触角的不同分为向心轴承和推力轴承。见表 16-1，向心轴承主要用于承受径向载荷，其中角接触向心轴承公称接触角 α 为 $0°\sim45°$，径向接触轴承的公称接触角 α 为 $0°$。推力轴承主要用于承受轴向载荷，其公称接触角 α 为 $45°\sim90°$；其中角接触推力轴承的 α 为 $45°\sim90°$，轴向接触轴承的接触角为 $90°$。

表 16-1　各类滚动轴承的公称接触角

轴承种类	向心轴承		推力轴承	
	径向轴承	角接触轴承	角接触轴承	轴向接触轴承
接触角 α	$\alpha=0°$	$0°<\alpha\leqslant45°$	$45°<\alpha<90°$	$\alpha=90°$
图例	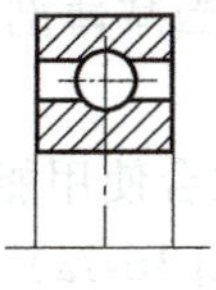	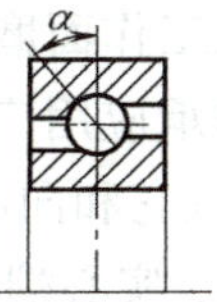	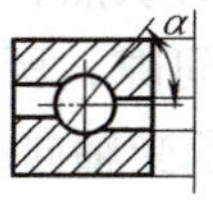	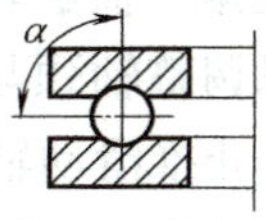

按照滚动体种类可以分为球轴承和滚子轴承。前者的滚动体为球形，球与滚道为点接触；后者的滚动体为滚子，它与滚道表面的接触为线接触。滚子轴承按滚子形状又可以分为圆柱滚子轴承、滚针轴承、圆锥滚子轴承和调心滚子轴承，长弧面滚子轴承。球轴承和滚子轴承的特点差异在于滚子轴承比球轴承的承载能力和耐冲击性更好，但球轴承的摩擦小、高速性能更好。此外，按安装时内、外圈可否分别安装，分为可分离轴承和不可分离轴承；按照公差等级也可以分为普通、6、5、4、2 级轴承，其中 2 级精度最高。另外还有只用于圆锥滚子轴承的 6X 级公差；按照运动方式可以分为回转运动轴承和直线运动轴承。

16.2　滑动轴承

16.2.1　滑动轴承的特点和结构

滑动轴承常用于转速极高、载荷特重、冲击很大、要求特别精密和有特殊要求等的情况下。它的特点是平稳、可靠、噪声小、速度高、承载能力大、耐冲击；但摩擦和磨损较大。所以，滑动轴承的主要失效形式是磨损、胶合和刮伤，这就要求滑动轴承材料具有良好的减摩性、耐磨性和抗咬黏性、良好的摩擦顺应性、嵌藏性和磨合性、足够的强度和耐蚀能力、良好的导热性、工艺性和经济性等。顺应性是指材料补偿对中误差和顺应其他几何误差的能力，材料的弹性模量低、塑性好则顺应性就好。嵌藏性是指材料嵌藏外来污物和微粒，防止刮伤和磨损的能力，顺应性好的金属，嵌藏性也好，但非金属材料则不一定。磨合性是指材料消除表面不平度，使表面间相吻合的性质。减摩性和耐磨性分别要求材料的摩擦阻力低和抗磨损能力强。常用的滑动轴承材料有轴承合金、青铜、铝基合金、铸铁、粉末冶金多孔材料和非金属材料等。轴承合金仅仅用于轴承衬，青铜在轴承材料中应用广泛，铝基合金也有一定的应用。铸铁则具有良好的耐磨性，同时也是一种经济的轴承材料。在一些场合非金属材料也作为轴承材料得到应用。此外，用粉末冶金法制备的多孔金属材料可以制成含油轴承，可以减小轴承与构件间的摩擦。

滑动轴承一般由轴承座、轴瓦、润滑装置和密封装置等部分组成。对于整体向心滑动轴承（图16-6），由轴承座、整体轴套、油孔等组成，它的特点是结构简单、成本低；但是轴套磨损后，间隙无法调整，装拆不方便（只能从轴端装拆），适于低速、轻载或间隙工作的机器。

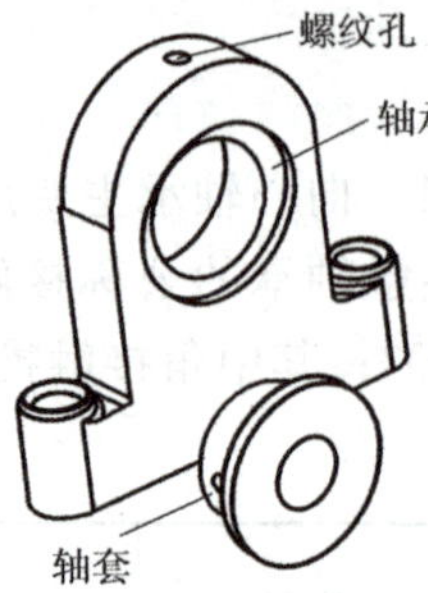

图16-6 整体向心滑动轴承

对于剖分式滑动轴承（图16-5），轴承和轴瓦座均为剖分式结构，在轴承盖与轴承座的剖分面上有定位止口，便于安装时的对心。轴瓦直接支承轴颈，因而轴承盖应适度压紧轴瓦，以使轴瓦不能在轴承孔中转动。轴承盖上留有螺纹孔，以便安装油杯或油管。剖分式滑动轴承克服了整体式轴承装拆不便的缺点，且当轴瓦工作面磨损后，适当减薄剖分面间垫片并刮瓦，就可以调整轴颈与轴瓦的间隙，所以这种轴承应用广泛。

止推滑动轴承用于承受轴向载荷，所以它和向心轴承的联合使用能够承受复合的载荷。常见的止推滑动轴承轴颈形状如图16-7所示。实心端面轴颈（图16-7a）由于轴心与边缘磨损不均匀，导致轴心部分压强高，润滑油容易被挤出，故极少采用。空心端面轴颈（图16-7b）应用较多。图16-7c所示为单环轴颈。在载荷较大时，多采用多环轴颈的轴承（图16-7d）。

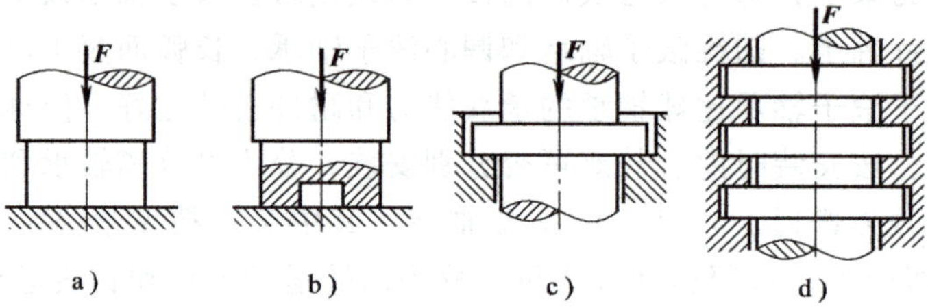

图16-7 止推滑动轴承

16.2.2 滑动轴承轴瓦结构和润滑

轴瓦是滑动轴承与轴颈直接接触的零件，非常重要。常用的轴瓦结构依据不同的轴承可分为整体式和剖分式两种。整体式轴承采用整体式轴瓦，分为光滑轴套（图16-8a）和带纵向油槽的轴套（图16-8b）两种。

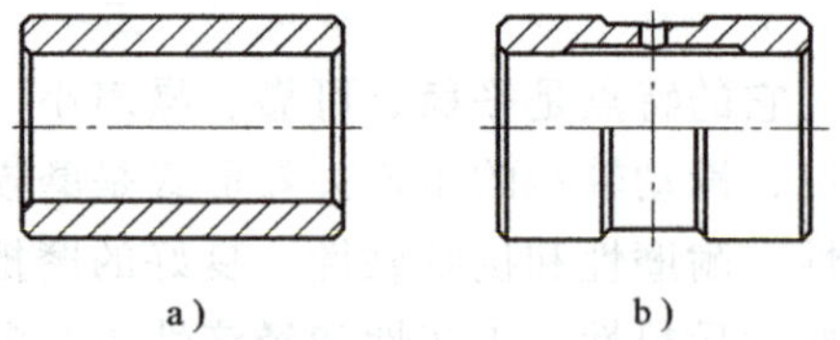

图16-8 整体式轴瓦

剖分式轴承采用剖分式轴瓦，如图16-9所示。可以在轴瓦内表面浇注一层或两层轴承合金作为轴承衬，起到保护轴瓦的作用。这称为双金属轴瓦或三金属轴瓦。

为使轴承衬能与轴瓦结合牢固，可在轴瓦基体上制出沟槽，以使轴承衬能够嵌入轴瓦，如图16-10所示。为使润滑油能够流到工作表面上，轴瓦上要开油沟。油孔、油槽开设原则是：①润滑油应从油膜压力最小处输入轴承；②油槽（沟）开在非承载区，否则会降低油膜的承载能力；③油槽轴向不能开通，以免油从油槽端部大量流失。

轴承使用润滑剂润滑主要是为了减少摩擦、磨损和冷却轴与轴承，此外，还能起到吸振、防尘和缓蚀等作用。

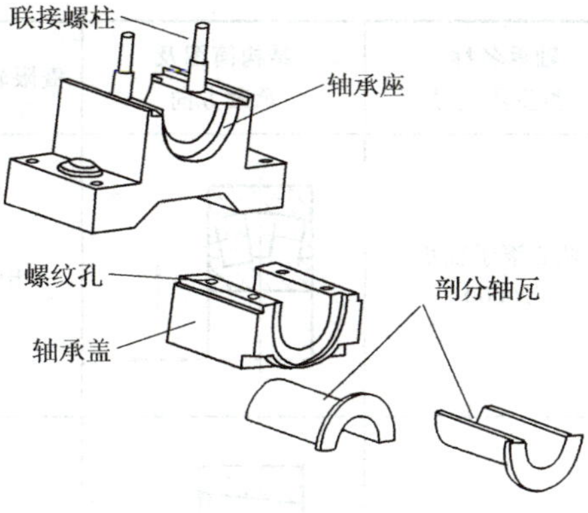

图 16-9　剖分式轴瓦

润滑剂的选择需要考虑到轴承工作载荷、相对滑动速度、工作温度和特殊工作环境等因素。常用的润滑剂为润滑油和润滑脂。对于润滑油，应根据轴承工作条件选择不同黏度的润滑油。计算准则为：压力大、温度高、载荷冲击变动大的条件下，使用黏度大的润滑油；滑动速度大时，使用黏度较低的润滑油；遇到粗糙或未经跑合的表面，使用黏度较高的润滑油。润滑脂常用于对润滑要求不高、难以经常供油的场合。

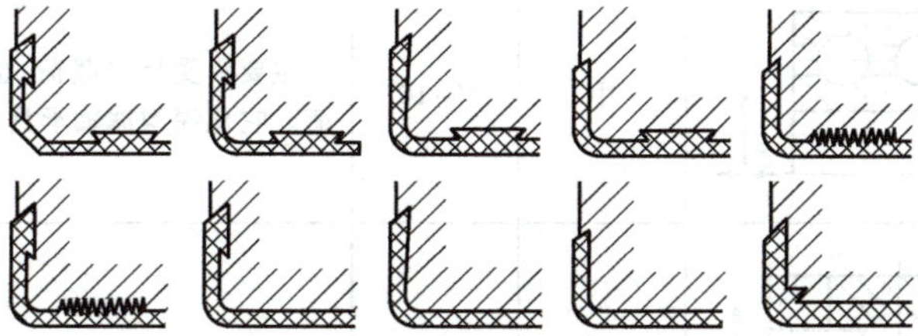
图 16-10　轴承衬与轴瓦的结合形式

润滑方法分为油润滑和脂润滑，油润滑又分为间歇式供油和连续供油。间歇式供油适用于低速、轻载荷环境下，添加方法多为手工方式；连续供油适合于中高速传动中，其特点是润滑可靠。具体连续供油的方法有滴油润滑、绳芯润滑、油环润滑、浸油润滑、飞溅润滑和压力循环润滑等。采用润滑脂时，只能用间歇供油的方法，常采用黄油枪压注油脂或通过旋盖式油脂杯添加油脂。

16.3　滚动轴承的类型、代号及选用

16.3.1　滚动轴承的类型和代号

滚动轴承常见的类型及其特性见表 16-2。

表 16-2　滚动轴承的类型和特性

轴承名称、类型及代号	结构简图及承载方向	极限转速	允许角偏差 θ	特性与应用
调心球轴承 10000	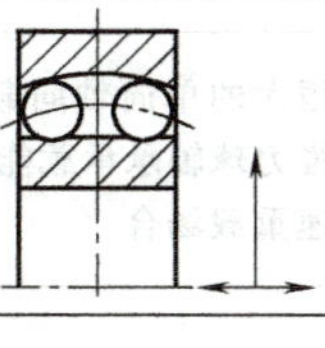	中	2°～3°	主要承受径向载荷，可承受少量的双向轴向载荷，外圈滚道为球面，具有自动调心性能。适用于多支点轴、弯曲刚度小的轴以及难于精确对中的支承

（续）

轴承名称、类型及代号	结构简图及承载方向	极限转速	允许角偏差 θ	特性与应用
调心滚子轴承 20000	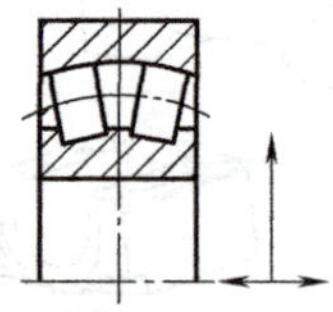	中	0.5°～2°	主要承受径向载荷，其承载能力比调心球轴承约大一倍，也能承受少量的双向轴向载荷。外圈滚道为球面，具有调心性能，适用于多支点轴、弯曲刚度小的轴及难于精确对中的支承
圆锥滚子轴承 30000	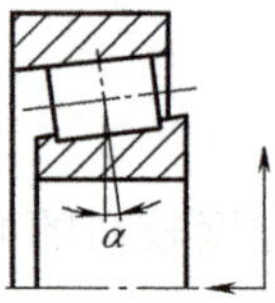	中	2′	能承受较大的径向载荷和单向的轴向载荷，极限转速较低。内外圈可分离。适用于转速不太高，轴的刚度较好的场合
双列深沟球轴承 40000	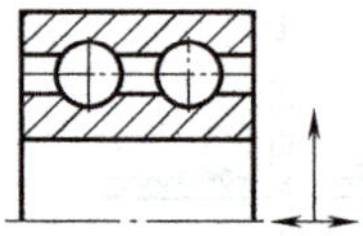	中	2′～10′	主要承受径向载荷，也能承受一定的双向轴向载荷。它比深沟球轴承具有较大的承载能力
推力球轴承 单列 51000 双列 52000	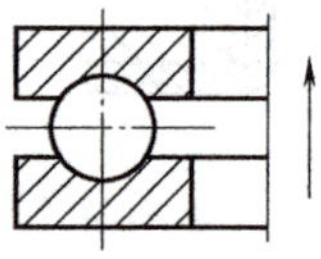	低	不允许	推力球轴承的套圈与滚动体可分离，单向推力球轴承只能承受单向轴向载荷，两个圈的内孔不一样大，内孔较小的与轴配合，内孔较大的与机座固定。双向推力球轴承可以承受双向轴向载荷，中间圈与轴配合，另两个圈为松圈。适用于轴向载荷大、转速不高的场合
	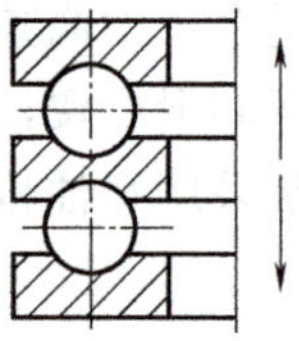	低	不允许	
深沟球轴承 60000	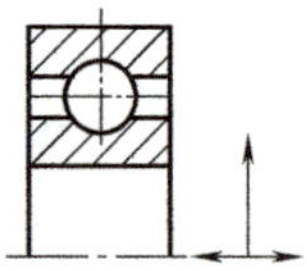	高	8′～16′	主要承受径向载荷，也可同时承受少量双向轴向载荷，工作时内外圈轴线允许偏斜。摩擦阻力小，极限转速高，结构简单，价格便宜，应用最广泛。但承受冲击载荷能力较差，适用于高速场合
角接触球轴承 7000C（α=15°） 7000AC（α=25°） 7000B（α=40°）	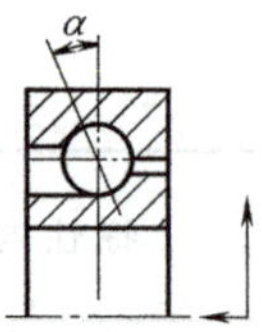	较高	2′～10′	能同时承受径向载荷与单向的轴向载荷，公称接触角 α 有 15°、25°、40°三种，α 越大，轴向承载能力也越大。适用于转速较高，同时承受径向和轴向载荷场合
推力圆柱滚子轴承 8000	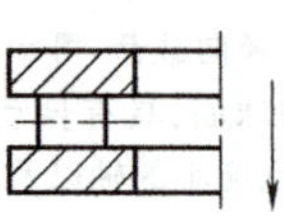	低	不允许	能承受很大的单向轴向载荷，但不能承受径向载荷。它比推力球轴承承载能力要大，极限转速很低，适用于低速重载场合

（续）

轴承名称、类型及代号	结构简图及承载方向	极限转速	允许角偏差 θ	特性与应用
圆柱滚子轴承 N0000	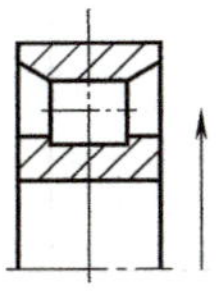	较高	2′～4′	只能承受径向载荷。承载能力比同尺寸的球轴承大，承受冲击载荷能力大，对轴的偏斜敏感，允许偏斜较小，用于刚度较大的轴上，并要求支承座孔很好地对中
滚针轴承 NA0000	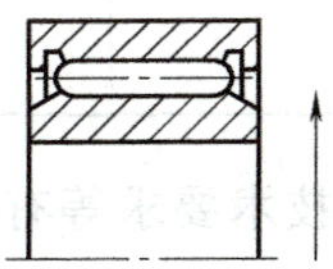	低	不允许	径向尺寸紧凑且承载能力很大，价格低廉。不能承受轴向载荷，摩擦因数较大，不允许有偏斜。常用于径向尺寸受限制而径向载荷又较大的装置中

滚动轴承是标准组件，在图样中应按国标要求标注其代号。滚动轴承的代号由基本代号、前置代号和后置代号三部分组成，见表 16-3。

表 16-3 滚动轴承代号构成

前置代号	基本代号			后置代号							
成套轴承分部件	类型代号	尺寸系列代号	内径代号	内部结构代号	密封、防尘与外圈形状变化的代号	保持架结构及材料变化的代号	轴承材料变化代号	公差等级代号	游隙组代号	配置代号	其他

基本代号表示滚动轴承的类型、结构和尺寸。基本代号由轴承的类型代号（表 16-2）、尺寸系列代号（表 16-4）和内径代号（表 16-5）构成。其中类型代号用数字或大写拉丁字母表示，尺寸系列代号和内径代号用数字表示。

表 16-4 向心轴承和推力轴承的常用尺寸系列代号

直径系列代号	向心轴承							推力轴承			
	宽度系列代号							高度系列代号			
	窄 0	正常 1	宽 2	特宽 3	特宽 4	特宽 5	特宽 6	特低 7	低 9	正常 1	正常 2
	尺寸系列代号										
超特轻 7	—	17	—	37	—	—	—	—	—	—	—
超轻 8	08	18	28	38	48	58	68	—	—	—	—
超轻 9	09	19	29	39	49	59	69	—	—	—	—
特轻 0	00	10	20	30	40	50	60	70	90	10	—
特轻 1	01	11	21	31	41	51	61	71	91	11	—
轻 2	02	12	22	32	42	52	62	72	92	12	22
中 3	03	13	23	33	—	—	63	73	93	13	23
重 4	04	—	24	—	—	—	—	74	94	14	24

注：宽度系列代号为“0”时，不标出。

表 16-5 轴承内径表示方法

内径尺寸/mm	代号表示	举例	
		代号	内径
10 12 15 17	00 01 02 03	6200	10
20~480(5 的倍数)	内径/5 的商	23208	40
22、28、32 及 500 以上	/内径	230/500 62/22	500 22

前置代号和后置代号是轴承在结构形状、尺寸、公差和技术要求等有改变时在其基本代号左右添加的代号。前置代号用字母表示，后置代号用字母（或数字）表示。前置、后置代号的标注形式和内容可从有关标准中查得。

前置代号及其含义如下所述：

L——可以分离轴承的可分离内圈或外圈，如 LN207。

R——不带可分离内圈或外圈的轴承，如 RNU207。

K——滚子和保持架组件，如 K81107。

后置代号共九组，其顺序和含义如下：

1——内部结构。

2——密封、防尘与外部形状。

3——保持架。

4——轴承材料。

5——公差等级。

6——游隙。

7——配置。

8——振动及噪声。

9——其他。

下面举例说明轴承较具代表性的后置代号。例如，轴承内部结构代号见表 16-6；轴承的公差等级代号见表 16-7。

表 16-6 轴承内部结构代号

代 号	含 义	示 例
C	角接触球轴承公称接触角 $\alpha=15°$ 调心滚子轴承 C 型	7208C 23120C
AC	角接触球轴承公称接触角 $\alpha=25°$	7212AC
B	角接触球轴承公称接触角 $\alpha=40°$ 圆锥滚子轴承接触角加大	7210B 32312B
E	加强型	N207E

表 16-7 轴承的公差等级代号

代 号	含 义	示 例
/PN	公差等级符合标准规定的普通级(可省略不标注)	6210
/P6	公差等级符合标准规定的 6 级	6210/P6
/P6X	公差等级符合标准规定的 6X 级	30210/P6X
/P5	公差等级符合标准规定的 5 级	6210/P5
/P4	公差等级符合标准规定的 4 级	6210/P4
/P2	公差等级符合标准规定的 2 级	6210/P2

滚动轴承还有其他在振动、噪声、摩擦、工作温度和润滑等方面的特殊要求代号可以查阅相关的标准。

16.3.2 轴承类型的选用

轴承的正确选用是建立在了解各类轴承特点基础上的。首先需要确定轴承类型，这需要结合轴承的具体工作条件和使用要求进行，其选用原则可以概括如下。

1. 载荷条件

轴承所受载荷的大小、方向和性质是选择轴承类型的主要依据。轻载和中载时应选用球轴承；重载或冲击载荷时，应选用滚子轴承；纯径向载荷时，应选用深沟球轴承、圆柱滚子轴承或滚针轴承等；纯轴向载荷时，可选用推力轴承；轴向、径向均有载荷时，若轴向载荷比径向载荷大得多，常选用推力轴承和深沟球轴承的组合结构。需要注意的是推力轴承不能承受径向载荷，圆柱滚子轴承不能承受轴向载荷。

2. 转速条件

高速时应优先选用球轴承。内径相同时，外径越小，离心力也小，所以在高速时宜选用超轻、特轻系列轴承。推力轴承的极限转速都很低，高速运转时摩擦发热严重，若轴向载荷不十分大，则可采用角接触球轴承或深沟球轴承来承受纯轴向力。

3. 装调性能

圆锥滚子轴承和圆柱滚子轴承的内外圈可以分离，便于拆装。为方便在长轴上轴承的装拆和紧固，可选用带内锥孔和紧定套的轴承。

4. 调心要求

当由于制造和安装误差等因素致使轴的轴线与轴承轴线不重合时，当轴受力弯曲造成轴承内外圈轴线发生偏斜时，宜选用调心轴承或调心滚子轴承。

5. 经济考虑

在满足使用要求的情况下，优先选用价格低廉的轴承。一般球轴承的价格低于滚子轴承。轴承的精度越高价格越高。在同精度的轴承中，深沟球轴承的价格最低。

16.4 滚动轴承的失效形式和设计准则

滚动轴承工作时内、外套圈间有相对运动，滚动体既自转又围绕轴承中心公转，所以滚动体和套圈分别受到不同的脉动接触应力作用。根据工作情况，滚动轴承的失效形式主要有以下几种。

1. 点蚀

滚动轴承受载荷后各滚动体的受力大小不同。对于回转的轴承，滚动体与套圈间产生变化的接触应力，工作若干时间后，各元件接触表面上都有可能发生接触疲劳磨损，出现点蚀现象。有时由于安装不当，轴承局部受载荷较大，更促使点蚀早期发生。

2. 塑性变形

在静载荷和冲击载荷作用下，滚动体和套圈滚道可能产生塑性变形，出现凹坑，由此导致摩擦阻力增大、运动精度降低，使轴承产生剧烈的振动和噪声，不能正常工作。为防止塑性变形，需要对轴承进行强度计算。

3. 磨损

轴承在多尘或密封不可靠、润滑不良的条件下工作时，滚动体与套圈之间有可能产生磨粒磨损。据统计，在拖拉机中，滚动轴承由于磨粒磨损而失效的概率约为点蚀失效的2.5倍。当轴承在高速重载运转时还会产生胶合失效。此外，由于配合不当、拆装不合理等非正常原因，轴承的内、外圈也可能会发生破裂，应在使用时充分注意。

在确定轴承的类型后需要进一步确定轴承的型号和尺寸，为此，需要针对轴承的主要失效形式进行设计计算。其设计准则为：

1）对一般转速的轴承，若轴承的制造、保管、安装和使用等条件均良好时，则轴承的主要失效形式为疲劳点蚀，因此，应以疲劳强度计算为依据进行轴承的寿命计算。

2）对高速轴承，除点蚀外，其工作表面的过热导致轴承失效也是一种重要的失效形式，所以除了进行寿命计算外，还应校验其极限转速。

3）对低速轴承，可以近似地认为轴承各元件是在静应力作用下工作的，其失效形式为塑性变形。应进行以不发生塑性变形为准则的静强度计算。

16.5 滚动轴承的寿命计算

16.5.1 滚动轴承寿命计算公式和当量动载荷计算

轴承寿命是指轴承中任一元件出现疲劳点蚀前所经历的总转数或在一定转速下的工作小时数。同型号的一批轴承，在相同的工作条件下，由于材质、加工、装配等不可避免地存在差异，其寿命并不相同。所以，将一组同一型号的轴承，在同一运转条件下，其可靠度 R 为90%时，能达到或超过的寿命称为基本额定寿命，用 L_{10}（转数）或 L_{h10}（小时数）表示。

由于轴承的寿命与所受载荷大小有关，工作载荷越大，轴承寿命越短。国标规定，当一套轴承运转达到一百万（10^6）转时，轴承所能承受的载荷称为基本额定动载荷（用符号 C 表示）。不同的轴承 C 值不一样，它表征了轴承的承载特性，是在大量试验的基础上，通过理论分析得到的，需要时可从设计手册或轴承样本中查得。向心轴承的基本额定动载荷记为 C_r，推力轴承的基本额定动载荷记为 C_a。

当轴承受到径向载荷 F_r 和轴向载荷 F_a 的复合作用时，为了计算轴承寿命时能与基本额定动载荷作等价比较，需将实际工作载荷转化为等效的当量动载荷 P。P 的含义是轴承在当

量动载荷 P 作用下的寿命与实际工作载荷条件下的寿命相等。当量动载荷的计算公式为

$$P=f_P(XF_r+YF_a) \tag{16-1}$$

式中，f_P 为载荷系数，见表 16-8，是反映机器振动、冲击等对轴承寿命影响的系数；F_r 为径向载荷；F_a 为轴向载荷；X、Y 分别为径向载荷系数和轴向载荷系数，见表 16-9。

表 16-8 载荷系数 f_P

载荷性质	f_P	举例
无冲击或轻微冲击	1.0~1.2	电动机，汽轮机，通风机，水泵等
中等冲击	1.2~1.8	车床，机床，起重机，冶金设备，内燃机，减速器等
强大冲击	1.8~3.0	破碎机，轧钢机，石油钻机，振动筛等

表 16-9 径向载荷系数 X 和轴向载荷系数 Y

轴承类型		F_a/C_{or}	e	$F_a/F_r>e$		$F_a/F_r\leq e$	
				X	Y	X	Y
深沟球轴承		0.014	0.19		2.30		
		0.028	0.22		1.99		
		0.056	0.26		1.71		
		0.084	0.28		1.55		
	60000	0.11	0.30	0.56	1.45	1	0
		0.17	0.34		1.31		
		0.28	0.38		1.15		
		0.42	0.42		1.04		
		0.56	0.44		1.00		
角接触球轴承		0.015	0.38		1.47		
		0.029	0.40		1.40		
		0.058	0.43		1.30		
		0.087	0.46		1.23		
	70000C ($\alpha=15°$)	0.12	0.47	0.44	1.19	1	0
		0.17	0.50		1.12		
		0.29	0.55		1.02		
		0.44	0.56		1.00		
		0.58	0.56		1.00		
	70000AC ($\alpha=25°$)	—	0.68	0.41	0.87	1	0
	70000B ($\alpha=40°$)	—	1.14	0.35	0.57	1	0
圆锥滚子轴承 30000		—	1.5tanα	0.4	0.4cotα	1	0
调心球轴承 10000		—	1.5tanα	0.65	0.65cotα	1	0

注：1. C_{or} 为径向额定静载荷，由产品目录或轴承标准中查得。

2. e 为轴向载荷影响系数，用以判别轴向载荷 F_a 对当量动载荷 P 影响的程度。对于深沟球轴承和角接触轴承，先根据 $\dfrac{F_a}{C_{or}}$ 的 e 值，然后再得出相应的 X、Y 值，对于表中未列入的 $\dfrac{F_a}{C_{or}}$ 的值，可用线性插值法求出相应的 e、X、Y 值。

轴承的载荷 P 与寿命 L_{10} 的关系可以用疲劳曲线表示（图 16-11），其表达式为

$$L_{10}=\left(\frac{C}{P}\right)^{\varepsilon}10^6 \tag{16-2}$$

即为 $$P^{\varepsilon}L_{10}=C^{\varepsilon}10^{6} \tag{16-3}$$

式中，P 为当量动载荷，单位为 N；L_{10} 为滚动轴承的基本额定寿命（10^6r）；ε 为轴承寿命系数，对于球轴承 $\varepsilon=3$，对于滚子轴承 $\varepsilon=10/3$。

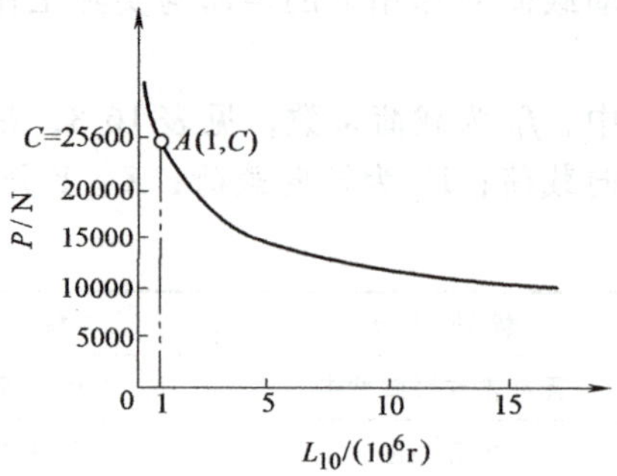

图 16-11 轴承的疲劳曲线

在实际应用中，习惯用表示小时数 L_{h10} 描述轴承的寿命，若轴承的转速为 n，则 $L_{10}=60nL_{h10}$，则有

$$L_{h10}=\frac{10^{6}}{60n}\left(\frac{f_{t}C}{P}\right)^{\varepsilon} \tag{16-4}$$

式中，f_t 为温度系数，见表 16-10，考虑到在工作温度高于 120℃ 时，轴承材料的硬度下降，导致轴承的基本额定动载荷 C 下降。

表 16-10 温度系数 f_t

轴承工作温度 ℃	温度系数 f_t	轴承工作温度 ℃	温度系数 f_t	轴承工作温度 ℃	温度系数 f_t	轴承工作温度 ℃	温度系数 f_t
100	1	150	0.90	200	0.80	250	0.70
125	0.95	175	0.85	225	0.75	300	0.60

如果已知轴承的当量动载荷 P、转速 n，设计机器时所要求的轴承预期寿命 L'_h 也已确定，则可计算出轴承应具有的基本额定动载荷 C' 值，从而可根据 C' 值选用所需要的轴承

$$C'=\frac{P}{f_{t}}\sqrt[\varepsilon]{\frac{60nL'_{h}}{10^{6}}} \tag{16-5}$$

在选择轴承型号时，应满足 $C\geqslant C'$。轴承的预期寿命 L'_h 的推荐值见表 16-11。

表 16-11 轴承预期寿命 L'_h 的推荐值

机械的种类及其工作情况	轴承预期寿命/h
不经常使用的仪器和设备，例如汽车方向指示器，门窗开闭装置	500
航空发动机	1000~2000
短期或间歇使用的机械，中断使用不至引起严重后果的，例如轻便手提式工具、农业机械、车间用升降滑车、装配起重机、自动运输设备等	4000~8000
间歇使用的机械，中断使用能引起严重后果的，例如发电站辅助设备、供暖降温用电动机、流水作业线自动传送装置、带式运输机、不经常使用的机床等	8000~14000
每天 8h 工作的机械，例如一般齿轮传动装置 固定电动机、机床、中间传动轴、一般机械、木材加工机械	14000~20000 16000~24000 20000~30000
24h 连续工作的机械，例如空压机、水泵、矿山升降机 船舶螺旋桨轴推力轴承	50000~60000 60000~100000
24h 连续工作，中断使用能引起严重后果的，例如纤维和造纸机械、电站主要设备、给排水装置、矿井水泵等	>100000

例16-1　某减速器的高速轴，已知其转速 $n=960\text{r/min}$，两轴承处所受的径向载荷分别为 $F_{r1}=1500\text{N}$，$F_{r2}=1200\text{N}$，轴向工作载荷 $F_a=520\text{N}$，轴颈直径 $d=40\text{mm}$，要求轴承使用寿命不低于 25000h。传动有轻微冲击，工作温度不高于 100℃，试确定轴承型号。

解　本题属未定轴承型号的问题，故初选轴承型号，再经计算确定型号。

（1）查表　根据工作条件，传动有轻微冲击，查表 16-8 得 $f_P=1.2$，温度不超过 100℃，由表 16-10 查得 $f_t=1$。

（2）求当量动载荷 P　该轴承既受径向载荷又受轴向载荷，$F_r>F_a$，转速较高，所以选深沟球轴承。初选 6208 轴承，查手册得 $C_r=29.5\text{kN}$，$C_{or}=18\text{kN}$。

根据 $F_a/C_{or}=520/18000=0.029$，查表 16-9 得 $e=0.22$；$F_a/F_{r1}=0.35>e$，由表 16-9 查得 $X=0.56$，$Y=1.98$，故

$$P=f_P(XF_{r1}+YF_a)=1.2\times(0.56\times1500+1.98\times520)\text{N}=2243.52\text{N}$$

（3）计算所需的额定动载荷 C'

$$C'=\frac{P}{f_t}\sqrt[\varepsilon]{\frac{60nL_h'}{10^6}}=\frac{2243.52}{1}\times\sqrt[3]{\frac{60\times960\times25000}{10^6}}\text{N}=25334.7\text{N}$$

由于 $C'<C_r$，故 6208 轴承满足要求（如果不满足上式要求，可选择 6308 或更大的直径系列和宽度系列的轴承）。

16.5.2　角接触轴承的内部轴向力及其计算

1. 角接触轴承的内部轴向力的确定

角接触轴承的结构特点是在滚动体与外圈滚道接触处存在着接触角 α。当它承受径向载荷时，作用在滚动体上的法向力可分解为径向分力和轴向分力（图 16-12）。各个滚动体上所受轴向分力的合力即为轴承的内部轴向力 S。内部轴向力 S 的大小的近似计算式见表 16-12。内部轴向力 S 的方向为从外圈的宽边指向窄边。

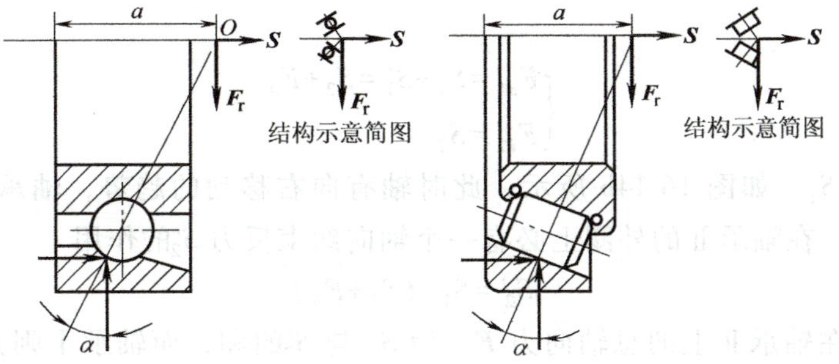

图 16-12　内部轴向力

表 16-12　角接触球轴承和圆锥滚子轴承内部轴向力的计算公式

轴承类型	角接触球轴承			圆锥滚子轴承
	70000C 型（$\alpha=15°$）	70000AC 型（$\alpha=25°$）	70000B 型（$\alpha=40°$）	
内部轴向力 S	eF_r	$0.68F_r$	$1.14F_r$	$F_r/(2Y)$

2. 角接触轴承的装配形式

角接触轴承的装配形式如图 16-13 所示两种，其中图 16-13a 为正装，特点是前面对前面安装；图 16-13b 为反装，特点是背面对背面安装。

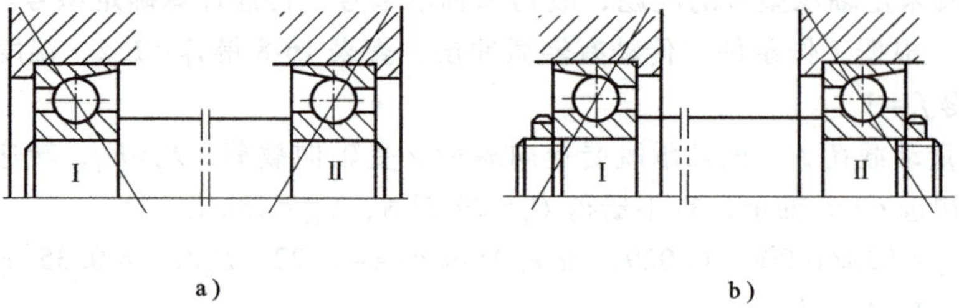

图 16-13 角接触轴承的装配形式

3. 角接触轴承轴向载荷 F_{a1} 与 F_{a2} 的计算

如图 16-14 所示，根据力的平衡关系，当轴处于平衡状态时，应满足

$$S_2 + F_A = S_1 \tag{16-6}$$

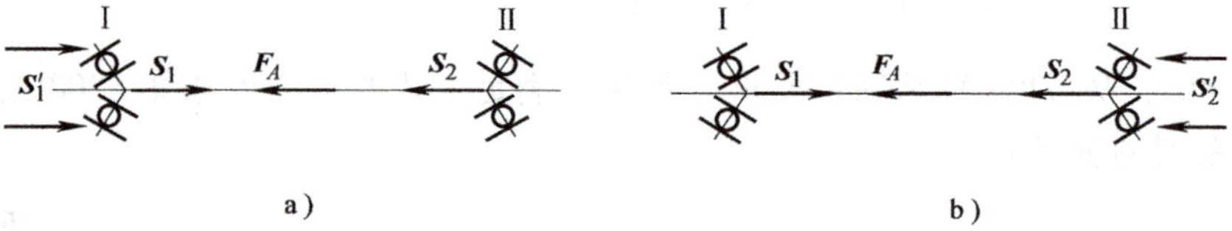

图 16-14 角接触轴承轴向载荷

如果不满足上述关系时，可能出现下列两种情况：

（1）$S_2+F_A>S_1$ 如图 16-14a 所示，轴有向左移动的趋势，此时轴承Ⅰ被压紧，但由于轴承Ⅰ外圈受到轴向约束，实际上轴并没有移动，根据力的平衡关系，这个轴向约束反力为

$$S_1' = S_2 + F_A - S_1 \tag{16-7}$$

因此，作用在轴承Ⅰ上的总轴向力 F_{a1} 为 S_1 与 S_1' 的和，而轴承Ⅱ则只受到自身的内部轴向力 S_2，即

$$\begin{cases} F_{a1} = S_1 + S_1' = S_2 + F_A \\ F_{a2} = S_2 \end{cases} \tag{16-8}$$

（2）$S_2+F_A<S_1$ 如图 16-14b 所示，此时轴有向右移动的趋势，轴承Ⅱ被压紧，同理，为保持轴的平衡，在轴承Ⅱ的外圈上必有一个轴向约束反力 S_2' 的作用

$$S_2' = S_1 - (S_2 + F_A) \tag{16-9}$$

因此，作用在轴承Ⅱ上的总轴向力 F_{a2} 为 S_2 与 S_2' 的和，而轴承Ⅰ则只受到自身的内部轴向力 S_1，即

$$\begin{cases} F_{a1} = S_1 \\ F_{a2} = S_2 + S_2' = S_1 - F_A \end{cases} \tag{16-10}$$

所以，角接触轴承轴向载荷的计算方法可归纳如下：

1）判断出轴上全部轴向力（所有轴向外载荷及轴承的内部轴向力）合力的指向，确定被“压紧”及被“放松”的轴承。

2）被“压紧”轴承的轴向力等于除自身的内部轴向力以外的其他所有轴向力的代数和（指向被“压紧”轴承的力为正，反之为负）。

3）被“放松”轴承的轴向力等于自身的内部轴向力。

例 16-2 如图 16-14a 所示，轴上两端“面对面”安装一对 7309AC 轴承，轴的转速 $n=300\text{r/min}$，两轴承所受径向载荷分别为 $F_{r1}=2500\text{N}$，$F_{r2}=1000\text{N}$，轴上的轴向载荷 $F_A=1200\text{N}$，方向指向轴承Ⅰ。工作时有较大冲击，环境温度 125℃。试计算轴承的寿命。

解 （1）计算内部轴向力

对 70000AC 型轴承，查表 16-12，有

$$S_1=0.68F_{r1}=0.68\times2500\text{N}=1700\text{N}$$

$$S_2=0.68F_{r2}=0.68\times1000\text{N}=680\text{N}$$

（2）计算轴承所受的轴向载荷

$$F_A+S_2=(1200+680)\text{N}=1880\text{N}>S_1=1700\text{N}$$

故轴承Ⅰ有被“压紧”趋势，轴承Ⅱ有被“放松”趋势，于是

$$F_{a1}=F_A+S_2=1880\text{N}$$

$$F_{a2}=S_2=680\text{N}$$

（3）计算轴承当量动载荷

查表 16-8 得 $f_P=1.8\sim3.0$，取中间值 $f_P=2.4$。查表 16-9，知 70000AC 轴承（$\alpha=25°$）的判别系数 $e=0.68$，故

$$\frac{F_{a1}}{F_{r1}}=\frac{1880}{2500}=0.75>e$$

$$\frac{F_{a2}}{F_{r2}}=\frac{680}{1000}=0.68=e$$

再由表 16-9，查得 $X_1=0.41$，$Y_1=0.87$，$X_2=1$，$Y_2=0$；故轴承的当量动载荷为

$$P_1=f_P(X_1F_{r1}+Y_1F_{a1})=2.4\times(0.41\times2500+0.87\times1880)\text{N}=6385.44\text{N}$$

$$P_2=f_P(X_2F_{r2}+Y_2F_{a2})=2.4\times1000\text{N}=2400\text{N}$$

（4）计算轴承寿命

查表 16-10 得 $f_t=0.95$，查手册得 7309AC 的 $C_r=47500\text{N}$

又 $\varepsilon=3$，由式（16-4）得

$$L_{h1}=\frac{10^6}{60n}\left(\frac{f_tC}{P}\right)^{\varepsilon}=\frac{10^6}{60\times300}\left(\frac{0.95\times47500}{6385.44}\right)^3\text{h}=19606.8\text{h}$$

$$L_{h2}=\frac{10^6}{60n}\left(\frac{f_tC}{P}\right)^{\varepsilon}=\frac{10^6}{60\times300}\left(\frac{0.95\times47500}{2400}\right)^3\text{h}=369271.2\text{h}$$

故轴承Ⅰ的寿命约为 19606.8h，轴承Ⅱ的寿命约为 369271.2h。这对轴承的工作寿命为 19606.8h。

16.6 滚动轴承的组合设计

为了保证轴承与轴上旋转零件正常运行，还应解决轴承组合的结构问

题，其中包括轴承组合的轴向固定，轴承与相关零件的配合，间隙调整、装拆、润滑等一系列问题。

1. 轴承内外圈的固定方法

为了防止轴承在承受轴向载荷时相对于轴或座孔产生轴向移动，轴承内圈与轴、轴承外圈与座孔必须进行轴向固定，其轴承内圈的固定方法如图 16-15 所示，轴承外圈的固定方法如图 16-16 所示。

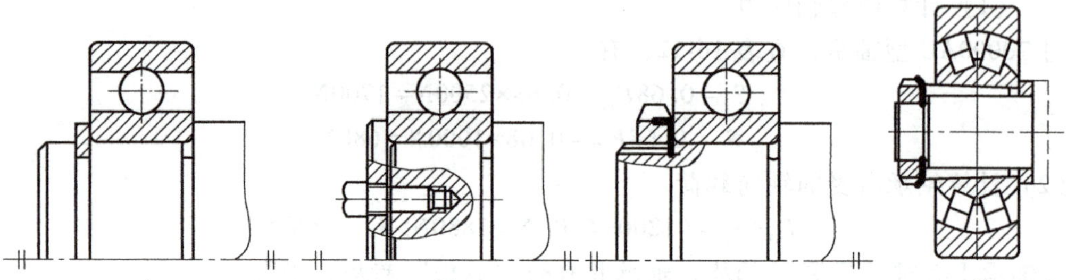

a)　　b)　　c)　　d)

图 16-15　内圈固定

a）轴用弹性挡圈　b）轴端挡圈　c）圆螺母和止动垫圈　d）紧定套，圆螺母和止动垫圈

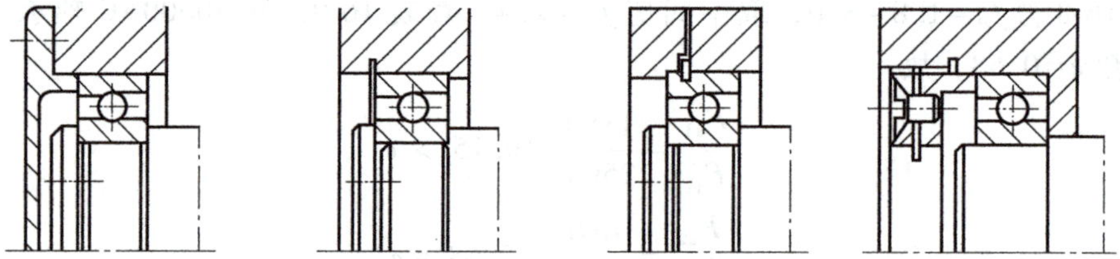

a)　　b)　　c)　　d)

图 16-16　外圈固定

a）轴承端盖　b）孔用弹性挡圈　c）轴承外圈止动槽与孔用弹性挡圈　d）螺纹环

2. 轴系的轴向固定

轴系固定分为两种方式，即两端固定和一端固定、一端游动。

（1）两端固定　如图 16-17 所示，利用轴上两端轴承各限制一个方向的轴向移动，合在一起就可以限制轴的双向移动。这种结构一般用于工作温度变化不大和支承跨距较小的场

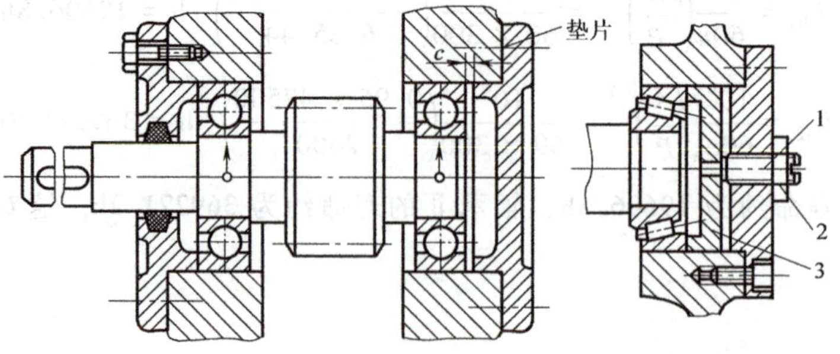

a)　　b)

图 16-17　两端固定方式

合，轴的热伸长量可由轴承自身的游隙进行补偿（如图 16-17a 下半部所示），或者在轴承外圈与轴承盖之间留有 $c=0.2\sim0.4$mm 的间隙，用调整垫片（如图 16-17a 上半部所示）调节的场合。对于角接触球轴承和圆锥滚子轴承，不仅可以用垫片调节，也可用调整螺钉调整轴承外圈的方法来调节，如图 16-17b 所示。

（2）一端固定、一端游动　这种固定方法是使一个支点处的轴承双向固定，而另一个支点处的轴承可以轴向游动，以适应轴的热伸长，如图 16-18 所示。固定支点处轴承内、外圈均作双向固定以承受双向轴向载荷；游动支点处轴承的内圈作双向固定，而外圈与机座孔间采取过渡配合，以便当轴受热膨胀伸长时，能在孔中自由游动，如图 16-18a 所示。若游动端采用外圈无挡边的可分离型轴承，则外圈要作双向固定，如图 16-18b 所示。这种支承结构适用于轴的温度变化大和跨距较大的场合。

3. 轴承组合的调整

（1）轴承间隙的调整　采用两端固定支承的轴承部件，为补偿轴在工作时的热伸长量，在装配时应留有相应的轴向间隙。轴承间隙的调整方法有：①通过加减轴承端盖与轴承座端面间的垫片厚度来实现，如图 16-17a 所示；②通过调整螺钉 1，使轴承外圈压盖 3 移动外圈来实现，在调整后，应拧紧防松螺母 2，如图 16-17b 所示。

（2）轴上传动件位置的调整　在某些机器部件中，轴上传动件需要准确的轴向位置，这可以通过调整移动轴承的轴向位置来达到。如锥齿轮传动要求两锥齿轮的节锥顶点重合；蜗杆传动要求蜗轮的主平面通过蜗杆轴线，故要求整个轴系可以作轴向调整。图 16-19 所示是一小锥齿轮传动轴的结构图，轴系位置可以通过增减垫片 1 的厚度得以改变。垫片 2 则用来调整轴承的轴向游隙。

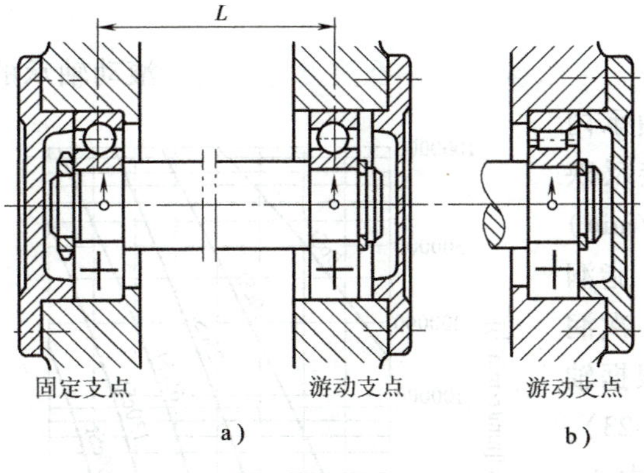

图 16-18　一端固定、一端游动方式

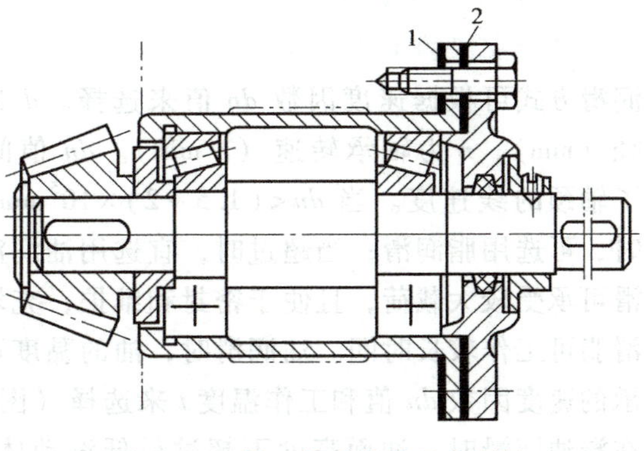

图 16-19　轴上传动件位置的调整

4. 滚动轴承的预紧

滚动轴承的预紧是指在安装轴承时就使其承受到的一定的轴向力，以消除轴承的游隙并使滚动体与轴承内、外圈接触产生弹性预变形。预紧的目的是提高轴承的刚度和旋转精度。成对并列使用的圆锥滚子轴承、角接触轴承、对旋转精度和刚度有较高要求的轴组件通常都采用预紧方法。常用的预紧方法有利用金属垫片（图 16-20a）或磨窄套卷（图 16-20b）、用弹簧压紧（图 16-20c）等。

5. 轴承的装拆

滚动轴承是精密部件，装拆方法必须规范，否则会使轴承精度降低，损坏轴承和其他零

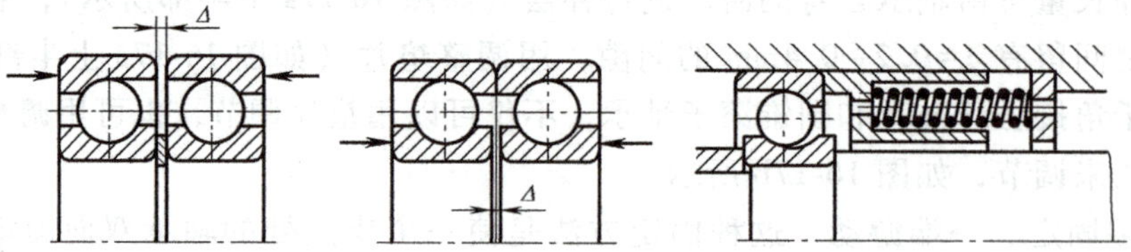

图 16-20 滚动轴承的预紧

部件。轴承的组合结构应有利于轴承的装拆。装拆时，要求滚动体不受力，装拆力要对称或均匀作用于座圈端面上。轴承的安装可采用冷压法（图 16-21）和热套法，轴承的拆卸需采用专用工具或压力机来拆卸轴承（图 16-22）。

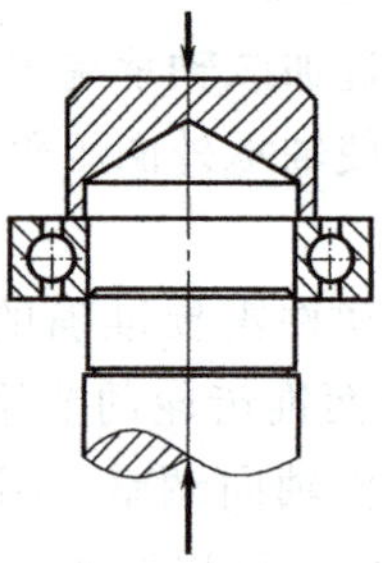

图 16-21 轴承的安装

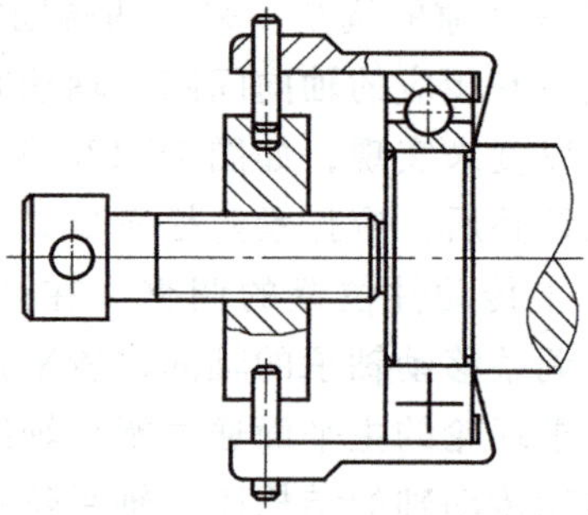

图 16-22 轴承的拆卸

6. 轴承的润滑与密封

轴承润滑的主要目的是减少摩擦和磨损，还有吸收振动、降低温度等作用。滚动轴承的润滑方式可根据速度因数 dn 值来选择。d 为轴承内径（mm），n 为轴承转速（r/min）。dn 值间接反映了轴颈的线速度。当 $dn<(1.5\sim2)\times10^5$mm(r/min) 时，可选用脂润滑；当超过时，宜选用油润滑。脂润滑可承受较大载荷，且便于密封和维护，充填一次润滑脂可工作较长时间。油润滑时，油的黏度可根据轴承的速度因数 dn 值和工作温度 t 来选择（图 16-23）。在浸油润滑时，油面高度不超过最低滚动体的中心，以免因过大的搅油损失而使温度升高。

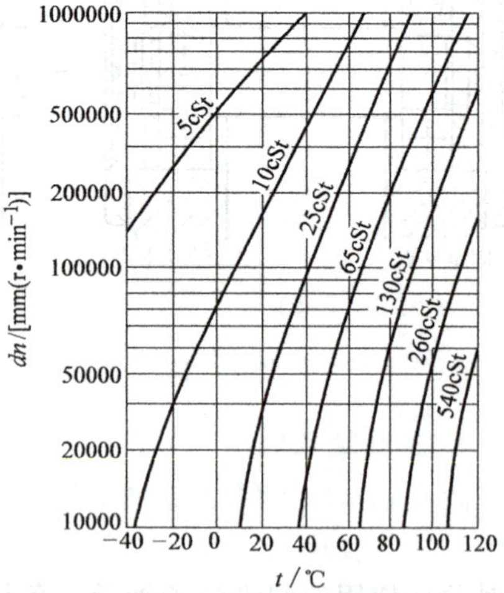

图 16-23 油的粘度选择

密封的目的是阻止润滑剂的流失和防止灰尘、水分的进入。密封按其原理可分为接触式密封和非接触式密封两大类。密封的主要类型和适用范围见表 16-13。选择密封方式时应考虑密封的目的、润滑剂的种类、工作环境、温度、密封表面的线速度等。接触式密封适用于线速度较低的场合。为了减少密封件的磨损，轴表面粗糙度 Ra 值宜小于 1.60μm，轴表面硬度应在 40HRC 以上。非接触式密封不受速度的限制。

表 16-13 常用滚动轴承密封形式

密封方法	图 例	特 点	说 明
接触式密封	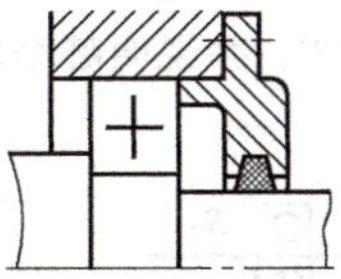	将毛毡圈放置在梯形槽中与轴接触，对轴产生一定的压力进行密封。这种密封结构简单，但摩擦较严重	脂润滑，主要用于环境清洁，轴颈的圆周速度 $v<4\sim5\mathrm{m/s}$，工作温度不大于90℃的场合
	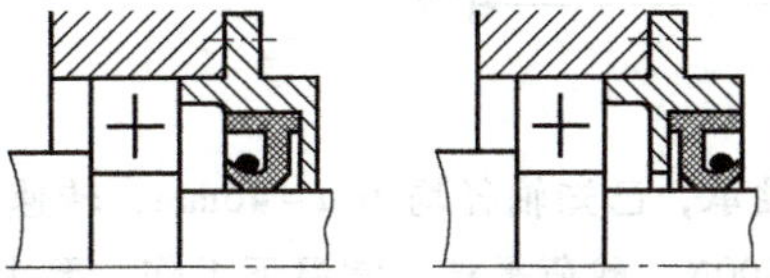 a) b)	在轴承盖中放置密封圈，密封圈用皮革、耐油橡胶等材料制成。a 图密封唇朝里，目的是防漏油；b 图密封唇朝外，目的是防灰尘、杂质进入	脂润滑或油润滑用于轴颈的圆周速度 $v<7\mathrm{m/s}$，工作温度不大于100℃的场合
非接触式密封	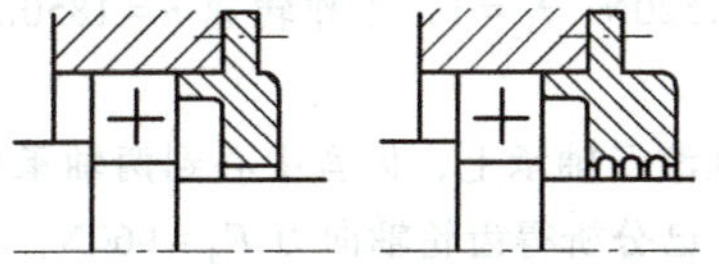 a) b)	在轴与轴承盖的通孔壁间留0.1~0.3mm的缝隙，并在轴承盖上车出沟槽，在槽内填满油脂，以起到密封作用	脂润滑用于干燥清洁的场合
	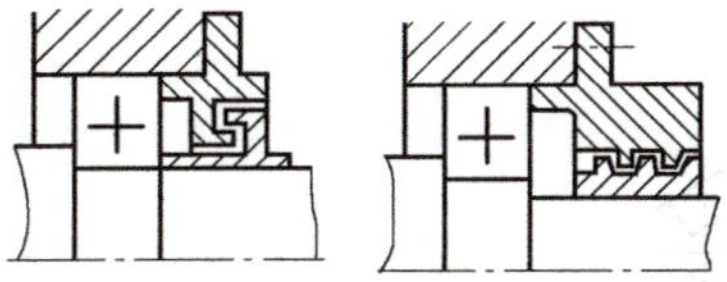 a) b)	将旋转的和固定的密封零件间的间隙制成迷宫（曲路）形式，缝隙间填入润滑脂以加强润滑效果。a 图为径向曲路，径向间隙 δ 不大于0.1~0.2mm；b 图为轴向曲路	脂润滑和油润滑，适用于环境较脏的场合
组合密封	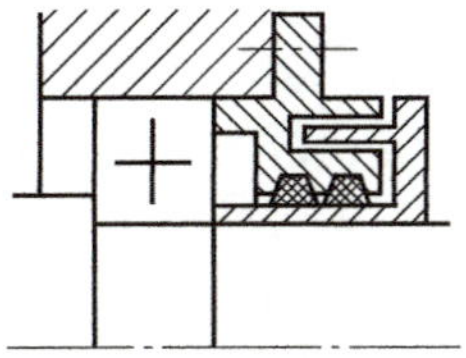	把毛毡和迷宫组合一起密封，可充分发挥各自优点，提高密封效果	脂润滑和油润滑，多用于密封要求较高的场合，轴颈的圆周速度 $v<7\mathrm{m/s}$

习 题 16

16-1 滚动轴承的基本类型有哪些？特点是什么？

16-2 滚动轴承的基本结构及其作用是什么？

16-3 何为滚动轴承基本额定寿命？何为当量动载荷？

16-4 滚动轴承的失效形式有哪些？设计计算准则是什么？

16-5 滚动轴承的密封方法有哪些？各有何特点？

16-6 滚动轴承的组合设计要考虑哪些问题？

16-7 试说明以下几个代号的含义：C36207，7210B，8414，7210AC，30316，7305B/P4。

16-8 30208轴承的基本额定动载荷 $C_r=34000\mathrm{N}$。

1）当量动载荷 $P=6200\mathrm{N}$，工作转速 $n=730\mathrm{r/min}$，试计算轴承的寿命。

2）$P=6200\mathrm{N}$，若要求 $L_h\geqslant10000\mathrm{h}$，允许的最高转速 n 是多少？

3）工作转速 $n=730\mathrm{r/min}$，要求 $L_h\geqslant10000\mathrm{h}$，允许的当量动载荷 P 是多少？

16-9 一水泵选用深沟球轴承，已知轴颈 $d=35\text{mm}$，转速 $n=2900\text{r/min}$，轴承所受的径向力 $F_r=2300\text{N}$，轴向力 $F_a=540\text{N}$，要求使用寿命 $L_{10h}=5000\text{h}$，试选择轴承型号。

16-10 7206C 滚动轴承组合结构形式如图 16-24 所示，已知 $F_A=600\text{N}$，$F_{r1}=1970\text{N}$，$F_{r2}=1030\text{N}$，$f_p=1.1$，$n=1000\text{r/min}$。试分析轴承Ⅰ、Ⅱ所受的轴向力 F_a 与当量动载荷 P，并说明哪个轴承是危险轴承。

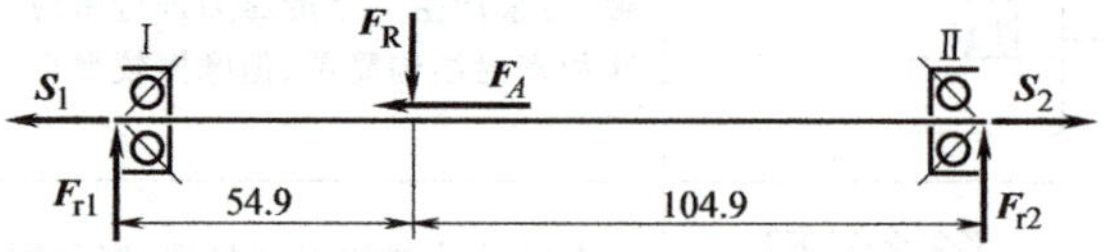

图 16-24 题 16-10 图

16-11 一机械传动装置的两支承端采用相同的深沟球轴承，已知轴径均为 $d=40\text{mm}$，转速 $n=1750\text{r/min}$，各轴承所承受的径向载荷分别为 $F_{r1}=2000\text{N}$ 及 $F_{r2}=1500\text{N}$，载荷平稳。常温下工作，要求使用寿命 $L_h\geqslant 8000\text{h}$，试选出此轴承型号。

16-12 1220 轴承受径向载荷 $F_r=4000\text{N}$，轴向载荷 $F_a=1520\text{N}$，$f_P=1$，工作转速 $n=1850\text{r/min}$，拟采用脂润滑，试校验其极限转速。若不满足要求，应如何改进？

16-13 图 16-25 所示为一从动锥齿轮轴，支承在两个圆锥滚子轴承上，齿宽中心到两轴承中点的距离分别为 60mm 和 195mm，齿轮分度圆平均直径 $d_m=212.5\text{mm}$，已分析得齿轮轴向力 $F_A=960\text{N}$，圆周力和径向力的合力 $F_R=2710\text{N}$，转速 $n=112\text{r/min}$，轴承设计寿命 $L_h=20000\text{h}$，要求轴颈直径在 40～50mm 之间，试选择轴承型号。载荷为轻度冲击。

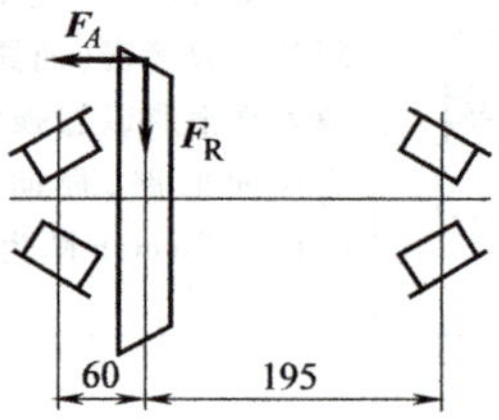

图 16-25 题 16-13 图

第17章 其他常用零部件

基本要求

1）了解常用联轴器和离合器的功用和主要类型。

2）掌握常用联轴器和离合器的结构、特点和选择。

3）了解弹簧的种类和功用，理解圆柱螺旋压缩弹簧的结构。

重点

联轴器和离合器的功用、类型和选择。

难点

联轴器和离合器的功用、类型和选择。

17.1 联轴器

在机械运转时，联接的两轴不能分离，只能在机器停车后用拆卸的方法才能分离的联接装置称为联轴器。联轴器有时也可作为一种安全装置，用以防止被联接件承受过大的载荷，起到过载荷保护作用。联轴器还具有补偿两轴相对位移的作用，有缓冲和减振安全保护等功能。

根据联轴器能否补偿各种相对位移，联轴器可分为刚性联轴器（无补偿能力）和挠性联轴器（有补偿能力）两大类。刚性联轴器适用于载荷平稳、转速稳定、两轴严格对中的场合；挠性联轴器因具有挠性，故应用在补偿两轴间某种相对位移的场合。

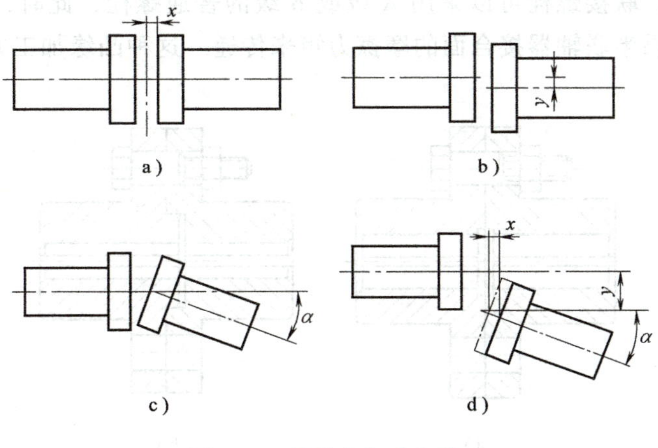

图 17-1 轴线的相对位移

a）轴向位移 b）径向位移 c）角位移 d）综合位移

联轴器联接的两轴，由于制造和安装误差、机座下沉及热变形等原因，可能发生相对位置变化，即产生不同程度的相对偏移与位移。图 17-1 所示为被联接的两轴可能发生相对位移或偏斜的情况。如果这些位移得不到补偿，将会在轴、轴承、联轴器上引起附加载荷。因此，在不能避免两轴相对位移的情况下，应采用挠性联轴器来补偿被联接两轴的位移和偏斜。按照补偿方法挠性联轴器又可分为无弹性元件挠性联轴器和有弹性元件挠性联轴器两类。

17.1.1 刚性联轴器

刚性联轴器的结构简单、零件少、重量轻、制造容易、成本低，不具备补偿能力，但在转速不高、载荷平稳的场合下两轴偏移小，仍可应用。

刚性联轴器有套筒式、凸缘式、夹壳式等，这里我们只介绍套筒式和凸缘式两种。

1. 套筒式联轴器

套筒式联轴器是结构最简单的刚性联轴器，如图 17-2 所示，这种联轴器是由一个公用套筒和联接键或销钉组成，与轴相联接并传递转矩。此种联轴器装拆不方便，必须沿轴作较长的轴向移动，因此这种联轴器适合于轴的对中性好、低速、无冲击、安装精度高的场合。套筒常用 45 钢制造。

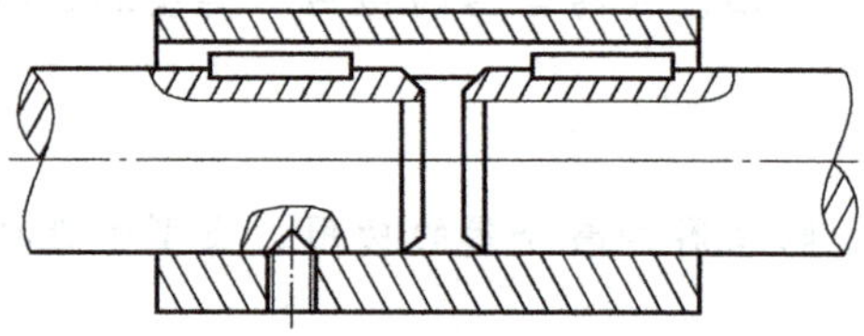

图 17-2 套筒式联轴器

2. 凸缘式联轴器

凸缘式联轴器是把两个带有凸缘的半联轴器用键分别与两轴相联接，然后用螺栓把两个半联轴器联成一体，以传递运动和转矩。

凸缘式联轴器是固定式刚性联轴器中应用最广泛的一种，装拆较方便，传递转矩大，工作可靠，可以联接两种不同直径的轴。凸缘式联轴器有两种主要的结构形式，图 17-3a 所示是普通型，靠铰制孔用螺栓来实现两轴对中，螺栓杆与螺栓孔为过渡配合，联轴器是靠螺栓杆承受挤压与剪切来传递转矩的；图 17-3b 所示为凹凸榫对中型，依靠半联轴器上的凸肩与凹槽相配合而对中，联接螺栓可以采用 A 级或 B 级的普通螺栓，此时，螺栓杆与螺栓孔壁间存在间隙，转矩靠半联轴器接合面的摩擦力矩来传递。这种凸缘加工方便，但装拆时需沿轴向移动。

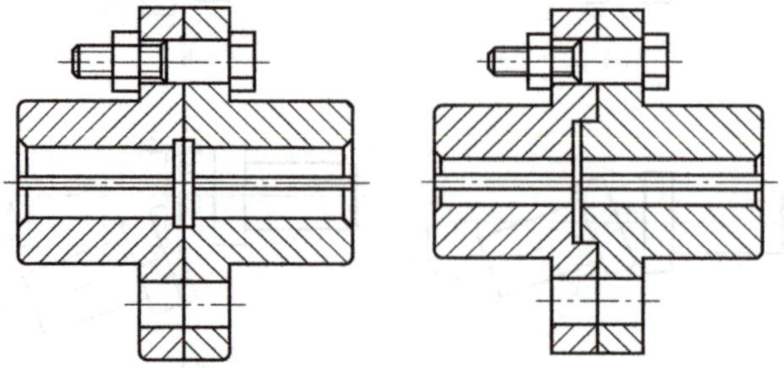

a)　　　　b)

图 17-3 凸缘式联轴器

17.1.2　无弹性元件的挠性联轴器

1. 十字滑块联轴器

十字滑块联轴器是由两个端面带槽的套筒 1、3 和两侧面各具有凸块的浮动盘 2 组成（图 17-4），浮动盘两侧的凸块相互垂直，分别嵌装在两个套筒的凹槽中。浮动盘的凸块可在套筒的凹槽中滑动，故允许一定的径向位移（即偏心距）$y \leqslant 0.04d$（d 为轴径）和角位移 $\alpha \leqslant 30°$。

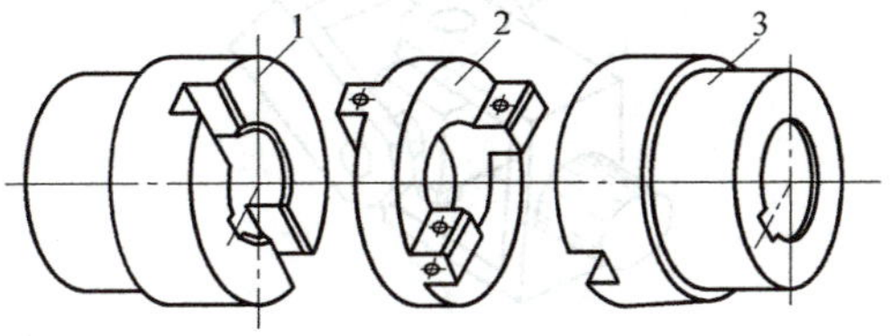

图 17-4　十字滑块联轴器

1、3—套筒　2—浮动盘

该种联轴器结构简单、价廉。缺点是当转速较高时，因浮动盘作偏心圆周运动所产生的离心力较大，轴系受到附加动载荷，使联轴器滑动零件磨损加剧。因此，联轴器滑动零件一般用 45 钢制造，工作表面作热处理，径向尺寸较小，主要用于两轴间相对径向位移较大、传递转矩大、无冲击、低速转动要求不高的轴系中。

2. 齿式联轴器

齿式联轴器由两个带外齿环的套筒 1 和两个带内齿环的套筒 2 所组成，内、外齿环轮齿的齿数、模数相同，齿廓都是压力角为 20°的渐开线。套筒 1 分别装在被联接的两轴端，由螺栓联成一体的套筒 2 通过齿环与套筒 1 啮合。为了能补偿两轴的相对位移，将外齿环的轮齿做成鼓形齿，齿顶做成中心在轴线上的球面（图 17-5），齿顶和齿侧留有较大的间隙。齿式联轴器允许两轴有较大的综合位移。当两轴有位移时，联轴器齿面间因相对滑动产生磨损。为减少磨损，联轴器内注有润滑剂。联轴器上的螺塞、密封圈起着封闭注油孔和防止润滑剂外泄的作用。

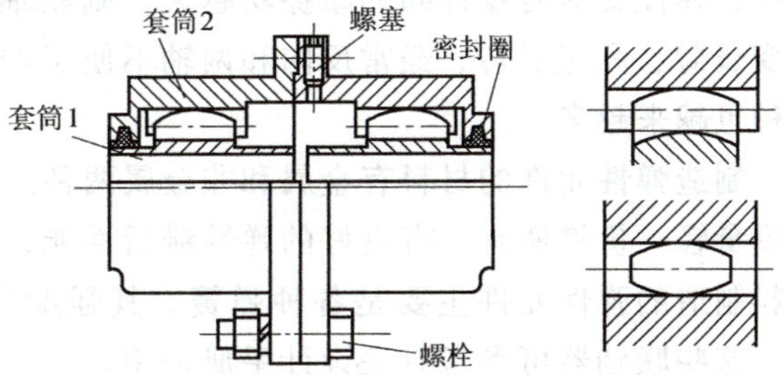

图 17-5　齿式联轴器

齿式联轴器同时啮合的齿多，承载能力大，外廓尺寸较紧凑，可靠性高；但由于结构复杂，制造困难、要求精度高，因此成本较高。现在已有多种齿式联轴器被进行标准生产。

3. 万向联轴器

图 17-6 所示是以十字轴为中间件的万向联轴器。十字轴 2 的四端用铰链分别与轴 1、轴 3 上的叉形接头相联。因此，当一轴的位置固定后，另一轴可以在任意方向偏斜 α 角，角位移 α 可达 35°～45°。

但是，单个万向联轴器两轴的瞬时角速度并不是时时相等的，即当主动轴 1 以等角速度回转时，从动轴 3 作变角速度转动，从而引起动载荷，对使用不利。

为了克服单个万向联轴器的上述缺点，机器中常将万向联轴器成对使用，如图 17-7 所示。这种由两个万向联轴器组成的装置称为双万向联轴器。对于联接相交或平行两轴的双万向联轴器，欲使主、从动轴的角速度相等，必须满足两个条件：①主动轴、从动轴与中间件 2 的夹角必须相等，即 $\alpha_1 = \alpha_3$；②中间件两端的叉面必须位于同一平面内。

万向联轴器结构简单、维修方便，应用于角位移变化大的场合。在汽车、拖拉机、轧钢机和金属切削机床中应用广泛。

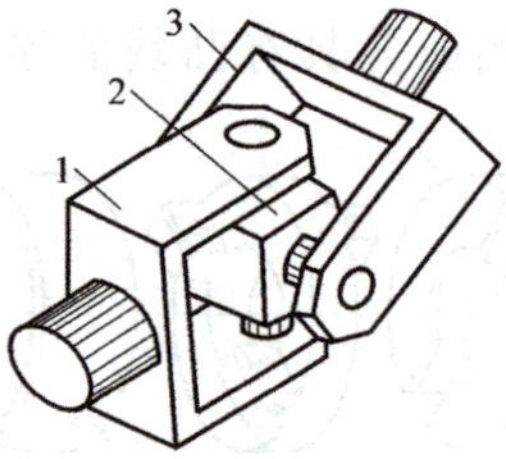

图 17-6 万向联轴器

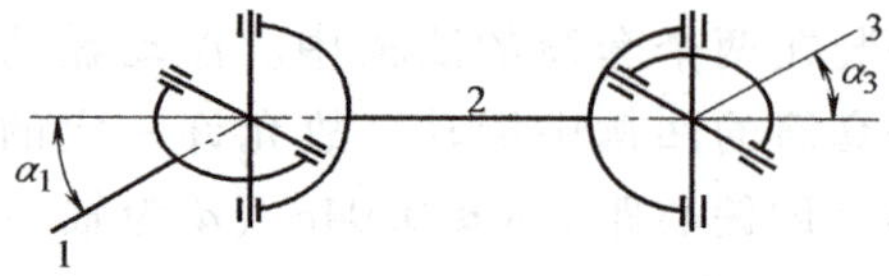

图 17-7 双万向联轴器

17.1.3 有弹性元件的挠性联轴器

这种联轴器因装有弹性元件，不仅可以补偿两轴间的相对位移，而且具有缓冲减振的作用。弹性元件所能储蓄的能量越多，则联轴器的缓冲能力就越强；弹性元件的弹性滞后性能越好、弹性变形时零件间的摩擦功越大，则联轴器的减振作用就越好。因此，在频繁起动、受变载荷、高速运转、经常反向和两轴不便于严格对中的地方，这类联轴器目前应用广泛，品种也越来越多。

制造弹性元件的材料有金属和非金属两种。非金属材料有橡胶、尼龙和塑料等，其特点为重量轻，价格便宜，有良好的弹性滞后性能，所以减振能力强；但橡胶的寿命较短。金属材料制造的弹性元件主要是各种弹簧，其强度高、尺寸小、寿命长，主要用于大功率传动中。这些联轴器可参考有关设计手册选用。

1. 弹性套柱销联轴器

这种联轴器的结构与凸缘联轴器很近似，不同的是用装有弹性套的柱销代替联接螺栓（图 17-8）。弹性套的变形可以补偿两轴线的径向位移和角位移，并且有缓冲和吸振作用。这种联轴器适用于经常正反转、起动频繁、载荷平稳和高速运动的传动中，如电动机与减速器（或其他传动装置）之间就经常采用这种联轴器。

2. 弹性柱销联轴器

这种联轴器的结构如图 17-9 所示，工作时转矩通过两半联轴器及中间的尼龙柱销传给从动轴。为了防止柱销脱落，在半联轴器的外侧用螺钉固定了挡板。该种联轴器与弹性套柱销联轴器很相似，但传递转矩的能力很大，具有结构简单、质量小、使用寿命长、不用润滑、更换柱销方便等特点，适用于轴向圆跳动较大、正反转变化较多和起动频繁的场合。由于尼龙柱销对温度较敏感，故使用温度限制在-20~70℃的范围内。

3. 轮胎式联轴器

如图 17-10 所示，这种联轴器由轮胎状橡胶元件用螺栓与两半联轴器联接组成。轮胎环中的橡胶织物元件与低碳钢制成的骨架硫化粘结在一起，骨架上焊有螺母，装配时用螺栓与两半联轴器的凸缘联接，依靠拧紧螺栓在轮胎环与凸缘端面之间产生的摩擦力来传递转矩。它的特点是弹性强，补偿位移能力大，有良好的阻尼，而且结构简单，不需润滑，装拆和维护都比较方便。其缺点是承载能力不高，外形尺寸较大。

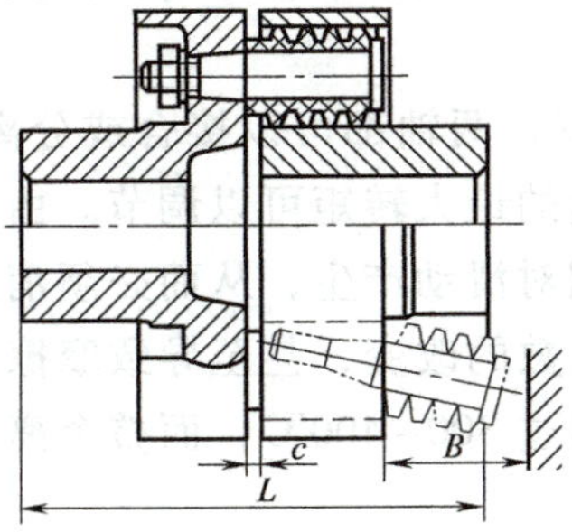

图 17-8　弹性套柱销联轴器

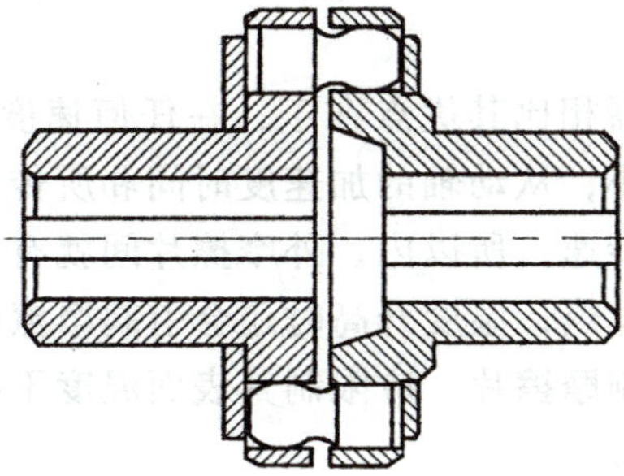

图 17-9　弹性柱销联轴器

图 17-10　轮胎式联轴器

17.2　离合器

离合器是利用各种操纵方法来实现主、从动部分在同一轴线上传递运动和动力，具有结合或分离功能的装置。离合器按照原动机、工作机各部件间工作的要求，实现机器的起动和停止，以改变传动件的工作状态和传动比，以及控制传递转矩的大小，以起到安全保护的作用。

根据离合方法的不同，离合器分操纵离合器和自动离合器两大类。操纵离合器按操纵方法分又有机械离合器、液压离合器、气压离合器和电磁离合器。用简单的机械方法自动完成接合或分离动作的自动离合器分为安全离合器、离心离合器和超越离合器三种。

机械离合器利用杠杆等机构直接操纵接合元件，使离合器结合、分离。中小型离合器可用人力操纵，操纵力在 80～160N 范围内。脚踏板操纵力一般在 100～200N 范围内，行程均为 100～150mm。

1. 牙嵌离合器

牙嵌离合器的结构如图 17-11 所示，它是由两个端面带牙的半离合器组成。主动半离合器用平键与主动轴联接，从动半离合器用导向键（或花键）与从动轴联接。主动半离合器上安装有对中环，以保证两个半离合器对中。操纵时，通过操纵杆移动滑环，使两个半离合器的牙面嵌入（接合）或分开（分离）。

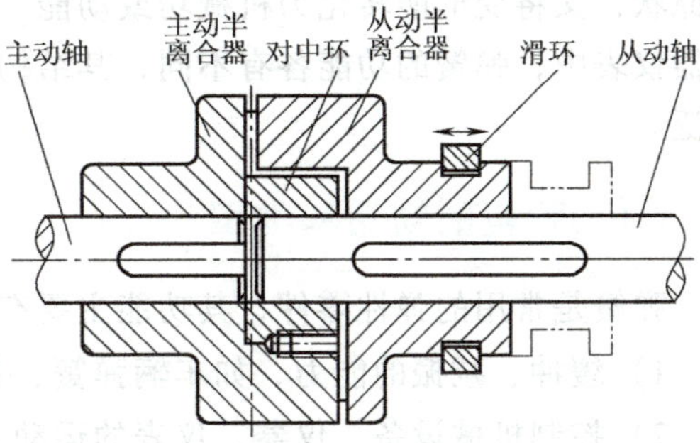

图 17-11　牙嵌离合器

离合器的牙数一般取 3～60，传递转矩大时，牙数应取得少些；要求接合时间短时，牙数应取得多些。

2. 摩擦离合器

摩擦离合器利用主、从动半离合器摩擦片接触面间的摩擦力传递转矩。为提高传递转矩的能力，多采用多片摩擦片。它能在不停车或两轴有较大转速差时进行平稳结合，且可在过载时因摩擦片间打滑而起到过载保护作用。

摩擦离合器是靠工作面上的摩擦力来传递转矩的，摩擦元件上的压力是靠各种机构产生的，常用的有弹簧机构和杠杆机构，对远距离操纵的离合器则用液压、气压或电磁装置等。

摩擦离合器的工作面可做成圆盘形、圆锥形等，圆盘摩擦离合器又可分为单盘式和多盘式两种。

摩擦离合器与牙嵌式离合器相比其优点在于：在任何速度下，两轴都可以接合或分离，接合过程平稳，冲击、振动较小；从动轴的加速度时间和所传递的最大转矩可以调节。由于从动轴转速总是小于主动轴的转速，所以内、外摩擦片间就有相对滑动产生，从而必须消耗功率，并引起摩擦片的磨损和发热；温度升高时还会引起摩擦因数的改变，甚至导致摩擦片的胶合、塑性变形。因此，钢制摩擦片，应限制其表面温度不超过300~400℃，而整个离合器的平均温度不大于100~200℃。

3. 自动离合器

根据机器运转参数的改变能自动完成接合和分离动作的离合器称为自动离合器，常用的自动离合器可分为以下三类：

（1）安全离合器　当载荷超过一定数值时能自动分离，载荷恢复正常后又能自动接合，断续传递动力，具有防止过载系统的安全作用的离合器。

（2）定向离合器（又称超越离合器）　根据主、从动轴间的相对速度差的不同，实现分离、接合，或是只按一个转向传递转矩，反向则自动分离，停止传递转矩的离合器。

（3）离心离合器　当轴的转速达到某一定值时，靠离心力自动分离或自动接合的离合器。

17.3　弹簧

弹簧是利用材料的弹性及其结构的特点，在承受载荷时能随载荷的大小产生相应大小的弹性变形，将机械功或动能转化成变形能；随着载荷的卸除，变形消除并恢复原状，又将变形能转化为机械功或动能。所以，弹簧又是能量转换的零件。在机械设备和仪器仪表中，弹簧的功能各有不同，其结构类型也很多，其中，以圆柱形螺旋弹簧的应用最广泛。

17.3.1　弹簧的功用和类型

弹簧是常用的弹性零件，其功能主要有：

1）缓冲、减振的能力，如车辆弹簧、各种缓冲器或弹性联轴器中的弹簧。

2）控制机械设备、仪器、仪表的运动，如凸轮机构、摩擦轮机构、离合器、各种气门以及各种调速器中所用的弹簧。

3）储存和释放能量，如钟表的弹簧，数控机床的刀架自动返回装置中的弹簧，经常开闭的容器中的弹簧等。这类弹簧既要求有较大的弹性，又要求有稳定的作用力。

4）用于力和力矩的测量，如测力器、弹簧秤上的弹簧等。这类弹簧要求有稳定的载荷—变形性能。

弹簧按其承受载荷的形式可分为压缩弹簧、拉伸弹簧、扭转弹簧和弯曲弹簧。

弹簧按其形状可分为圆柱螺旋弹簧、圆锥螺旋弹簧、碟形弹簧、环形弹簧等。

常用的金属弹簧的类型、特点和应用见表17-1。

表 17-1　常用的金属弹簧的类型、特点和应用

类　型	弹簧的结构简图	特点和应用
圆柱螺旋弹簧	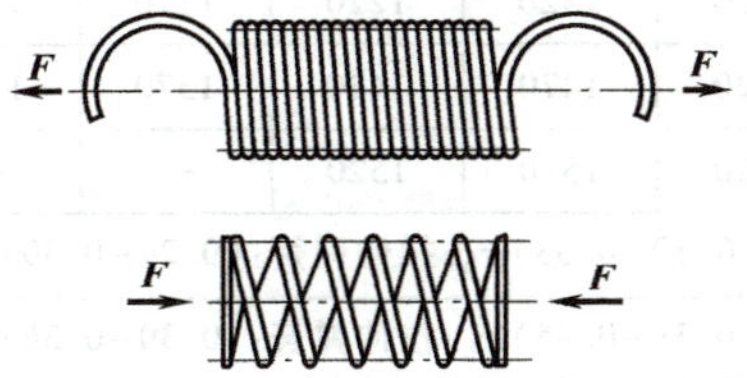	此种圆截面簧丝的圆柱弹簧结构简单，制造方便，刚度稳定，应用最广
圆柱螺旋扭转弹簧	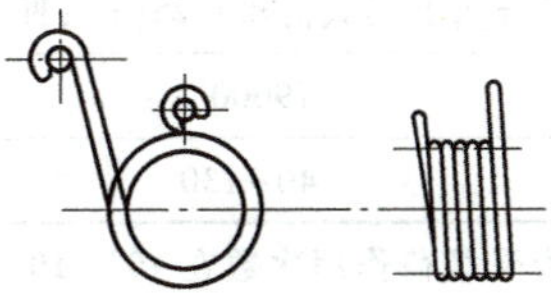	主要用于各种机械中的压紧和蓄能装置中
圆锥螺旋弹簧		结构紧凑，稳定性好，多用于承受较大载荷和减振的场合，其防共振能力比不等节距圆柱螺旋弹簧为好
碟形弹簧	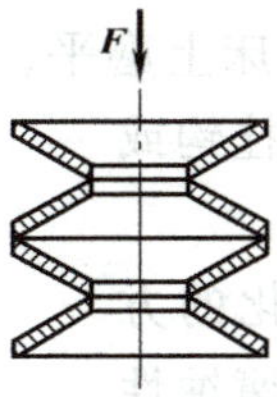	缓冲及减振能力强。采用不同的组合可能得到不同的特性曲线。常用于重型机械的缓冲及减振装置
环形弹簧	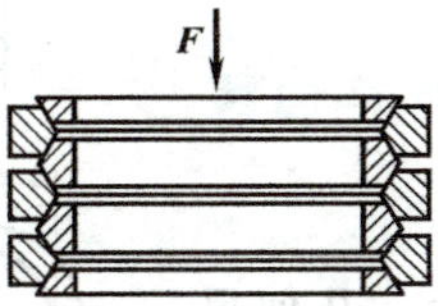	具有很高的消振能力，是最强力的缓冲弹簧。常用在铁路车辆、飞机着陆装置的缓冲装置中

17.3.2　弹簧的材料及制造

弹簧在载荷下要可靠地工作，其材料除了满足具有较高的抗拉强度和屈服强度外，还必须具有较高的弹性极限、疲劳极限、冲击韧性、塑性和良好的热处理工艺性等，表 17-2 列出了碳素弹簧钢丝的力学性能及许用应力。

选择弹簧材料时应考虑弹簧的功用、重要性、工作条件、经济性及加工和热处理条件等。制造尺寸较小的一般用途的螺旋弹簧和板簧应优先采用碳素弹簧钢；承受冲击载荷、变载荷及用于高温下的弹簧可采用合金弹簧钢；在腐蚀介质下工作的弹簧应采用不锈钢和铜合金。

表 17-2 碳素弹簧钢丝材料的部分性能

直径/mm		1.0	2.0	3.0	4.0	5.0	6.0	7.0	8.0	9.0	10.0
抗拉强度 σ_b /MPa	B 级	1660	1470	1370	1320	1320	1220	1170	1170	1130	1130
	C 级	1960	1710	1570	1520	1470	1420	1370	1370	1320	1320
	D 级	2300	1910	1710	1620	1570	1520	—	—	—	—
许用切应力 $[\tau]$ /MPa	Ⅰ类	压缩弹簧：$(0.30\sim0.38)\sigma_b$；拉伸弹簧：$(0.24\sim0.30)\sigma_b$									
	Ⅱ类	压缩弹簧：$(0.38\sim0.45)\sigma_b$；拉伸弹簧：$(0.30\sim0.36)\sigma_b$									
	Ⅲ类	压缩弹簧：$0.5\sigma_b$ 拉伸弹簧：$0.4\sigma_b$									
极限切应力 τ_{lim}/MPa		Ⅰ类载荷 $\leqslant 1.67[\tau]$；Ⅱ类载荷 $\leqslant 1.25[\tau]$；Ⅲ类载荷 $\leqslant 1.12[\tau]$									
剪切弹性模量 G/MPa		79000									
推荐工作温度范围/℃		$-40\sim130$									

注：Ⅰ类为受载荷作用次数在 10^6 以上的弹簧；Ⅱ类为受载荷作用次数在 $10^3\sim10^6$ 及受冲击载荷的弹簧；Ⅲ类为受载荷作用次数在 10^3 以下的弹簧。

螺旋弹簧的制造过程包括卷制、端面的加工（压缩弹簧）或挂钩的制作（拉伸弹簧和扭转弹簧）、热处理、工艺试验及必要的强压处理。大量生产时，卷绕工作在自动机床上进行；小批生产则常在普通车床上或用手工卷绕器在心轴上绕制。卷制方法有冷卷和热卷两种。前者用于弹簧丝直径小于 10mm 的弹簧，后者用于弹簧丝的直径较大而弹簧直径较小的弹簧。用预先热处理好的优质碳素弹簧钢丝在常温下卷制的热卷弹簧，则卷制后必须经过淬火及回火处理。

对于重要的压缩弹簧，其端面圈需在专用磨床上磨平，以保证两端的承压面与轴线垂直。拉伸弹簧为了便于联结及加载，两端应制有挂钩或杆臂。

为了提高弹簧的承载能力，可采用机械强化的方法，如强压和喷丸处理。用于长期振动、高温或腐蚀性介质中的弹簧，一般不进行强压处理。

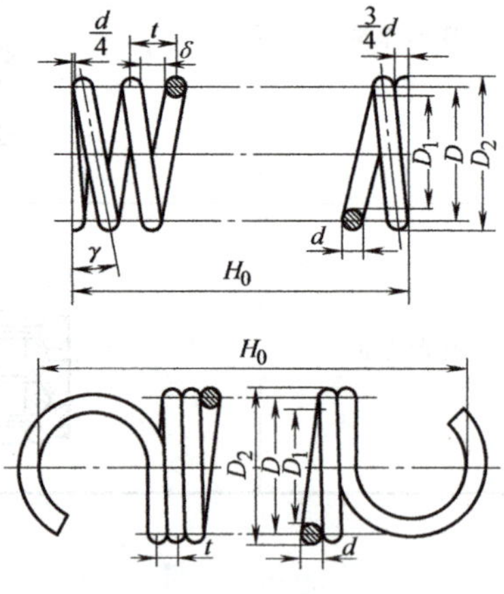

图 17-12 圆柱螺旋弹簧的主要参数

17.3.3 圆柱形螺旋弹簧的几何尺寸及特征曲线

1. 圆柱形螺旋弹簧的几何尺寸

圆柱螺旋弹簧的主要参数如图 17-12 所示，几何尺寸计算公式见表 17-3。对于拉伸弹簧 $n>20$ 时，一般为整圈数；$n<20$ 时，则可圆整为 1/2 圈。对于压缩弹簧，总圈数 n 的尾数取 1/4、1/2 或整圈，常用 1/2 圈弹簧的有效圈数 $n\geqslant2$，才能保证弹簧具有稳定性。

表 17-3 圆柱螺旋弹簧的几何尺寸计算公式

名称及代号	压缩弹簧	拉伸弹簧
弹簧丝直径 d	由强度决定	
弹簧中径 D	$D=Cd$，C 为旋绕比；一般 $C=4\sim14$	
弹簧内径 D_1	$D_1=D-d$	

（续）

名称及代号	压缩弹簧	拉伸弹簧
弹簧外径 D_2	$D_2=D+d$	
有效圈数 n	由刚度计算确定；$n\geqslant 2$	
支承圈数 n_2	$n_2=1.5\sim2.5$	$n_2=0$
总圈数 n_1	$n_1=n+n_2$	$n_1=n$
节距 t	$t=d+\dfrac{\lambda_{max}}{n}+\delta_1$	$t=d+\delta$
螺旋角 α	$\alpha=\arctan\dfrac{t}{\pi D}$，压缩弹簧 α 推荐值 5°~9°	
自由高度 H_0	$H_0=nt+(n_2-0.5)d$（两端磨平）	LⅠ型 $H_0=(n+1)d+D_1$ LⅡ型 $H_0=(n+1)d+2D_1$
簧丝展开长度 L	$L=\dfrac{\pi Dn_1}{\cos\alpha}$	$L=\pi Dn+$钩环展开长度

注：表中 λ_{max} 为最大变形量；δ_1 为余隙，是最大工作载荷作用时各有效圈之间应保留的间隙，取 $\delta_1\geqslant 0.1d$；δ 为间距，$\delta=t-d$，对密卷拉簧 $\delta=0$。

2. 圆柱形螺旋弹簧的特征曲线

弹簧的 F—λ（力—变形）曲线称为弹簧的特征曲线，它是在弹簧设计和制造过程中检验或试验的重要依据。

等节距圆柱螺旋压缩（拉伸）弹簧，F 与 λ 呈线性变化，其特征曲线为一直线。压缩弹簧的特征曲线如图 17-13 所示。在图中，F_1 为最小工作载荷，它是弹簧安装时所预加的初始载荷。在 F_1 作用下，弹簧产生最小变形 λ_1，其高度由自由高度 H_0 压缩到 H_1。F_2 为最大工作载荷，在 F_2 作用下，弹簧变形增加到 λ_2，此时其高度为 H_2。F_{lim} 是弹簧的极限工作载荷，在 F_{lim} 作用下，弹簧变形增加到 λ_{lim}，这时，其高度为 H_{lim}，弹簧丝的应力达到材料的屈服强度。令 $h=\lambda_2-\lambda_1$，h 称为弹簧的工作行程。

弹簧的最大工作载荷由工作条件决定。一般情况下，最小工作载荷可取 $F_1=(0.3\sim0.5)F_2$，而极限工作载荷 F_{lim} 可按极限工作应力 τ_{lim} 求出，τ_{lim} 不应超过材料的剪切屈服强度。为了使弹簧能在屈服极限内工作，通常 $F_2\leqslant 0.8F_{lim}$。

拉伸弹簧的特征曲线如图 17-14 所示。由于卷绕方法不同，可分为无初应力和有初应力

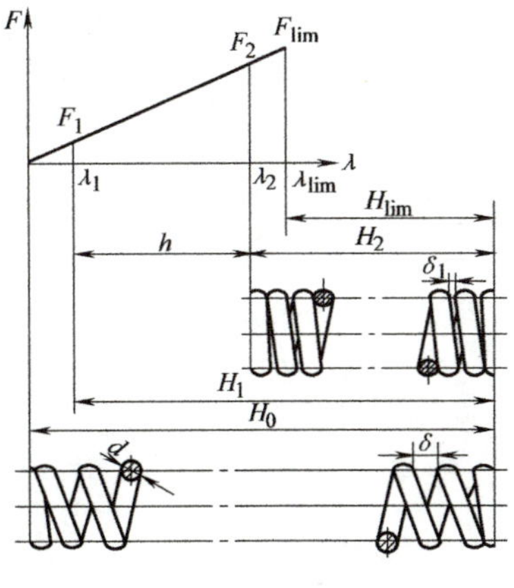

图 17-13 圆柱螺旋压缩弹簧载荷—变形图

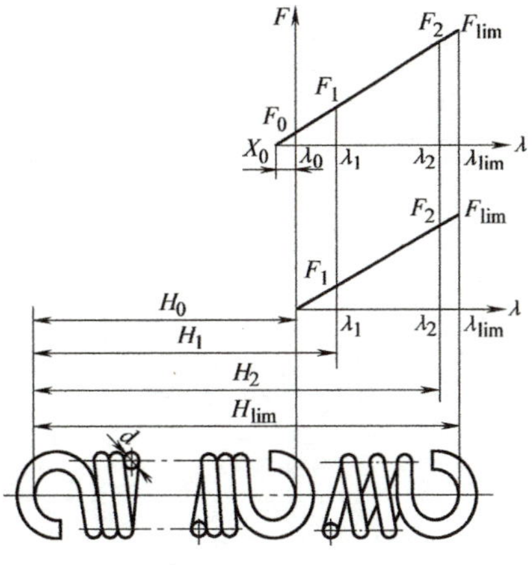

图 17-14 圆柱螺旋拉伸弹簧载荷—变形图

两种情况。前者在卷绕时，簧圈并拢，弹簧没有初应力，其特征曲线与压缩弹簧的特征曲线类似。后者在卷绕时，边卷绕边使弹簧绕其本身轴线产生扭转，各圈相互间即具有一定压紧力，弹簧丝中也产生一定的初应力。当弹簧工作时，必须以载荷的一部分力 F_0 克服簧圈之间的压紧力后，弹簧才开始伸长。

习　题　17

17-1　联轴器和离合器的主要功能是什么？二者功能的主要区别是什么？

17-2　离合器分为哪些类型？

17-3　弹簧有哪些功能？分为哪些类型？

第18章 机械的平衡与调速

基本要求

1）了解回转件不平衡的危害以及不平衡的原因和分类，理解回转件静平衡和动平衡的基本原理。

2）掌握用向量图解法求静平衡条件下平衡质量的大小和方位的方法，理解用向量图解法求动平衡条件下平衡质量的大小和方位的方法。

3）了解静平衡实验和动平衡实验。

4）了解机械在运转中速度波动的危害，理解机械在运转中的功、能变化与速度波动的关系，了解速度波动的调节方法，理解飞轮的作用。

重点

刚性转子静平衡的计算方法及飞轮调速原理。

难点

刚性转子动平衡的计算方法及最大盈亏功的确定。

18.1 回转件的平衡

18.1.1 机械平衡的目的和分类

机械的平衡问题可分为两类：一类是绕定轴回转的构件，其惯性力的平衡，称为回转件的平衡；另一类是当机构中的构件做往复运动或做平面复杂运动时产生的惯性力的平衡，又称为机构在机座上的平衡。

工程中常见的平衡问题是回转件的平衡问题，故本章仅讨论回转件的平衡。

造成回转件不平衡的原因有：

1）由于回转件的结构不对称。

2）由于锻造或铸造引起的质量不均匀，如铸件的砂眼、气孔等。

3）制造和安装的误差。

由于以上原因，使其质心偏离回转轴线，当回转件等速转动时，将产生离心力。

如图 18-1 所示，回转件质量 G 为 100N，由于制造及装配的误差，使其质心相对于回转轴线偏离 1mm，当转速 $n=30\mathrm{r/min}$ 时，离心力的大小为

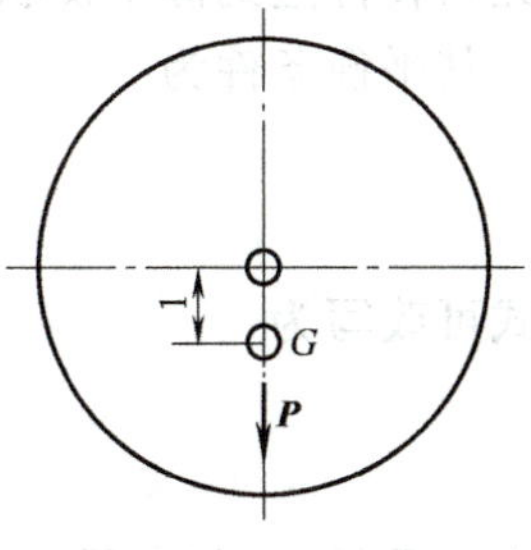

图 18-1 回转件

$$P=m\omega^2 r=\frac{G}{g}\left(\frac{\pi n}{30}\right)^2\times 0.001=0.1\text{N}$$

其值非常小，可以略去不计，但当其转速提高到 $n=3000\text{r/min}$ 时，其离心力为

$$P=\frac{100}{9.8}\times\frac{1}{1000}\left(\frac{\pi\times 3000}{30}\right)^2\text{N}\approx 1000\text{N}$$

这个数值就不可忽略，近似为构件本身质量的10倍，它将引起两端支承的附加动压力，加速轴承的磨损，降低机械的效率和寿命。且该离心力的方向随着回转件的转动而发生周期性的变化，产生振动和噪声，从而影响机械的工作精度和使用的可靠性。因此，近代高速、重型、精密的机械，都必须讨论回转件的平衡问题，以消除附加动压力，尽可能减轻有害的机械振动，这就是回转件平衡的目的。

在机械工业中，如精密机床主轴、电动机转子、发动机曲轴、一般汽轮机转子和各种回转泵的叶轮等都需要进行平衡。

本章讨论的对象限于刚性回转件，即用于一般机械中的回转件。至于高速大型汽轮机、航空发动机转子等，因构件回转时的变形问题不容忽视，则属于挠性回转件。本章仅讨论刚性回转件的平衡问题。

刚性回转件的平衡按其质量的不同分布状况可分为：

1）静平衡——质量分布在同一回转平面内的平衡称为静平衡；

2）动平衡——质量分布不在同一回转平面内的平衡称为动平衡。

18.1.2 回转件的静平衡

若一回转件，当其直径 D 与厚度 b 的比值 $D/b\geqslant 5$，也就是外形较薄的圆盘状回转件，如飞轮、砂轮、叶轮等，可以认为它们的质量分布在同一回转平面内，因此，这类回转件的平衡属于静平衡问题。

图18-2a所示的回转件，各不平衡质量 $\boldsymbol{m}_1$、$\boldsymbol{m}_2$、$\boldsymbol{m}_3$ 分布在同一回转面内，它们的向径分别为 $\boldsymbol{r}_1$、$\boldsymbol{r}_2$、$\boldsymbol{r}_3$，此构件以角速度 ω 回转时，各质量所产生的离心惯性力分别为 $\boldsymbol{F}_1$、$\boldsymbol{F}_2$、$\boldsymbol{F}_3$，显然零件是不平衡的，$\boldsymbol{F}_1$、$\boldsymbol{F}_2$、$\boldsymbol{F}_3$ 构成平面汇交力系。如欲使其平衡可在此平面内沿 $\boldsymbol{F}_1$、$\boldsymbol{F}_2$、$\boldsymbol{F}_3$ 合力的相反方向，向径为 $\boldsymbol{r}_b$ 处加上一个校正质量 m_b，使 m_b 产生的离心力 $\boldsymbol{F}_b$ 与 $\boldsymbol{F}_1$、$\boldsymbol{F}_2$、$\boldsymbol{F}_3$ 的合力平衡构成平衡力系，即此回转件达到静平衡状态。

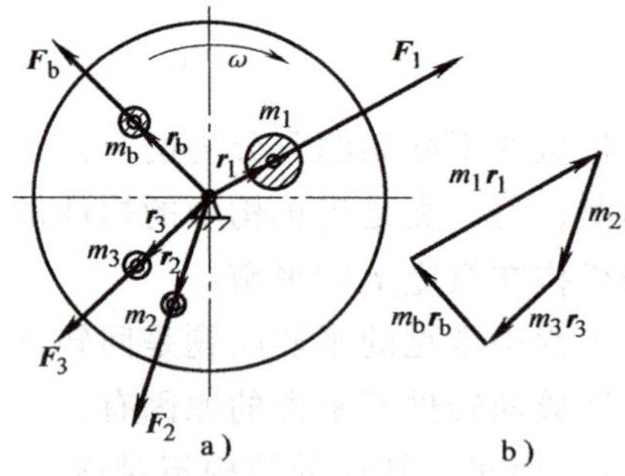

图18-2 回转件的静平衡分析

其平衡条件为

$$\sum \boldsymbol{F}=0$$

即

$$\boldsymbol{F}_1+\boldsymbol{F}_2+\boldsymbol{F}_3+\boldsymbol{F}_b=0 \tag{18-1}$$

上式可改写为

$$m_1\omega^2\boldsymbol{r}_1+m_2\omega^2\boldsymbol{r}_2+m_3\omega^2\boldsymbol{r}_3+m_b\omega^2\boldsymbol{r}_b=0$$

即

$$m_1\boldsymbol{r}_1+m_2\boldsymbol{r}_2+m_3\boldsymbol{r}_3+m_b\boldsymbol{r}_b=0$$

式中，质量 m_i 与向径 $\boldsymbol{r}_1$ 的乘积称为质径积，是一个矢量，其方向与惯性力方向相同。

若已知 m_1、m_2、m_3和它们的向径 $\boldsymbol{r}_1$、$\boldsymbol{r}_2$、$\boldsymbol{r}_3$，从上式可知，仅平衡质径积为未知，因此可通过图解法求得。如图 18-2b 所示，以一定的比例尺按向径 $\boldsymbol{r}_1$、$\boldsymbol{r}_2$、$\boldsymbol{r}_3$ 的方向分别作向量代表质径积 $m_1\boldsymbol{r}_1$、$m_2\boldsymbol{r}_2$、$m_3\boldsymbol{r}_3$，最后的封闭向量即代表质径积之值（大小和方向）。

当选定 r_b 之后，m_b 之值就可以算出来，r_b 尽可能大些，以便使 m_b 小些。

上面介绍的是三个不平衡质量的平衡问题，至于三个以上的不平衡质量的平衡方法和原理也是如此。

由上述可知，静平衡的条件是：分布于该回转件上各个质量的离心力（或质径积）的向量和等于零，即回转轴线与回转件的质心重合。

通过上述分析计算可知，理论上已经平衡了的回转件，由于制造、装配误差、材质不匀等因素，仍可能是不平衡的。这种不平衡有很大的随机性，即使同一批产品，其不平衡状态也各不相同，因此，必须通过平衡试验来确定。平衡试验的目的是找出回转件不平衡量的大小和方向。

通常用的静平衡试验仪有两种：一种是导轨式静平衡架，另一种是圆盘式静平衡架，如图 18-3、图 18-4 所示。

图 18-3　导轨式静平衡架

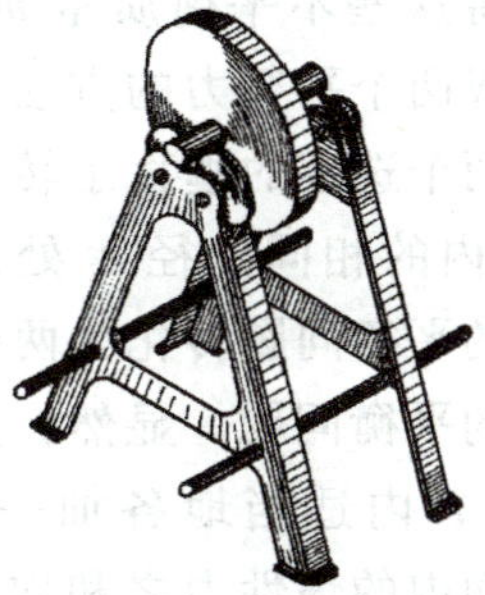
图 18-4　圆盘式静平衡架

具体的做法是，将要平衡的回转件支于两根互相平行的水平刀口上，由于质心有自动处于最低位置的特性，所示回转件的质心若不在轴线上，则会自由滚动；当其静止不动时，质心必位于轴心的下方；在回转件铅垂线的上方加一平衡质量（如加橡皮泥或用其他方法），并逐步调整其大小或径向位置；重复上述试验步骤，直到回转件在任意位置都能保持静止不动为止，此时表明其质心已回到回转轴线上，达到了静平衡。其所加的平衡质量与其向径的乘积，即是该回转件达到静平衡所需的质径积。

18.1.3　回转件的动平衡

宽度较大的回转件（$b/D \geqslant 0.2$），如电动机转子、机床主轴、滚筒等，这些构件的质量并不是分布在同一回转平面内，而是分布在不同的回转平面内。

如图 18-5 所示的回转件，$m_1=m_2$，$\boldsymbol{r}_1=\boldsymbol{r}_2$，虽然总质心仍处于回转轴线上，满足了条件 $m_1\boldsymbol{r}_1+m_2\boldsymbol{r}_2=0$。但由于两个不平衡质量不在同一个回转平面内，当其回转时，离心力 $\boldsymbol{F}_1$ 与 $\boldsymbol{F}_2$ 形成的惯性力偶，仍使回转件处于不平衡状态。由于这种不平衡状态只

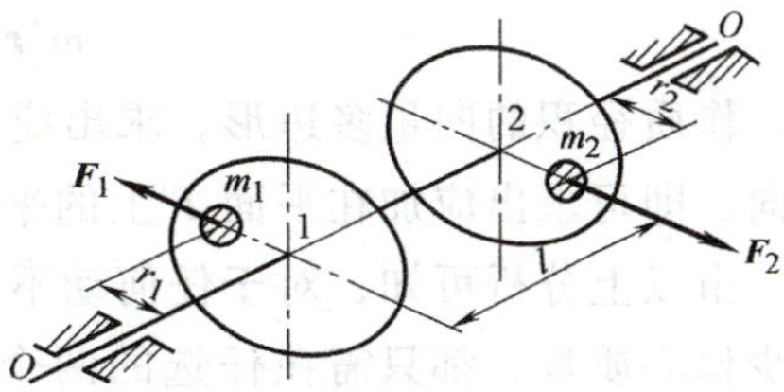

图 18-5　回转件的动不平衡

有在回转时才能显示出来，故称为动不平衡。

因此，回转件的动平衡条件是：①回转件上各个质量的离心力的向量和等于零；②离心力所形成的力偶矩的向量和也等于零；即$\sum \boldsymbol{F}=0$和$\sum \boldsymbol{M}=0$。

对于结构上对其回转轴不对称且轴向尺寸较大的转子，在设计时应根据其结构确定出各个不同的回转平面内的偏心质量的大小和位置，然后再根据这些偏心质量的分布情况计算出为了使该转子得到动平衡所应加的平衡配重的数量、大小和方位，并将这些配重加于该转子上，以便达到使转子动平衡的目的。现将具体计算方法介绍如下。

如图 18-6 所示的转动构件，设所有质量分布在三个平行的径向平面内，m_1、m_2、m_3 分别代表三个回转平面内的不平衡质量，它们的质径积为 $m_1\boldsymbol{r}_1$、$m_2\boldsymbol{r}_2$、$m_3\boldsymbol{r}_3$。当构件回转时，它们产生的离心惯性力 $\boldsymbol{F}_1$、$\boldsymbol{F}_2$、$\boldsymbol{F}_3$ 将形成一个空间力系。工程上平衡此空间力系的方法是：

先采用将这些不平衡质量 m_i 视同为一个力分解成两个平行力的方法，然后再将其分解到两个选定的垂直于转动垂线的平面 T' 和 T'' 内的相同向径 $\boldsymbol{r}_i$ 处，这样就把空间力系的平衡问题转化为两个平面上的汇交力系的平衡问题。显然，只要我们在平面 T' 和 T'' 内适当地各加一些配重，使其两个平面内的惯性力之和均为零，这个构件也就完全平衡了。

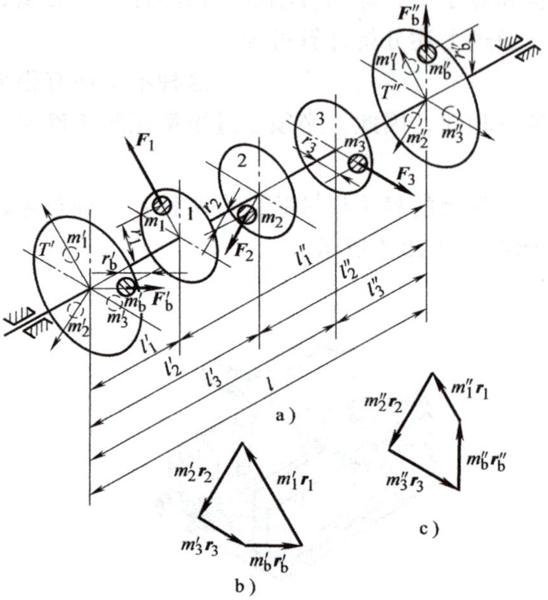

图 18-6 回转件的动平衡分析

如
$$m_1 \text{ 分解为 } m_1'=\frac{l_1''}{l}m_1,\quad m_1''=\frac{l_1'}{l}m_1$$
$$m_2 \text{ 分解为 } m_2'=\frac{l_2''}{l}m_2,\quad m_2''=\frac{l_2'}{l}m_2$$
$$m_3 \text{ 分解为 } m_3'=\frac{l_3''}{l}m_3,\quad m_3''=\frac{l_3'}{l}m_3$$

至于两平衡面内的配重 m_b'、m_b'' 的大小及方位的确定，与前述静平衡计算的方法完全相同。

对于平面 T'，按

$$m_1'\boldsymbol{r}_1+m_2'\boldsymbol{r}_2+m_3'\boldsymbol{r}_3+m_b'\boldsymbol{r}_b'=0 \tag{18-2}$$

作质径积的向量多边形，求出应加在平面 T' 上的平衡质径积 $m_b'\boldsymbol{r}_b'$，当选定 $\boldsymbol{r}_b'$ 的大小及方向，即可求出应加在平面 T' 上的平衡质量 m_b'。同理可求出 m_b''。

由以上分析可知，对于任何动不平衡的刚性转子，无论在其几个不同的回转平面内，有多少偏心质量，都只需在任选的两个平衡基面内分别适当地各加上一个配重，即得到完全平衡。

显然动平衡包含了静平衡的条件，故经动平衡的回转件也一定是静平衡的，但是必须注意，静平衡的回转件却不一定是动平衡的。

同需要进行静平衡试验的理由一样，转子经过上述动平衡计算并在设计时予以平衡之后，也只是从理论上解决了动不平衡的问题，而对于制成的转子必要时还需要进行动平衡试验。动平衡试验的实质是在任意选定的两个平衡平面内，分别加一适当的平衡质量，使回转件达到平衡。

转子的动平衡试验一般需在专用的动平衡机上进行。如图 18-7 所示为一电测动平衡试验机的原理示意图。它由驱动系统、试件支承系统和不平衡质量测量系统三个主要部分组成。其测试原理是利用测振传感器将拾得的振动信号，通过电子线路加以处理放大，最后显示出不平衡质量质径积的大小和方位。

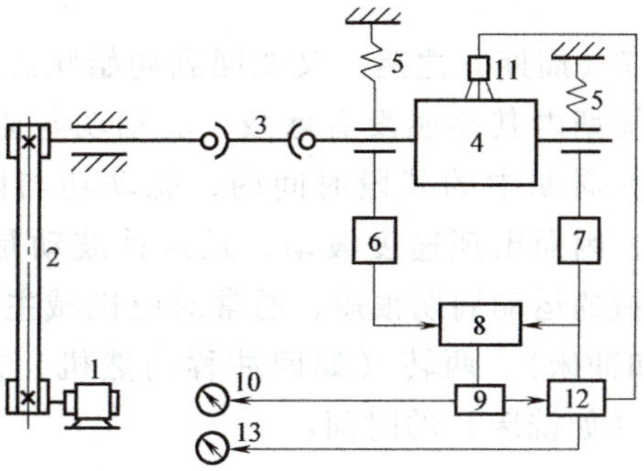

图 18-7 电测动平衡试验机的原理示意图

其驱动系统采用变速电动机 1，经过带传动 2，借助万向联轴器 3 驱动试件（回转件 4）。试件的支承系统由支承座和弹簧 5 组成一个弹性系统，试件旋转时产生的不平衡惯性力使支承振动，支承系统保证支承按一定方向振动，以便传感器 6、7 拾取振动信号。振动信号经传感器输入到测量装置中的解算电路 8。经解算电路处理后，将信号解算得到不平衡质径积的大小，经放大器 9 放大后指示在表头 10 上。不平衡量引起的振动相位的信号，则与光电头 11 采集的基准信号同时输入鉴相器 12 中进行比较处理，然后在表头 13 中指示出此不平衡质径积的相位。

18.2 机械运转速度波动的调节

18.2.1 机械运转速度波动调节的目的和方法

机械是在外力作用下运转的，作用在机械上的外力有驱动力和阻力。所谓驱动力，乃是驱使主动件运动的力，驱动力所做的功称为驱动功。所谓阻力，乃是阻止主动件运动的力，克服阻力所消耗的功称为阻力功。

如果工作中驱动功时时恒等于阻力功，则机械的主轴将保持匀速运转，如电动机驱动的离心式鼓风机和磨床等。但是大多数机械运转时，其驱动功与阻力功并不总是相等的。驱动功大于阻力功的那部分称为盈功；反之，驱动功小于阻力功的那部分称为亏功。驱动功和阻力功的差值称为盈亏功。

由于外力对机械所作功的增减，就是机械所具有动能的增减，因此，盈亏功的出现必将引起机械动能的增减，而使主轴的角速度发生变化，从而形成机械运动时速度的波动。这种波动必将在运动副中引起附加动压力，降低工作效率和工作可靠性，同时还会引起机械振动，影响零件的强度和寿命，降低机械的精度和工艺性能，使产品质量下降，如机床主轴速度波动会降低零件的加工质量；发电机主轴速度波动会引起电压波动等。为了减少上述不良影响，必须设法对机械的速度波动进行调节，使其波动被限制在允许的范围，这就是机械运转速度波动调节的目的。机械速度波动分为周期性和非周期性两类。

18.2.2 周期性速度波动的调节

1. 周期性速度波动

当外力作周期性变化时，机械主轴的角速度也随之做周期性的变化，机械的这种有规律的、周期性的速度变化称为周期性速度波动。如图 18-8 虚线所示，主轴角速度 ω 在经过一个 T（周期）之后，又变回到初始状态，因而在一个周期内其动能没有增减，驱动功与阻力功相等。但在周期中的某段时间内，驱动功与阻力功不相等，因而出现速度波动，且这种波动是周期性的。机械的运动周期很短，通常对应机械主轴回转一转（如冲床）、两转（如四冲程内燃机）或几分之一转（如铣床）的时间。

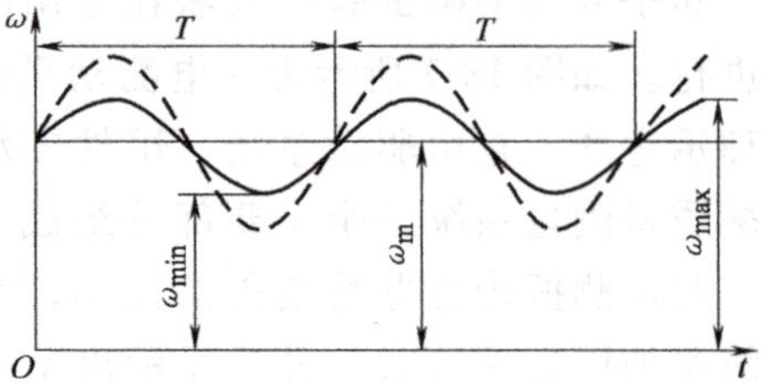

图 18-8 周期性速度波动

2. 机械运转的平均速度和不均匀系数

如图 18-8 所示，若已知机械主轴的最大角速度为 ω_{max}，最小角速度为 ω_{min}，则主轴的平均角速度为

$$\omega_m=\frac{\omega_{max}+\omega_{min}}{2} \tag{18-3}$$

各种机器铭牌上所标注的转速，就是与 ω_m 对应的转速 n，通常称为名义转速或额定转速。

机械运转不均匀的相对程度，常用机械运动不均匀系数 δ 表示。δ 为在机械稳定运转阶段的一个循环内，其主轴角速度的最大与最小之差与平均角速度的比值，即

$$\delta=\frac{\omega_{max}-\omega_{min}}{\omega_m} \tag{18-4}$$

由式（18-4）可以看出，当 ω_m 一定时，δ 越小，角速度差值也越小，主轴运转越均匀，即机械运转越平稳。

对于各种不同的机械，皆有一许用不均匀系数 $[\delta]$，如果超过这个许用值，将会影响机械的正常工作。这个许用值是由机械的类型、工作性质及工艺性能等要求确定的。例如，驱动发电机的活塞式内燃机，如果转速波动太大，势必影响输出电压的稳定性，因此，$[\delta]$ 的值应取小些；反之，如破碎机和冲床等一类机器，即使波动速度大一些，也不会影响其工艺性能，因而许用不均匀系数 $[\delta]$ 值就可取得大些。

要注意，机器运转不是越均匀越好，由于有些机器需要在外载突然增加时将速度降下来，释放能量，提高克服工作阻力的能力，否则将必须无限制的增加原动机功率。

表 18-1 为几种常见机械的许用不均匀系数 $[\delta]$ 值，供参考。

表 18-1 几种常见机械的许用不均匀系数 $[\delta]$ 值

机械类型	破碎机械	冲压机械	压缩机和水泵	减速机械	发电机
许用不均匀系数$[\delta]$值	0.1~0.2	0.05~0.15	0.03~0.05	0.015~0.2	0.002~0.003

若已知 ω_m 和 δ，则由前两式可得

$$\omega_{max}=\omega_m\left(1+\frac{\delta}{2}\right),\quad \omega_{min}=\omega_m\left(1-\frac{\delta}{2}\right)$$

可得

$$\omega_{max}^2-\omega_{min}^2=2\omega_m^2\delta \tag{18-5}$$

3. 飞轮设计的近似方法

对于这种周期性速度波动，其调节方法是在机械中安装一个具有较大转动惯量且起储存动能作用的转动构件——飞轮。飞轮相当于一个储能器，当出现盈功时，飞轮可把多余的能量储存起来，使主轴转速略增；反之，当出现亏功时，飞轮可把储存的能量释放出来，使主轴的转速略有下降，以减少机械速度的波动，达到调速的目的。如图 18-8 实线所示，安装飞轮后主轴的角速度波动明显减小。

机械中安装飞轮后，由于飞轮有储能作用，因而可克服机械的短时过载现象。匹配原动机时，可不必按机械高峰载荷所需的瞬时最大功率配置，而只需按它的平均功率来选定原动机额定功率，从而使原动机的动力得到充分利用。由此可知，安装飞轮不仅可以避免机械运转速度发生过大的波动，而且可以选择较小的原动机。

飞轮设计的基本问题是求出能保证许用不均匀系数［δ］的飞轮转动惯量，据此确定飞轮的结构与尺寸。

在一般机械中，其他构件所具有的动能与飞轮相比，其值甚小，故可近似用飞轮的动能代替整个机器的动能。

当飞轮处于最大角速度 ω_{max} 时，具有动能最大值 E_{max}；反之，当其处于最小角速度 ω_{min} 时，具有最小动能 E_{min}。E_{max} 与 E_{min} 之差表示一个周期内动能的最大变化量，其值等于最大的盈亏功，以 A_{max} 表示之，即

$$A_{max}=E_{max}-E_{min}=\frac{1}{2}J(\omega_{max}^2-\omega_{min}^2)=J\omega_m^2\delta$$

式中，J 为飞轮的转动惯量，将 $\omega_m=\frac{\pi n}{30}$代入（$n$ 为飞轮的平均转速），可得

$$J=\frac{A_{max}}{\omega_m^2\delta}=\frac{900A_{max}}{\pi^2n^2\delta} \tag{18-6}$$

由式（18-6）可知：

1）当 A_{max} 与 ω 一定时，J 与 δ 成反比，J 越大，δ 越小；但当 δ 很小时，略微再减小 δ 值，也会使 J 增大很多。因此，不应过分追求机械运转的均匀性，否则 J 过大，会使飞轮笨重，成本增加。

2）当 J 与 ω_m 一定时，A_{max} 与 δ 成正比，即最大盈亏功越大，机械运转越不均匀。

3）当 A_{max} 与 δ 一定时，J 与 ω_m^2 成反比。为减小飞轮尺寸，宜将飞轮安装在高速轴上，但有些机械考虑到主轴刚度较好，为此仍将飞轮安装在机器的主轴上。

由式（18-6）可知，当 δ 和 ω 一定时，要计算飞轮的转动惯量 J 必须先确定最大盈亏功 A_{max}。最大盈亏功 A_{max} 可根据机械驱动力矩变化曲线求得。

例 18-1 在电动机驱动的剪床中，已知作用在剪床主轴上的阻力矩变化曲线 $M''-\varphi$ 如图 18-9a 所示。主轴上的驱动力矩 M'为常数，主轴转速为 1500r/min。机械运转速度不均匀系数 $\delta=0.05$，求安装在主轴上的飞轮转动惯量 J。

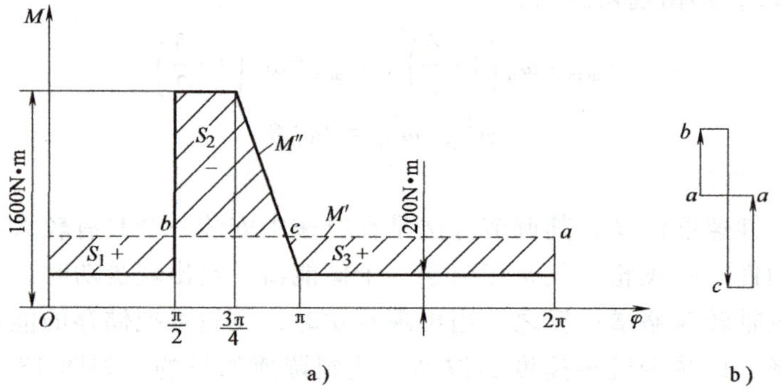

图 18-9 飞轮设计

解 (1) 驱动力矩 M'

在一个运动周期中，驱动力矩 M'和阻力矩 M'' 所作的功分别为

$$A'=\int_0^{2\pi} M'\mathrm{d}\varphi=M'2\pi$$

$$A''=\int_0^{2\pi} M''\mathrm{d}\varphi=\left[200\times2\pi+(1600-200)\frac{\pi}{4}+\frac{1}{2}(1600-200)\frac{\pi}{4}\right]\mathrm{N\cdot m}$$
$$=2906\mathrm{N\cdot m}$$

根据稳定运转时，一个周期中功相等的原理求出驱动力矩为

$$M'=\frac{A'}{2\pi}=\frac{2906}{2\pi}\mathrm{N\cdot m}=462.5\mathrm{N\cdot m}$$

作出 M'—φ 曲线，如图 18-9a 中虚线所示 。

(2) 确定最大盈亏功 $W_{\max}$

图中标有正号的面积为盈功，标有负号的面积为亏功。M'—φ 与 M''—φ 所包围的各小块面积及其所代表的功分别为

$$S_1=(462.5-200)\frac{\pi}{2}\mathrm{N\cdot m}=412.3\mathrm{N\cdot m}$$

$$S_2=\left[(1600-462.5)\frac{\pi}{4}+\frac{1}{2}(1600-462.5)\frac{1600-462.5}{1600-200}\times\frac{\pi}{4}\right]\mathrm{N\cdot m}=1256.3\mathrm{N\cdot m}$$

$$S_3=\left\{(462.5-200)\pi+\frac{1}{2}(462.5-200)\left[\frac{\pi}{4}-\frac{\pi}{4}\times\frac{1600-462.5}{1600-200}\right]\right\}\mathrm{N\cdot m}=844\mathrm{N\cdot m}$$

确定最大盈亏功可借助于动能指示图，如图 18-9b 所示。取 a 表示机械运动循环开始时机械的动能。以一定的比例依次作向量$\overrightarrow{ab}$、$\overrightarrow{bc}$、$\overrightarrow{ca}$ 代表上述各小块的面积 S_1、S_2、S_3。盈亏功为正，箭头向上；盈亏功为负，箭头向下。由于循环结束时与开始时的动能相等，因此该指示图的箭头应首尾相接。由图可见，b 点具有最大动能，对应于 $\omega_{\max}$，c 点具有最小动能，对应于 $\omega_{\min}$，向量$\overrightarrow{bc}$ 代表最大盈亏功 $A_{\max}$。

(3) 求飞轮的转动惯量 J

按式 (18-6) 得 $J=\dfrac{A_{\max}}{\omega_m^2\delta}=\dfrac{900A_{\max}}{\pi^2n^2\delta}=\dfrac{900\times1256.3}{\pi^2\times1500^2\times0.05}\mathrm{kg\cdot m^2}=1.02\mathrm{kg\cdot m^2}$

18.2.3　非周期性速度波动

机械运转时，由于驱动力或（和）阻力的无规律变化所引起的主轴角速度的波动称为非周期性速度波动。

当作用在机械上的驱动力或阻力突然发生很大变化时，由于机械的驱动功与阻力功的平衡关系被破坏，主轴的角速度也必然随之发生突变。如果驱动功在较长一段时间内总是大于阻力功，则机械的主轴将继续增速，直至超过机械强度所允许的极限转速（即飞车）而导致机械损坏；反之，若驱动功总是小于阻力功时，则机械的运转速度将不断下降，直至停车。汽轮发电机供汽量不变而用电量突然增减时就会出现这种情况。由此可见，机器在较长时间内驱动功大于（或小于）阻力功是非周期性速度波动的原因。

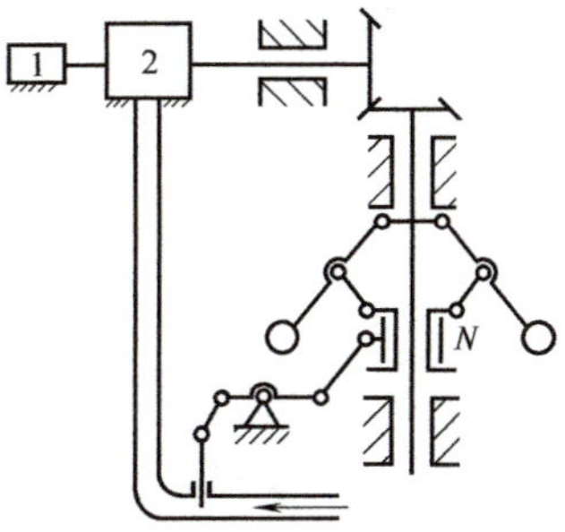

图 18-10　机械式离心调速器

这种速度波动，想借助飞轮来进行调节是不可能的，因波动时间较长，持续的增速或减速将使飞轮储放的能量失去调节效能。为此，必须采用特设的装置——调速器来调节。调速器种类很多，如图 18-10 所示为机械式离心调速器。它是利用重球的离心力的变化进行非周期性速度波动调节的。当载荷突然减小时，原动机和工作机的转速升高，通过齿轮传动使调速器主轴的转速随着升高。此时，重球因离心力增大而向外运动，套筒 N 上升，并通过连杆机构使节流阀关小，从而减小进气量，使原动机转速稳定；反之亦可保持原动机稳定运转。

习　题　18

18-1　刚性回转构件的不平衡有什么危害？

18-2　何为静平衡？何为动平衡？哪一类构件只需要进行静平衡？哪一类构件必须进行动平衡？

18-3　何为“质径积”？引入“质径积”概念的意义是什么？

18-4　如图 18-11 所示，转盘上有两个圆孔，其直径和位置为 $d_1=40\text{mm}$，$d_2=50\text{mm}$，$r_1=100\text{mm}$，$r_2=140\text{mm}$，$\alpha=120°$，$D=400\text{mm}$，$l=20\text{mm}$。拟在转盘上再制一圆孔使之达到平衡，要求该圆孔的转动半径 $r=150\text{mm}$。试求该圆孔的直径及方位角。

18-5　某机组主轴上作用的驱动力矩 M_d 为常数，它的一个运动循环中阻力矩的变化如图 18-12 所示。已知 $\omega_m=25\text{rad/s}$，$\delta=0.04$。试确定：①主轴的最大角速度 ω_{max}、最小角速度 ω_{min}；②驱动力矩 M_d；③最大盈亏功 W_{max}；④飞轮的转动惯量 J_F。

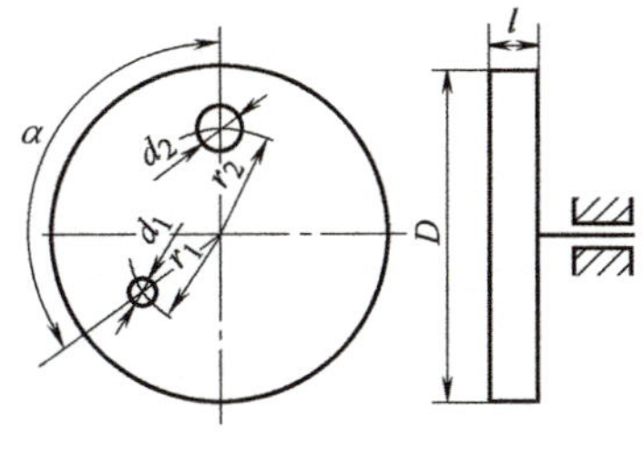

图 18-11　题 18-4 图

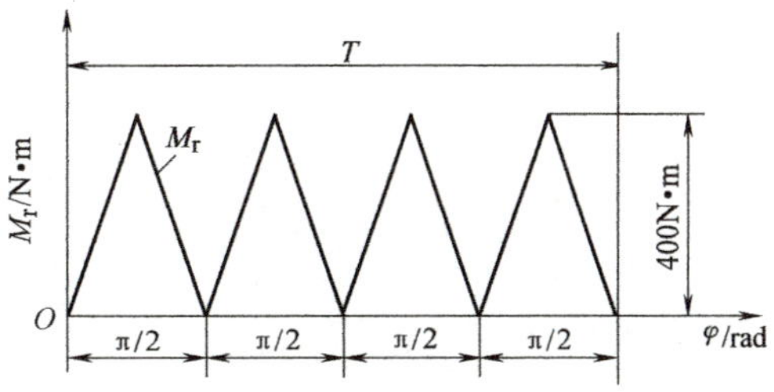

图 18-12　题 18-5 图

18-6 某冲床运转一个循环的总时间为 $T=t_1+t_2$（图 18-13），其中 t_1 为冲床空转时间，t_2 为冲床工作时间，且 $t_1/t_2=3$；P_1 为冲床空转时所消耗的功率，P_2 为冲床工作时间所消耗的功率，而 $P_1/P_2=1/6$，δ 为不均匀系数。求该冲床所需要的电动机功率 P 和最大盈亏功 W_{max}。

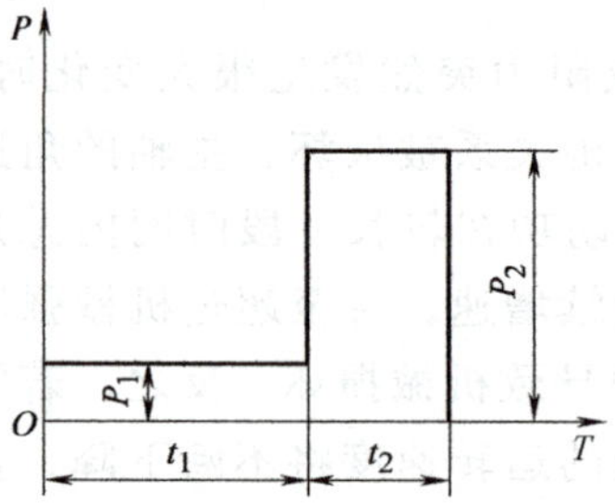

图 18-13 题 18-6 图

附录　习题参考答案

第 1 章

1-2　a）$F_A=qa/3$，$F_B=2qa/3$；b）$F_A=-qa$，$F_B=2qa$；c）$F_A=qa$，$F_B=2qa$；

d）$F_A=11qa/6$，$F_B=13qa/6$；

e）$F_A=2qa$，$M_A=-7qa^2/2$；f）$F_A=3qa$，$M_A=3qa^2$；g）$F_A=2qa$，$F_{Bx}=-2qa$，$F_{By}=qa$；h）$F_{Ax}=0$，$F_{Ay}=qa$，$F_B=0$

1-3　a）$F_{Rx}=-676.93N$，$F_{Ry}=-779.29N$，$F_R=1032.2N$，$\alpha=49.02°$；

b）$F_{Rx}=-364.6N$，$F_{Ry}=-181.8N$，$F_R=407.4N$，$\alpha=26.5°$

1-4　（1）$F=12.5kN$，$\alpha=5.53°$（指向第四象限）；（2）$\alpha=61.73°$（指向第一象限）

1-5　a）$F_{AC}=-3.15kN$，$F_{AB}=-0.41kN$；b）$F_{AC}=-3942.4N$，$F_{AB}=557N$

1-6　a）0；b）$FL\sin\beta$；c）$FL\sin\theta$；d）$-Fa$；e）$F(L+r)$；f）$F(a^2+b^2)^{1/2}\sin\alpha$

1-7　（1）$-88.8kN\cdot m$；（2）$-394.6N$；（3）$-279.17N$

1-8　a）$-75.18N\cdot m$；b）$(F_{T1}-F_{T2})\ D/2=8\ N\cdot m$

1-9　a）$F_A=-2.25kN$，$F_B=2.25kN$；

b）$F_{Ax}=2.5kN$，$F_{Ay}=-2.5kN$，$F_B=3.54kN$

1-10　100kN

1-11　拉力 $F=0.7kN$　支座反力 $F_A=1.4kN$，$F_{Ax}=0.683kN$，$F_{Ay}=1.183kN$

1-12　$F_{Ax}=-4F/3$，$F_{Ay}=F/2$；$F_{Bx}=F/3$，$F_{By}=F/2$

1-13　$G_1/G_2=a/l$

1-14　$F_{min}=m(a-fe)/fr$

1-15　主矢　$F_R=\sqrt{F_{Rz}^2+F_{Ry}^2+F_{Rx}^2}=426N$

主矩　$M_O=\sqrt{M_x^2+M_y^2+M_z^2}=122N\cdot m$

1-16　$M_{AB}(\boldsymbol{F})=Fa\sin\beta\sin\theta$

1-17　$F_{Ox}=150N$，$F_{Oy}=75N$，$F_{Oz}=500N$

$M_x=100N\cdot m$，$M_y=-37.5N\cdot m$（与原始反向），$M_z=-24.4N\cdot m$（与原始反向）

1-18　$y_C=\dfrac{\sum A_i y_i}{A}=\dfrac{A_1y_1+A_2y_2+A_3y_3}{A_1+A_2+A_3}=40mm$，$x_C=0$（该图形左右对称）

1-19　$x_C=21.43mm$，$y_C=21.43mm$，$z_C=-7.143mm$

第 2 章

2-6　$b_1=b_2=13.4mm$，$h_1=h_2=18.7mm$，$b_3=9.5mm$，$h_3=13.3mm$

2-7　如附图 1 所示。

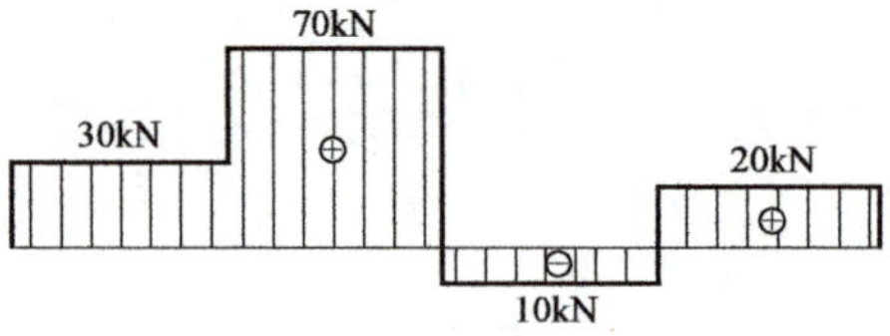

附图 1　题 2-7 图

2-8　1）杆的轴力图如附图 2 所示

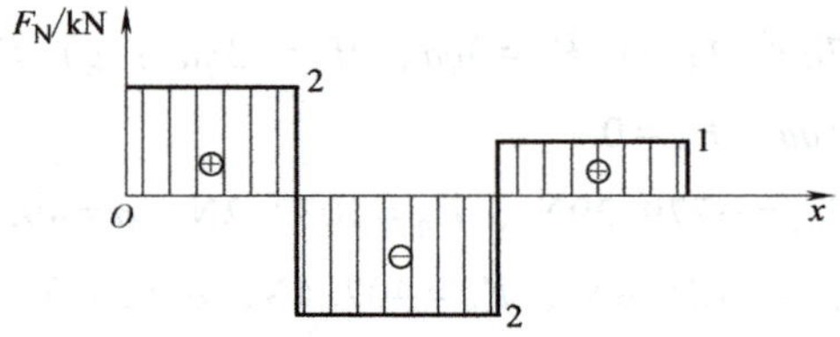

附图 2　题 2-8 图

2）$\sigma=100\text{MPa}$

3）$\Delta l=0.125\text{mm}$

4）$\varepsilon=9.6\times10^{-5}$

2-9　应力 $\sigma=E\varepsilon=120\text{MPa}$，拉力 $F=\sigma A=9.425\text{kN}$

2-10　$[F]\leqslant57.6\text{kN}$

第 3 章

3-5　$\tau=3.47\text{MPa}<[\tau]$，$\sigma_{bs}=10.42\text{MPa}<[\sigma_{bs}]$，键联接的强度足够。

3-6　$\tau=44.2\text{MPa}<[\tau]$，故螺栓满足强度条件。

3-7　$d=34\text{mm}$，$t=10.4\text{mm}$

3-8　（1）略，（2）$\tau_{max}=12.07\text{MPa}$，（3）$\tau_{max}=7.24\text{MPa}$

3-9　$d=50\text{mm}$

第 4 章

4-1　a）$Q_C=F$，$M_C=Fl/2$；b）$F_{QC}=-M/l$，$M_C=M/2$；c）$F_{QC}=ql/2$，$M_C=-ql^2/8$；

d）$F_{QC左}=bF/(a+b)$，$F_{QC右}=-aF/(a+b)$，$M_C=abF/(a+b)$

4-2　a）AC 段：$F_{Q1}=-F\ (0<x_1<l/2)$，$M_1=-Fx_1\ (0\leqslant x_1\leqslant l/2)$

BC 段：$F_{Q2}=F\ (0<x_2<l/2)$，$M_2=-Fx_2\ (0\leqslant x_2\leqslant l/2)$

b）$F_Q=\dfrac{ql}{4}-qx$，$M=-\dfrac{qx^2}{2}+\dfrac{qlx}{4}$

4-4　$\sigma_{max}=58.6\text{MPa}$，$\sigma_K=45\text{MPa}$

4-5　$\sigma_{lmax}=35\text{MPa}$，$\sigma_{ymax}=0.92\text{MPa}$

4-6　$b=32.72\text{mm}$

4-7　No. 16 工字钢

4-8 $a=1.4\text{m}$

第 5 章

5-1 $\sigma_{max}=\dfrac{F_N}{A}+\dfrac{M_{max}}{W_z}=\left(\dfrac{52\times10^3}{48.54\times10^{-4}}+\dfrac{30\times10^3}{402\times10^{-6}}\right)\text{MPa}=85.3\text{MPa}<[\sigma]$ 故 AB 梁的强度够。

5-2 8.07MPa 压实力。

5-3 $d\geqslant48\text{mm}$

5-4 $M=\dfrac{1}{4}Gl=\dfrac{1}{4}G\times0.8=0.2G\text{N}\cdot\text{m}$，$T=\dfrac{1}{2}GD=\dfrac{1}{2}G\times0.36=0.18G\text{N}\cdot\text{m}$

$$\sigma_{r3}=\frac{\sqrt{M^2+M_T^2}}{W_z}\leqslant[\sigma]$$

$$\frac{\sqrt{(0.2G)^2+(0.18G)^2}}{\dfrac{\pi\times0.03^2}{32}}\leqslant80\times10^6$$

$G\leqslant790\text{N}$

所以，最大安全载荷为 790N。

第 6 章

6-1 如附图 3 所示，a）$F=1$，b）$F=1$。

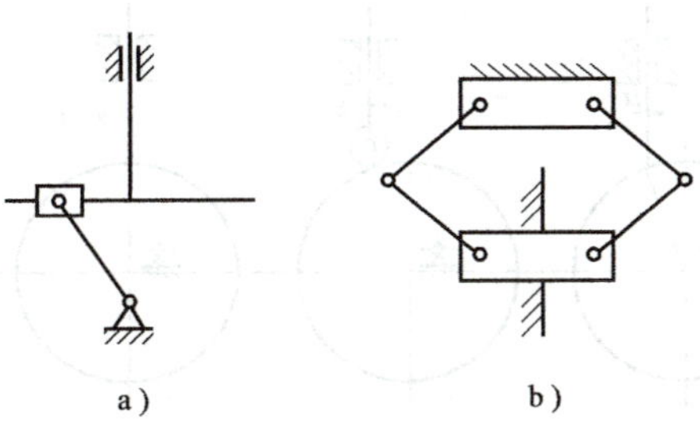

附图 3 题 6-1 图

6-2 a）$F=1$，有确定的相对运动；b）$F=1$，有确定的相对运动，有一复合铰链；c）$F=1$，有确定的相对运动，有一复合铰链；d）$F=1$，有确定的相对运动，有一虚约束；e）$F=2$，有确定的相对运动，有一局部自由度；f）$F=1$，有确定的相对运动，有一局部自由度；g）$F=1$，有确定的相对运动，有一局部自由度及有一虚约束；h）$F=1$，有确定的相对运动。

第 7 章

7-1 a）双曲柄机构；b）曲柄摇杆机构；c）双摇杆机构；d）双摇杆机构

7-2 如附图 4 所示。

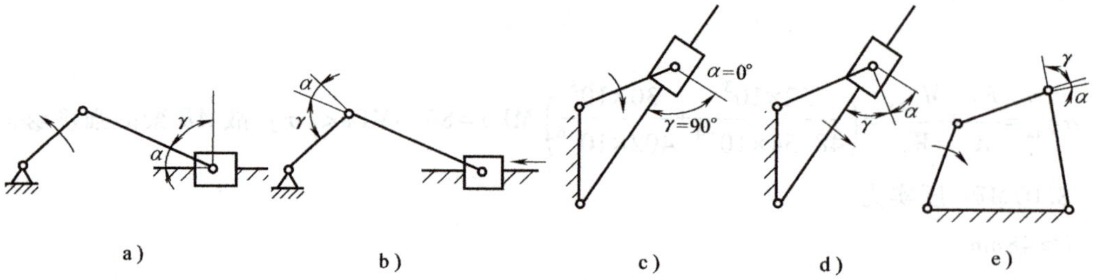

附图4 题7-2图

7-3 AB 为主动件，此机构为曲柄摇杆机构，故有急回特性；l_{AB} 的最大值为 25mm；l_{AB} 的最小值为 55mm。

7-4 曲柄长度 $l_{AB}\approx$ 26mm，连杆长度 $l_{BC}\approx$52mm

7-5 $l_{AB}\approx$68mm，$l_{CD}\approx$113mm，$l_{AD}\approx$95mm

7-6 $AB\approx$80mm，$BC\approx$1120mm

7-7 $l_{AB}\approx$18mm，$l_{BC}\approx$79mm，$l_{AD}\approx$56.5mm 或 $l_{AB}\approx$9.5mm，$l_{BC}\approx$97.5mm，$l_{AD}\approx$37mm

第8章

8-1 如附图5所示。

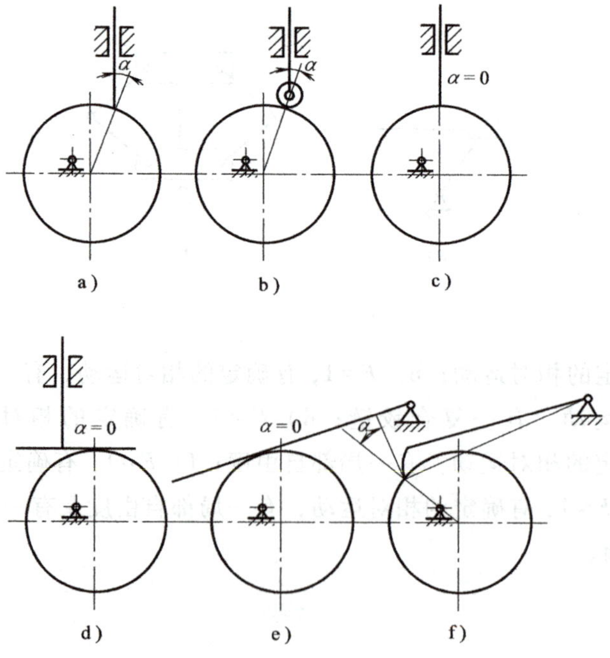

附图5 题8-1图

8-5　如附图 6 所示。

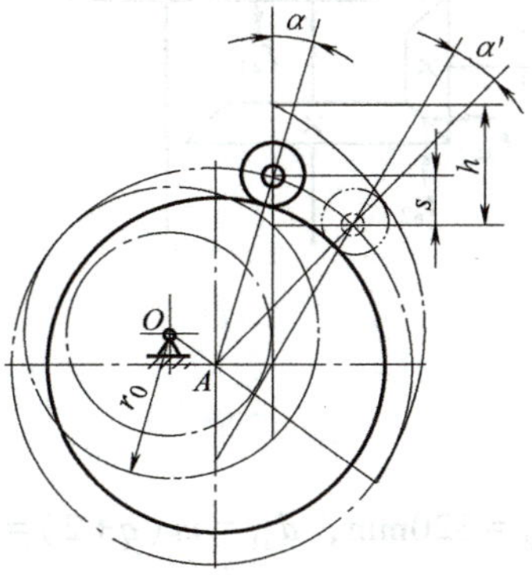

附图 6　题 8-5 图

第 9 章

9-3　$t_m=0.125s$，$t_s=0.375s$，$\tau=0.25$

9-4　$K=2$，$\tau=\frac{2}{3}$

第 10 章

10-6　牵拽力 $R_{max}=1817N$

第 11 章

11-11　$F_1=F_e\frac{e^{f\alpha}}{e^{f\alpha}-1}=752.39N$，$F_2=F\frac{1}{e^{f\alpha}-1}=316.13N$，$F_0=\frac{1}{2}(F_1+F_2)=534.26N$

$F_Q=2F_0\sin\frac{\alpha_1}{2}=1060.13N$

第 12 章

12-9　$\alpha_{分}=20°$，$\alpha_{顶}=28.24°$，$\rho_{分}=20.52mm$，$\rho_{顶}=30.28mm$

12-10　1）$\alpha_K=29.84°$，$\rho_K=32.34mm$；2）$r=60mm$，$\rho=20.52mm$；3）$\alpha_b=0°$，$\rho_b=0$

12-11　$d_1=92mm$，$d_2=180mm$；$d_{b1}=86.5mm$，$d_{b2}=169.1mm$；节圆直径 $d_1'=99.9mm$，$d_2'=183.8mm$；$a'=141.9mm$

12-12　如附图 7 所示。

12-13　如附图 8 所示。

12-17　如附图 9 所示。

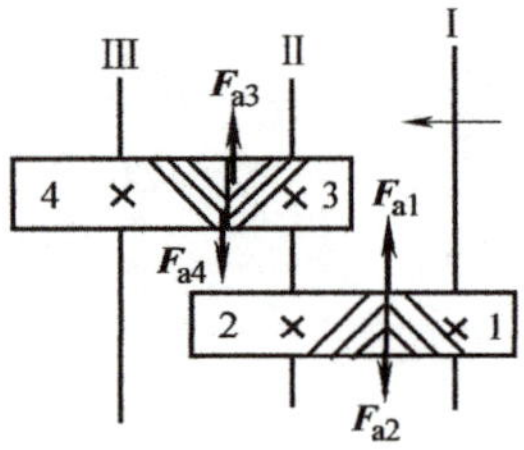

附图 7 题 12-12 图

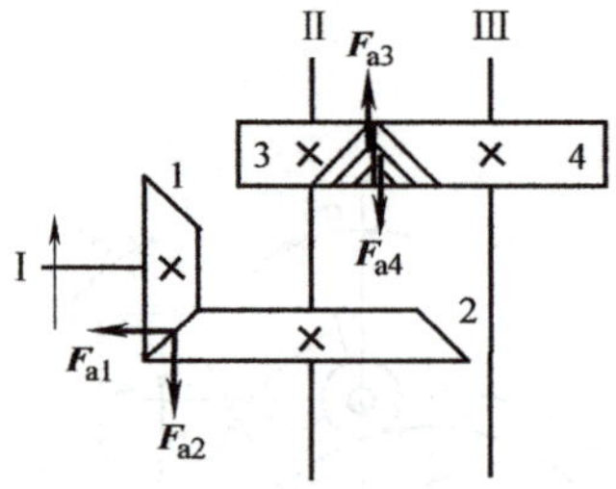

附图 8 题 12-13 图

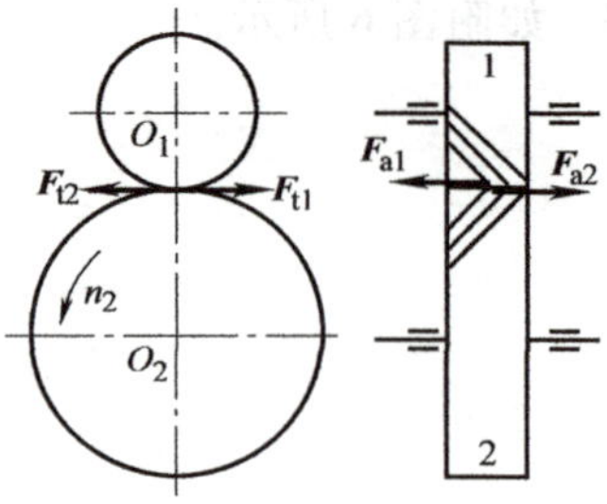

附图 9 题 12-17 图

第 13 章

13-9 $q=10$，$\gamma=11.3°$，$d_2=mz_2=320\text{mm}$，$d_{a1}=m(q+2)=96\text{mm}$，$d_{a2}=m(z_2+2)=338\text{mm}$，$d_{f1}=m(q-2.4)=60.8\text{mm}$，$d_{f2}=m(z_2-2.4)=300.8\text{mm}$，$a=200\text{mm}$

13-10 如附图 10 所示。

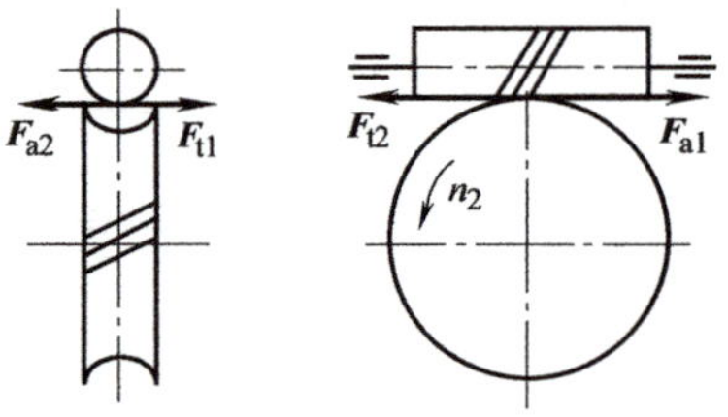

附图 10 题 13-10 图

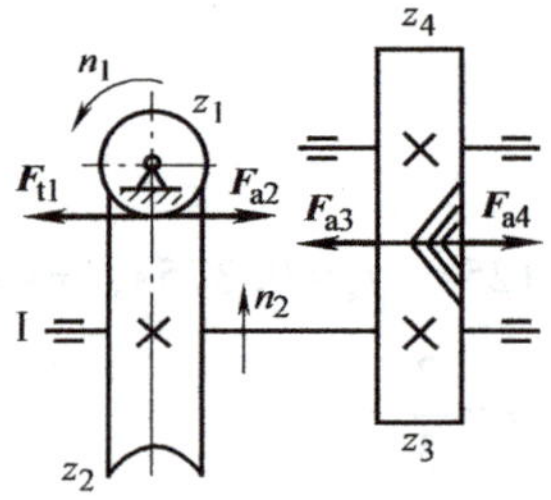

附图 11 题 13-11 图

13-11 如附图 11 所示。

13-12 $z_2=40$、$d_2=160\text{mm}$、$d_{a2}=168\text{mm}$、$d_{f2}=150.4\text{mm}$、$\beta=11.31°$

第 14 章

14-3 $i_{75}=\dfrac{25}{32}$

14-4 $i_{SM}=60$，$i_{MH}=12$

14-5 $i_{1H}=-10$

14-6 $n_H=631.6\text{r/min}$，方向与 n_1 相反。

14-7 $n_H=6.53\text{r/min}$，方向如附图 12 所示。

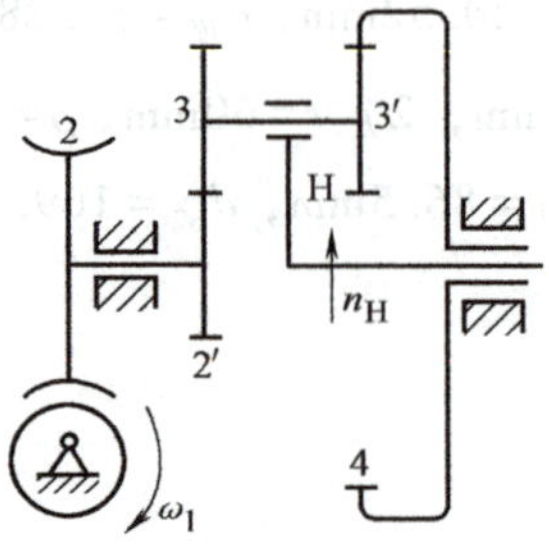

附图 12 题 14-7 图

第 15 章

15-6 $d=37.5\text{mm}$

15-8 $x \leqslant 426\text{mm}$

第 16 章

16-8 1） $L_h=\frac{10^6}{60n}\left(\frac{f_t C}{P}\right)^{\frac{10}{3}}=\frac{10^6}{6\times730}\left(\frac{1\times34000}{6200}\right)^{10/3}\text{h}=6639.7\text{h}$

2） $n=\frac{10^6}{60\ [L_h]}\left(\frac{Cf_t}{P}\right)^{\frac{10}{3}}=\frac{10^6}{60\times10000}\left(\frac{34000\times1}{6200}\right)^{\frac{10}{3}}\text{r/min}=484.7\text{r/min}$

3） $P=Cf_t\left(\frac{10^6}{60n\ [L_h]}\right)^{\frac{3}{10}}=34000\times1\times\left(\frac{10^6}{60\times730\times10000}\right)^{0.3}\text{N}=5483.2\text{N}$

16-10 采用一对 7206C 轴承反装，查表得 $C_r=23000\text{N}$，$C_{or}=15000\text{N}$。

查表 16-12 得 7000C 型轴承 $S=eF_r$

1）试算法，取判断系数 e，根据表 16-9，设$\frac{F_{a1}}{C_{or}}=0.058$，得 $e=0.43$

2）求附加轴向力，即

$$S_1=0.43\times F_{r1}=0.43\times1970\text{N}=847\text{N}$$

$$S_2=0.43\times F_{r2}=0.43\times1030\text{N}=443\text{N}$$

3）求轴承的轴向力

$$F_A+S_1=600\text{N}+847\text{N}=1447\text{N}>S_2=443\text{N}$$

轴承Ⅱ压紧，轴承Ⅰ放松

$$F_{a1}=S_1=847\text{N}$$

$$F_{a2}=F_A+S_1=1447\text{N}$$

4）求当量动载荷

$$\frac{F_{a1}}{C_{or}}=\frac{847}{15000}=0.0565$$

轴承Ⅰ　查表与前面假设 $e=0.058$ 相近。

e 插入求值

$$e=0.4+\frac{0.43-0.4}{0.058-0.029}\times(0.0565-0.029)=0.428$$

$$\frac{F_{a1}}{F_{r1}}=\frac{847}{1970}=0.43>e=0.428$$

$$x_1=0.44,y_1=1.40+\left(\frac{1.3-1.4}{0.43-0.4}\right)\times(0.428-0.4)=1.306$$

$$P_{\text{I}}=f_d(0.44\times F_{r1}+1.306\times F_{a1})$$
$$=1.1\times(0.44\times1970+1.306\times847)\text{N}=2170\text{N}$$

轴承Ⅱ

$$\frac{F_{a2}}{C_{or}}=\frac{1447}{15000}=0.0965$$

$$e=0.46+\frac{0.47-0.46}{0.12-0.087}\times(0.0965-0.087)=0.463$$

$$\frac{F_{a2}}{F_{r2}}=\frac{1447}{1030}=1.405>e=0.463$$

取 $x_2=0.44, y_2=1.23+\left(\frac{1.19-1.23}{0.47-0.46}\right)\times(0.463-0.46)=1.218$

$$P_2=f_d(x_2F_{r2}+y_2F_{a2})$$
$$=1.1\times(0.44\times1030+1.218\times1447)\text{N}=2437\text{N}$$

$P_2>P_1$ 轴承Ⅱ危险

$$L_{10h}=\frac{16670}{n}\left(\frac{C}{P}\right)^3=\frac{16670}{1000}\left(\frac{23000}{2437}\right)^3=14014\text{h}$$

第18章

18-4 $d_b=45\text{mm}$，$\alpha_b=305°$（以孔1为起始位置，逆时针方向度量）

18-5 ①$\omega_{max}=25.5\text{rad/s}$，$\omega_{min}=24.5\text{rad/s}$；②$M_d=200\text{N}\cdot\text{m}$；③$W_{max}=25\pi J$；④$J_F=3.14\text{kg}\cdot\text{m}^2$

18-6 $P=\frac{9}{4}P_1=\frac{3}{8}P_2$，$W_{max}=\frac{15}{8}\pi P_1=\frac{5}{16}\pi P_2$

参考文献

[1] 李国斌，邓岐杏．机械设计基础［M］．2版．北京：清华大学出版社，2018.

[2] 陈立德，罗卫平．机械设计基础［M］．5版．北京：高等教育出版社，2019.

[3] 杨可桢，程光蕴．机械设计基础［M］．7版．北京：高等教育出版社，2020.

[4] 周玉丰．机械设计基础［M］．2版．北京：机械工业出版社，2021.

[5] 李海萍．机械设计基础［M］．2版．北京：机械工业出版社，2017.

[6] 柴鹏飞．机械设计基础［M］．4版．北京：机械工业出版社，2021.

[7] 孙桓，葛文杰．机械原理［M］．9版．北京：高等教育出版社，2021.

[8] 王道远，李冬．工程力学［M］．北京：中国水利水电出版社，2014.

[9] 范钦珊．工程力学［M］．3版．北京：机械工业出版社，2018.